适合5G及更高版本的无人机通信

[中 国] 曾勇(Yong Zeng)
[美 国] 居文奇克·伊斯梅尔(Ismail Guvenc)
[新加坡] 张瑞(Rui Zhang)   编著
[西班牙] 杰拉奇·吉奥瓦尼(Giovanni Geraci)
[美 国] 马特拉克·戴维德(David W. Matolak)

刘 聪 廖开俊 钱 坤 焦 准
杨宇超 史浩宇 朱 宇   译

国防工业出版社

·北京·

内 容 简 介

本书主要介绍了 5G 与无人机通信相关的研究内容。全书分为四大部分，共 18 章。第一部分包含第 1~3 章，主要介绍有关无人机通信的一些基础知识。第二部分包含第 4~8 章，主要介绍将无人机集成到 5G 及后续版本网络的第一个范例，以及蜂窝连接的无人机群。第三部分包含第 9~14 章，主要关注无人机辅助无线通信的范例。第四部分包含第 15~18 章，主要讨论用于无人机通信的一些其他先进技术。

本书不仅可作为高等院校本科生和研究生的教材，也可作为相关工程研究技术人员的参考用书。

著作权合同登记　图字：01-2022-5984 号

图书在版编目(CIP)数据

适合 5G 及更高版本的无人机通信/曾勇等编著；刘聪等译. —北京：国防工业出版社，2024.7. —ISBN 978-7-118-13145-1

Ⅰ.V279

中国国家版本馆 CIP 数据核字第 2024DP7739 号

UAV Communications for 5G and Beyond by Yong Zeng, et al.
ISBN:9781119575696

Copyright © 2021 John Wiley &Sons Limited

All Rights Reserved. Authorized translation from the English language edition published by John Wiley & Sons Limited. Responsibility for the accuracy of the translation rests solely with national defence industrial press, and is not the responsibility of John Wiley & Sons Limited. No part of this book may be reproduced in any form without the written permission of the original copyright holder, John Wiley & Sons Limited.

Copies of this book sold without a Wiley sticker on the cover are unauthorized and illegal.

本书中文简体中文字版专有翻译出版权由 John Wiley & Sons Limited 公司授予国防工业出版社。

未经许可，不得以任何手段和形式复制或抄袭本书内容。

本书封底贴有 Wiley 防伪标签，无标签者不得销售。

版权所有，侵权必究。

※

国防工业出版社出版发行

（北京市海淀区紫竹院南路 23 号　邮政编码 100048）
北京虎彩文化传播有限公司印刷
新华书店经售

*

开本 787×1092　1/16　插页 5　印张 23¾　字数 524 千字
2024 年 7 月第 1 版第 1 次印刷　印数 1—1500 册　定价 198.00 元

（本书如有印装错误，我社负责调换）

国防书店：(010)88540777	书店传真：(010)88540776
发行业务：(010)88540717	发行传真：(010)88540762

译 者 序

无人机行业高速发展的同时,也对无人机通信链路提出了新需求,呈现出与蜂窝移动通信技术紧密结合的发展趋势,形成"网联无人机"。随着 5G 时代的到来,5G 蜂窝移动通信技术与无人机的结合使得这些原本难以想象的想法成为可能。*UAV Communications for 5G and Beyond* 一书结合最新的 5G 通信技术,阐述了蜂窝式无人机群通信、无人机辅助无线通信以及其他先进的无人机通信技术。特别是书中提到的大规模 MIMO 无人机群的增强蜂窝连接,以及大容量毫米波无人机通信技术,对突破军用无人机蜂群作战、无人机协同作战等关键技术,具有较强的支撑作用。全书框架逻辑性强,既介绍了无人机通信的基础知识,又详细阐述了 LTE 连接无人机通信、毫米波无人机通信等无人机通信新技术,是一本系统介绍无人机群通信现状及发展技术的学术专著。全书理论研究超前,对解决我国目前在无人机通信领域面临的问题有重要借鉴意义,同时为我国军用大型无人机通信技术应用提供参考。本书无论在学术意义还是工程应用方面,都具有很高的价值。

原著作者长期从事无人机通信的相关研究工作,在 *Proceeding of the IEEE*、*IEEE Transactions on Wireless Communications*、*Journal on Selected Areas in Communications* 等顶级 SCI 期刊、会议发表了多篇高水平文章,为本书的撰写奠定了坚实的基础,并获得 2020 年 IEEE 通信学会 Heinrich Hertz 论文奖。同时,原著作者是 *IEEE Communications Letters* 和 *IEEE Open Journal of Vehicular Technology* 的联合编辑,以及 *IEEE Wireless Communications on Integrating UAVs into 5G* 和 *Network-Connected UAV Communications* 等期刊的首席编辑。其具备丰富的图书编写经验和较强的理论、科研基础,保证了原著较高的学术水平和编写水平。原著研究的内容和技术专一,深入围绕重点内容阐述清晰,有理有据、深入浅出,在国外一经出版发行,就受到相关领域科技工作者和同行的热烈欢迎。

本书编译组成员长期从事无人机通信教学科研工作,具有深厚的专业知识基础,同时,编译组大部分人员承担外国留学生教学任务,具备一定的翻译能力。本书编译工作历时一年半,通过查阅大量资料、咨询国内相关专家,力图采用通俗、恰当的语言还原原著。在本书编译过程中,得到了空军工程大学各级领导和同事的帮助,在此一并表示感谢!

由于编译者的学识有限,编译时间紧迫,书中不足之处在所难免,恳请广大专家、读者批评指正。

编译组

2023 年 1 月

供稿人名单

Rafhael Medeiros de Amorim
Nokia Bell Labs Denmark
丹麦诺基亚贝尔实验室

Chethan Kumar Anjinappa
Department of Electrical and Computer Engineering North Carolina State University NC USA
美国北卡罗来纳州立大学电气与计算机工程系

M. Mahdi Azari
Mahdi Azari
Department of Electrical Engineering KU Leuven Belgium
比利时鲁汶大学电气工程系

Morteza Banagar
Wireless @ VT Bradey Department of Electrical and Computer Engineering Virginia Tech Blacksburg VA USA
美国弗吉尼亚州布莱克斯堡弗吉尼亚理工大学电气和计算机工程系无线@VT Bradey

Arupjyoti Bhuyan
Idaho National Laboratory Idaho Falls ID USA
美国爱达荷州爱达荷福尔斯国家实验室

Martins Ezuma
Department of Electrical and Computer Engineering North Carolina State University NC USA
美国北卡罗来纳州立大学电气与计算机工程系

Uwe-Carsten Fiebig
Institute of Communications and Navigation German Aerospace Center (DLR) Wessling Germany
德国韦斯林德国航空航天中心(DLR)通信与导航研究所

Robert W. Heath
Electrical and Computer Engineering Department University of Texas at Austin USA
美国得克萨斯大学奥斯汀分校电气与计算机工程系

Lorenzo Galati Giordano
Nokia Bell Labs Dublin Ireland
爱尔兰都柏林诺基亚贝尔实验室

Adrian Garcia-Rodriguez
Nokia Bell Labs Dublin Ireland
爱尔兰都柏林诺基亚贝尔实验室

Giovanni Geraci
Universitat Pompeu Fabra Barcelona Spain
西班牙巴塞罗那庞培法布拉大学

Nuria González-Prelcic
Electrical and Computer Engineering Department University of Texas at Austin USA
美国得克萨斯大学奥斯汀分校电气与计算

IV

机工程系

Ismail Guvenc
Department of Electrical and Computer Engineering North Carolina State University NC USA
美国北卡罗来纳州立大学电气与计算机工程系

David W. Matolak
Department of Electrical Engineering University of South Carolina SC USA
美国南卡罗来纳大学电气工程系

Helka-Liina Määttänen
Ericsson Research Finland
芬兰爱立信研究院

Kamesh Namuduri
University of North Texas USA
美国北得克萨斯大学

Ozgur Ozdemir
Department of Electrical and Computer Engineering North Carolina State University NC USA
美国北卡罗来纳州立大学电气与计算机工程系

Sofie Pollin
Department of Electrical Engineering KU Leuven Belgium
比利时鲁汶大学电气工程系

Fernando Rosas
Data Science Institute Department of Brain Sciences and Center for Complexity Science Imperial College London UK
英国伦敦帝国理工学院脑科学和复杂性科学中心数据科学研究所

Nadisanka Rupasinghe
Department of Electrical and Computer Engineering North Carolina State University NC USA and DOCOMO Innovations, Inc. Palo Alto CA USA
美国北卡罗来纳州立大学电气与计算机工程系和美国加利福尼亚州帕洛阿尔托DOCOMO创新公司

Yavuz Yapici
Department of Electrical and Computer Engineering North Carolina State University NC USA
美国北卡罗来纳州立大学电气与计算机工程系

Chiya Zhang
School of Electronic and Information Engineering Harbin Institute of Technology Shenzhen China and Peng Cheng Laboratory (PCL) Shenzhen China
中国深圳哈尔滨工业大学电子与信息工程学院和中国深圳鹏城实验室(PCL)

Rui Zhang
Department of Electrical and Computer Engineering National University of Singapore Singapore
新加坡国立大学电气与计算机工程系

Vishnu V. Chetlur
Wireless @ VT Bradey Department of Electrical and Computer Engineering Virginia Tech Blacksburg VA USA
美国弗吉尼亚州布莱克斯堡弗吉尼亚理工大学电气和计算机工程系无线@ VT Bradey

Huaiyu Dai
Department of Electrical and Computer Engineering North Carolina State University NC USA
美国北卡罗来纳州立大学电气与计算机工程系

Harpreet S. Dhillon
Wireless @ VT Bradey Department of Electrical and Computer Engineering Virginia Tech Blacksburg VA USA
美国弗吉尼亚州布莱克斯堡弗吉尼亚理工大学电气和计算机工程系无线@ VT Bradey

Fatih Erden
Department of Electrical and Computer Engineering North Carolina State University NC USA
美国北卡罗来纳州立大学电气与计算机工程系

Tianwei Hou
School of Electronic and Information Engineering
Beijing Jiaotong University PR China
中国北京交通大学电子与信息工程学院

Wahab Khawaja
Department of Electrical and Computer Engineering North Carolina State University NC USA
美国北卡罗来纳州立大学电气与计算机工程系

Aldebaro Klautau
Computer and Telecommunication Engineering Department Universidade Federal do Para Brazil
巴西帕拉联邦大学计算机和电信工程系

István Z. Kovács
Nokia Bell Labs Denmark
丹麦诺基亚贝尔实验室

Abhaykumar Kumbhar
Department of Electrical and Computer Engineering Florida International University Miami USA
美国迈阿密佛罗里达国际大学电气与计算机工程系

Liang Liu
Department of Electronic and Information Engineering The Hong Kong Polytechnic University Hong Kong
香港理工大学电子及信息工程系

Yuanwei Liu
School of Electronic Engineering and Computer Science Queen Mary University of London UK
英国伦敦玛丽女王大学电子工程与计算机科学学院

David López–Pérez
Nokia Bell Labs Dublin Ireland
爱尔兰都柏林诺基亚贝尔实验室

Cristian Rusu
LCSL Istituto Italiano di Tecnologia (IIT) Liguria Italy
意大利利古里亚意大利技术学院(IIT) LCSL 研究所

Nicolas Schneckenberger
Institute of Communications and Navigation German Aerospace Center (DLR) Wessling Germany
德国韦斯林德国航空航天中心(DLR)通信

与导航研究所

Troels B. Sørensen
Aalborg University Denmark
丹麦奥尔堡大学

Xin Sun
School of Electronic and Information Engineering Beijing Jiaotong University PR China
中国北京交通大学电子与信息工程学院

Jeroen Wigard
Nokia Bell Labs Denmark
丹麦诺基亚贝尔实验室

Qingqing Wu
State Key Laboratory of Internet of Things for Smart City University of Macau China
澳门大学智慧城市物联网国家重点实验室

Jie Xu
Future Network of Intelligence Institute(FNii) and School of Science and Engineering The Chinese University of Hong Kong Shenzhen PR China
中国深圳香港中文大学未来智联网络研究院(FNii)和理工学院

Wei Zhang
School of Electrical Engineering and Telecommunications University of New South Wales Sydney Australia
澳大利亚悉尼新南威尔士大学电气工程与电信学院

Yong Zeng
National Mobile Communications Research Laboratory Southeast University China and Purple Mountain Laboratories Jiangsu China
中国东南大学国家移动通信研究实验室和江苏紫金山实验室

缩　略　词

3GPP	3rd/third generation partnership project	第三代合作伙伴计划
5G	5th/fifth generation	第五代
5pSE	5th/fifth percentile spectral efficiency	第5百分位频谱效率
AA	air-to-air	空对空
AG	air-to-ground	空对地
AG-HetNet	air-ground heterogeneous cellular network	空地异构蜂窝网络
ASE	area spectral efficiency	面积频谱效率
ASTA	arrivals see time averages	可视时间平均值
AWGN	additive white Gaussian noise	加性高斯白噪声
B5G	beyond 5th/fifth generation	超越第五代
b/s/Hz	bits per second per hertz	每秒每赫兹位数
BER	bit error rate	误码率
BHCA	busy hour call attempts	忙时呼叫尝试
BPP	binomial point process	二项点过程
BPSK	binary phase shift keying	二进制相移键控
BR	bandwidth reservation	带宽预留
BS	base station	基站
BSs/km^2	base stations per square kilometer	每平方千米基站数
b.u.	bandwidth unit(s)	带宽单位
BVLoS	beyond-visual-line-of-sight	超视距
BW	bandwidth	带宽
C2, C&C	command and control	指挥与控制

CAC	call/connection admission control	呼叫/准入控制
CBP	call blocking probability(-ies)	呼叫阻塞概率
CCDF	complementary cumulative distribution function	互补累积分布函数
CCS	centum call seconds	百次呼叫秒数
CDF	cumulative distribution function	累积分布函数
CDTM	connection dependent threshold model	连接相关阈值模型
CE2R	curved Earth two-ray	曲线地球双径
CFO	carrier frequency offset	载波频偏
CI	close-in	近距离
CIR	channel impulse response	信道冲激响应
CNPC	control and non-payload communications	控制和非有效载荷通信
CRE	cell range expansion	小区范围扩展
CS	complete sharing	完全共享
CSF	coordinated radio subframe	协调(无线电)子帧
CSI	channel state information	信道状态信息
CTF	channel transfer function	信道传递函数
CW	continuous wave	连续波
DBS	drone base station	无人机基站
DiffServ	differentiated services	区分服务
DME	distance-measuring equipment	测距设备
DPP	Doppler power profile	多普勒功率分布
DS	dual slope	双斜率
DSB-AM	double-sideband amplitude modulation	双边带调幅
DS-SS	direct sequence spread spectrum	直接序列扩频
EMLM	Erlang multirate loss model	Erlang多速率损耗模型
eICIC	enhanced inter-cell interference coordination	增强型小区间干扰协调

erl	the Erlang unit of traffic-load	Erlang 交通负载单位
FAA	Federal Aviation Administration	联邦航空管理局
FBMC	filter bank multicarrier	滤波器组多载波
FCC	Federal Communications Commission	联邦通信委员会
FeICIC	further-enhanced inter-cell interference coordination	进一步增强型小区间干扰协调
FI	floating intercept	浮动截距
FIFO	first in-first out	先进先出
FMCW	frequency-modulated continuous wave	调频连续波
Freq.	frequency	频率
FSPL	free-space path loss	自由空间路径损耗
GA	genetic algorithm	遗传算法
GBSCM	geometrically based stochastic channel model	基于几何的随机信道模型
GMSK	Gaussian minimum shift keying	高斯最小移位键控
GPS	global positioning system	全球定位系统
GS	ground station	地面站
GSa/s	gigasamples per second	每秒千兆采样
GSM	global system for mobile communication	全球移动通信系统
GUE	ground user / ground user equipment	地面用户/地面用户设备
HAP	high-altitude platform	高空平台
HD	high definition	高清晰度
HetNet	heterogeneous network	异构网络
ICI	inter-carrier interference	载波间干扰
ICIC	inter-cell interference coordination	小区间干扰协调
IMPC	intermittent multipath component	间歇式多径分量
Infs.	infrastructure	基础设施

IS-GBSCM	irregular-shaped geometric-based stochastic channel model	不规则形状的基于几何的随机信道模型
ITU	International Telecommunication Union	国际电信联盟
kbps	kilobits per second	每秒千比特
LAP	low-altitude platform	低空平台
LDACS	L-band digital aeronautical communications systems	L波段数字航空通信系统
LDPLM	log-distance path-loss model	对数距离路径损耗模型
LoS / LOS	line-of-sight	视线
LTE	long-term evolution	长期演进
LUI	Lisbon University Institute	里斯本大学学院
mAh	milli-amp hour	毫安时
Mbps	megabits per second	每秒兆位
MBS	macro base station	宏基站
mgf	moment generating function	矩量母函数
MIMO	multiple input-multiple output	多输入多输出
MISO	multiple input-single output	多输入单输出
mmWave	millimeter wave	毫米波
Mod. sig.	modulated signal	调制信号
MOI	MBS cell of interest / macro base station cell of interest	关注的MBS小区/关注的宏小区
MPC	multipath component	多径分量
mph	miles per hour	每小时英里数
MSK	minimum shift keying	最小移频键控
MUE	MBS GUE / macro base station ground user equipment	MBS GUE/宏基站地面用户设备
N/A	not applicable / not available	不适用/不可用

NGSCM	non-geometric stochastic channel model	非几何随机信道模型
NLoS / NLOS	non-line-of-sight	非视线
OFDM	orthogonal frequency-division multiplexing	正交频分复用
OHPLM	Okumura-Hata	路径损耗模型
OLOS	obstructed line-of-sight	视线受阻
PAPR	peak-to-average-power ratio	峰均功率比
PBS	pico base station	微微基站
PDF	probability density function	概率密度函数
PDP	power delay profile	功率延迟分布
PG	path gain	路径增益
pgfl	probability generating functional	概率母泛函
PL	path loss	路径损耗
PLE	path-loss exponent	路径损耗指数
PPP	Poisson point process	泊松点过程
PRN	pseudo-random number	伪随机数
PSC	public safety communications	公共安全通信
PSD	power spectral density	功率谱密度
QoS	quality of service	服务质量
RED	random early detection	随机早期检测
RF	radio frequency	射频
RHS	right hand side	右侧
RMa	rural macro	农村宏蜂窝
RMS-DS	root-mean-square delay spread	均方根延迟扩展
RS-GBSCM	regular-shaped geometric-based stochastic channel model	规则形状的基于几何的随机信道模型
RSRP	reference symbol received power	参考符号接收功率
RSRQ	reference signal receive quality	参考信号接收质量
RSS	received signal strength	接收信号强度

RSSI	received signal strength indicator	接收信号强度指示器
RTT	round-trip time	往返时间
r.v.	random variable(s)	随机变量
RW	random walk	随机游走
RWP	random waypoint	随机航路点
RX	receiver	接收器
Satel.	satellite	卫星
SDMA	space-division multiple access	空分多址
SE	spectral efficiency	频谱效率
SIMO	single input-multiple output	单输入多输出
SINR	signal-to-interference-plus-noise ratio	瞬时信噪比
SIR	signal-to-interference ratio	信干比
SIRO	service in random order	随机服务
SISO	single input-single output	单输入单输出
SNR	signal-to-noise ratio	信噪比
TDL	tapped delay line	抽头延迟线
TDMA	time division multiple access	时分多址
Terres.	terrestrial	地面站
TOA	time of arrival	到达时间
TX	transmitter	发射器
UABS	unmanned aerial base station	无人机基站
UAS	unmanned aircraft system / unmanned aerial system	无人机系统
UAV	unmanned aerial vehicle	无人机
UDM	user-dependent model	用户/用户设备相关模型
UE	user / user equipment	用户/用户设备
UIM	user-independent model	用户/用户设备无关模型

UMa	urban macro	城市宏蜂窝
UMi	urban micro	城市微蜂窝
UMTS	universal mobile telecommunications service	通用移动通信服务
UOI	UABS cell of interest / unmanned aerial base station cell of interest	关注的 UABS 小区/关注的无人机小区
USF	uncoordinated radio subframe	非协调（无线电）子帧
UUE	UABS GUE / unmanned aerial base station ground user equipment	UABS GUE/无人机基站地面用户设备（简称无人机用户设备）
UWB	ultra-wideband	超宽带
V2V	vehicle-to-vehicle	车间
Vehic.	vehicular	车辆
VHF	very high frequency	甚高频
WSS	wide-sense stationary	广义平稳

目　　录

第一部分　无人机通信基础

第1章　概述 ... 1
1.1　无人机的定义、分类和全球趋势 ... 1
1.2　无人机通信及频谱需求 ... 2
1.3　现有无人机通信的潜在技术 ... 4
 1.3.1　直接链接 ... 4
 1.3.2　卫星网络 ... 4
 1.3.3　自组织网络 ... 5
 1.3.4　蜂窝网络 ... 5
1.4　蜂窝式无人机通信的两种模式 ... 6
 1.4.1　蜂窝连接无人机 ... 6
 1.4.2　无人机辅助无线通信 ... 7
1.5　新机遇与挑战 ... 7
 1.5.1　高海拔 ... 8
 1.5.2　高视线概率 ... 8
 1.5.3　高三维机动性 ... 8
 1.5.4　尺寸、重量和功率限制 ... 9
1.6　本书的章节总结和主要组织结构 ... 9
参考文献 ... 10

第2章　无人机空对地传输信道建模综述 ... 12
2.1　引言 ... 12
2.2　文献综述 ... 14
 2.2.1　空中传输文献综述 ... 14
 2.2.2　无人机空对地传输研究现状 ... 15
2.3　无人机空对地传输特性 ... 15
 2.3.1　无人机空对地与地面传输对比 ... 16
 2.3.2　无人机空对地传输频带 ... 16
 2.3.3　空对地传输散射特性 ... 17
 2.3.4　空对地传播的天线配置 ... 17

	2.3.5	多普勒效应 ···	18

- 2.4 空对地信道测量:配置、挑战、场景和波形 ··· 18
  - 2.4.1 信道测量配置 ·· 18
  - 2.4.2 空对地信道测量面临的挑战 ·· 22
  - 2.4.3 空对地传输场景 ·· 23
  - 2.4.4 仰角效应 ·· 25
- 2.5 文献中关于无人机空对地传输测量及仿真结果 ·· 25
  - 2.5.1 路径损耗/阴影 ·· 26
  - 2.5.2 延迟色散 ·· 27
  - 2.5.3 窄带衰落与莱斯 K 因子 ··· 28
  - 2.5.4 多普勒频散 ·· 28
  - 2.5.5 无人机空对地测量环境的影响 ·· 29
  - 2.5.6 信道特性模拟 ·· 30
- 2.6 无人机空对地传播模型 ··· 31
  - 2.6.1 空对地传输信道模型类型 ·· 31
  - 2.6.2 路径损耗与大尺度衰落模型 ·· 32
  - 2.6.3 机身阴影 ·· 37
  - 2.6.4 小尺度衰落模型 ·· 38
  - 2.6.5 间歇式多径分量 ·· 40
  - 2.6.6 频带对信道模型的影响 ·· 42
  - 2.6.7 多输入多输出-空对地传播信道模型 ··· 42
  - 2.6.8 不同空对地信道模型的比较 ·· 43
  - 2.6.9 传统信道模型与无人机空对地传播信道模型的比较 ·························· 44
  - 2.6.10 射线跟踪模拟 ·· 45
  - 2.6.11 无人机的第三代合作伙伴计划信道模型 ·· 48
- 2.7 结论 ·· 49
- 参考文献 ·· 49

第3章 无人机检测与识别 ·· 58

- 3.1 简介 ·· 58
- 3.2 基于射频的无人机检测技术 ··· 61
  - 3.2.1 射频指纹技术 ·· 62
  - 3.2.2 Wi-Fi 指纹技术 ·· 62
- 3.3 多级无人机射频信号检测 ··· 63
  - 3.3.1 预处理步骤:多分辨率分析 ·· 64
  - 3.3.2 射频信号检测的朴素贝叶斯决策机制 ·· 66
  - 3.3.3 检测 Wi-Fi 和蓝牙干扰 ··· 68
- 3.4 基于射频指纹的无人机分类 ··· 72
  - 3.4.1 使用近邻成分分析进行特征选择 ·· 73

3.5	实验结果	75
	3.5.1 实验设置	75
	3.5.2 检测结果	76
	3.5.3 无人机分类结果	78
3.6	结论	81
	致谢	82
	参考文献	82

第二部分 蜂窝连接无人机通信

第4章 蜂窝连接无人机的性能分析 ... 85

4.1	简介	85
	4.1.1 动机	85
	4.1.2 相关工作	86
	4.1.3 贡献和章节结构	87
4.2	建模前期工作	88
	4.2.1 随机几何	88
	4.2.2 网络体系结构	88
	4.2.3 信道模型	89
	4.2.4 阻塞模型与服务水平概率	90
	4.2.5 用户关联策略与链路信噪比	90
4.3	性能分析	91
	4.3.1 精确覆盖概率	92
	4.3.2 无人机覆盖概率的近似计算	93
	4.3.3 可实现吞吐量和面积频谱效率分析	95
4.4	系统设计:研究案例与讨论	96
	4.4.1 精度分析	96
	4.4.2 设计参数	96
	4.4.3 异构网络-层选择	100
	4.4.4 网络致密化	101
4.5	结论	103
	参考文献	109

第5章 LTE(4G)无人机的性能提升:实验和仿真 ... 112

5.1	简介	112
5.2	LTE连接实时网络测量	113
	5.2.1 下行链路实验	114
	5.2.2 路径损耗模型表征	116
	5.2.3 上行链路实验	117

5.3 LTE 网络的性能 ················· 120
5.4 可靠性增强 ···················· 121
 5.4.1 干扰抵消 ················· 121
 5.4.2 小区间干扰控制 ············· 122
 5.4.3 坐标多点 ················· 123
 5.4.4 天线波束选择 ·············· 124
 5.4.5 双长期演进接入 ············· 125
 5.4.6 专用频谱 ················· 126
 5.4.7 讨论 ··················· 127
5.5 总结与展望 ···················· 128
参考文献 ························· 129

第 6 章 蜂窝状无人机的第三代合作伙伴计划标准化 ······ 130

6.1 长期演进和新无线电简介 ············· 130
 6.1.1 长期演进物理层与多输入多输出 ····· 131
 6.1.2 新无线电物理层与多输入多输出 ····· 132
6.2 由移动网络提供服务的无人机 ·········· 134
 6.2.1 干扰检测与抑制 ············· 135
 6.2.2 无人机机动性 ·············· 137
 6.2.3 无人机识别和授权需求 ········· 137
6.3 对无人机的第三代合作伙伴计划标准化支持 ·· 138
 6.3.1 基于多小区参考信号接收功率级别的测量报告 ·· 138
 6.3.2 高度、速度和位置报告 ········· 139
 6.3.3 上行链路功率控制增强 ········· 140
 6.3.4 航路信号 ················· 141
 6.3.5 无人机授权和识别 ············ 142
6.4 蜂窝网络中的飞行模式检测 ··········· 143
参考文献 ························· 144

第 7 章 大规模多输入多输出无人机的增强蜂窝支持 ····· 146

7.1 简介 ························· 146
7.2 系统模型及评估 ·················· 146
 7.2.1 蜂窝网络拓扑 ·············· 147
 7.2.2 系统模型 ················· 149
 7.2.3 大规模多输入多输出信道估计 ····· 150
 7.2.4 大规模多输入多输出空间复用 ····· 150
7.3 单用户下行链路性能 ··············· 151
 7.3.1 无人机下行链路指挥和控制信道 ···· 152
7.4 大规模多输入多输出下行链路性能 ······· 153

  7.4.1 无人机下行链路指挥和控制信道 ……………………………… 153
  7.4.2 无人机-地面用户设备下行链路相互作用 ……………………… 155
 7.5 增强的下行链路性能 ………………………………………………………… 157
  7.5.1 无人机下行链路指挥和控制信道 ……………………………… 158
  7.5.2 无人机-地面用户设备下行链路相互作用 ……………………… 159
 7.6 上行链路性能 ………………………………………………………………… 160
  7.6.1 无人机上行链路指挥与控制信道和数据流 …………………… 160
  7.6.2 无人机上行链路相互作用 ……………………………………… 161
 7.7 结论 …………………………………………………………………………… 162
 参考文献 …………………………………………………………………………… 162

第 8 章　大容量毫米波无人机通信 ……………………………………………………… 164
 8.1 动机 …………………………………………………………………………… 164
 8.2 基于毫米波通信的无人机作用和用例 …………………………………… 166
  8.2.1 无人机在蜂窝网络中的作用 …………………………………… 166
  8.2.2 高容量蜂窝网络支持的无人机用例 …………………………… 167
 8.3 毫米波频率下的空中通道模型 …………………………………………… 168
  8.3.1 空中通道的传播注意事项 ……………………………………… 168
  8.3.2 空对空毫米波信道模型 ………………………………………… 170
  8.3.3 空对地毫米波信道模型 ………………………………………… 170
  8.3.4 射线追踪作为获取信道测量值的工具 ………………………… 172
 8.4 毫米波频率下无人机多输入多输出通信的关键方面 …………………… 173
 8.5 建立空中毫米波多输入多输出链路 ……………………………………… 176
  8.5.1 无人机毫米波通信波束训练与追踪 …………………………… 176
  8.5.2 空中环境中的信道估计与追踪 ………………………………… 177
  8.5.3 混合预编码器和组合器的设计 ………………………………… 178
 8.6 研究方向 ……………………………………………………………………… 179
  8.6.1 在塔台的传感 …………………………………………………… 179
  8.6.2 联合通信和雷达 ………………………………………………… 179
  8.6.3 定位和制图 ……………………………………………………… 179
 8.7 结论 …………………………………………………………………………… 179
 参考文献 …………………………………………………………………………… 180

第三部分　无人机辅助无线通信

第 9 章　基于随机几何的无人机蜂窝网络性能分析 ………………………………… 186
 9.1 简介 …………………………………………………………………………… 186
 9.2 系统模型概述 ………………………………………………………………… 188
  9.2.1 空间模型 ………………………………………………………… 188

		9.2.2 第三代合作伙伴计划的移动性模型	189
		9.2.3 信道模型	189
		9.2.4 感兴趣的指标	190
9.3	平均速率		190
9.4	切换概率		193
9.5	结果和讨论		197
	9.5.1 干扰无人机基站的密度		197
	9.5.2 平均速率		198
	9.5.3 切换概率		199
9.6	结论		201
致谢			201
参考文献			202

第 10 章 无人机位置和航空地面干扰协调 205

- 10.1 简介 205
- 10.2 文献综述 207
- 10.3 空地异构蜂窝网络的无人机基站用例 208
- 10.4 空地异构蜂窝网络中的无人机基站布局 209
- 10.5 空地异构蜂窝网络设计指南 213
  - 10.5.1 路径损耗模型 214
- 10.6 小区间干扰协调 216
  - 10.6.1 用户设备关联与调度 217
- 10.7 模拟结果 218
  - 10.7.1 无人机基站部署在六边形网格上的第 5 百分位频谱效率 219
  - 10.7.2 第 5 百分位频谱效率与基于遗传算法的无人机基站部署优化 221
  - 10.7.3 使用增强型小区间干扰协调和进一步增强型小区间干扰协调的固定(六边形)和优化无人机基站部署的性能比较 224
  - 10.7.4 不同无人机基站部署算法的计算时间比较 225
- 10.8 结束语 227
- 参考文献 228

第 11 章 节点航迹与资源优化 231

- 11.1 一般问题公式 231
- 11.2 通过旅行推销员进行初始路径规划及装卸货问题 233
  - 11.2.1 没有返回的旅行商问题 233
  - 11.2.2 给定初始和最终位置的旅行商问题 234
  - 11.2.3 含邻域旅行商问题 234
  - 11.2.4 装卸货问题 235
- 11.3 航迹离散化 237

	11.3.1　时间离散化	237
	11.3.2　路径离散化	238
11.4	块坐标下降	238
11.5	逐次凸逼近	239
11.6	统一算法	241
11.7	总结	242
参考文献		242

第 12 章　节能无人机通信 … 244

- 12.1 无人机能耗模型 … 244
  - 12.1.1 固定翼能量模型 … 245
  - 12.1.2 旋转翼能量模型 … 249
- 12.2 能效最大化 … 250
- 12.3 具有通信需求的能量最小化 … 253
- 12.4 无人机地面能量权衡 … 255
- 12.5 章节摘要 … 256
- 参考文献 … 256

第 13 章　无人机通信的基本权衡 … 258

- 13.1 简介 … 258
- 13.2 基本权衡形式 … 259
  - 13.2.1 吞吐量延迟权衡 … 260
  - 13.2.2 吞吐量能量权衡 … 260
  - 13.2.3 延迟能量权衡 … 261
- 13.3 吞吐量延迟权衡 … 261
  - 13.3.1 单无人机无线网络 … 261
  - 13.3.2 多无人机无线网络 … 262
- 13.4 吞吐量能量权衡 … 264
  - 13.4.1 无人机推进能耗模型 … 264
  - 13.4.2 能源约束型航迹优化 … 265
- 13.5 进一步讨论和今后的工作 … 266
- 13.6 章节摘要 … 268
- 参考文献 … 268

第 14 章　无人机蜂窝频谱共享 … 270

- 14.1 简介 … 270
  - 14.1.1 认知无线电 … 270
  - 14.1.2 无人机通信 … 271
  - 14.1.3 章节概述 … 273

XXI

14.2 无人机网络的信噪比元分布 273
    14.2.1 随机几何分析 273
    14.2.2 信噪比元分布的特征函数 274
    14.2.3 视线概率 277
14.3 无人机网络的频谱共享 278
    14.3.1 单层无人机小型蜂窝中的频谱共享 278
    14.3.2 蜂窝网络的频谱共享 281
14.4 总结 284
参考文献 284

第四部分　无人机通信的其他先进技术

第15章　无人机通信中的非正交多址接入 287

15.1 简介 287
    15.1.1 动机 288
15.2 以用户为中心的应急通信策略 288
    15.2.1 系统模型 289
    15.2.2 以用户为中心策略的覆盖概率 291
15.3 以无人机为中心的卸载操作策略 294
    15.3.1 信噪比分析 295
    15.3.2 以无人机为中心策略的覆盖概率 295
15.4 数值结果 298
    15.4.1 以用户为中心的策略 298
    15.4.2 以无人机为中心的策略 300
15.5 结论 302
参考文献 303

第16章　无人机通信的物理层安全 305

16.1 简介 305
16.2 无线网络中的安全漏洞 305
    16.2.1 拒绝服务攻击 306
    16.2.2 伪装攻击 306
    16.2.3 消息修改攻击 306
    16.2.4 窃听入侵者 306
    16.2.5 流量分析 306
16.3 无线网络安全要求 306
    16.3.1 真实性 307
    16.3.2 保密性 307
    16.3.3 完整性 307

16.3.4　可用性 ··· 307
　16.4　物理层安全 ··· 307
　　　16.4.1　物理层与上层 ··· 308
　　　16.4.2　物理层安全技术 ··· 308
　16.5　无人机的物理层安全 ··· 309
　　　16.5.1　增强物理层安全的无人机航迹设计 ··································· 310
　　　16.5.2　协同干扰提供物理层安全 ··· 311
　　　16.5.3　节能光谱物理层安全技术 ··· 311
　16.6　案例研究：无人机安全传输 ··· 313
　　　16.6.1　系统模型 ··· 313
　　　16.6.2　增强物理层安全的保护区方法 ······································· 314
　　　16.6.3　无人机基站下行链路的安全非正交多址接入 ··························· 315
　16.7　总结 ·· 321
　　参考文献 ·· 321

第17章　无人机无线能量传输 ·· 326
　17.1　简介 ·· 326
　17.2　系统模型 ·· 328
　17.3　和能量最大化 ·· 328
　17.4　无限充电时间下的最小能量最大化 ······································· 329
　　　17.4.1　多位置悬停解决方案 ··· 330
　17.5　有限充电时间下的最小能量最大化 ······································· 332
　　　17.5.1　连续悬停飞行航迹设计 ··· 333
　　　17.5.2　基于连续凸逼近的航迹设计 ··· 335
　17.6　数值结果 ·· 336
　17.7　结论与未来研究方向 ··· 338
　　参考文献 ·· 339

第18章　空中自组织网络 ·· 342
　18.1　对无人机的通信支持 ··· 342
　　　18.1.1　卫星连接 ··· 343
　　　18.1.2　蜂窝连接 ··· 343
　　　18.1.3　空中连接 ··· 344
　18.2　机动性挑战 ·· 345
　　　18.2.1　无人机系统间通信 ·· 345
　　　18.2.2　机动性模型 ··· 345
　18.3　建立自组织网络 ·· 347
　　　18.3.1　网络寻址 ··· 347
　　　18.3.2　路由 ··· 348

XXIII

18.4 标准 348
　　18.4.1 美国材料与试验协会:无人机系统的远程识别 348
　　18.4.2 欧洲民用航空设备组织:安全、可靠、高效的无人机系统运行 349
　　18.4.3 第三代合作伙伴计划:4G 长期演进和 5G 支持连接的
　　　　　无人机系统操作 349
　　18.4.4 IEEE P1920.1:空中通信和网络标准 349
　　18.4.5 IEEE P1920.2:无人机系统的车间通信标准 349
18.5 技术和产品 349
　　18.5.1 Silvus Streamcaster 349
　　18.5.2 goTenna 产品 350
　　18.5.3 Persisitant System 公司的 MPU5 和波中继 350
　　18.5.4 Rajant 公司的 Kinetic Mesh 网络 350
18.6 作为无人机网络解决方案的软件定义网络 351
18.7 总结 351
参考文献 351

第一部分 无人机通信基础

第1章 概 述

Qingqing Wu[1], Yong Zeng[3,4], Rui Zhang[2]

1. 澳门大学智能城市物联网国家重点实验室
2. 新加坡国立大学电气与计算机工程系
3. 中国东南大学国家移动通信研究实验室
4. 中国江苏紫金山实验室

1.1 无人机的定义、分类和全球趋势

无人机是由遥控器或嵌入式计算机程序驾驶的飞机,飞机上没有人。历史上,无人机主要用于敌对地区的军事应用,用于远程监视和武装攻击,以减少飞行员的损失。近年来,由于无人机制造技术的进步和成本的降低,使得公众更容易接触到无人机,在民用和商用中使用无人机的机会猛增。如今,无人机在许多领域都有着广泛的应用,如航空检查、摄影、精准农业、交通管制、搜索和救援、包裹递送和电信等。2016年6月,美国联邦航空管理局(FAA)发布了飞机质量小于55磅(25kg)的小型无人机系统(UAS)常规民用操作规则[9]。2017年11月,美国联邦航空管理局进一步启动了一项国家计划,即"无人机融合试点计划",以探索无人机的扩大使用,包括超视距(BVLoS)飞行、夜间行动和载人飞行[6]。预计这些新的指导方针和计划将在未来几年推动全球无人机行业的进一步发展。无人机行业的规模潜在巨大,仅美国经济就有800亿美元的现实预测,预计在未来10年内将创造数万个新工作岗位[1]。因此,无人机已成为未来10年提供丰富商机的一项有前景技术。

由于无人机的应用众多且多样化,无人机有多种类型。其实际上可以根据功能、重量/有效载荷、尺寸、续航时间、机翼配置、控制方法、巡航范围、飞行高度、最大速度和能量供应方法等标准分为不同类别。例如,在机翼配置方面,固定翼和旋翼无人机是实践中广泛使用的两种主要无人机类型。通常,与旋翼无人机相比,固定翼无人机具有更高的最大飞行速度、更大的有效载荷和更长的续航时间,而其缺点在于无法悬停以及起飞/着陆需要跑道或发射器。相比之下,旋翼无人机能够垂直起飞/降落并在规定的位置悬停。因此,这两种类型无人机的不同特性极大地影响着其适用情况。另一种常见的无人机分类标准是尺寸。

表1.1总结了4种典型无人机基于其尺寸的几个关键特征。文献[13]提供了更全面的分类方法。一般来说,选择合适的无人机类型对于高效完成任务至关重要,这需要考虑其规格以及实际应用要求。

表1.1 不同类型无人机的特征[10]

	微 型	小 型	中 型	大 型
范例	Kogan Nano Drone	DJI Spreading Wings S900	Scout B-330 helicopter	Predator B
质量	16g	3.3kg	90kg	2223kg
有效载荷	N/A	4.9kg	50kg	1700kg
翼面	多旋翼	多旋翼	多旋翼	固定翼
飞行半径	50~80m	N/A	N/A	1852km
高度	N/A	N/A	3km	5km
续航时间	6~8min	18min	180min	1800min
最大速度	N/A	57.6km/h	100km/h	482km/h
能量供给	160mA·h 锂电池	12000mA·h 锂离子电池	21kW 汽油发动机	712kW 950 轴马力涡轮螺旋桨发动机
应用场景	娱乐	专业航空摄影;适合携带蜂窝基站或用户设备	数据采集、高清视频直播;可携带蜂窝基站或用户设备	侦察、空中监视、目标捕获

1.2 无人机通信及频谱需求

无线通信是无人机系统的一项重要使能技术。一方面,无人机需要与远程飞行员、附近的飞行器和空中交通管制员等各方交换安全关键信息,以确保安全、可靠和高效的飞行操作。这通常称为控制和非有效载荷通信(CNPC)[11]。另一方面,根据其任务的不同,无人机可能需要及时发送和/或接收任务相关数据,如航空图像、高速视频和数据包,以便与各种地面实体(如无人机操作员、最终用户或地面网关)进行中继。这即是有效载荷通信。

实现可靠与安全的控制和非有效载荷通信链路是无人机大规模部署与广泛使用的必要条件。国际电信联盟(ITU)将确保无人机安全运行所需的控制和非有效载荷通信分为三类[11]。

(1) 无人机指挥和控制通信:包括无人机到地面飞行员的遥测报告(如飞行状态)、非自主无人机从地面到无人机的实时遥控信号,以及(半)自主无人机的定期飞行命令更新(如航路点更新)。

(2) 空中交通管制(ATC)中继通信:确保无人机不会对传统有人驾驶飞机造成任何安全威胁至关重要,尤其是在接近高飞机密度区域时。为此,空中交通管制员和地面控制站之间需要通过无人机建立一条称为空中交通管制中继的链路。

(3) 支持"感知和避让"通信:支持"感知和避让"的能力确保无人机与附近飞行器、地形和障碍物保持足够的安全距离。

控制和非有效载荷通信与有效载荷通信的具体通信和频谱要求通常有所不同。最近，第三代合作伙伴关系项目规定了这两种链路的通信要求[2]，汇总如表1.2所示。控制和非有效载荷通信通常具有较低的数据传输速率，如每秒千比特(kbps)，但对高可靠性和低延迟有相当严格的要求。例如，表1.2中，对于下行链路(DL)和上行链路(UL)方向，无人机指挥和控制的数据速率要求仅在60~100kbps的范围内，但要求小于10^{-3}个误包率的可靠性和小于50ms的延迟。虽然由于其共同的安全考虑，控制和非有效载荷通信链路对不同类型无人机的通信要求相似，但有效载荷数据的通信要求高度依赖于应用程序。表1.3根据文献[4]列出了几种典型的无人机应用及其相应的数据通信要求。

表1.2 第三代合作伙伴计划中规定的无人机通信要求[2]

通信路径	数据类型	数据速率	可靠性	延迟
DL(地面站到无人机)	指挥和控制	60~100kbps	10^{-3}误包率	50ms
UL(无人机至地面站)	指挥和控制	60~100kbps	10^{-3}误包率	N/A
	应用数据	高达50Mbps	N/A	与地面用户类似

表1.3 典型无人机应用的通信要求[4]

无人机应用场景	高度范围/m	有效载荷流量延迟/ms	有效载荷数据速率（下行链路/上行链路）
无人机送货	100	500	300kbps/200kbps 300kbps/200kbps
无人机拍摄	100	500	300kbps/30Mbps 300kbps/30Mbps
接入点	500	500	50Mbps/50Mbps
监视	100	3000	300kbps/10Mbps
基础设施检查	100	3000	300kbps/10Mbps
无人机机队表演	200	100	200kbps/200kbps 200kbps/200kbps
精准农业	300	500	300kbps/200kbps 300kbps/200kbps
搜救	100	500	300kbps/6Mbps 300kbps/6Mbps

由于失去控制和非有效载荷通信链路可能导致灾难性后果，国际民航组织已确定，无人机的控制和非有效载荷通信链路必须在受保护的航空频谱上运行[8,12]。此外，国际电信联盟的研究表明，为了支持控制和非有效载荷通信未来几年无人机的预测数量，需要34MHz地面频谱和56MHz卫星频谱来支持视线和超视距无人机操作[11]。为了满足这些要求，在2012年世界无线电通信大会(WRC-12)上，控制和非有效载荷通信无人机获得了5030~5091MHz的C波段频谱。最近，WRC-15决定将地球静止固定卫星服务(FSS)网络用于无

人机系统-控制和非有效载荷通信链路。

与控制和非有效载荷通信相比,无人机有效载荷通信通常具有更高的数据速率要求。例如,为了支持从无人机向地面用户传输全高清(FHD)视频,传输速率约为每秒数兆比特(Mbps),而对于4K视频,传输速率高于30Mbps。用作空中通信平台的无人机速率要求甚至更高,如数据转发/回传应用的速率要求高达每秒几十千兆比特(Gbps)。

1.3 现有无人机通信的潜在技术

为支持控制和非有效载荷通信与各种无人机应用中的有效载荷通信,需要选择适当的无线技术,以实现三维空间中空对空和空对地无线通信的无缝连接与高可靠性/吞吐量。为此,表1.4列出并比较了4种候选通信技术,包括直接链接、卫星、自组织网络以及蜂窝网络。

表1.4 无人机通信无线技术比较

通信技术	描述	优点	缺点
直接链接	与地面节点的直接点对点通信	简单,低成本	范围有限、数据速率低、易受干扰、不可扩展
卫星	通过卫星进行通信和互联网接入	全球覆盖	昂贵、沉重/大尺寸/耗能的通信设备、高延迟、大信号衰减
自组织网络	动态自组织无基础设施网络	鲁棒、适应性强,支持高机动性	成本高、频谱效率低、间歇性连接、路由协议复杂
蜂窝网络	利用蜂窝基础设施和技术实现无人机通信	几乎无处不在的可访问性、经济高效、性能卓越和可扩展性	偏远地区不可用,可能干扰地面通信

1.3.1 直接链接

由于其简单性和低成本,无人机与其相关地面节点之间在未授权频段(如工业科学医疗(ISM)2.4GHz频段)上的直接点对点通信在过去最常用于商用无人机,其中地面节点可以是操纵杆、遥控器或地面站。然而,它通常局限于视线通信,大大限制了其工作范围,阻碍了其在复杂传播环境中的应用。例如,在城市地区,通信很容易被树木和高层建筑等阻挡,导致可靠性差和数据速率低。此外,这种简单的解决方案通常不安全,容易受到干扰。由于上述限制,简单直接链路通信不是支持未来无人机大规模部署的可扩展解决方案。

1.3.2 卫星网络

因为卫星能够覆盖全球,所以利用卫星实现无人机通信是一个可行选择。具体而言,卫星可有助于中继广泛分离的无人机和地面网关之间的通信数据,这对于海洋上方和地面网络(Wi-Fi或蜂窝)覆盖不可用的偏远地区的无人机特别有用。此外,卫星信号还可用于无人机的导航和定位。在 WRC-15 中,Ku/Ka 频段卫星通信频率的有条件使用已被批准用于将无人机连接到卫星,而一些卫星公司,如 Inmarsat,已经为无人机推出了卫星通信服务[5]。然而,卫星无人机通信也有一些缺点。首先,由于卫星和低空无人机/地面站之间的距离很长,传播损耗和延迟相当大。因此,这对满足无人机超可靠与延迟敏感的控制和非有效载荷通信提出了巨大挑战。其次,无人机通常有严格的尺寸、重量和功率(SWAP)限制,因此可能无法携带所需的重型、大体积和耗能的卫星通信设备(如碟形天线)。最后,卫星通信的高运营成本也阻碍了其在低成本无人机群的广泛应用。

1.3.3 自组织网络

移动自组织网络(MANET)是一种无基础设施、动态自组织的网络,用于实现笔记本电脑、手机和对讲机等移动设备之间的点对点通信。此类设备通常使用如 IEEE 802.11 a/b/g/n 通过带宽受限的无线链路进行通信。移动自组织网络中的每个设备可以随时间随机移动;因此,其与其他设备的链路条件可能会频繁变化。此外,为了支持两个相距很远的节点之间的通信,一些中间节点需要通过多跳中继来帮助转发数据,从而导致更多的能量消耗、低频谱效率和较长端到端延迟。车载自组织网络(VANET)和飞行自组织网络(FANET)是移动自组织网络的两个应用,分别用于支持高机动性地面车辆和无人机在二维与三维网络中的通信[7]。

无人机飞行自组织网络的拓扑或配置可能采用不同的形式,如网格、环形、星形甚至直线,具体取决于应用场景。例如,星形网络拓扑适合无人机群应用,机群中的无人机都通过负责与地面站通信的中央枢纽无人机进行通信。尽管飞行自组织网络是一种在小型网络中支持无人机通信的鲁棒且灵活的体系结构,但它通常无法为部署在广域的大规模无人机提供可扩展的解决方案,因为在整个网络上实现可靠路由协议的复杂性和困难,飞行无人机之间存在动态和间歇性链路连接。

1.3.4 蜂窝网络

显然,上述介绍的三种通信技术通常无法以经济高效的方式支持大规模无人机通信。另外,为实现这一目标而建立新的专用地面网络经济上也是不可行的。因此,最近人们对利用现有和未来一代蜂窝网络实现无人机地面通信的兴趣显著增加[17]。由于全球蜂窝网络几乎无所不在的覆盖范围,以及其高速光回程和先进的通信技术,无论无人机的密度及其与相应地面节点的距离如何,控制和非有效载荷通信与无人机的有效载荷通信要求都有可能得到满足。例如,即将推出的第五代(5G)蜂窝网络预计将支持 10Gbps 的峰值数据速率,往返延迟仅为 1ms,原则上适用于高速率和延迟敏感的无人机通信应用,如实时视频流和数据中继。

尽管蜂窝无人机通信具有巨大优势,但仍存在蜂窝服务不可用的情况,如海洋、沙漠和森林等偏远地区。在这种情况下,其他技术(如直接链接、卫星和飞行自组织网络)可用于支持蜂窝网络地面覆盖范围以外的无人机通信。因此,可以预见,支持大规模无人机通信的未来无线网络将具有集成的三维架构,包括无人机对无人机、无人机对卫星和无人机对地通信,如图 1.1 所示,其中,每架无人机都可以使用一种或多种通信技术来利用这种混合网络中丰富的连接多样性。

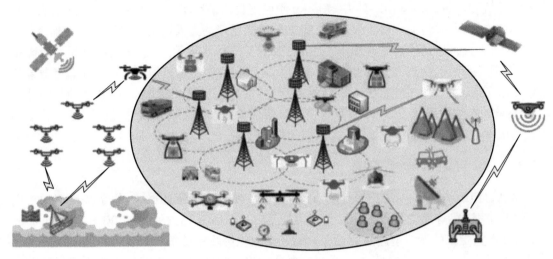

图 1.1　使用集成网络架构支持无人机通信[19]

1.4　蜂窝式无人机通信的两种模式

本节进一步讨论上述将无人机集成到蜂窝网络的新模式,以提供其完整的应用范围和好处。特别是,我们将讨论分为两大类。一方面,无人机被视为新的空中用户,从空中访问蜂窝网络进行通信,称为蜂窝连接无人机。另一方面,无人机被用作新的空中通信平台,如基站(BS)和中继站,通过提供来自天空的数据访问来辅助地面无线通信,因此称为无人机辅助无线通信。

1.4.1　蜂窝连接无人机

通过将无人机作为蜂窝网络中的新用户设备,可以实现以下好处[17]。首先,由于蜂窝网络几乎可以在全球范围内访问,蜂窝连接的无人机使地面飞行员能够远程指挥和控制无人机,几乎不存在限制性操作范围。此外,它还提供了有效的解决方案,以保持无人机与各种其他利益相关者(如最终用户和空中交通管制员)之间的无线连接,而不管其位置如何。因此,这将在未来开辟许多新的无人机应用。

其次,通过先进的蜂窝技术和认证机制,蜂窝连接的无人机在可靠性、安全性和数据吞吐量方面有望比 1.3 节中介绍的其他技术实现显著的性能改进。例如,当前的第四代(4G)长期演进(LTE)蜂窝网络采用基于调度的信道接入机制,其中可以通过向多个用户分配正交资源块(RB)来同时服务多个用户。相比之下,Wi-Fi(如飞行自组织网络中使用的 802.11g)采用基于竞争的信道接入,并采用随机退避机制,其中用户只允许接入感测到空闲的信道。因此,具有集中调度/控制的多用户传输使得蜂窝网络能够比 Wi-Fi 更有效地利用频谱,尤其是当用户密度较高时。此外,还可以通过利用长期演进和 5G 系统中可用的设备对设备(D2D)通信来实现无人机对无人机的通信。

再次,除了传统的基于卫星的全球定位系统(GPS),蜂窝辅助定位服务可以为无人机提供新的补充手段,以实现更稳健的无人机导航性能。最后但同样重要的是,蜂窝连接无人机是一种经济高效的解决方案,因为它可以重用全球数以百万计的蜂窝基站,而无须构建专门用于无人机的新基础设施。因此,蜂窝连接无人机有望成为无人机和蜂窝行业的双赢技术,未来将有丰富的商机可供探索。

1.4.2 无人机辅助无线通信

由于无人机制造成本的不断降低和通信设备的小型化,在无人机上安装小型紧凑型基站或中继设备变得更加可行,从而使飞行空中平台能够协助地面无线通信。例如,市场上已经有重量轻(如小于4kg)的商用长期演进基站,适合于安装在具有中等有效载荷的无人机上。

与通常在固定位置部署静态基站/中继的传统地面通信相比,无人机辅助通信具有以下主要优势[21]。首先,无人机安装的基站/中继可以根据需要快速部署。这尤其适用于临时或意外事件、应急响应和搜索救援等应用场景。其次,由于无人机的地面高度较高,与地面用户相比,无人机基站/中继更可能与地面用户建立视线连接,从而为通信以及多用户调度和资源分配提供更可靠的链路。最后,由于无人机的可控高机动性,无人机基站/中继具有额外的自由度(DoF),可通过动态调整其在三维中的位置来提高通信性能,以满足地面通信需求。

对于5G无线网络,三种最具代表性的商业场景是增强型移动宽带(eMBB)、海量机器类通信(mMTC)和高可靠低延迟通信(URLLC)(也称为任务关键型通信),它们对无人机通信特别有吸引力。具体而言,增强型移动宽带支持具有极高峰值数据速率的可靠连接,以及小区边缘用户的中等速率;海量机器类通信支持大量物联网(IoT)设备,这些设备仅偶尔处于活动状态并发送少量数据有效载荷;高可靠低延迟通信支持从一组有限终端以非常高的可靠性进行较小有效负载的低延迟传输,这些终端根据外部事件(如警报)通常指定的模式处于活动状态。因此,无人机辅助通信的优势使其成为支持主要5G应用的一种有前途的技术,其无线数据流量不断增加且高度动态。

1.5 新机遇与挑战

无人机作为空中用户或通信平台集成到蜂窝网络中,带来了新的设计机遇和挑战。蜂窝连接无人机通信和无人机辅助无线通信都与地面通信明显不同,这是由于无人机的高度和机动性高,无人机地面视线信道的概率高,控制和非有效载荷通信与任务相关有效载荷数据的不同通信服务质量(QoS)要求、无人机的严格交换约束以及通过联合利用无人机机动性控制和通信调度/资源分配的新设计自由度。表1.5总结了无人机蜂窝通信的主要设计机遇和挑战,具体如下。

表1.5 无人机通信的新机遇和挑战

特点	机 遇	挑 战
高海拔	作为空中基站/中继,地面覆盖范围广	需要为空中用户提供三维蜂窝覆盖
高视线概率	强大可靠的通信链路;高宏分集;缓慢的通信调度和资源分配	严重的空地干扰;易受地面干扰/窃听

续表

特点	机　遇	挑　战
高三维机动性	交通自适应运动;服务质量感知航迹设计	移交管理;无线回程
尺寸、重量和功率限制	N/A	有效载荷和续航时间有限;节能设计;紧凑轻便的基站/继电器和天线设计

1.5.1　高海拔

与传统地面基站/用户相比,无人机基站/用户通常具有更高的高度。例如,对于城市微蜂窝(UMi)部署而言,地面基站的典型高度约为10m,对于城市宏蜂窝(UMa)部署而言,地面基站的典型高度约为25m[2],而目前的法规已经允许无人机飞至122m[9]。对于蜂窝连接的无人机,高无人机高度要求蜂窝基站为无人机用户提供三维空中覆盖,这与地面用户的传统二维覆盖不同。然而,现有的基站天线通常向下倾斜(机械或电子),以满足地面覆盖以及抑制小区间干扰。初步的现场测量结果表明,对于400英尺(122m)以下的无人机,基站的天线副瓣满足了基本通信要求[3]。然而,随着高度的进一步增加,观察到微弱的信号覆盖,因此需要新的基站天线设计和蜂窝通信技术,以实现令人满意的无人机覆盖,最高可达第三代合作伙伴计划目前规定的300m最大高度[2]。另外,对于无人机辅助无线通信,无人机的高海拔使无人机基站/中继与地面通信相比能够实现更广泛的地面覆盖。

1.5.2　高视线概率

与地面通信信道相比,高无人机高度导致独特的空地信道特征。具体而言,与由于阴影和多径衰落效应而遭受严重路径损耗的地面信道相比,无人机地面信道(包括无人机基站和无人机用户信道)通常经历有限的散射,因此具有高概率的主导视线链路。与传统地面通信相比,视线占主导地位的空地信道给无人机通信设计带来了机遇和挑战。一方面,它在无人机与其服务/受服务地面基站/用户之间提供了更可靠的链路性能,并且在更灵活的无人机基站/用户关联方面具有明显的宏观多样性。此外,由于视线主导链路在时间和频率上具有较少的信道变化,因此与地面衰落信道相比,可以以更慢的速度更有效地实现通信调度和资源分配。另一方面,它也会导致强烈的空地干扰,这是一个严重的问题,可能会严重限制空中和地面基站/用户共存的蜂窝网络容量。例如,在无人机用户的上行链路通信中,由于其基站的高概率视线信道,可能会对同一频带内的多个相邻小区造成严重干扰;而在下行链路通信中,无人机用户也会受到这些同频道基站的强干扰。干扰缓解对于蜂窝连接无人机和无人机辅助地面通信的框架都至关重要。此外,与衰落信道上的地面通信相比,视线占主导地位的空地链路也使无人机通信更容易受到恶意地面节点的干扰/窃听攻击,从而在物理层造成新的安全威胁[14]。

1.5.3　高三维机动性

与地面网络不同,无人机通常位于固定位置,用户偶尔和随机移动,无人机可以在三维空间中高速移动,并具有部分或完全可控的机动性。一方面,无人机的高机动性通常导致更频繁的移交和与地面基站/用户的时变无线回程链路。另一方面,它也带来了重要的通信感知无人机机动控制设计新方法,如无人机的位置、高度、速度、航向等可以动态地改变,以更好地满足其通信目标。例如,在无人机辅助无线通信中,无人机基站/中继可以离线或实时设计其航迹(即随时间变化的位置和速度),以适应其服务地面用户的位置和通信信道。类似地,对于蜂窝连接的无人机,还可以根据地面基站的位置调整其航迹,以找到满足其任务要求的最佳路线,同时确保其飞行路径上至少有一个基站覆盖,以满足其通信需求。此外,无人机三维布局/航迹设计可与通信调度和资源分配共同考虑,以进一步提高其性能。

1.5.4 尺寸、重量和功率限制

与地面通信系统不同,地面基站/用户通常有来自电网的稳定电源或可充电电池,无人机的尺寸、重量和功率限制对其续航能力与通信能力造成了严重限制。例如,在无人机辅助无线通信的情况下,需要设计定制基站/中继,与地面通信相比,定制基站/中继通常尺寸更小、重量更轻、天线更紧凑、硬件更节能,以满足无人机有限的有效载荷和尺寸。此外,除了传统的通信收发器能量消耗,无人机还需要花费额外的推进能量来保持在高空并在空中自由移动[16, 18],这通常比通信相关能量(如千瓦对瓦特)重要得多。因此,与仅考虑通信能量的传统地面系统相比,无人机通信的节能设计更为复杂[15, 20]。

1.6 本书的章节总结和主要组织结构

第1章对无人机通信进行了概述,无人机通信已被广泛应用,并有望在未来10年带来巨大商机。本书首先讨论了控制和非有效载荷通信与有效载荷通信在不同应用中的频谱要求。接着讨论了支持无人机通信的潜在无线技术,同时预计将混合使用这些技术,以便在未来实现无人机通信的无缝连接和高可靠性/吞吐量。随后讨论了蜂窝网络中无人机通信的两个有前途的研究和应用框架,即无人机辅助无线通信和蜂窝连接无人机,其中无人机分别充当空中通信平台和用户。与传统的地面通信相比,无人机的通信因其离地高度高、在三维空间的运动灵活性强而面临着新的机遇和挑战。出现了几个关键问题,包括视线占主导地位的无人机地面信道和由此产生的强大空地网络干扰,无人机控制信息与有效载荷数据的不同通信服务质量(QoS)要求,无人机尺寸、重量和功率限制所施加的严格限制,以及利用高度可控的三维无人机机动性带来了新的设计自由度。

本书汇集了世界各地在相关领域工作的专家的观点,讨论了无人机通信的各个方面。包括本章在内,共有18章,分为4个部分。第一部分旨在介绍无人机通信的一些基础知识。除了本章(第1章)概述了无人机集成到5G及未来技术,第一部分还包括第2章,全面回顾了空地传播信道测量和建模,第3章讨论了无人机的检测和分类技术。

第二部分主要介绍将无人机集成到5G及未来技术的第一个范例,即蜂窝连接无人机,共分5章。第4章从覆盖概率、频谱效率以及吞吐量等方面对蜂窝网络支持的无人机系统进行了性能分析。第5章通过实验和模拟研究了长期演进连接的无人机,并分别从终端和网络端讨论了各种性能增强技术。第6章介绍了第三代合作伙伴计划(3GPP)最近通过蜂窝网络支持无人机的标准化工作。第7章更深层次地研究了基于最新第三代合作伙伴计划模型的当前蜂窝网络基础设施支持的无人机性能,然后展示了通过大规模多输入多输

(MIMO)技术实现的增强性能。第 8 章讨论了基于毫米波的大容量无人机通信,包括空中毫米波信道建模、信道估计、波束训练和跟踪以及混合预编码。

第三部分主要关注无人机辅助无线通信的范例,由 6 个章节组成。第 9 章对无人机基站蜂窝网络进行了性能分析,利用随机几何的强大工具研究了无人机机动性的影响。第 10 章研究了由常规地面宏基站组成的异构蜂窝网络和由无人机基站形成的小区,优化了无人机的布局和干扰协调。第 11 章将高度可控的无人机机动性用于无人机辅助通信,讨论了无人机联合航迹设计和通信资源优化的主要技术。第 12 章讨论了无人机有限的机载能量,其中通过考虑无人机的推进能量消耗,引入了新型节能无人机通信框架。第 13 章讨论了单无人机和多无人机辅助无线通信的吞吐量、通信延迟和能耗之间的各种权衡。第 14 章主要研究无人机基站形成的小区与传统蜂窝网络之间的频谱共享问题,以最大限度地提高网络吞吐量。

第四部分包含 4 个章节,讨论了无人机通信的其他一些先进技术。第 15 章研究了无人机通信中非正交多址(NOMA)技术的使用,以提高频谱和能量效率。第 16 章讨论了无人机通信的物理层安全。第 17 章研究了安装在无人机上的飞行无线充电器的射频无线功率传输,其中无人机的航迹经过优化,以使所有能量接收器中的最小接收能量最大化。第 18 章讨论了空中自组织网络作为实现无人机之间的超无线电视线(BRLOS)连接的有效解决方案。除了介绍使用无人机创建自组织网络的基本概念、挑战和解决方案,还讨论了无人机网状网络可用的当前标准和产品。

参 考 文 献

[1] Inc. com (2016). With 1 announcement, the FAA just created an $82 billion market and 100,000 new jobs. https://www.inc.com/yoram-solomon/with-one-rule-the-faa-justcreated-an-82-billion-market-and-100000-new-jobs.html (accessed 18 February 2019).

[2] 3GPP TR 36.777 (2017). *Technical specification group radio access network: study on enhanced LTE support for aerial vehicles*, v. 15.0.0.

[3] Qualcomm (2016). Paving the path to 5G: optimizing commercial LTE networks for drone communication. https://www.qualcomm.com/news/onq/2016/09/06/paving-path-5g-optimizing-commercial-lte-networks-drone-communication (accessed 18 February 2019).

[4] China Mobile (2017). China Mobile technical report: Internet of drones (in Chinese). http://www.jintiankansha.me/t/AE9FsWW9tc (accessed 18 February 2019).

[5] Inmarsat (2017). Launch of Inmarsat SwiftBroadband unmanned aerial vehicle service to provide operational capability boost. https://www.inmarsat.com/press-release/launch-inmarsat-swiftbroadband-unmanned-aerial-vehicle-service-provide-operationalcapability-boost/ (accessed 18 February 2019).

[6] FAA (2018). UAS Integration Pilot Program Resources. https://www.faa.gov/uas/programs_partnerships/integration_pilot_program/ (accessed 18 February 2019).

[7] I. Bekmezci, O. K. Sahingoz, and S. Temel (2013). Flying ad-hoc networks (FANETs): a survey. *Ad Hoc Netw.*, 11 (3): 1254–1270.

[8] C. Carlos (2017). Spectrum management issues for the operation of commercial services with UAVs. https://ssrn.com/abstract=2944132 or http://dx.doi.org/10.2139/ssrn.2944132 (accessed 18 February

2019).

[9] FAA (2016). Summary of small unmanned aircraft rule. https://www.faa.gov/uas/media/Part_107_Summary.pdf (accessed 18 February 2019).

[10] A. Fotouhi, H. Qiang, M. Ding et al. (2019). Survey on UAV cellular communications: practical aspects, standardization advancements, regulation, and security challenges. *IEEE Commun. Surveys Tuts.*, early access.

[11] ITU (2009). Characteristics of unmanned aircraft systems and spectrum requirements to support their safe operation in non-segregated airspace. ITU Tech. Rep. M.2171.

[12] R. J. Kerczewski, J. D. Wilson, and W. D. Bishop (2013). Frequency spectrum for integration of unmanned aircraft. In *Proceedings of the IEEE/AIAA Digital Avionics Systems Conference (DASC)*.

[13] K. P. Valavanis and G. J. Vachtsevanos (2015). *Handbook of Unmanned Aerial Vehicles*. Springer Netherlands.

[14] Q. Wu, W. Mei, and R. Zhang (2019). Safeguarding wireless network with UAVs: a physical layer security perspective. IEEE Wireless Commun., June, to appear.

[15] Y. Chen, S. Zhang, S. Xu, and G. Y. Li (2011). Fundamental trade-offs on green wireless networks. *IEEE Commun. Mag.* 49 (6): 30-37.

[16] Y. Zeng and R. Zhang (2017). Energy-efficient UAV communication with trajectory optimization. *IEEE Trans. Wireless Commun.* 16 (6): 3747-3760.

[17] Y. Zeng, J. Lyu, and R. Zhang (2019). Cellular-connected UAV: potentials, challenges and promising technologies. *IEEE Wireless Commun.* 26 (1): 120-127.

[18] Y. Zeng, J. Xu, and R. Zhang (2019). Energy minimization for wireless communication with rotary-wing UAV. *IEEE Trans. Wireless Commun.*, 18 (4): 2329-2345.

[19] Y. Zeng, Q. Wu, and R. Zhang (2019). Accessing from the sky: a tutorial on UAV communications for 5G and beyond. Proc. *IEEE*, submitted, arXiv/1903.05289.

[20] Z. Hasan, H. Boostanimehr, and V. K. Bhargava (2011). Green cellular networks: a survey, some research issues and challenges. *IEEE Commun. Surveys Tuts.* 13 (4): 524-540.

[21] Y. Zeng, R. Zhang, and T. J. Lim (2016). Wireless communications with unmanned aerial vehicles: opportunities and challenges. *IEEE Commun. Mag.* 54 (5): 36-42.

第 2 章 无人机空对地传输信道建模综述

Wahab Khawaja[1], Ismail Guvenc[1], David W. Matolak[2],
Uwe-Carsten Fiebig[3], Nicolas Schneckenberger[3]

1. 美国北卡罗来纳州瑞利市奥瓦尔路北卡罗来纳州立大学电气与计算机工程系,邮编:27606
2. 美国南卡来罗纳州哥伦比亚市缅因街南卡罗来纳大学电气工程系,邮编:29208
3. 德国韦斯林德国航空航天中心通信与导航研究所,邮编:82234

2.1 引 言

无人机长期以来一直用于军事和专业应用[25,67,115-117]。由于最近的技术进步,其吸引了从包装交付到通信、监视、检查、运输、搜索和救援等行业("用例")的主要关注[1-6,23,42,66,96]。这些无人机的尺寸大不相同,从适合放在人手心的小玩具到翼展超过 15m 的通用原子 MQ-9"收割机"(通常称为"捕食者")[136]等大型军用飞机。小型电池驱动的玩具通常可以飞行 15min,而大型无人机可以设计有长续航时间(30h)及用于高空作业(15km 以上)。据高盛(Goldman Sachs)称,截至 2020 年,无人机在商业、政府和军事领域共有 1000 亿美元的市场机会[52]。

与无人机的无线连接是无人机融入任何国家领空和促进新用途的要求。然而,无人机运行环境和场景带来了独特的技术挑战,目前 AT&T[19]、沃达丰[132]、爱立信[84]、诺基亚[18,77]和高通[104]等电信公司正在对这些挑战进行调查研究。其中,一个主要挑战是获得各种无人机运行环境和场景的真实空对地(AG)传播模型。准确描述空对地信道对于设计鲁棒且有效的波形、调制、资源分配、链路自适应和多天线技术至关重要。

无人机的空对地信道尚未像地面传播信道那样得到广泛研究。由于信道散射环境的差异,用于高空航空通信的可用空对地传播信道模型通常不能直接用于低空无人机通信。小型无人机还可能具有独特的结构和飞行特性,如由于独特的机身形状和材料而具有不同的机身阴影特性,以及飞行过程中由于俯仰、横滚和偏航产生更急剧的变化率。本章对无人机空对地传播信道的现有工作进行了全面、统一回顾。讨论了最近的信道测量活动和建模工作,以描述无人机的空对地信道。此外,还指出了未来的研究挑战以及与无人机传播通道相关的可能增强。

本章组织如下。2.2 节回顾了无人机的各种用例,以提供一些背景,并简要回顾了现有的建模空中链路传播特性的文献。2.3 节解释了无人机空对地信道的一些独特传播特性,如工作频率、散射几何形状、天线效应和多普勒效应,所有这些都与地面信道进行了比较。2.4 节回顾了空对地通道测量的一些关键注意事项,包括实际测量频率、平台配置、测量环境、空对地测量的独特挑战、空对地测量的探测波形类型以及仰角对测量结果的影响。2.5

第2章 无人机空对地传输信道建模综述

节回顾了对现有无人机空对地传播测量和文献中一些有代表性的模拟研究。特别是,本节回顾了路径损耗和阴影、延迟色散、窄带衰落、多普勒扩展、吞吐量和误码率(BER)特性,以及不同测量环境类型的影响。2.6节讨论了空对地传播信道模型,包括基于确定性、随机性模型及其组合,以及射线跟踪模拟。在对不同信道模型类型进行分类和回顾之后,我们对路径损耗和大规模衰落模型、机身阴影、小尺度衰落模型、间歇性多径分量(MPC)建模、频带选择的影响以及多输入多输出传播模型进行了综述。还回顾了最新第三代合作伙伴计划无人机空对地信道模型,并将现有的空对地传播模型与其他模型以及传统的蜂窝和卫星信道模型进行了比较。最后,2.7节提供了一些总结意见。

本章中使用的首字母缩略词(以及本书中使用的其他首字母缩略词)在前文的首字母缩略词列表中给出。本章中使用的变量如表2.1所示。提供了多个表格和图表,以列出、分

表2.1 本章使用的变量

变量	定 义	变量	定 义
A_m	与自由空间路径损耗相比的中值衰减	a	多径分量幅度
b	修正系数	c	光速
d	发射器和接收器之间的链路距离	d_h	无人机与基站的水平距离
d_0	发射器和接收器之间的参考距离	f	频率实例
f_c	载频	f_d	多径分量的多普勒频移
f_{MHz}	频率(兆赫)	Δh	无人机和地面站之间的高度差
h_G	地面站高度	h_{RX}	接收器高度
h_S	散射体高度	h_{TX}	发射器高度
h_U	无人机地面高度	G_A	环境增益
G_{Gr}	地面反射组件的天线增益	G_{LOS}	视线分量天线增益
K-因子	莱斯K因子	L_{rts}	屋顶到街道的衍射和散射造成的损耗
L_{msd}	多屏衍射损耗	M	多径分量总数
n	频率相关系数	p	多径分量持久性系数
Pd_0	d_0时的接收能量	P_R	接收能量
P_T	发射功率	PL	修正自由空间路径损耗
PL_0	参考路径损耗	PL_b	基站传播损耗
PL_{CI}	接近路径损耗	PL_{DS}	双斜率路径损耗
PL_F	FSPL	PL_{FI}	浮动截距路径损耗
PL_{LOS}	视线路径损耗	PL_m	中等传播损耗
PL_{NLOS}	非视线路径损耗	r	无人机与地面站之间的水平距离
r_1	视线分量路径长度	r_2	地面反射分量路径长度
t	瞬时	v	无人机速度
v_{max}	最大速度	X	阴影随机变量
X_{FS}	CI路径损耗模型中的随机变化	X_{FI}	FI路径损耗模型中的随机变化
X_{DS}	DS路径损耗模型中的随机变化	γ_s	传播损耗斜率
Γ	地面反射系数	α_0	调整系数
α	线性最小二乘回归拟合斜率	β	线性最小二乘回归拟合的Y截距点
Θ	聚合相角	θ	仰角
θ_{Gz}	掠射角	Φ	多径分量相位
$\Delta\Psi$	视线和地面反射多径分量之间的相位差	γ	路径损耗指数
τ	多径分量延迟	λ	无线电波的波长
σ	阴影衰落的标准差	ς	建筑面积占总面积的比率
ξ	单位面积平均建筑物数	Ω	建筑物的高度分布

类和回顾文献中现有的空中信道建模研究。表2.2回顾了文献中的空对地信道测量及其测量配置,表2.3对5种不同测量环境的相关测量研究进行了分类,表2.4总结了关于大尺度空对地传播和关键路径损耗参数的现有文献,表2.5总结了文献中记录的小尺度空对地模型参数。此外,图2.2根据飞行器类型和测量环境对测量场景和相关文献进行了分类,而图2.4根据确定性和随机模型对无人机空对地信道模型的文献进行了分类。

2.2 文献综述

各种组织已经根据大小对无人机进行了分类,典型分类为大型、中型和小型无人机。美国联邦航空管理局发布了重量小于55磅(25kg)的小型无人机规则[46]。这些规则的重点包括要求飞行员与飞机之间的视线(LOS),日间或黄昏时(正式日出/日落后30min内)飞行,并提供适当的照明以避免碰撞,最高飞行高度为地面以上400英尺(122m)(如果无人机位于施工现场122m范围内,则更高),最高速度为100英里/小时(87kn或161km/h)。机场附近的限制也适用,通常,持照飞行员必须操作或监督无人机操作。本章的重点是小型无人机,特别是这些无人机与其通信的地面站(GS)之间的空对地通道。这些地面站通常也是无人机控制站。

2.2.1 空中传输文献综述

基于无人机的空对地无线传播信道的现有研究大致可分为两类。第一类是有效载荷通信,可以是窄带或宽带,并且主要依赖于应用。第二类是用于无人机遥测控制的控制和非有效载荷通信(CNPC);控制和非有效载荷通信在很大程度上是指挥与控制(C2)的同义词。控制和非有效载荷通信大部分使用未经许可的频段,如2.4GHz和5.8GHz,这是航空界不喜欢的,因为这些频段可能拥挤且容易堵塞。在美国,控制和非有效载荷通信可能计划使用部分L波段(0.9~1.2GHz)和C波段(5.03~5.091GHz),但这些波段的使用仍在协商中[63,71]。另外,无人机的信道测量和建模(带宽和载波频率除外)在很大程度上与信令是针对有效载荷还是针对控制和非有效载荷通信无关。

空对地通信可追溯到大约1920年[135],当时正在使用手动无线电报。20世纪30年代早期使用了较低频带,这些链路不支持双向(空对地和地对空)的同时语音通信。从20世纪40年代初开始,飞行员和地面控制员之间的语音通信采用甚高频(VHF)频段(118~137MHz)的双边带调幅(DSB-AM)。1979年以前,该系统最多支持140个频道。多路复用和多址接入是由空中交通管制通过人工信道分配进行的频率划分。在更密集的空中交通空间中,为了实现更多的同时传输,25kHz双边带调幅信道被细分为三个信道,每个信道的带宽为8.33kHz。

今天,民用航空空对地通信继续使用可靠的模拟双边带调幅系统,尽管自1990年以来,一些地理位置的甚高频频段的一些小段正在升级为数字甚高频数据链路,原则上可以支持2280个信道[86,114]。通过单载波相移键控调制,该系统采用时间划分和频率划分。军用空对地通信使用不同的频带(超高频)和短距离与长距离调制方案[105]。由于数据速率非常低,民航系统无法支持现代空对地通信要求。2007年,有人建议将部分L波段用于新的民用航空系统,并开发了两种称为L波段数字航空通信系统(LDACS)的系统[114]。由于L波段数字航空通信系统与许多在 L 波段运行的现有系统兼容,因此仍在改进中。L 波段数字航空通信系统-1 目前正在由国际民用航空组织进行标准化。

文献中有大量关于航空航海航道特征的研究[49, 55, 82, 86, 89]。航空通信可大致分为飞行员或机组与地面控制器之间的通信和乘客的无线数据通信。这两种类型的通信都取决于飞行航线特征。在文献[55]中,传播信道分为飞行的三个主要阶段,称为停车和滑行、在途以及起飞和着陆。飞行的每个阶段都由不同的信道特性(衰落类型、多普勒扩展和延迟)来描述,但这篇相对较早的论文既不全面,也没有得到测量的充分支持。

此外,还研究了卫星和高空平台(HAP)的长距离空对地传播信道,也可将其视为无人机通信信道。然而,由于地球表面距地面系统的距离很长,通常大于 17km,因此这些链路的建模可能还需要考虑高层大气和极低仰角的影响。根据频率和无人机高度,长距离空对地信道也可能更容易受到低对流层效应的影响,如水文气象数据的衰减[83]。对于大多数此类高空平台,由于能量限制,需要视线分量,因此空对地信道幅度衰落通常被建模为莱斯[43]。

2.2.2 无人机空对地传输研究现状

关于无人机空对地传播信道测量和建模,有几项调查可用[76, 89, 93]。文献[89]对宽带空对地传播信道进行了调查,重点是 L 波段和 C 波段,它们被视为未来控制和非有效载荷通信空对地通信的可能候选波段。给出了时变信道的抽头延迟线模型。普遍发现结果表明,对于这些波段,不存在基于经验数据的准确和全面的宽带空对地传播信道模型。然而,该调查中的文献综述内容现已过时,新的研究已经出现在文献中。文献[93]对无人机的整体传播信道特性进行了类似的简短描述,分析了双径几何模型及其在不同场景中的应用。还讨论了无人机现有空对地信道模型的局限性。

文献[76]提供了关于空对地传播信道建模的最新调查。调查讨论了文献中可用的测量和分析渠道模型。空对地传播信道测量分为三个部分。第一部分涉及窄带和宽带信道测量,第二部分讨论使用 802.11 无线电的信道测量,第三部分涉及基于蜂窝基础设施的空对地传播信道测量。还提供了文献中可用的空对地传播信道测量表。此外,还提供了文献中的大尺度和小尺度衰落统计及其各自的模型。调查还涵盖了文献中的分析性空对地信道模型。这些分析信道模型分为三类,即确定性、随机性(基于抽头延迟线(TDL))和几何性。此外,调查还讨论了文献中的空对空(AA)信道特性研究;调查发现了一个常见结果,小路径损耗指数(PLE),基本上是自由空间的路径损耗指数,与地面或空对地传播中发现的较大路径损耗指数形成对比。还简要讨论了与空对地传播相关的重要问题,包括机身阴影、平稳间隔和分集增益。

2.3 无人机空对地传输特性

本节描述了无人机空对地传播信道的显著特征。图 2.1 显示了存在地面障碍物的常见空对地传播场景,这些障碍物通常也称为散射体,即使它们产生的传播机制不同(如反射、衍射)。图中,h_G、h_S 和 h_U 分别表示地面站、散射体和无人机离地高度,d 是无人机天线和地面站之间的倾斜范围,θ 是地面站和无人机天线之间的仰角。我们注意到也可能存在机载散射体；但是，在本章中，对于空对地链路，我们忽略了这种情况。

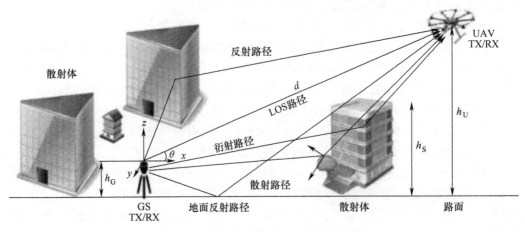

图2.1 无人机典型空对地传输场景

2.3.1 无人机空对地与地面传输对比

空对地信道表现出明显不同于那些经过充分研究的地面通信信道的特征，如城市信道。与使用空中平台的地面通信相比，存在固有优势，即视线传播的可能性更高。这降低了所需的发射功率，也可以转化为更高的链路可靠性。在仅存在非视线（NLOS）路径的情况下，当与无人机的仰角足够大时，与近地链路相比，空对地信道可能产生更小的衍射和阴影损失。

另外，由于无人机的机动性，空对地信道比典型的地面通信信道具有更高的变化率。当对信道进行统计建模时，意味着信道的统计信息仅在小空间范围和短时间内近似恒定（信道为广义平稳（WSS））。这通常被称为"非平稳性"。如果无人机不在散射物体或地面站附近，那么通道的特性实际上可能变化非常缓慢，尤其是对于悬停无人机。在这种情况下，不利的传播条件（如接收信号的深度衰减）可能持续几秒钟甚至几分钟；因此，交织或平均的常见通信技术可能没有效果。在许多情况下，当无人机高度远高于散射物体时，空对地通道的"非平稳性"将归因于地面站的周围环境，如附近建筑物或地面站周围的障碍物。

此外，由于三维任意移动模式和不同的通信应用需求，空对地与无人机的通信面临许多其他挑战[11, 20, 140, 146]。作为一个空中节点，需要考虑一些无人机特定特性包括机身阴影、无人机电子设备和电机产生的机械与电子噪声，以及天线特性，如多输入多输出系统的尺寸、方向、极化和阵列操作（如波束控制）。对于运动中的无人机，还必须考虑多普勒频移和传播对特定通信应用的影响[44, 57]。对于给定设置，可能需要考虑最佳无人机高度，如在该环境中维持视线[14]。

2.3.2 无人机空对地传输频带

与所有通信信道一样，基本的考虑因素是频带，因为传播特性可以随频率显著变化。商用无人机在飞行过程中用于控制和非有效载荷通信运营，通常有2.4GHz和5.8GHz两个流行频段。然而，其他频带可用于附加功能，如用于以3.4GHz从无人机向地面站传输视频。在大多数情况下，5.8GHz频段比2.4GHz频段更好，因为干扰更低（至少目前是这样）。对于控制和非有效载荷通信设想的 L 波段和 C 波段,以及目前流行的用于有效载荷通信的未经许可波段,大气气体和液体比重计的对流层衰减几乎可以忽略不计。对于在更高频带(如 Ku、Ka 和其他高达 100GHz 的毫米波频带)下的操作,是不正确的。因此,这些更高的频带会遭受更大的自由空间路径损耗(FSPL)以及对流层衰减。因此,这些频带通常用于短程空对地链路。

虽然较低的频带具有较小衰减,但毫米波频带提供更宽的带宽,这是其对 5G 蜂窝系统的主要吸引力。更宽的带宽对于无人机高速移动时遇到的较大多普勒频移和多普勒扩展值更为稳健。未来无人机可能会支持毫米波波段,用于典型的高速率要求的有效载荷数据通信。然而,对于控制和非有效载荷通信而言,毫米波波段可能不是一个好选择,因为它们具有较大的衰减和较弱的衍射,使得这些波段即使在存在小堵塞的情况下也不可靠。

2.3.3 空对地传输散射特性

在使用无人机的空对地传播信道中,多径分量由于来自地球表面、地面物体(地面散射体)以及偶尔来自无人机本身的空中框架的反射而出现。信道的特性将取决于散射对象的材料、形状和电气尺寸。在空对地传播场景中,除了视线分量,最强的多径分量通常来自地球表面的单次反射。这就产生了著名的双径模型。

对于足够高的频率,地面和无人机周围的散射体可以分别建模为两个圆柱体、球体[34,78]或椭球体表面上的点散射体,这些点散射体可以通过地面上椭圆平面的交点来界定(截断)[53-54]。这些拓扑结构有助于推导空对地传播信道的几何特征。可以对陆地或水中散射物体的分布进行随机建模,该概念可用于创建所谓的基于几何的随机信道模型(GBSCM)。对于通过此类分布上方区域的飞机,会导致间歇性多径分量[92],如车间信道。

对于水上传播,在存在视线分量的情况下,路径损耗类似于自由空间的路径损耗[39],具有强烈的表面反射。由于粗糙表面散射,来自水面的任何其他多径分量较弱,并且通常具有近似相等的功率和到达时间(TOA),而来自水面障碍物(如大型船舶或施工平台)的多径分量可能更强。

2.3.4 空对地传播的天线配置

由于空间有限和空气动力学结构的限制,飞机天线是空对地通信的关键部件[69,111]。影响空对地链路性能的因素包括所用天线的数量、类型和方向,以及无人机形状和材料特性。

大多数空对地信道测量在飞机和地面站上均采用单天线,而在文献[99]中使用了天线阵列。文献中描述了一些用于空对地传播测量的单输入多输出(SIMO)和多输入多输出天线配置[31,37]。全向天线在机载通信中最受欢迎,因为它们在运动中更容易使用,而定向天线(通过方向增益具有更好的范围)在运动中由于失准损失而性能较差。由于无人机在飞行中的高机动性,全向天线通常比定向天线更适合。无人机上任何天线的潜在主要缺点都是无人机机身的阴影。类似地,无人机上天线的方向也会影响通信性能[33,142]。文献[33]报告了水平-水平定向比垂直-垂直定向的吞吐量性能更好,而在文献[142]中,观察到水平天线定向有助于克服偏航偏差;发现垂直定向在无人机倾斜(变节距)期间的性能更好。

使用多个天线实现分集可以产生空间分集增益,即使在稀疏多径环境中也是如此[40, 137]。结果表明,在空对地传播中使用多输入多输出和单输入多输出可以根据天线几何结构与周围环境产生空间分集。类似地,多个天线可用于空间选择性,如波束成形/转向。然而,由于无人机的空间有限,使用多个天线的空间分集通常难以实现,尤其是对于较低的载波频率或非常小的无人机。例如,使用以毫米波频率工作的天线阵列进行波束成形可用于克服衰落和提高覆盖率,但阵列处理将需要大量的机载计算资源。文献[48, 147]中建议使用多输入多输出系统来增强空对地传播信道的信道容量。通过改变圆形天线阵列的直径和无人机的飞行高度,可以获得不同的多输入多输出信道容量值[48]。文献[147]通过另一种方法,提出了使用线性自适应天线阵列优化天线单元之间的距离,以增加多输入多输出信道容量。

2.3.5 多普勒效应

多普勒频移可在多载波信令(如正交频分复用(OFDM))中引入载波频偏(CFO)和载波间干扰(ICI)。有几项研究考虑了对空对地场景的多普勒扩展建模[26, 44, 55, 57, 118, 131, 139, 141]。一些信道接入算法,如多载波码分多址,已被证明对空对地信道中的多普勒扩展具有鲁棒性[129]。对于正交频分复用,可以通过调整载波间隔来减小多普勒扩展。

多普勒频移取决于无人机的速度和几何形状。若不同的信号路径与很大程度上不同的多普勒频率相关联,则会产生较大的多普勒扩展。若飞机相对靠近地面站,则可能发生这种情况。若飞机远离地面站,且高度足够高,则所有路径都应具有非常相似的多普勒频率,因为导致多径分量的地面站附近环境中的物体都与飞机具有相似的角度,即角度扩展很小。对于所有多径分量而言,恒定的大多普勒频率的影响可以通过精确的频率同步来缓解。

为了描述衰落信道的统计特性,通常使用一阶和二阶衰落统计。大多数空对地传播文献讨论了一阶衰落统计。文献[34, 118]讨论了包络水平交叉率和平均衰减持续时间的二阶统计量,但许多作者讨论了其他二阶特性,主要是时域或频域中的相关函数。

2.4 空对地信道测量:配置、挑战、场景和波形

文献中最近报道了几种使用有人驾驶飞机和无人机的空对地通道测量活动。这些测量在不同的环境和不同的测量参数下进行。本节将根据环境场景、探测信号、载波频率、带宽以及天线规格和位置对这些测量进行简要分类。只要可用,我们还将提供无人机类型和速度、无人机和地面传感器的高度、发射器和接收器之间的链路距离、仰角以及作者提供的信道统计信息。表2.2总结了这些通道测量参数。

在报告的空对地传播测量中,无人机/地面站上的发射器或接收器是静止的。在发射器和接收器移动的情况下,空对地传播测量很少。宽带空对地传播测量的显著贡献是在L和C波段使用单输入多输出天线配置在不同地形类型和水上/海上进行多次活动[37-39, 90-92, 94-95, 121-122]。其余引用的信道测量在从窄带到超宽带(UWB)的不同频带上使用各种类型的探测信号进行。

2.4.1 信道测量配置

信道测量使用不同类型和配置的天线。最常用的天线类型是全向天线,最常用的配置

第 2 章 无人机空对地传输信道建模综述

表 2.2 文献关于空对地通道测量重要经验的研究综述

参考文献	场景	声音信号	频率 /GHz	频带宽度 /MHz	天线和底座	P_T/dBm	无人机,v_{max}/(m/s)	h_U, h_G, d/m	θ/(°)	信道统计
[118]	城市	CW	2	0.0125	无人机上1个单极天线用于发射,地面站上4个单极天线用于接收	27	充气无人机,8	170, 1.5, 6000	1~6	P_R,直接辐射和散射分量的自相关
[73]	开阔地带,郊区	PRN	3.1~5.3	2200	无人机上1个偶极天线用于发射,地面站上1个偶极天线用于接收	−14.5	四旋翼直升机,20	16, 1.5, 16.5	—	路径损耗,装卸货同题,均方根延迟扩展,多径分量到达时间,子带功率谱密度
[37–39, 90–92, 94–95, 121–122]	城市,郊区,丘陵,沙漠,淡水,港口,海洋	DS-SS	0.968, 5.06	5, 50	地面站上的1个定向天线用于接收,无人机上的4个单极天线用于发射	40	固定翼,101	520~1952, 20, 1000~54390	1.5~48	延时线模型中的路径损耗,装卸货同题,均方根延迟扩展,K因子,抽头概率和统计(功率,延迟,持续时间)
[113]	农村,郊区	OFDM	0.97	10	地面站上的1个单极天线用于接收,飞机上的1个单极天线用于发射	37	固定翼,235	11000, 23, 350000	0~45	路径损耗,装卸货同题,多普勒功率分布
[124]	农村,郊区,城市,森林	FMCW	5.06	20	无人机上1个单极天线用于发射,地面站上1个贴片天线用于接收	30	固定翼,50	—, 0, 25000	—	信道冲激响应,PG,接收信号强度
[100]	城市	MSK	2.3	6	无人机上1个鞭性天线用于发射,地面站上1个贴片天线用于接收	33	固定翼,50	800, 0.15, 11000	4.15~86	接收信号强度
[51]	城市,郊区,农村	GSM, UMTS	0.9, 1.9~2, 2	—	充气无人机和地面站上的收发器	41.76	系留气球	450, —, —	—	接收信号强度,切换分析

续表

参考文献	场景	声音信号	频率/GHz	频带宽度/MHz	天线和底座	P_T/dBm	无人机,v_{max}/(m/s)	h_U, h_G, d/m	θ/(°)	信道统计
[31]	城市,丘陵	OFDM	2.4	4.375	无人机上4个鞭性天线用于发射,地面站上4个贴片天线用于接收	—	固定翼,120	3500, —,50000	—	特征值,波束成形增益
[137]	农村	PRN, BPSK	0.915	10	无人机上2个螺形天线用于发射,地面站上8个螺旋形天线用于接收	44.15	固定翼,36	200, —, 870	13~80	信道冲激响应,P_R,均方根延迟扩展,空间分集
[33]	—	OFDM	5.28	—	无人机上4个全向天线用于发射,地面站上2个单板天线用于接收	18	固定翼,17.88	45.72, 4.26, —	—	P_R,接收信号强度
[142]	城市,开阔地带	OFDM	5.24	—	无人机上2个全向天线用于发射,地面站上2个天线用于接收	20	四旋翼直升机,16	120, 2, 502.5	—	接收信号强度指示器
[143]	开阔地带	OFDM	5.24	—	无人机上3个全向天线用于发射,地面站上3个全向天线用于接收	20	四旋翼直升机,16	110, 3, 366.87	10~85	接收信号强度
[12]	—	IEEE 802.15.4	2.4	—	无人机和地面站的机载反F型收发天线	0	六旋翼直升机,16	20, 1.4, 120	—	接收信号强度指示器
[11]	郊区	Wi-Fi, 3G/4G	—	—	无人机和地面站上的收发器	—	六旋翼直升机,8	100, —, —	—	P_R,数据包的往返时间
[36]	森林(微波暗室)	—	8~18	—	发射器和接收器的螺旋天线	—	—	2.3, 0.6, 2.85	26~45	P_R

续表

参考文献	场景	声音信号	频率/GHz	频带宽度/MHz	天线和底座	P_T/dBm	无人机,v_{max}/(m/s)	h_U, h_G, d/m	θ/(°)	信道统计
[110]	开阔场地	Mod. sig.	5.8	—	无人机上2个单极天线和1个喇叭用于发射,地面站上2个单极天线用于接收	—	固定翼,—	150, 0, 500	—	P_R
[79]	面积/植物	802.11b/g	5.8	—	地面站上1个全向天线用于发射,无人机上4个单极天线用于接收	—	固定翼,20	75, 2, —	—	分集性能
[145]	城市/郊区、开阔地带、森林	CW	2.00106, 2.00086	—	无人机上2个单极天线用于发射,地面站上2个单极天线用于接收	27	贡多拉飞艇, 8.3	50及以上, 1.5, 2700	1	P_R
[126]	城市、农村、开阔地带	—	0.915	—	无人机上1个全向天线用于发射,地面站上1个单极天线用于接收	—	四旋翼直升机,—	—, 13.9, 500	—	接收信号强度,路径损耗
[97]	海洋	PRN	5.7	—	无人机上2个单极天线用于发射,地面站上2个单极天线用于接收	40	固定翼无人机,—	1830, 2.1~7.65, 95 000	—	路径损耗
[99]	城市	CW	2.05	—	无人机上1个单极天线用于发射,地面站上4个单极天线用于接收	—	空中平台,—	975, —, —	7.5~30	装卸货问题,多径分量计数,扩展、均方根计算延迟
[129]	机场附近	CW	5.75	—	地面站上1个定向天线用于发射,无人机上1个全向天线用于接收	33	固定翼无人机,—	914, 20, 85000	80	P_R,衰落深度,K因子,路径损耗
[80]	城市、丘陵	Chirp	5.12	20	地面站上的1个单极天线用于发射,无人机上1个全向天线用于接收	40	固定翼无人机,293	11000, 18, 142 000	(−16)−5	功率延迟分布

是单输入单输出(SISO)。无人机上天线的定位对于避免机身阴影和飞机空气动力学的破坏非常重要。在大多数测量中,天线安装在飞机机身或机翼的底部。无人机和地面上天线的方向也会影响信号特征[12, 33, 142-143]。一个特性,即机身阴影,在倾斜转弯和飞机俯仰角偏离水平时最为重要。发射器和接收器天线之间的仰角取决于无人机和地面站的高度,在飞行过程中,这些高度经常不断变化。

在为无人机设想的许多通信应用中,空中节点预计在给定时间内在空间中是静止的(或大部分是静止的)。对于以更高速度飞行的无人机,信道的相干时间减小,这就转化为更大的多普勒扩展。对于需要移交的多架无人机连接,这意味着移交的数量通常也会随着速度的增加而增加,同时将需要额外的处理。此外,较高的速度将导致空气摩擦和机械湍流增加,通常会导致噪声水平增加。文献中的许多空对地信道测量都是在固定翼飞机上进行的,最大速度从 17m/s 到 293m/s 不等。旋翼机和充气无人机的速度远低于固定翼飞机,从 8m/s 到 20m/s 不等。

无人机离地高度是重要的信道参数,也会影响信道特性。例如,若视线分量的功率占主导地位,则提高无人机的高度可以减少周围散射体的多径分量影响[72]。更高的无人机高度的另一个好处是更大的地面覆盖面积。同样,地面站的高度也会影响信道特性。对于给定的环境场景,可能存在地面基站的最佳高度[73],这可能是衰减和多径分集的平衡。

在飞行和悬停期间使用旋翼机和充气无人机的传播测量示例见文献[12, 73, 118, 142]。这些空对地传播测量是在 16m 到 11km 的不同无人机高度以及 16.5m 到 142km 的链路距离下获得的。无人机的纬度、经度、偏航、俯仰和横滚读数通常从全球定位系统(GPS)接收器获得,并通常在机上存储。

除了传统的空对地信道探测,还可以通过使用采用 IEEE 802.11 标准不同版本协议的无线电进行一些无人机空对地信道间接测量[12, 33, 142-143]。受 IEEE 802.11 支持的设备提供了非常灵活的平台,可以为无人机在不同拓扑和应用(如无人机群)中的部署提供洞察。然而,由于 802.11 的特定特性,产生的测量结果适用于特定的协议设置和无线电配置,并且很少提供详细的传播信道特性。

文献[133]中未对与无人机的空对空通信进行广泛研究。空对空通信对于多架无人机在机群间通信的场景尤为重要。机群通常通过一个或多个无人机的回程链路与一个或多个地面传感器通信。空对空通信与自由空间类似,具有较强视线,通常地面反射较弱,但这取决于飞行高度和环境。对于更高的海拔,通信信道大部分是非色散的,但可以快速时变,这取决于无人机的相对速度和散射环境[50]。

2.4.2　空对地信道测量面临的挑战

与地面测量相比,空对地信道测量活动面临许多挑战。其中两大挑战是无人机的有效载荷限制,以及无人机的工作范围和高度,这在美国是由美国联邦航空管理局设定的[45]。更大的无人机也会产生更大的测试成本。由于无人机离地高度的限制,低空无人机的视线概率较低,所以更容易受到阴影的影响,尤其是在郊区和城市地区。由于有效载荷的限制,很难在无人机上实现更高的发射功率测量,同样,无人机上复杂的接收处理可能会消耗令人望而却步的功率。

其他挑战包括信道测量的精确频率同步、飞行期间地形变化、气象条件(风和雨)、无人机上天线定位、无人机随时间在空间的精确位置测量、具有特定延迟的不同类型无人机的不同遥测控制,由于电池寿命有限,大多数小型无人机的可用带宽、潜在可靠性问题和飞行时间有限[11, 20, 146]。由于无人机在三维空间中的运动,精确测量无人机与地面传感器之间的距离具有挑战性。瞬间阵风会导致无人机位置的突然变化,这会使无人机路径难以准确跟踪。测量瞬时距离最常用的技术是在无人机和地面站上使用全球定位系统跟踪,但全球定位系统设备有精度限制,导航信号也可能在不同飞行区受到干扰。

2.4.3 空对地传输场景

由于有效载荷限制、物理同步链路要求和无人机机动性,典型的地面信道探测仪器矢量网络分析仪不能用于基于无人机的空对地信道探测[130]。因此,使用脉冲、相关或线性调频探测技术对窄带和宽带信道进行信道探测,其中由于有效载荷和处理限制,通常在地面上接收。

在给定环境中正确选择信道测量参数对于获得给定应用的准确信道统计信息至关重要。空对地传播环境通常根据地形类型进行分类,如平地、丘陵、山地和水面。特定地形也可以具有给定的覆盖类型,如草地、森林或建筑物。国际电信联盟(ITU)[59]提供了最广泛接受的地形覆盖分类。本次调查将引用的测量场景分类为开阔(平坦)地带、丘陵/山地和水面。如图2.2所示,每个场景都可以根据地形覆盖进行细分。

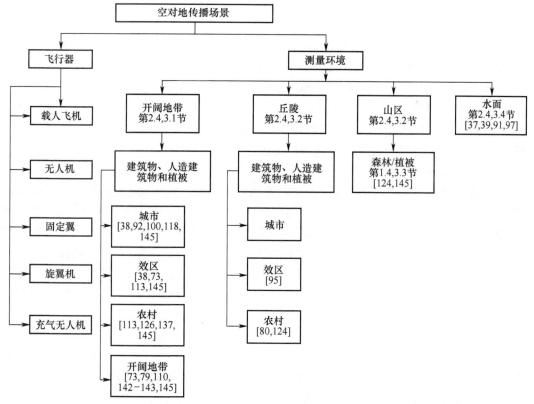

图 2.2 无人机空对地传输信道的测量场景

对于任何环境,都可以使用不同类型的无线电控制无人机。充气无人机或飞艇操作简单,但没有强劲的运动特性。非气球无人机可大致分为固定翼无人机和旋翼无人机。固定翼无人机可以滑行并获得更高的空气速度,通常比旋翼无人机飞行更远,但旋翼无人机更灵活,如大多数无人机可以垂直直线移动。旋翼无人机也有悬停能力,这对于几乎所有的固定翼无人机来说都是不可能的。表2.3描述了具有特殊特征的不同环境中无人机空对地传播场景。在本小节的其余部分中,我们将回顾图2.2所示的不同空对地测量场景。

表2.3 关于5种不同飞行环境下无人机空对地传播特性的文献

参考文献	场景	情景特征	重要因素
[11, 38, 73, 92, 99-100, 118]	城市/郊区	土地面积与开放建筑面积之比,建筑尺寸和高度的分布、地面终端(车辆、行人)的分布,植被、水体的分布和特征等	建筑物和屋顶材料
[79, 110, 113,126, 129, 137,142-143]	农村/开阔地带	植被类型和密度、稀疏建筑物的分布和大小	表面粗糙度、土壤类型和含水量
[80, 95, 124]	丘陵/山地	地形高度和坡度、植被分布和类型、建筑物分布和尺寸	地面坡度、地面粗糙度
[36, 124, 145]	森林	树叶密度和类型,以及高度分布	叶枝分布
[37, 39, 97, 121]	水面	水型(海洋或淡水)、水面物体(船只、平台等)的分布和大小、沿岸物体(建筑物、水箱等)的分布以及水面变化(如海况)	与地面相比的修正反射系数,海上情况下的管道效应

2.4.3.1 开阔空间

有关空对地传播的文献的主要部分涵盖开阔(平坦)地形。该开阔地形可能具有影响航道特性的不同地形覆盖。建筑物是主要的地形覆盖类型之一。建筑尺寸、高度及其区域密度的分布可细分为城市、郊区和农村地区,见图2.2。就城市和郊区而言,在给定空间中,人造结构的集中度较高,如建筑物、道路、桥梁、大型标志等。这些复杂散射体结构的分布(和组成)会强烈影响信道特性。在农村地区,尽管大型仓库和其他结构可能产生强大的多径分量,但通常建筑稀疏且高度低于城市环境。

2.4.3.2 丘陵/山地

丘陵/山地的特点是地面高度不均匀,或者相当于地形高度的标准偏差较大。丘陵和山地的传播路径损耗将主要遵循双径模型,并因表面粗糙度进行调整,以及可能来自山坡光滑部分或偶尔大型建筑物的反射。遇到地形障碍物的链路路径损耗可采用已建立的衍射模型,如文献[58],但由于发射和接收之间存在第一个菲涅耳区间隙,路径损耗接近自由空间[95, 122]。通常由均方根延迟扩展(RMS-DS)量化的信道色散比城市/郊区环境中的信道色散小[122],但若从大而远的山坡发生强烈反射,则信道色散可能会很大。通常,由于附近没有大量散射体,丘陵和山地环境比人口较多的地区反射要少。

2.4.3.3 森林

虽然有许多关于卫星通道路边阴影的出版物,如文献[10, 70, 81],但很少有涉及空对地在森林中传播的综合研究,特别是无人机的研究。在这些研究中,针对长距离空对地通信,分析了特定体积树木的传播效应(通常是衰减)以及时间衰减统计。一般来说,对于在森林中使用地面站的空对地传播,信道特性由树木的类型和密度决定。森林中的小型无人机根据高度的不同会经历不同的散射特性,如树干附近的散射与树冠附近的散射不同[36]。

散射还取决于树叶和树枝的类型与密度,因此,对于落叶树,散射将随季节变化。

2.4.3.4 水/海

水上设置的空对地传播信道与开阔地形设置类似,表面反射率和粗糙度与地面不同。路径损耗可用双径模型表示,其变化归因于表面粗糙度(见 2.6.4 节和 2.6.8.2 节中的小尺度衰减)。在这种情况下,均方根延迟扩展通常比具有大量障碍物(城市、郊区)环境中的小,但如果大型物体在地面上或仅在海上,这些物体可能会产生明显反射,并根据几何形状产生较大延迟扩散。

在海上传播的情况下,波浪在波涛汹涌的海面上的高度可能会对海面上非常低的站产生额外散射,甚至绕射或障碍。一个有趣的传播现象也可能发生在海上,即管道,其中折射率随高度的异常变化导致传播损失小于自由空间的传播损失[97]。这种现象取决于频率和气象条件,因此通常在统计上加以解决[60]。

2.4.4 仰角效应

与卫星通信一样,考虑仰角对无人机空对地通信的影响非常重要。这与地面通信的情况相反,在地面通信中,仰角的影响不太显著,因为发射和接收的高度较小,以及大部分用户的非视线通信。仰角的影响也可能因所用天线的类型而异。若通信具有视线定向,且无人机和地面站波束对齐,则仰角的影响可以忽略不计。然而,如果通信是全向的,那么天线方向图作为仰角函数的影响可能较显著。

文献[32,75]讨论了不同无人机高度的仰角对不同天线方向的影响。全向偶极天线在仰角平面上的增益被建模为无人机和地面站之间物理仰角的三角函数。结果表明,当无人机悬停时,仰角对接收功率的影响基本上是确定的,但当无人机绕地面作圆周运动时,建模就不那么容易了。

文献[74]讨论了仰角对 28GHz 下无人机空对地全向通信的影响。据观察,接收功率主要取决于视线和地面反射分量的仰角(因为它们最强)。接收功率是链路距离和仰角的函数:对于某些距离和角度,天线增益效应占主导地位,但在较大距离,天线增益不如衰减(自由空间路径损耗)对距离的影响显著。

类似地,在文献[72]中,接收功率显示为遵循双径模型。研究还表明,接收功率和均方根延迟扩展对无人机高度的依赖性是特定传播环境的函数。例如,在农村地区,无人机高度较高时,地面散射体的影响可以忽略不计,而在城市地区,即使在无人机高度较高时,散射体的影响也很显著。文献[74]中报告了多径分量到达时间、到达角和离开角的类似结果,其中在与散射体高度相当的无人机高度上观察到较大的时间和角度扩展。

2.5 文献中关于无人机空对地传输测量及仿真结果

有几种类型的信道统计信息可用于描述不同应用的信道特征。对于空对地传播,信道统计数据与地面信道的统计数据相似。一般来说,传播信道是线性和时变的,但有时可以近似或建模为时不变的。对于线性时变信道,信道冲激响应(CIR)或其傅里叶变换(时变信道传递函数(CTF))完全表征信道[37-39, 80, 90-92, 94-95, 99, 118, 121-122, 137]。如前所述,由于无人机的相对运动,空对地信道可能仅在小距离内处于统计静止状态[37]。因此,在估计信道统计信息时,可能需要考虑平稳性距离[39, 101, 108]。

一些研究人员用来表征空对地传播信道质量的另一个更高级别的参数是吞吐量,当然,这在很大程度上取决于发射和接收实现,以及空中接口的参数,如带宽、发射功率和天线数量。因此,这种测量方法在评估空对地信道本身时用途有限。类似地,对于多输入多输出信道,通常估计波束成型增益、分集和信道容量。以下小节给出了一些常见的空对地传播信道特性。

2.5.1 路径损耗/阴影

大多数空对地传播活动在不同的场景中解决路径损耗和阴影(如存在)。对于具有视线分量的空对地信道,路径损耗建模从自由空间路径损耗开始;当存在地球表面反射(未通过定向天线阻止或抑制)时,路径损耗可以用众所周知的双径模型来描述。与地面环境的发展平行,大多数测量采用对数距离路径损耗模型,其中损失随距离增加而增加,并由路径损耗指数表示。文献[73]中计算了不同无人机在开阔地带和郊区的路径损耗,以及小型悬停无人机的地面站高度。如表2.2所示,在不同的传播场景[37-39, 90-92, 94-95,121-122]中进行了L波段和C波段的综合路径损耗测量,发现城市、郊区、丘陵和水上场景的路径损耗指数值略有不同,但通常接近自由空间值2,线性拟合周围的标准偏差通常小于3dB。

从文献[142]中所示结论可以看出,机载无人机天线的方向不同,在无人机悬停和移动期间,IEEE 802.11通信的路径损耗指数不同。因此,天线方向图可能会扭曲真实的信道路径损耗特性,消除其影响并不总是容易或可能的。另外,对于使用的特定无人机配置,生成的路径损耗模型仍然有用。通常,视线和非视线条件的路径损耗是单独提供的,如文献[134],其中对于非视线情况,存在额外的小尺度(通常建模为瑞利)衰落项,以及除视线路径损耗之外的潜在其他项。类似地,L波段和C波段的视线模型可以包含莱斯小尺度效应[37]。

在文献[13]中,报告的路径损耗被描述为低空平台和地面站之间仰角 θ 的函数,即

$$PL = 20\log\left(\frac{\Delta h}{\sin\theta}\right) + 20\log(f_{MHz}) - 27.55 \quad (2.1)$$

其中,$\Delta h = H_U - H_G$ 是低空平台高度与地面站高度之间的差值,f_{MHz} 是单位为 MHz 的工作频率。自变量 $\Delta h/\sin\theta$ 仅表示为仰角函数的连接距离。

文献[47, 56, 73, 99, 118, 129]中报告了包括阴影影响在内的路径损耗结果。请注意,在没有第一菲涅耳区实际障碍物的视线情况下,导致路径损耗变化的物理机制实际上不是阴影,而是小尺度效应或天线效应。在文献[118]中,仅当无人机在地面附近飞行时,路径损耗及其相关阴影才归因于建筑物,而当无人机飞得更高时,实际阴影不存在,但仍然发生变化。人们还可以通过传统方法估计由于"部分"阴影造成的损失。例如,研究发现,文献[56]中的阴影是仰角的函数,其中阴影大小是使用均匀衍射理论估计的。

图2.3(a)给出了由于地面反射多径分量引起的视线信号功率随链路距离 d 变化的示例。具体而言,这是视线分量和未分辨地面反射的综合效应。测量是在农村环境中使用10MHz信号带宽进行的。地面站高度 h_G 为23m。无人机航迹如图2.3(b)所示。在测量过程中,镜面反射点首先穿过建筑物的屋顶,然后穿过开阔的草地[112]。从图2.3(a)中,我们观察到接收功率的周期性变化:信号衰减通常超过10dB。随着链路距离的增加,变化的频

率降低——这是双径模型的直接表现。因此，在这样的信道中，即使对于高速飞行的无人机，衰减也很容易持续几秒钟。必须注意的是，地面多径分量可能并不总是存在的，例如，当地面是反射性差的地面表面，或者相对于信号波长而言，地面非常粗糙时。

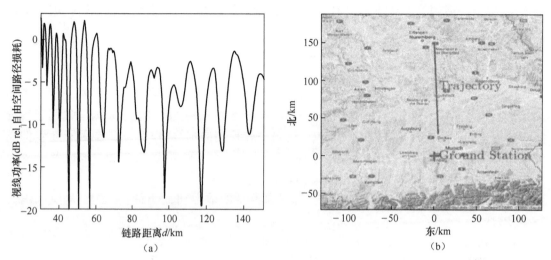

图 2.3　(a)地面多径传播引起的视线信号功率变化，功率为归一化 FSPL；(b)测量场景环境[112]

路径损耗提供关于链路衰减的完整信息，但另一个经常用于信道衰减估计的间接参数是接收信号强度(RSS)。文献[33,142-143]提供了基于具有不同天线方向的 IEEE 802.11a 传输的空对地传播信道的接收信号强度指标数据。文献[124]提供了由于高层建筑反射的多径衰落引起的接收信号强度波动数据，其中发现当飞行器转弯时，由于发射和接收天线之间的极化不匹配，接收信号强度减小。商业产品中接收信号强度值的准确性可能会有很大差异，因此，在使用接收信号强度值时，应注意校准。

2.5.2　延迟色散

功率延迟分布(PDP)是信道冲激响应的"功率版本"。这可以"瞬时"计算，或者更传统地，作为给定空间体积上的平均值(其中信道可以被视为广义平稳)。不同环境中的各种空对地传播研究测量了功率延迟分布，并通过功率延迟分布估计了延迟域色散的最常见估计值：均方根延迟扩展。有时也会报告其他分散措施，如延迟窗口或延迟间隔。通常计算均方根延迟扩展本身的统计数据，如文献[99]报告了不同仰角的平均均方根延迟扩展值。从几何角度来看，均方根延迟扩展通常会随着仰角的增大而减小。文献[73]对开阔地区、郊区和被树叶覆盖的地区的功率延迟分布进行了测量。

Saleh Valenzuela 模型最初是为室内信道开发的，有时用于在多径分量出现分组或"集群"延迟时对装卸货问题进行建模。该模型通过这些集群指定多径分量，并且集群的数量对于不同的环境场景是不同的。在文献[38-39,90,94-95,121-122]中测量了不同环境下的功率延迟分布，并提供了结果均方根延迟扩展统计数据。正如预期的那样，研究发现延迟扩展取决于地形覆盖，城市和郊区设置的最大延迟扩展值为 4μs。最大均方根延迟扩展值通常出现在能够提供强多径分量反射的大型建筑中。对于丘陵和山地地形，已报告丘陵地区的最大均方根延迟扩展值为 1μs，山地地形的最大均方根延迟扩展值为 180ns。在水上设置中,报告的最大均方根延迟扩展值为350ns。同样,在这里引用的所有设置中,地面站和无人机之间存在视线分量;因此,在大多数情况下,均方根延迟扩展很小,为几十纳秒。最大均方根延迟扩展值间歇性出现。文献[127]建立了海上极低高度电场传播的时域有限差分模型,提出了适用于甚高频至3GHz的均方根延迟扩展模型,其中均方根延迟扩展是波高的函数。

2.5.3 窄带衰落与莱斯 K 因子

由于视线分量的存在,空对地传播信道中的小尺度幅度衰落通常遵循莱斯分布。莱斯 K 因子定义为主要信道分量功率与所有其他接收分量之和的功率之比。K 因子常用于表征空对地信道的幅度衰落。在文献[99]中,正如一般预期的那样,作者发现 K 因子随着仰角的增加而增加。文献[129]给出了在飞行的多个阶段(停车和滑行、起飞和着陆以及在途),作为链路距离函数的莱斯 K 因子。在途阶段的 K 因子最大,其次是起飞和着陆,以及停车和滑行。在文献[36]中,观察到 K 因子因不同类型的散射树而不同;报告的 K 值范围为 2~10dB。

在文献[37,90,92,122]中测量了城市、郊区、丘陵和山区,以及淡水和海水环境中 L 波段与 C 波段空对地传播的 K 因子。报告表示,城市地区的 K 因子平均值在 L 波段和 C 波段分别为12dB和27.4dB,丘陵和山地地形的平均 K 因子值在 L 波段和 C 波段分别为12.8dB和29.4dB,而在海上环境中,L 波段和 C 波段的 K 因子平均值分别为12.5dB和31.3dB。值得指出的是,在这些"强视线"信道中,K 因子并不强烈依赖于地面站环境。还可以看出,在所有环境中,C 波段的 K 因子大于 L 波段的 K 因子。这可归因于两个原因:①C 波段测量信号带宽大于 L 波段,改善了衰落;②对于任何给定的入射角和表面粗糙度(如地面或海洋),随着载波频率的增加,相对于波长的表面粗糙度也会增加。因此,入射信号在多个方向上散射,而不是在单个方向(朝向接收器)上作为主要镜面反射分量反射。在较高频率下,多径分量越少和/或越弱,K 因子越大。

2.5.4 多普勒频散

多普勒效应是无线移动通信中众所周知的现象。考虑到在多径环境中无人机的空对地传播,若 Φ_i 表示飞机速度矢量与接收第 i 个多径分量方向之间的角度,则第 i 个多径分量的多普勒频移为 $f_d^i = (v\cos\Phi_i)/\lambda$,其中 v 为无人机速度,λ 为无线电波的波长。在此假设地面站是静止的;否则,必须使用更一般的多普勒频移公式。如果以不同的多普勒频率接收多径分量,这种现象会产生频谱展宽,称为多普勒扩展。

在文献[55,129]中,通过模拟发现多普勒频移及其在飞行的不同阶段(停车和滑行、在途以及起飞和着陆)对信道的影响。文献[26]中考虑了在多径环境中实现正交频分复用系统的多普勒扩展,其中可以看出到达的多径分量具有不同频率偏移。在这种情况下,若接收载波频偏同步器无法缓解这些不同频率偏移的影响,则会导致载波间干扰。在文献[44]中,针对无人机在两个通信节点之间中继的情况,提出了一种多普勒频移缓解技术。无人机充当中继器,提供所需的频移以减轻多普勒效应。文献[57]中针对高散射场景提供了三维空对地多普勒延迟扩展模型。文献[73,80,91,137,141]中还讨论了空对地传播的多普勒扩展。

2.5.5 无人机空对地测量环境的影响

根据地形、地形覆盖和探测信号特征,可以对不同的空对地传播信道测量活动进行广泛分类。在本小节中,我们将简要概述和比较不同的方法。

2.5.5.1 城市/郊区

文献[73]提供了超宽带空对地传播信道测量,使用伪随机数(PRN)探测脉冲。这些测量是独特的,因为大带宽空对地信道测量在文献中并不常见。然而,由于美国联邦通信委员会(FCC)允许的发射功率非常小,因此考虑的链路距离和无人机高度很小。在平均高度为12m的郊区,平坦地形上的建筑物产生的反射比开阔地区多。在文献[118]中,在城市场景中使用了中心频率为2GHz的连续波(CW)窄带探测信号。该城区有统一建造的建筑物,平均高度为22m。其还分析了不同高度和空中平台与地面站水平距离的平交速率和平均衰落持续时间的二阶信道衰落统计数据。这项工作是独特的,因为使用无人机的空对地传播的二阶信道衰落统计在文献中不常见。然而,考虑的空中平台的速度非常小。此外,如果在这种环境下比较不同无人机速度下的二阶统计数据,会更有趣。

文献[38,92]报告了 L 波段和 C 波段郊区与城市地区的宽带空对地传播信道测量。可以看出,高层建筑的反射增加了均方根延迟扩展。在相似的环境中,两个频段的大尺度和小尺度衰落不同。在文献[99]中,中心频率为 2.05GHz 的宽带探测信号用于大学校园的城市环境。那里有 4~6 层的建筑,地势起伏。可以看出,均方根延迟扩展随着仰角的减小而增加,而多径分量的数量保持不变,这表明在较低仰角下,多径分量具有较大功率。在文献[99,118]中,测量是在近似相似的环境中,在相同的中心频率下进行,只是带宽不同。然而,发现文献[99]中的多径衰落分布为瑞利/莱斯,而文献[118]中的多径衰落分布更符合 Loo 分布。

2.5.5.2 乡村/开阔地带

在文献[113]中,对于信道测量,考虑了类似于机场的农村环境,该机场有大小建筑物和开阔的草地。宽带正交频分复用信道探测在 L 波段以 970MHz 的中心频率进行。这些信道测量是在高达 11km 的高空进行的,同时考虑了这些高海拔地区的对流层效应。此外,还考虑了测距设备(DME)的干扰效应。使用了高达 350km 的链路距离,这比文献中大多数报告的测量值要大得多。文献[129]使用以 5.75GHz 为中心的宽带信号在机场附近进行信道测量。获得了停车和滑行、在途以及起飞和着陆等不同飞行场景的通道测量值。分析了不同飞行情况下的接收功率和小尺度衰落统计数据,其中在滑行和起飞期间,观察到较大的均方根延迟扩展、K 因子和多普勒频移值。文献[126]进行了测量,以探索使用固定蜂窝网络对无人机进行遥测和控制的可行性,特别是考虑到无线电波在天空中的传播距离比地面短。工作中心频率为 0.915GHz。空对地测量结果与 COST 231 Walfisch-Ikegami(COST-231-WI)模型的比较表明,COST-231-WI 模型高估了测量获得的功率。

在文献[110]中,使用以 5.8GHz 为中心的调制信号在开阔地带进行信道测量,两个发射器以稍有不同的频率工作。多输入多输出配置用于定向和全向天线的信道测量。测量结果证实,使用定向天线可以减少多径干扰。此外,在无人机上使用多个天线可以提供鲁棒性,以抵抗由于天线方向在空中平台上的变化而产生的接收功率波动。然而,没有提供传播模型。在文献[137]中,在 0.915GHz 的中心频率下使用了宽带伪随机数、二进制相移键控

(BPSK)探测信号。对多输入多输出信令的空间分集进行了分析。此外,还对无人机和地面站周围的近场散射区域进行了分析。可以看出,能够从地面站附近的物体获得额外的空间分集。研究发现,多径分量稀疏,与文献[74]中的观察结果相似,但频率较低。

2.5.5.3 山地/丘陵、海上、森林

在文献[80]中,使用中心频率为5.12GHz的宽带chirp信号在近山区进行了空对地传播信道测量。整个地形平坦,附近有一些山脉,导致中等多径分量。通道特性在很大程度上由视线分量决定,还观察了机身阴影的影响。在文献[95,122]中,在城市丘陵区的L波段和C波段进行了信道测量。使用曲线地球双径(CE2R)建模,观察到来自丘陵地形和地形覆盖的较弱反射与散射。此外,由于山丘和山丘上建筑物的反射,观察到多个多径分量簇。在文献[124]中,以5.06GHz为中心的宽带调频连续波(FMCW)信号用于丘陵地区的信道测量。研究发现,附近建筑物的多径分量导致接收信号强度波动。在文献[95,122,124]的测量活动中,频带接近于此,测量环境大致相似。然而,观察到了不同结果,如在文献[122]中,在C波段观察到与曲线地球双径模型更好的拟合,而在文献[124]中观察到一条飞行轨迹的自由空间衰减拟合。

在文献[97]中,在海上使用中心频率为5.7GHz的伪随机数序列进行宽带信道测量。在不同高度的空中平台上分析多径信道统计。可以看出,信道冲激响应可用三径模型表示,海拔和蒸发波导效应导致衰减减小。在文献[37,39,121]中还对海上和港口附近区域进行了海上测量。所有案例均观察到显性双径模型。与文献[97]相比,在这些测量中未观察到海上的波导效应。

在文献[36]中,使用不同高度的发射器和接收器以及不同种类的树木,在微波暗室内模拟了森林中的空对地传播场景。通道测量在X波段和Ku波段进行。从树木的不同部位和不同种类观察到不同的漫散射区域,导致相应的小尺度衰落统计。在文献[73]中也观察到类似的结果,其中,中等大小树木的叶子阻碍了无人机和地面站之间的视线路径,导致树木不同部分的衍射和散射产生的小范围衰落。在文献[145]中,使用以2GHz为中心的连续波测深信号进行信道测量。在不同的传播环境(包括树林)中测量接收功率,发现树林中的阴影明显不同于从建筑物中获得的阴影。

2.5.6 信道特性模拟

除了空对地传播信道建模的测量活动,文献中还提供了一些基于模拟的信道特征,其中使用计算机模拟真实场景。在文献[13,24,47,131]中对城市/郊区进行了模拟。在这些环境中考虑的天线是全向的。城市/郊区环境中的空对地信道特性涵盖了不同载波频率,即200MHz、700MHz、1GHz、2GHz、2.5GHz、5GHz和5.8GHz,并考虑了200~2000m范围内的不同无人机高度。估算了路径损耗(来自模拟接收信号强度)。在文献[127]中进行了海上信道模拟,其中开发了模拟海洋环境的信道模拟器。使用3kHz~3GHz的载波频率,发射器和接收器位于海面上方3.75m处。该研究的主要目标是量化使用无人机的海上通信信道的海面阴影。基于海面高度对路径损耗和均方根延迟扩展的信道特性进行了建模。

参考文献[64]在由海上、丘陵和山区地形组成的环境场景中进行了模拟。比较了使用滤波器组多载波(FBMC)调制系统和L波段数字航空通信系统的空对地通信性能。结果表明,滤波器组多载波比L波段数字航空通信系统具有更好的性能,尤其是在受到机载测距

设备信号干扰的情况下。在空对地信道存在的情况下,滤波器组多载波和L波段数字航空通信系统的性能相当。关于在空对地传播信道上使用的通信系统的其他模拟,对于特定的模拟场景,也可在文献[26,44,65]中获得。

文献[22]考虑了无人机高度对最佳覆盖半径的影响。可以看出,通过调整无人机高度,可以最小化中断概率:无人机高度越高,产生的"足迹"越大,但当然,高度增加会增加路径损耗。评估最佳无人机高度,使给定信噪比(SNR)阈值下的覆盖区域最大化。研究发现,莱斯K因子随无人机和地面站之间的仰角呈指数增长,即$K = c_1\exp(c_2\theta)$,其中c_1和c_2是取决于环境和系统参数的常数。在给定信噪比阈值下,最小中断概率与最大覆盖面积之间的关系仅基于路径损耗求解,而不考虑环境中散射体的影响。当然,在分析中考虑散射体的几何结构将使其更加稳健和真实。

2.6 无人机空对地传播模型

上一节中讨论的无人机空对地传播测量对于开发不同环境的模型非常有用。在文献中,无人机空对地传播信道模型通过确定性或统计方法或其组合开发。这些信道模型可用于窄带、宽带甚至超宽带通信。完整的信道模型包括大尺度和小尺度效应。本节对文献中的空对地传播信道模型进行了分类,如图2.4所示,并回顾了一些重要的信道模型。

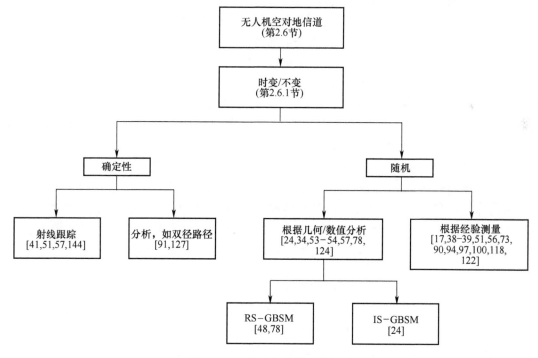

图 2.4 空对地信道模型表征图

2.6.1 空对地传输信道模型类型

时变信道模型可以通过确定性或随机性方法或两者的组合获得。确定性方法通常使用射线跟踪(或几何)来估计给定环境中的信道冲激响应。这些确定性信道模型可以具有非常高的精度,但需要大量数据来描述任何真实环境。这包括环境中所有障碍物的大小、形状和位置,以及所有材料的电气特性(介电常数、电导率)。因此,此类模型本质上是特定于现场的。当与测量数据进行比较时,它们往往需要调整参数。基于射线跟踪的技术采用高频近似,因此它们并不总是精确的。对于求解麦克斯韦方程组[144],它们不如全波电磁解(如矩量法和时域有限差分法)精确,但射线跟踪法还远不如全波解复杂。这种确定性模拟器在用于建模时变信道时也非常复杂。在文献[13, 41, 47, 51, 57, 138]中,针对不同的完全确定的空对地传播场景,使用了射线跟踪。

文献[38-39, 122]中的模型是确定性和随机模型的混合(有时称为准确定性)。具体而言,视线和地表反射通过几何学进行确定性建模,其余多径分量采用随机建模,每个环境的参数分布(多径分量振幅、延迟和持续时间)基于大量测量数据。

纯随机信道模型可以从几何和数值分析中获得,而无须使用测量数据,也可以完全是经验模型。早期蜂窝无线信道模型,如 COST 207 模型,是后者的用例。随着时间的推移,此类模型变得越来越不常见,因为加入已知的物理信息可以提高准确性,并且由于计算机内存容量和计算能力的不断提高,更大的模型复杂性不再是令人望而却步的。基于几何的空对地传播信道模型通常需要三个空间维度才能精确。无人机在空间运动的相关速度矢量也需要三维,尽管二维近似通常非常精确。为了模拟地面站周围的散射体,在文献[24, 53-54, 134]中考虑了两个与主椭球相交的椭圆面,其中多径分量由椭球和两个椭圆面定义。在文献[78]中,散射体被认为随机分布在发射器和接收器周围的两个球体范围内。在文献[34, 48]中,使用三维圆柱体模拟了地面站周围散射体的分布。

基于几何的随机信道模型可进一步分为规则形状的基于几何的随机信道模型(RS GBSCM)或不规则形状的基于几何的随机信道模型(IS GBSCM)。对于规则形状的基于几何的随机信道模型,假定散射体分布在规则形状上,如椭球、圆柱体或球体。这些模型通常会产生封闭形式的解决方案,但当然,通常是不现实的。相比之下,不规则形状的基于几何的随机信道模型通过某种统计分布将散射体分布在随机位置。在这两种情况下,散射体的特性通常是预先定义的。在某些情况下,作者假定大量散射体是先验的,并通过中心极限定理获得莱斯振幅分布,以获得基于某些几何的信道冲激响应估计。或者,可以直接估计随机分布散射体的信号相互作用,或者借助射线跟踪软件[13, 41, 47]。文献[141]中提供了基于马尔可夫过程的非几何随机信道模型(NGSCM)。地对空衰落信道由马尔可夫过程描述,该过程根据飞行高度在莱斯和 Loo 模型之间切换。

2.6.2 路径损耗与大尺度衰落模型

如前所述,在大多数视线空对地信道中,仅当无人机和地面站之间的视线路径被相对波长较大的物体阻挡时,才会发生大尺度衰落。对于这种衰减机制存在一些模型(如地形绕射、树木阴影),但对于被建筑物阻挡的无人机通道的测量数据报道不多。当视线路径没有受到阻碍时,唯一的另一个真正的较大影响是来自地球表面多径分量的双径变化。如表 2.4 所示,文献中有许多不同环境下损益估算的测量活动。文献中的大尺度衰落模型包括路径损耗和阴影。

第2章 无人机空对地传输信道建模综述

表 2.4 大规模空对地传播论文中关于路径损耗参数的综述

参考文献	场景	路径(视线/非视线)	模型类型	路径损耗指数(γ)或(α,β)参数	截距 PL_0/dB	σ/dB
[73]	郊区, 开阔地带	视线, 非视线	对数距离路径损耗, 等式(1)、(2)	$\gamma: 2.54 \sim 3.037$	$21.9 \sim 34.9$	$2.79 \sim 5.3$
[17]	缓坡丘陵的农村地区(对于 $h_U = 120\text{m}$; 其他高度值见表II)	视线	对数距离路径损耗($\alpha - \beta$模型), 等式(2)	$\alpha = 2.0, \beta = -35.3$	—	3.4
[124]	城市, 郊区, 乡村	—	FSPL	—	—	—
[100]	城市	—	FSPL, 等式(1)	—	—	—
[38]	城市, 郊区	视线	对数距离路径损耗, 双径模型, 等式(1)、(2)	$\gamma: 1.7$ L 波段, $1.5 \sim 2$ C 波段	$98.2 \sim 99.4$ L 波段, $110.4 \sim 116.7$ C 波段	$2.6 \sim 3.1$ L 波段, $2.9 \sim 3.2$ C 波段
[56]	城市, 郊区	视线, 非视线	修正自由空间路径损耗, 等式(5)、(6)	—	—	—
[142]	城市, 开阔地带	视线	对数距离路径损耗, 等式(1)	$\gamma: 2.2 \sim 2.6$	—	—
[119]	城市	视线, 非视线	修正自由空间路径损耗, 等式(1)、(9)、(10)、(13)	—	—	—
[125]	城市	—	修正 LUI 模型, 等式(1)	—	—	—
[99]	城市, 农村	视线	对数距离路径损耗, 等式(7)	$\gamma: 4.1$	—	5.24

33

续表

参考文献	场景	路径(视线/非视线)	模型类型	路径损耗指数(γ)或(α,β)参数	截距 PL_0/dB	σ/dB
[129]	机场附近	视线	对数距离路径损耗,等式(1)	γ: 2~2.25	—	—
[143]	开阔地带	—	对数距离路径损耗,等式(1)	γ: 2.01	—	—
[12]	—	视线	对数距离路径损耗	γ: 2.32	—	—
[122]	丘陵,山区	视线	对数距离路径损耗,等式(3)	γ: 1.3~1.8 L 波段 1~1.8 C 波段	96.1~106.5 L 波段, 115.4~123.9 C 波段	3.2~3.9 L 波段, 2.2~2.8 C 波段
[36]	森林/树叶	—	—	—	—	—
[37]	海上	视线	双径路径损耗,等式(1)	—	—	—
[39]	水上,海上	视线	对数距离路径损耗,双径路径损耗,等式(15)、(16)、(17)	γ: 1.9, 1.9, 对于 L 波段,在水上和海上;1.9,1.5,对于 C 波段,在水上和海上	104.4,100.7,对于 L 波段,在水上和海上;116.3,116.7,对于 C 波段,在水上和海上	3.8~4.2,对于 L 波段,在水上和海上;3.1~2.6,对于 C 波段,在水上和海上
[97]	海上	视线	双径路径损耗,自由空间路径损耗,等式(2)、(3)	γ: 0.14~2.46	19~129	—
[29]	集装箱集合,见表Ⅱ	视线	双斜率,等式(1)、(2)、(3)	—	—	—

2.6.2.1 自由空间路径损耗模型

在大多数文献中,使用了著名的基于地面的对数距离路径损耗模型和自由空间路径损耗参考("近距离",CI):

$$\mathrm{PL_{CI}}(d) = \mathrm{PL_0} + 10\gamma \log_{10}(d/d_0) + X_{\mathrm{FS}} \quad (2.2)$$

式中,$\mathrm{PL_{CI}}(d)$ 是作为距离函数的模型 PL;$\mathrm{PL_0}$ 是自由空间中参考距离 d_0 处的路径损耗(由 $10\log[(4\pi d_0/\lambda)^2]$ 给出);γ 是使用最小二乘误差最佳拟合获得的路径损耗指数;X_{FS} 是考虑阴影的随机变量,或者,对于视线信道,是关于线性拟合的变化。在自由空间中,路径损耗指数的值为 2,但如表 2.4 所示,路径损耗指数的测量值在 1.5~4 之间变化。从概念上讲,可以将无人机和地面站之间的路径分为两个部分:地面上方的自由空间部分和其余受地面影响的部分。当地面站天线高度远高于周围障碍物时,预计地面分量的影响较小,路径损耗指数接近自由空间。

2.6.2.2 浮动截距路径损耗模型

文献中用于大尺度衰落的另一个路径损耗模型是浮动截距(FI)[62]。该模型类似于等式(2.2),但移除参考距离处的自由空间路径损耗,并允许模型的截距根据最小二乘拟合变化,无任何截距限制。因此,该模型有两个参数表示为 α 和 β[17],其中 α 为斜率(路径损耗指数),β 表示(浮动)截距。浮动截距模型如下:

$$\mathrm{PL_{FI}}(d) = 10\alpha \log_{10}(d) + X_{\mathrm{FI}} \quad (2.3)$$

式中,X_{FI} 为表示损益变化的随机变量。

2.6.2.3 双斜率路径损耗模型

上文讨论的两个路径损耗模型采用单一斜率或路径损耗指数。模型适用于路径损耗随距离的变化率在整个距离范围内没有显著变化的区域。等式(2.2)和等式(2.3)中的两个路径损耗模型解决此问题。在短距离时,等式(2.3)中的模型提供了低估的路径损耗,而在较大距离[123]提供了高估的损耗;因此,在等式(2.2)中使用近距离模型适用于所有引用的场景。然而,在一些非视线路径和复杂几何结构导致高阶反射与衍射的环境中,这些单斜率模型可能具有较大的回归误差。在这种情况下,有时会使用双斜率(DS)路径损耗模型[29, 106]。此模型与浮动截距模型类似,但对于不同的连接距离范围有两个不同的斜率,可以表示为

$$\mathrm{PL_{DS}}(d) = \begin{cases} 10\alpha_{d_1}\log_{10}(d) + \beta_{d_1} + X_{\mathrm{DS}}, & d \leq d_1 \\ 10\alpha_{d_1}\log_{10}(d) + \beta_{d_1} + 10\alpha_{d_2}\log_{10}(d/d_1)X_{\mathrm{DS}}, & d > d_1 \end{cases} \quad (2.4)$$

式中,α_{d_1} 和 α_{d_2} 为由阈值 d_1 分隔的两个连接距离范围的拟合斜率;β_{d_1} 为截距;X_{DS} 为表示拟合变化的随机变量。

2.6.2.4 对数距离路径损耗模型

文献[12, 33, 35, 38, 51, 73, 92, 94, 97, 122, 125, 127, 129, 134, 142-143]中给出了使用对数距离模型(等式(2.2))的路径损耗估计。还有其他路径损耗模型考虑了非视线路径的阴影,以及其他障碍物造成的额外损失[56, 100, 119]。在文献[56]中,建模时考虑了阴影损失,并将其作为非视线路径仰角的函数进行评估。根据均匀衍射理论计算了阴影损失。结果发现,阴影的分布是正常的。在文献[119]中,在城市地区观察到强烈阴影,主要是由于周围建筑物的衍射。在文献[100]中,考虑了用于整体路径损耗建模的地面站和无人机

的额外损耗。

2.6.2.5 修正自由空间路径损耗模型

由于无人机的潜在三维运动,还可以开发考虑无人机高度的修正自由空间路径损耗模型;文献[13,47,74,102,125]中考虑了若干作为仰角函数的自由空间路径损耗模型。在文献[74]中,三维天线辐射方向图的影响包括在接收功率计算中。在发射器和接收器(Rx)具有全向天线的较高仰角时,天线增益较低导致接收功率降低。由于无人机高度较高时仰角面天线辐射增益较小,随着无人机离开地面系统(仰角减小),损耗减小。文献[125]中对天线辐射方向图进行了类似观察。在文献[13]中,考虑到空中平台的高度,提供了修正自由空间路径损耗模型。具体而言,从自由空间路径损耗表达式中的设置几何体获得的距离d修正为$d = \Delta h / \sin\theta$。在文献[47]中,考虑仰角的路径损耗被建模为$\theta > 10$。使用固有系数对视线和非视线路径的路径损耗进行建模,并声称其与发射器和接收器处的天线高度无关。文献[102]中提供了类似的三维路径损耗模型。

2.6.2.6 双径路径损耗模型

文献[38-39,89-91,94-95,97,121]中提供了2.3.3节描述的双径路径损耗模型。在双径路径损耗建模的情况下,由于主要视线和地表反射分量的破坏性叠加,路径损耗随距离的变化具有明显的峰值。在大多数路径损耗模型中,路径损耗变化近似为对数正态随机变量。这种变化可能是由于无人机机身阴影(见2.6.2.7节)、障碍物或建筑物等地面散射体的多径分量造成的[12,38-39,56,73,89,92,95,97,99,122,129,134]。

2.6.2.7 对数距离浮动截距模型

在文献[17]中,针对机载无人机和蜂窝网络之间空对地无线信道的路径损耗指数和阴影,提出了800MHz和地面以上1.5~120m的无人机高度的对数距离浮动截距模型。在文献[29]中,针对无人机以5.76GHz的频率在集装箱集合上方飞行的场景,对低空无人机空对地无线信道进行了研究。进行了窄带和宽带测量。本章提出了修正路径损耗模型和实例PDP。最有趣的是,在这种特殊环境中,当无人机上升到金属结构上方时,延迟色散实际上随高度增加而增加。

2.6.2.8 视线/非视线混合路径损耗模型

文献[14-16,21,28,68,98]中使用的另一个模型在概率上表示视线和非视线条件下的路径损耗,具体如下[14,61]:

$$PL_{avg} = P(LOS)PL_{LOS} + [1 - P(LOS)]PL_{NLOS} \tag{2.5}$$

式中,PL_{LOS}和PL_{NLOS}分别为视线和非视线条件下的路径损耗;$P($视线$)$为无人机和地面节点之间存在视线链路的概率,由文献[14,61]给出

$$P(LOS) = \prod_{n=0}^{m}\left[1 - \exp\left(-\frac{\left[h_U - \left(n + \frac{1}{2}\right)(h_U - h_G)/(m+1)^2\right]}{2\Omega^2}\right)\right] \tag{2.6}$$

式中,$m = \text{floor}(r\sqrt{\zeta\xi} - 1)$,$r$为无人机和地面节点之间的水平距离,$\zeta$为建成土地面积与总土地面积的比率,$\xi$为每单位面积的平均建筑物数量($km^2$);$h_U$和$h_G$如图2.1所示;$\Omega$表示基于瑞利分布的建筑物高度(用$H$表示)分布,即$P(H) = (H/Q)^2 \exp(-H/2\Omega^2)$。在文献[14]中,对于图2中$\theta$的特定值,针对不同环境(城市、郊区、密集城市和高层城市),也将sigmoid函数拟合到等式(2.6),以实现无人机高度优化的分析可跟踪性。由于等式(2.5)

对大量潜在视线/非视线链路可能性的路径损耗进行平均,若与系统级分析一起用于计算吞吐量和中断等终端指标,则应谨慎使用。同样,损益可变性应添加到等式(2.5)的模型中。

总的来说,表2.4中不同路径损耗模型的比较表明,对于开阔地带、农村和海上,双径路径损耗模型是更好的选择,而高阶射线模型,如三射线或四射线模型,可用于散射体数量较多且高度与无人机高度相当的环境。文献[38-39,122]中进行的信道测量验证了这一点,发现曲线地球双径模型更适合水上、港口和山区环境;然而,对数距离路径损耗模型更适合散射体较高的环境,如城市和郊区。此外,L波段的双径路径损耗拟合优于C波段。然而,在文献[97]中,将海上获得的测量数据与自由空间路径损耗和双径模型进行比较,发现两种模型都高估了路径损耗。假设这是由于海面上的管道导致路径损耗降低。文献[124]发现从5.06GHz的宽带测量中获得的接收信号强度非常适合一个位置的自由空间路径损耗,但自由空间路径损耗产生了另一个位置的上限。然而,在文献[122]中,在C波段具有类似传播环境的情况下,观察到CE2R模型比平地双径模型提供了更好的拟合。

为给定的空对地传播场景选择合适的路径损耗模型至关重要。在大多数文献中,由于其简单性和基于参考距离自由空间路径损耗的标准平台的提供而使用了等式(2.2)的路径损耗模型,用于比较不同环境中的测量。1m的参考距离通常被视为短程系统的标准,但也使用较大值。然而,在某些情况下,当参考自由空间路径损耗不可用时,浮动截距模型(等式(2.3))可以使用。然而,由于缺乏任何标准的物理参考,浮动截距斜率将取决于环境。此外,路径损耗的可变性通常为零均值高斯随机变量,对于CI和浮动截距模型类型具有近似相似值。

对于表2.4中给定的测量场景,选择空对地路径损耗模型的一般建议如下。对于郊区、农村或无地形覆盖的开阔平坦或丘陵地区以及水面,双径路径损耗模型或自由空间参考对数距离模型(等式(2.2))可能是首选。这是由于到达空中平台的多径分量数量较少,且仅在这些环境中存在主要的视线和地面反射分量的概率较高。对于具有大量散射体的复杂几何环境以及地面站和无人机之间的视线路径,若可以确定两个不同的区域,则DS路径损耗(等式(2.4))模型可能是最好的:一个区域从视线和地面反射路径产生持久性分量,另一个区域从周围散射体产生多径分量。等式(2.3)中的浮动截距在某些特殊环境中可能是首选,如文献[29],因为它们易于适用,且路径损耗模型预测仅适用于给定区域。在表2.4中,表示对数距离的模型类型是指具有不同参考距离和附加参数的路径损耗的通用对数距离方程。

2.6.3 机身阴影

机身阴影发生在机身本身阻挡到达地面站的视线时。这种损害在某种程度上是空对地通信所特有的,文献中关于这种影响的研究并不多。这样做的一个原因是,通过使用多个空间分离的天线,可以在很大程度上(但并非总是完全)减轻这种阴影:一个天线上的机身阴影不太可能与另一个天线上的阴影同时发生。除了频率和天线布置,阴影效果还取决于飞机的确切形状、尺寸和材料。对于小型旋翼机,根据频率和天线布置,机身阴影可能最小。文献[120]中提供了固定翼中型飞机的示例测量结果以及机身阴影模型。

对于这些结果,在970MHz和5060MHz的频率下,机翼阴影衰减通常与飞机的侧倾角成正比,两个频率下的最大阴影深度均超过35dB。阴影持续时间取决于飞行动作,但对于长而缓慢的倾斜转弯,可能超过数十秒。

图 2.5 所示为机身阴影图示,绘制了中型飞机倾斜转弯之前、期间和之后 C 波段宽带(50MHz)信号的接收功率与时间的关系。图中显示了两个底部安装并相隔约 1.2m 的飞机天线(表示为 C1 和 C2)上的接收功率。在这种情况下,由于机身阴影以及飞机机动过程中发生的极化失配引起的衰减超过约 30dB。

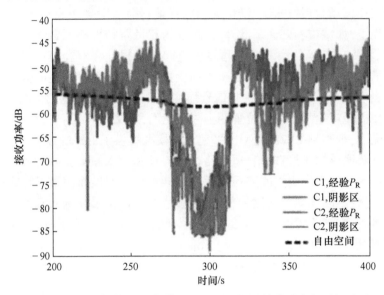

图 2.5 中型飞机在 C 波段倾斜转弯之前、期间和之后的阴影接收功率与时间关系(见书末彩插)

2.6.4 小尺度衰落模型

小尺度衰落模型适用于窄带信道或单个多径分量,或抽头延迟线宽带模型中的抽头,带宽达到某个最大值(即小尺度衰落可能不适用于超宽带信道中的多径分量)。给定信号上小尺度振幅衰减的深度通常也与信号带宽成反比[87]。随机衰落模型通过分析、经验数据或几何分析和模拟获得[24,34,48,54,78,134]。如 2.6.1 节所述,基于几何的随机信道模型可细分为规则形状的基于几何的随机信道模型和不规则形状的基于几何的随机信道模型。在文献[24]中,时间变量不规则形状的基于几何的随机信道模型与莱斯分布共同用于小尺度衰落。文献[48,78]中提供了时变规则形状的基于几何的随机信道模型,这也说明了莱斯小尺度衰落。

文献[141]中提供了非几何随机信道模型,其中使用莱斯和 Loo 模型描述了地对空衰落。Loo 模型的推导基于以下假设:陆地移动卫星链路中由于树叶引起的视线分量的振幅衰减遵循对数正态分布,而由于多径分量引起的衰落遵循瑞利分布。莱斯和 Loo 模型之间的切换由依赖于飞行高度的马尔可夫过程控制。在文献[54]中,多径分量的基于几何的随机信道模型以形状系数的形式提供,该形状因子使用到达角的概率密度函数(PDF)描述角扩展、角压缩和最大衰落方向。

表 2.5 提供了文献中报告的各种环境下测量的小尺度空对地衰落特性。如前所述,空对地传播最常见的小尺度衰落分布是莱斯分布。与地面信道一样,对于非视线情况,瑞利衰

表 2.5 关于小规模空对地传播信道衰落特性的现有文献综述

参考文献	场景	时变/时不变	模型类型	频谱	中心频率/GHz	多普勒扩展/Hz	衰落分布	K 因子/dB
[118]	城市/郊区	时不变	统计	窄带	2	—	莱斯	—
[73]	郊区/开阔地带	时不变	统计	超宽带	3.1~5.3	—	Nakagami	—
[124]	郊区/开阔地带	时变	—	—	5.06	833	—	—
[100]	城市/郊区	—	—	窄带	2.3	—	—	—
[99]	城市/郊区	时不变	统计	宽带	2	1400	瑞利,莱斯	—
[129]	城市/郊区	—	统计	宽带	5.75	—	莱斯	−5~10
[38]	城市/郊区	时变	统计	宽带	5.12	5000	莱斯	L 和 C 波段中,12~27.4
[80]	丘陵	—	—	宽带	0.968,5.06	—	—	—
[36]	森林/树叶	—	统计	超宽带	8~18	—	莱斯,Nakagami	—
[94]	海水/淡水	时变	统计	宽带	0.968,5.06	—	莱斯	L 和 C 波段为 12,28
[26]	—	时变	统计	宽带	5.135	5820	—	—

落分布通常提供更好的拟合[65, 99, 118, 129, 131, 147-148]，当然，也可以采用其他分布，如 Nakagami-m 和 Weibull 分布。小尺度衰落率取决于速度，其与多径分量的多普勒扩散成正比[121, 124, 129, 139]。

2.6.5 间歇式多径分量

在高保真和长期信道模型中可能感兴趣的另一个空对地特征是多径分量的间歇性。从几何学上可以很容易地推断，对于某些环境中给定的飞行器航迹，单个多径分量将仅持续有限的时间跨度[39]。在车间信道中也注意到了这一点，但对于无人机及其可能更大的速度，间歇式多径分量(IMPC)动态可能更大。这些间歇式多径分量在基于几何的随机信道模型中自然产生并消失。它们也可以使用离散时间马尔可夫链建模。间歇式多径分量可以在短时间内显著改变信道冲激响应，从而产生均方根延迟扩展的广泛变化("非平稳性"的另一种表现)。间歇式多径分量的示例模型——其发生概率、持续时间、延迟和振幅——见文献[37, 39, 74, 90]。在这些研究中发现，间歇式多径分量遵循一个随机过程，该过程高度依赖于给定无人机航迹的散射体的几何结构和分布。

在图 2.6 中，从文献[89]可以看出，多径分量的衰落是时间和延迟的函数。多径分量的振幅通常在任何给定的时间瞬间随过度延迟而衰减。此外，多径分量在不同时间点可能有一个连续的产生和消失过程。这可以用信道冲激响应表示为[89]

$$h(t,\tau) = \sum_{i=0}^{M(t)-1} p_i(t)\alpha_i(t)\exp(j\phi_i(t)\delta(\tau - \tau_i(t))) \tag{2.7}$$

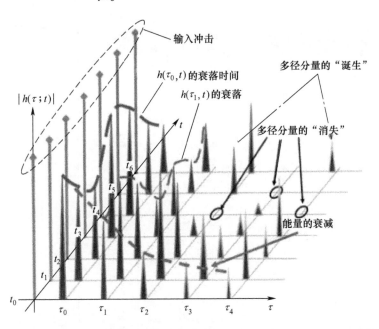

图 2.6　文献[89]中间歇式多径分量的衰落和产生与消失过程(见书末彩插)

式中，$h(t,\tau)$ 为时变信道冲激响应；$M(t)$ 为时刻 t 的多径分量总数；$p_i(t)$ 为多径持久性过程系数，可以采用二进制值[0,1]。时刻 t 的第 i 个多径分量的振幅、相位和延迟分别表示为 $a_i(t)$、$\phi_i(t)$ 和 $\tau_i(t)$。$\phi_i(t) = 2\pi f_d^i(t)(t - \tau_i(t)) - f_c(t)\tau_i(t)$ 给出了相位项，其中，

$f_d^i(t) = v(t)f_c(t)\cos(\Theta_i(t))/c$ 是第 i 个多径分量的多普勒频率,$\Theta_i(t)$ 是第 i 个延迟收集器中的总相位角,c 是光速,f_c 表示载波频率。等式(2.7)中的信道传递函数 $H(f,t)$ 如下:

$$H(f,t) = \sum_{i=0}^{M(t)-1} p_i(t)\alpha_i(t)\exp(j2\pi f_d^i(t-\tau_i(t))) \times \exp(-j2\pi f_c\tau_i(t))\exp(-j2\pi f\tau_i(t))$$
(2.8)

与载波频率项相比,相位中多普勒频率项的影响通常可以忽略,尤其是在较低速度下。因此,载波频率项将主导传递函数的变化。

图 2.7(a)显示了俄亥俄州克利夫兰附近的近城市空对地链路的 PDP 序列与链路距

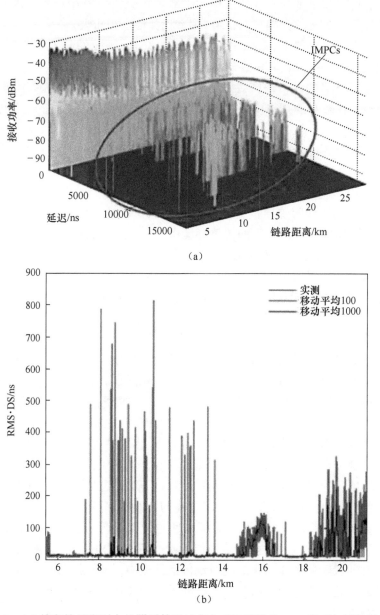

图 2.7 (a)俄亥俄州克利夫兰附近的近城市空对地链路的 PDP 序列与链路距离;
(b)加利福尼亚州棕榈谷丘陵环境的均方根延迟扩展与链路距离(见书末彩插)

离。飞行参数见文献[38]。图中,间歇式多径分量清晰可见,是伊利湖海岸线附近障碍物反射造成的。图2.7(b)显示了加利福尼亚州帕姆代尔丘陵环境中均方根延迟扩展与链路距离的关系。多径分量的间歇性特性在均方根延迟扩展值中产生"尖峰"和"凸起",说明了空对地信道的潜在快速时间变化。

2.6.6 频带对信道模型的影响

2.3.2节讨论了使用无人机空对地链路的控制和非有效载荷通信与有效载荷通信的频带选择。在文献中,大多数空对地传播信道测量通过使用宽带信号进行,而一些窄带通道测量也是可用的。目前和未来的一些通信预计将部署正交频分复用技术。因此,窄带特性对单个正交频分复用子载波的影响很有价值;频率相关性也很重要。

文献[73]中对开阔地带和郊区进行了3.1~5.3GHz频段的超宽带空对地传播信道测量,并提供了窄子带频率分析,其中在较高频率子带中观察到较高的平均衰减和较大的接收功率方差。在文献[56]的城市地区,针对2GHz、3.5GHz和5.5GHz三种不同频率开展了窄带频率测量活动。在较高的频带中观察到较高的衰减,而在三个不同的频带中,标准偏差没有显示出太大的差异。文献[38-39,122]中提供了不同传播环境下L波段和C波段的宽带信道测量。在给定的传播环境中,在两个不同的频带上观察到不同的衰减和小尺度效应;例如,在文献[122]中,在丘陵/山区进行了信道测量。同样,C波段的K因子和路径损耗指数高于L波段,而L波段的阴影变化大于C波段。

文献[72]中使用射线跟踪模拟提供了在不同环境下28GHz和60GHz下使用无人机的毫米波空对地传播信道特性。在不同传播环境中,RSS在两个频率下通常遵循双径模型;然而,在60GHz下观察到的最大值/最小值的速率高于在28GHz下观察到的速率。在文献[100]中,双径模型用于城市环境中2GHz处的路径损耗表示,而文献[99]在类似环境中获得的2GHz处的信道测量结果更适合对数距离路径损耗模型。

2.6.7 多输入多输出-空对地传播信道模型

用于无人机空对地通信的多输入多输出系统越来越流行。提高吞吐量和可靠性的原理与在其他地面系统中增加多输入多输出使用的原理相同。在文献[27]中,通过适当选择天线间隔和方向作为载波波长与链路距离的函数,可以在视线信道中获得更高的空间复用增益。这种仔细的对准在无人机上并不总是可行或可能的,尤其是在移动的情况下。

由于无人机或地面传感器附近可用的散射有限,多输入多输出中的空间分集和多路复用增益的优势通常有限。在文献[109]中,证明了由于空对地信道中有限的空间分集,只能实现中等容量增益。为了获得更好的空间复用增益,需要更大的天线间隔以及大型的天线阵列,这在小型无人机上是不可行的。使用更高的载波频率可以使用更大尺寸的天线阵列,但更高的频率会产生更高的路径损耗(这可以通过波束成形得到一定程度的缓解,但代价是波束控制所需的复杂性)。此外,准确的信道状态信息(CSI)对于多输入多输出系统的更高性能非常重要,但是,在快速变化的空对地传播信道中,很难提供准确的信道状态信息,因此多输入多输出增益可能会受到限制。在机载平台上使用多输入多输出还会带来额外的成本、计算复杂性和能耗。

文献中关于多输入多输出-空对地传播信道测量的研究数量有限。在文献[137]中,提供了空对地多输入多输出传播信道的详细测量分析。据观察,由于非平面波前的相互作用,在地面站处接收到的信号实现了相当大的空间去相关。这些波前是由于安装了地面站天线的测量车近场效应而产生的。有趣的是,在较高的仰角下,还观察到无人机上天线的空间分集。作者建议在地面站附近设置散射体可以产生更大的空间多样性。文献[110]中的接收信号针对多输入单输出(MISO)和多输入多输出系统进行了分析,并观察到使用多输入多输出系统能够为无人机机动引起的天线方向变化提供更稳健的信道。在文献[145]中,多输入多输出系统性能在室外环境的不同场景中进行了测试,包括城市、农村、开阔地带和森林。针对这些不同场景,分析了地形覆盖对接收功率的影响,结果表明,开阔地带中的传播信道主要受地面反射的影响,而在森林中,树木的反射和阴影是传播通道特性的主要影响因素。在农村和城市中,建筑结构的墙壁和表面的反射起着重要作用。

文献[24,30,48,78]中提供的多输入多输出系统的时变基于几何的随机信道模型通过模拟进行了探索,其中使用了不同的传播几何形状和散射体分布,以分析多输入多输出空对地信道的容量。一个常见且预期的观察结果是,多输入多输出空对地系统可以实现更高的容量。文献[134]针对丘陵地区提供了基于仿真的空对地多输入多输出信道传播模型。结果表明,正如预期的,与单输入单输出相比,空间复用提高了吞吐量,多输入多输出系统提高了信噪比。文献[78]给出了移动到移动空对地多输入多输出传播信道的随机模型。这些结果表明,若完美的瞬时信道状态信息可用,则使用多输入多输出系统的容量会显著增加,中断概率会显著降低。在文献[30]中,对无人机空对地传播信道的大规模多输入多输出实现进行了基于几何的模拟。模拟结果表明,当在地面站上使用大量天线时,可以显著提高系统的容量。

2.6.8 不同空对地信道模型的比较

本小节简要分析和比较文献中不同的无人机空对地传播信道模型。

2.6.8.1 大尺度衰落模型

文献中关于空对地传播的大尺度衰落模型通常可以用改进的自由空间路径损耗模型来拟合。在文献[73]中,在有无树叶的情况下,测量了开阔地带和郊区场景的路径损耗。由于障碍物的存在,树叶的路径损耗最高。此外,除无人机高度外,路径损耗还取决于地面站的高度。对于涉及开阔地带和郊区的所有传播场景,报告的路径损耗指数均高于2.5;郊区场景的路径损耗指数略大于开阔地带场景的路径损耗指数。在文献[36]中,提供了由于不同物种树木及其不同部分的衍射和散射而产生的路径损耗。可以看出,树干的损耗是由于漫散射,而漫散射主要是由于树冠边缘的衍射。文献[37-39,92,95,122]中,提供了城市、郊区、丘陵、山区和海上情况下航道测量的路径损耗。提供了从自由空间、分析曲线地球双径模型和测量获得的路径损耗的比较。发现不同测量场景下C波段和L波段的路径损耗指数大约等于或小于自由空间路径损耗。对于海上场景,未观察到管道,而在文献[97]中,管道被假设为与自由空间路径损耗相比路径损耗降低的原因。文献[129]中提供了起飞、在途、着陆、滑行和停车等不同飞行情景下的路径损耗研究。与其他飞行情景相比,起飞和在途的路径损耗指数较高。在文献[119]中,为城市场景提供了过多路径损耗。研究发现,过量损耗取决于周围建筑物边缘的不同衍射。

文献[142]中提供了接收信号强度的天线方向效应,其中发现在市区和开阔地带的不同天线方向上,路径损耗指数与自由空间路径损耗接近。研究发现,城市地区的路径损耗指数大于开阔地带的。文献[74,125]中有一项考虑到天线辐射效应的类似研究,发现当无人机位于基站顶部时,由于该点的仰角平面上的天线增益最小,观测到最小接收功率。

2.6.8.2 小尺度衰落模型

在文献中,使用无人机的空对地传播小尺度模型有限。文献[38-39,122]中的L波段和C波段测量与建模活动为空对地传播信道提供了大部分基于小规模测量的建模信息。延时线模型用于表示所有场景中的信道响应。除了在不同环境中的不同数量的间歇多径分量,双径模型还构成了延时线。在所有情况下,C波段的K因子都高于L波段。在海上场景中,C波段的K因子最高,其次是丘陵/山地和郊区/城市场景。研究发现,在不同的传播环境中,L波段的K因子变化小于C波段。

在文献[73]中,针对郊区和开阔地带场景,提供了超宽带的小规模传播信道模型。发现小尺度衰落振幅为Nakagami阿莫迪德萨利赫-Valenzuelamaodelwas用于对信道冲激响应进行建模。与郊区环境相比,在开阔地带观察到不同数量的多径分量簇。可以看出,均方根延迟扩展随无人机在郊区场景的高度而变化,而开阔地带场景的均方根延迟扩展大致持平。同样,与不同无人机高度的开阔地带相比,在郊区场景中观察到多径分量的到达时间更长。在文献[118]中,为窄带空对地信号传播提供了平均衰落持续时间和电平交叉率的二阶信道统计信息。发现多径分量的振幅为对数正态分布。基于分析模型,使用时间序列发生器模拟接收信号强度的测量结果。

2.6.9 传统信道模型与无人机空对地传播信道模型的比较

无人机空对地传播信道自然与室外地面传播信道相似,至少对于高架基站而言。我们在此不提供无人机空对地信道和地面信道之间的综合比较,因为各种地面环境[8]有许多地面信道模型,这些模型根据具体环境、工作中心频率、带宽、天线类型和配置等因素而有所不同。我们将在本节为上下文提供一些注释。

在其他应用中,无人机可能在未来的蜂窝通信网络中用作基站[85,107]或用户设备节点[51]。当无人机用作基站时,如果它们在与地面基站类似的高度/环境下悬停(无移动能力),并且假设它们与地面蜂窝网络中类似位置的用户设备通信,那么相应的传播信道可能表现出蜂窝基站特征。在这种情况下,地面蜂窝信道模型可能适用于空对地信道[8]。

另外,很多时候无人机可能是移动的,它们可能在比地面基站高得多的高度上运行,并且运行环境也可能非常不同,所有这些都应该在信道模型中考虑在内。空对地信道的一个主要区别是,对于典型情况,绝大多数散射体位于地面站周围,而不是无人机周围。当然,这对多径分量特性有直接影响,主要是多径分量的多普勒频率。特别是,如果无人机在地面站静止时移动,所有多径分量通常具有非常相似的多普勒频率,与地面信道形成强烈对比。

当无人机用作用户设备节点(与地面基站通信)时,地面蜂窝信道模型无法直接应用[75]。这是正确的,因为在高空、悬停或移动时,由于附近障碍物的不同空间分布,无人机经历了不同于地面用户的大尺度和小尺度衰落特性。最新版本的第三代合作伙伴计划文档提供了蜂窝通信网络中用户设备节点作为无人机的信道模型在涵盖无人机通信[7]。详见2.6.11节。

还可以将无人机信道模型与卫星信道模型进行比较[88,103]。总体而言,卫星和无人机通信链路的视线概率均高于地面蜂窝链路[128]。主要区别之一是,对于大多数卫星应用,我们对小仰角(如小于 5°)不感兴趣。这是由于对流层和/或电离层对传播的负面影响。然而,在空对地信道中,我们通常会得到非常低的仰角和很长的链路距离:这意味着对流层的影响可能远远大于卫星应用中使用的典型高仰角。许多卫星通信链路是定向和点对点的,而无人机通信不需要定向。

2.6.10 射线跟踪模拟

在文献中,除了测量,还使用模拟对空对地传播的信道特性进行了研究。这些模拟器要么基于给定软件平台上的自定义信道环境,要么使用射线跟踪模拟来实现。一些路径损耗模型可用于这些模拟环境[13-14, 47, 102, 127, 148]。文献[13-14, 47]中考虑了视线和非视线路径的城市环境场景,其中提出了对数距离和修正自由空间路径损耗模型。文献[127]在模拟环境中为海上设置的视线和非视线路径提供了对数距离路径模型。然而,据作者所知,文献中没有具体的实验研究对文献[13-14, 47, 102, 127, 148]中使用几何分析和模拟提出的通道模型进行实验验证。

在文献[72]中,射线跟踪用于 28GHz 和 60GHz 频段的无人机空对地传播的毫米波信道表征,实现了不同环境,即城市、郊区、农村和海上。可以看出,接收信号强度遵循双径模型,当然受周围散射体的影响。均方根延迟扩展还受到周围环境中散射体的存在及给定环境中无人机高度的影响。若散射体的高度与无人机高度相当,则由于随机分布的散射体的多次反射,可以观察到较大的均方根延迟扩展。相比之下,若散射体的高度较小,则到达无人机的重要多径分量较少,因此无人机高度较高时,均方根延迟扩展较小。这一现象在 28GHz 和 60GHz 下得到了验证,其中在 60GHz 下,由于多径分量的衰减更高,均方根延迟扩展比在 28GHz 下更小。

使用 Wireless InSite 软件进行射线跟踪模拟,以估计海上场景的路径损耗,如图 2.8 所示。根据[39]设置通道测量参数,并将模拟路径损耗结果与测量值进行比较。图 2.9 显示了模拟的路径损耗结果。在这个模拟环境中,在发射器附近将建筑物作为散射体。由于散射体的反射和衍射,我们在双径传播模型上观察到额外的波动。这些偏差是由于多径分量从

图 2.8　无人机飞越直线的海上射线跟踪模拟场景

不同形状的散射体以不同角度反射和衍射造成的。这些弱多径分量在不同的链路距离到达无人机接收器,导致在 13~14km 的链路距离处与图 2.10 所示的双径模型不同。

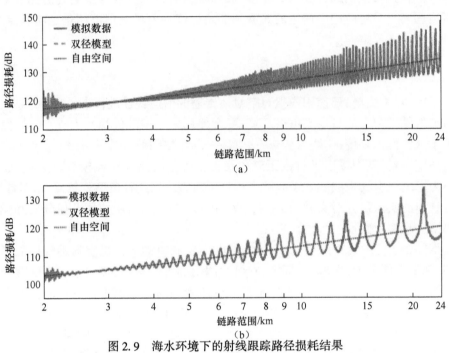

图 2.9　海水环境下的射线跟踪路径损耗结果
(a)C 波段(5.03~5.091GHz);(b)L 波段(0.9~1.2GHz)。(见书末彩插)

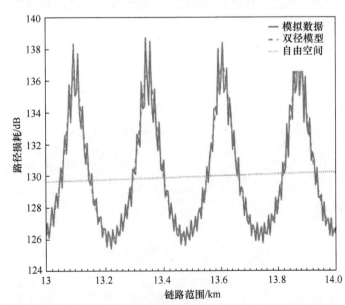

图 2.10　图 2.9 中链路距离为 13~14km 的 C 波段海水上方模拟的放大路径损耗结果(见书末彩插)

类似地,图 2.11(a)中显示了链路距离为 100m~2km 的发射器周围散射体对多径分量的影响。可以观察到,在没有散射体和海水(仅地面)的情况下,可形成完美的双径路径损耗模型。然而,在发射器周围存在散射体的情况下,叠加在该效应上的是来自散射体的额外多径分量的变化。这种效应可以建模为双径模型上的随机路径损耗分量,或者实际上是小尺度衰落。当然,这种影响取决于场景的几何结构,并将导致路径损耗沿无人机的轨迹变化。从图2.11(b)中可以观察到在图2.11(a)中13~13.5km的较大链路距离范围内的类似效应。

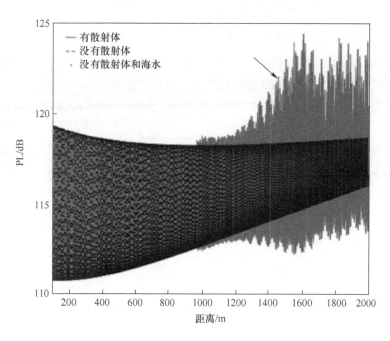

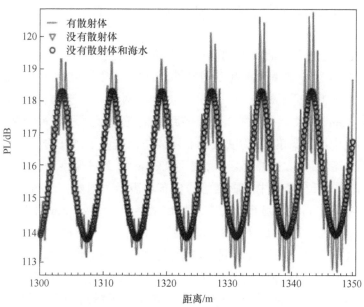

图2.11 路径损耗与有/无散射体以及无海平面的距离关系
(a)100m~2km范围;(b)1300~1350m范围。(见书末彩插)

在图 2.9 中,射线跟踪模拟结果和这个海上场景的分析结果之间有良好的匹配。然而,当将测量数据(如在文献[39]中)与模拟数据进行比较时,我们观察到由于环境噪声、测量设备的变化,特别是海面的散射等因素,测量值的波动更大,而这些因素并不像基本射线跟踪那样容易建模。

2.6.11 无人机的第三代合作伙伴计划信道模型

考虑到无人机上的用户设备与固定基站通信,最新版本第三代合作伙伴计划模型[7]提供了无人机空对地通信的信道建模细节。这些细节包括视线概率、路径损耗模型和小尺度衰落模型。无人机上的用户设备在空中的高度可以小于或大于基站高度。

针对不同的空中用户高度,提供了农村宏蜂窝(RMa)、城市宏蜂窝和城市微蜂窝的视线概率。当无人机高度较小时,由于地面散射体的阻碍,所有场景的视线概率都较小。随着空中用户高度的增加,视线概率也会增加。例如,对于农村宏蜂窝场景,空中用户高度达到 50m 后,有 100% 的视线概率,而对于城市宏蜂窝场景,该阈值距离为 100m。视线概率表达式取决于无人机的高度。又如,对于农村宏蜂窝场景,无人机高度在 10~40m 范围内,对于城市宏蜂窝和城市微蜂窝场景,无人机高度在 22.5~100m 范围内,视线概率表达式如下[7]:

$$P_{\text{LOS}} = \begin{cases} 1, d_h \leq d_1 \\ \dfrac{d_1}{d_h} + \exp\left(-\dfrac{d_h}{p_1}\right)\left(1 - \dfrac{d_1}{d_h}\right), d_h > d_1 \end{cases} \quad (2.9)$$

式中,d_h 为无人机与基站的水平距离;变量 d_1 和 p_1 的值取决于无人机高度和所考虑的场景。

路径损耗模型是经修正的自由空间路径损耗模型,考虑了用户高度和相应常数。对于农村宏蜂窝、城市宏蜂窝和城市微蜂窝三种场景,用户的下限高度为 1.5m,最高可达 300m。使用无人机的路径损耗模型根据空中用户的高度分为两类。对于农村宏蜂窝场景,当空中用户高度在 1.5~10m 时,文献[9]中 7.4 节的路径损耗模型适用于视线和非视线路径,而对于高于 10m 的空中用户高度,则为视线和非视线路径提供了额外的路径损耗模型[7]。类似地,对于城市宏蜂窝和城市微蜂窝场景,使用 22.5m 的上限高度来分离两个路径损耗模型类别,而不是 10m。所有场景中阴影衰落的分布均表示为对数正态分布。对于农村宏蜂窝大于 10m 的空中用户高度和城市宏蜂窝与城市微蜂窝大于 22.5m 的空中用户高度,视线场景阴影衰落的标准偏差是空中用户高度的函数。另外,对于农村宏蜂窝小于 10m、城市宏蜂窝和城市微蜂窝小于 22.5m 以及非视线场景,为其分配一个恒定值。

文献[7]中还为空中用户提供了快速(小尺度)衰落模型。该模型适用于高度为 10~300m 的农村宏蜂窝与 22.5~300m 的城市宏蜂窝和城市微蜂窝的空中用户,为快速衰落模型的评估提供了三种不同选择。在每种备选方案中提供了特定参数,或文献[9]中的参数用于农村宏蜂窝、城市宏蜂窝和城市微蜂窝场景的快速衰落建模。

2.7 结　　论

本章对无人机的空对地传播渠道进行了全面调查。总结了文献中有关空对地传播的测量活动,提供了有关信道探测信号类型、中心频率、带宽、发射功率、无人机速度、无人机和地面站高度、链路距离、仰角和本地地面站环境特征的信息,还提供了文献中的空对地信道统计数据,讨论了各种无人机传播场景和这些测量的重要实施因素,介绍了大尺度衰落、小尺度衰落、多输入多输出信道特性和模型以及信道模拟。最后,强调了未来的研究方向和挑战。

参 考 文 献

[1] Amazon Prime Air Drone Delivery. https://www.amazon.com/Amazon-Prime-Air/b? ie = UTF8&node = 8037720011.

[2] Flytrex. http://www.flytrex.com/.

[3] Google Project Loon. https://loon.co/.

[4] Google Project Wing. https://x.company/projects/wing/.

[5] Uber Elevate. https://www.uber.com/us/en/elevate/.

[6] Zipline. http://www.flyzipline.com/.

[7] 3GPP (2017). Specification Number 36.777. 3GPP Specifications, RAN 78. https://portal.3gpp.org/desktopmodules/Specifications/SpecificationDetails.aspx? specificationId=3231(accessed 17 May 2018).

[8] 3GPP (2018). *3GPP, The mobile broadband standard.* http://www.3gpp.org/specifications.

[9] 3GPP (2017). ETSI TR 138 901. *Study on channel model for frequencies from 0.5 to 100GHz.* http://www.etsi.org/deliver/etsi_tr/138900_138999/138901/14.00.00_60/tr_138901v140000p.pdf (accessed 17 May 2018).

[10] A. Aboudebra, K. Tanaka, T. Wakabayashi et al. (1999). Signal fading in land–mobile satellite communication systems: statistical characteristics of data measured in Japan using ETS-VI. *Proc. IEEE Microw. Antennas Propag.* 146 (5): 349-354. doi:10.1049/ip-map:19990655.

[11] L. Afonso, N. Souto, P. Sebastiao et al. (2016). Cellular for the skies: exploiting mobile network infrastructure for low altitude air-to-ground communications. *IEEE Aerosp. Electron. Syst. Mag.* 31 (8): 4-11. doi: 10.1109/MAES.2016.150170.

[12] N. Ahmed, S. S. Kanhere, and S. Jha (2016). On the importance of link characterization for aerial wireless sensor networks. *IEEE Commun. Mag.* 54 (5): 52-57.

[13] A. Al-Hourani, S. Kandeepan, and A. Jamalipour (2014). Modeling air-to-ground path loss for low altitude platforms in urban environments. *Proceedings of the IEEE Global Communications (GLOBECOM) Conference*, pp. 2898-2904.

[14] A. Al-Hourani, S. Kandeepan, and S. Lardner (2014). Optimal LAP altitude for maximum coverage. *IEEE Wireless Commun. Lett.* 3 (6): 569-572.

[15] Mohamed Alzenad, Amr El-Keyi, Faraj Lagum, and Halim Yanikomeroglu. 3D placement of an unmanned aerial vehicle base station (UAV-BS) for energy-efficient maximal coverage. *IEEE Wireless Commun. Lett.*, 2017a.

[16] Mohamed Alzenad, Amr El-Keyi, and Halim Yanikomeroglu. 3D placement of an unmanned aerial vehicle base station for maximum coverage of users with different QoS requirements. *IEEE Wireless Commun. Lett.*, 2017b.

[17] R. Amorim, H. Nguyen, P. Mogensen et al. Radio channel modeling for UAV communication over cellular networks. *IEEE Wireless Commun. Lett.*, 6(4): 514 - 517, Aug. 2017a. doi: 10.1109/LWC.2017.2710045.

[18] R. Amorim, H. Nguyen, P. Mogensen et al. Radio channel modeling for UAV communication over cellular networks. *IEEE Wireless Commun. Lett.*, 6(4): 514-517, 2017b.

[19] Art Pregler, AT&T. *When COWs Fly: AT&T Sending LTE Signals from Drones*. https://about.att.com/innovationblog/cows_fly, Feb. 2017.

[20] M. Asadpour, B. Van den Bergh, D. Giustiniano et al. Micro aerial vehicle networks: An experimental analysis of challenges and opportunities. *IEEE Commun. Mag.*, 52(7):141-149, Jul. 2014. doi: 10.1109/MCOM.2014.6852096.

[21] Dasun Athukoralage, Ismail Guvenc, Walid Saad, and Mehdi Bennis. Regret based learning for UAV assisted LTE-U/Wi-Fi public safety networks. *Proceedings of the IEEE Global Communications (GLOBECOM) Conference*, pp. 1-7, 2016.

[22] M. M. Azari, F. Rosas, K. C. Chen, and S. Pollin. Optimal UAV positioning for terrestrial-aerial communication in presence of fading. *Proceedings of the IEEE Global Communications (GLOBECOM) Conference*, pages 1-7, Dec. 2016. doi: 10.1109/GLOCOM.2016.7842099.

[23] Lana Bandoim. Uber plans to launch food-delivery drones. *Forbes*, Oct. 2018.

[24] Steve Blandino, Florian Kaltenberger, and Michael Feilen. Wireless channel simulator testbed for airborne receivers. *Proceedings of the IEEE Global Communications (GLOBECOM) Workshops*, pages 1-6, 2015.

[25] John David Blom. *Unmanned Aerial Systems: A Historical Perspective*, volume 45. Combat Studies Institute Press, 2010.

[26] Christian Bluemm, Christoph Heller, Bertille Fourestie, and Robert Weigel. Air-to-ground channel characterization for OFDM communication in C-band. *Proceedings of the International Conference on Signal Processing and Communication Systems (ICSPCS)*, pp. 1-8, 2013.

[27] Frode Bohagen, Pal Orten, and Geir E Oien. Design of optimal high-rank line-of-sight MIMO channels. *IEEE Trans. Wireless Commun.*, 6(4), 2007.

[28] R Irem Bor-Yaliniz, Amr El-Keyi, and Halim Yanikomeroglu. Efficient 3-D placement of an aerial base station in next generation cellular networks. *Proceedings of the IEEE International Conference on Communications (ICC)*, pages 1-5, 2016.

[29] X. Cai, A. Gonzalez-Plaza, D. Alonso et al. Low altitude UAV propagation channel modelling. *Proceedings of the European Conference on Antennas and Propagation (EUCAP)*, pages 1443-1447. IEEE, 2017.

[30] P. Chandhar, D. Danev, and E. G. Larsson. Massive MIMO as enabler for communications with drone swarms. *Proceedings of the International Conference on Unmanned Aircraft Systems (ICUAS)*, pages 347-354, Jun. 2016. doi: 10.1109/ICUAS.2016.7502655.

[31] J. Chen, B. Daneshrad, and Weijun Zhu. MIMO performance evaluation for airborne wireless communication systems. *Proceedings of the Military Communications Conference (MILCOM)*, pages 1827-1832, Nov. 2011. doi: 10.1109/MILCOM.2011.6127578.

[32] J. Chen, D. Raye, W. Khawaja et al. Impact of 3D UWB antenna radiation pattern on air-to-ground drone connectivity. *Proceedings of the Vehicular Technology Conference (VTC)*, Fall, pages 1-5, 2018, 2018.

[33] Chen-Mou Cheng, Pai Hsiang Hsiao, HT Kung, and Dario Vlah. Performance measurement of 802.11 a wireless links from UAV to ground nodes with various antenna orientations. *Proceedings of the International Conference on Computer Communications and Networks (ICCCN)*, pages 303–308, 2006.

[34] Xiang Cheng, C-X Wang, David I Laurenson, and Athanasios V Vasilakos. Second order statistics of non-isotropic mobile-to-mobile Ricean fading channels. *Proceedings of the IEEE International Conference on Communications (ICC)*, pages 1–5, 2009.

[35] JR Child. Air-to-ground propagation at 900 MHz. *Proceedings of the IEEE Vehicular Technology Conference (VTC)*, volume 35, pages 73–80, 1985.

[36] E. Lemos Cid, A. V. Alejos, and M. Garcia Sanchez. Signaling through scattered vegetation: empirical loss modeling for low elevation angle satellite paths obstructed by isolated thin trees. *IEEE Vehic. Technol. Mag.*, 11(3):22–28, Sep. 2016. doi:10.1109/MVT.2016.2550008.

[37] D. W. Matolak and R. Sun. Antenna and frequency diversity in the unmanned aircraft systems bands for the over-sea setting. *Proceedings of the IEEE Digital Avionics Systems Conference (DASC)*, pages 6A4-1–6A4-10, Oct. 2014. doi:10.1109/DASC.2014.6979495.

[38] D. W. Matolak and R. Sun. Air-ground channel characterization for unmanned aircraft systems - Part III: The suburban and near-urban environments. *IEEE Trans. Vehic. Technol.*, 2017a.

[39] D. W. Matolak and R. Sun. Air-ground channel characterization for unmanned aircraft systems - Part I: Methods, measurements, and models for over-water settings. *IEEE Trans. Vehic. Technol.*, 66(1):26–44, Jan. 2017b. doi:10.1109/TVT.2016.2530306.

[40] D. W. Matolak, H. Jamal and R. Sun. Spatial and frequency correlations in two-ray SIMO channels. *Proceedings of the IEEE International Conference on Communications(ICC)*, May, 2017.

[41] Kai Daniel, Markus Putzke, Bjoern Dusza, and Christian Wietfeld. Three dimensional channel characterization for low altitude aerial vehicles. *Proceedings of the International Symposium on Wireless Communication Systems (ISWCS)*, pages 756–760, 2010.

[42] Jeff Desjardins. Amazon and UPS are betting big on drone delivery. *Business Insider*, March 2018.

[43] G. M. Djuknic, J. Freidenfelds, and Y. Okunev. Establishing wireless communications services via high-altitude aeronautical platforms: A concept whose time has come? *IEEE Commun. Mag.*, 35(9):128–135, Sep. 1997. doi:10.1109/35.620534.

[44] R. Essaadali and A. Kouki. A new simple unmanned aerial vehicle doppler effect RF reducing technique. *Proceedings of the Military Communications Conference (MILCOM)*, pages 1179–1183, Nov. 2016. doi:10.1109/MILCOM.2016.7795490.

[45] Federal Aviation Administration. FAA rules for UAVs. https://www.faa.gov/uas/beyond_the_basics (accessed 25 February 2017).

[46] Federal Aviation Administration. FAA small unmanned aircraft regulations. https://www.faa.gov/news/fact_sheets/news_story.cfm?newsId=20516 (accessed 3 July 2017).

[47] Qixing Feng, Joe McGeehan, Eustace K Tameh, and Andrew R Nix. Path loss models for air-to-ground radio channels in urban environments. *Proceedings of the IEEE Vehicular Technology Conference (VTC)*, volume 6, pages 2901–2905, 2006.

[48] Xijun Gao, Zili Chen, and Yongjiang Hu. Analysis of unmanned aerial vehicle MIMO channel capacity based on aircraft attitude. *WSEAS Trans. Inform. Sci. Appl.*, 10:58–67, 2013.

[49] B. G. Gates. Aeronautical communications. *Electr. Eng. - Part IIIA: Radiocommun. J.*, 94(11):74–81, Mar. 1947. doi:10.1049/ji-3a-2.1947.0009.

[50] N. Goddemeier and C. Wietfeld. Investigation of air-to-air channel characteristics and a UAV specific

extension to the Rice model. *Proceedings of the IEEE Global Communications (GLOBECOM) Workshops*, pages 1–5, Dec. 2015. doi: 10.1109/GLOCOMW.2015.7414180.

[51] Niklas Goddemeier, Kai Daniel, and Christian Wietfeld. Coverage evaluation of wireless networks for unmanned aerial systems. *Proceedings of the IEEE Global Communications (GLOBECOM) Workshops*, pages 1760–1765, 2010.

[52] Goldman Sachs. Drones: Reporting for Work. https://www.goldmansachs.com/insights/technology-driving-innovation/drones/.

[53] S. M. Gulfam, S. J. Nawaz, M. N. Patwary, and M. Abdel-Maguid. On the spatial characterization of 3-D air-to-ground radio communication channels. *Proceedings of the IEEE International Conference on Communications (ICC)*, pages 2924–2930, 2015.

[54] S. M. Gulfam, S. J. Nawaz, A. Ahmed, and M. N. Patwary. Analysis on multipath shape factors of air-to-ground radio communication channels. *Proceedings of the IEEE Wireless Telecommunications Symposium (WTS)*, pages 1–5, 2016.

[55] E. Haas. Aeronautical channel modeling. *IEEE Trans. Vehic. Technol.*, 51 (2): 254–264, Mar. 2002. doi: 10.1109/25.994803.

[56] Jaroslav Holis and Pavel Pechac. Elevation dependent shadowing model for mobile communications via high altitude platforms in built-up areas. *IEEE Trans. Antennas Propag.*, 56 (4): 1078–1084, 2008.

[57] M. Ibrahim and H. Arslan. Air-ground Doppler-delay spread spectrum for dense scattering environments. *Proceedings of the Military Communications Conference (MILCOM)*, pages 1661–1666, Oct. 2015. doi: 10.1109/MILCOM.2015.7357683.

[58] International Telecommunication Union. Propagation by diffraction. http://www.itu.int/dms_pubrec/itu-r/rec/p/R-REC-P.526-13-201311-I!!PDF-E.pdf (accessed 5 July 2017).

[59] International Telecommunication Union. Terrain cover types. https://www.itu.int/oth/R0A04000031/en (accessed 5 July 2017).

[60] International Telecommunication Union. Ducting over sea calculation. http://www.itu.int/md/dologin_md.asp?id=R03-WRC03-C-0025!A27-L188!MSW-E. (accessed 5 July 2017).

[61] International Telecommunication Union (2003). Propagation data and prediction methods required for the design of terrestrial broadband millimetric radio access systems. http://www.catr.cn/catr/catr/itu/itur/iturlist.jsp?docplace=P&vchar1=P.1410-2(accessed 27 November 2017).

[62] IST-4-027756 WINNER II. D1.1.2 V1.0 WINNER II channel models. http://www2.tuilmenau.de/nt/generic/paper_pdfs/Part, 2003.

[63] B. R. P. Jackson (2015). Telemetry, command and control of UAS in the National Airspace. *Proceedings of the International Telemetering Conference* International Foundation for Telemetering.

[64] Hosseinali Jamal and David W Matolak. FBMC and LDACS performance for future air to ground communication systems. *IEEE Trans. Vehic. Technol.*, 2016.

[65] F. Jiang and A. L. Swindlehurst (2012). Optimization of UAV heading for the ground-to-air uplink. *IEEE J. Sel. Areas Commun.* 30 (5): 993–1005.

[66] J. Johnsson and A. Levin. *Boeing is getting ready to sell flying taxis*. Bloomberg, Mar. 2018.

[67] George Pierce Jones IV, Leonard G Pearlstine, and H Franklin Percival. An assessment of small unmanned aerial vehicles for wildlife research. *Wildlife Soc. Bull.*, 34 (3):750–758, 2006.

[68] E. Kalantari, I. Bor-Yaliniz, A. Yongacoglu, and H. Yanikomeroglu (2017). User association and bandwidth allocation for terrestrial and aerial base stations with backhaul considerations. *Proceedings of the IEEE Annual International Symposium on Personal, Indoor, and Mobile Radio Communications (PIMRC)*,

pp. 1-6.

[69] S. Kaul, K. Ramachandran, P. Shankar et al. (2007). Effect of antenna placement and diversity on vehicular network communications. *Proceedings of the 4th Annual IEEE Communications Society Conference on Sensor, Mesh and Ad Hoc Communications and Networks (SECON)*, pages 112–121, Jun. 2007. doi: 10.1109/SAHCN.2007.4292823.

[70] F. Kawamata. Optimum frame size for land mobile satellite communication channels. *Proceedings of the IEEE Global Communications (GLOBECOM) Conference*, pages 583–587 vol.1, Nov. 1993. doi: 10.1109/GLOCOM.1993.318148.

[71] Bob Kerczewski. Spectrum for UAS control and non-payload communications. *Proceedings of the IEEE Integrated Communications, Navigation and Surveillance Conference (ICNS)*, pages 1–21, 2013.

[72] Wahab Khawaja, Ozgur Ozdemir, and Ismail Guvenc. UAV air-to-ground channel characterization for mmWave systems. *Proceedings of the IEEE Vehicular Technology Conference (VTC)* Sep. 2017.

[73] Wahab Khawaja, Ismail Guvenc, and David W. Matolak. UWB channel sounding and modeling for UAV air-to-ground propagation channels. *Proceedings of the IEEE Global Communications (GLOBECOM) Conference*, pages 1–7, Dec. 2016. doi: 10.1109/GLOCOM.2016.7842372.

[74] Wahab Khawaja, Ozgur Ozdemir, and Ismail Guvenc. Temporal and spatial characteristics of mmwave propagation channels for UAVs. *Proceedings of the IEEE Global Symposium on Millimeter Waves (GSMM)*, pages 1–6, 2018.

[75] W. Khawaja, O. Ozdemir, F. Erden et al. (2019). UWB Air-to-ground propagation channel measurements and modeling using UAVs. *Proceedings of the IEEE Aerospace Conference*, 2019.

[76] A. A. Khuwaja, Y. Chen, N. Zhao et al. (2018). A survey of channel modeling for UAV communications. *IEEE Commun. Surveys Tuts* 20 (4): 2804–2821.

[77] I. Kovacs, R. Amorim, H. C. Nguyen et al. (2017). Interference analysis for UAV connectivity over LTE using aerial radio measurements. *Proceedings of the IEEE Vehicular Technology Conference (VTC)*, pages 1–6.

[78] Alexander Ksendzov. A geometrical 3D multi-cluster mobile-to-mobile MIMO channel model with Rician correlated fading. *Proceedings of the IEEE International Congress on Ultra Modern Telecommunications (ICUMT) Conference*, pages 191–195, 2016.

[79] H. T. Kung, C.-K. Lin, T.-H. Lin et al. (2010). Measuring diversity on a low-altitude UAV in a ground-to-air wireless 802.11 mesh network. *Proceedings of the IEEE Global Communications (GLOBECOM) Workshops*, pages 1799–1804, 2010.

[80] J. Kunisch, I. De La Torre, A. Winkelmann et al. (2011). Wideband time-variant air-to-ground radio channel measurements at 5GHz. *Proceedings of the European Conference on Antennas and Propagation (EUCAP)*, pp. 1386–1390.

[81] Milan Kvicera, Fernando Pérez Fontán, Jonathan Israel, and Pavel Pechac. A new model for scattering from tree canopies based on physical optics and multiple scattering theory. *IEEE Trans. Antennas Propag.*, 65 (4): 1925–1933, 2017.

[82] D. F. Lamiano, K. H. Leung, L. C. Monticone et al. (2009). Digital broadband VHF aeronautical communications for air traffic control. *Proceedings of the Integrated Communications, Navigation and Surveillance Conference (ICNS)*, pages 1–12, May 2009. doi: 10.1109/ICNSURV.2009.5172856.

[83] Curt Levis, Joel T Johnson, and Fernando L Teixeira. *Radiowave Propagation: Physics and Applications*. Wiley, 2010.

[84] X. Lin, V. Yajnanarayana, S. D. Muruganathan et al. (2018). The sky is not the limit: LTE for

unmanned aerial vehicles. *IEEE Commun. Mag.* 56 (4): 204-210.

[85] J. Lyu, Y. Zeng, R. Zhang, and T. J. Lim (2017).. Placement optimization of UAV-mounted mobile base stations. *IEEE Commun. Lett.*, 21 (3): 604-607.

[86] M. S. Ben Mahmoud, C. Guerber, A. Pirovano et al. (2014). *Aeronautical Air-Ground Data Link Communications*. Wiley.

[87] W. Q. Malik, B. Allen, and D. J. Edwards. Impact of bandwidth on small-scale fade depth. *Proceedings of the IEEE Global Communications (GLOBECOM) Conference*, pages 3837-3841, Nov. 2007. doi: 10.1109/GLOCOM.2007.729.

[88] A. Matese, P. Toscano, S. F. Di Gennaro et al. (2015). Intercomparison of UAV, aircraft and satellite remote sensing platforms for precision viticulture. *Remote Sensing*, 7 (3):2971-2990.

[89] D. W. Matolak. Air-ground channels models: comprehensive review and considerations for unmanned aircraft systems. *Proceedings of the IEEE Aerospace Conference*, pages 1-17, Mar. 2012. doi: 10.1109/AERO.2012.6187152.

[90] David W Matolak. Channel characterization for unmanned aircraft systems. Proceedings of the European *Conference on Antennas and Propagation (EUCAP)*, pages 1-5, 2015.

[91] David W. Matolak and Ruoyu Sun. Air-ground channel measurements & modeling for UAS. *Proceedings of the IEEE Integrated Communications, Navigation and Surveillance Conference (ICNS)*, pages 1-9, 2013.

[92] D. W. Matolak and R. Sun (2015). Air-ground channel characterization for unmanned aircraft systems: the near-urban environment. *Proceedings of the Military Communications Conference (MILCOM)*, pp. 1656-1660.

[93] D. W. Matolak and R. Sun (2015). Unmanned aircraft systems: air-ground channel characterization for future applications. *IEEE Vehic. Technol. Mag.* 10 (2): 79-85.

[94] David W. Matolak and Ruoyu Sun. Air-ground channels for UAS: summary of measurements and models for L-and C-bands. *Proceedings of the IEEE Integrated Communications, Navigation and Surveillance Conference (ICNS)*, pages 8B2-1, 2016.

[95] David W. Matolak and Ruoyun Sun. Air-ground channel characterization for unmanned aircraft systems: the hilly suburban environment. *Proceedings of the IEEE Vehicular Technology Conference (VTC)*, pages 1-5, 2014.

[96] Matt McFarland. UPS drivers may tag team deliveries with drones. CNN News Article, Feb. 2017.

[97] Yu Song Meng and Yee Hui Lee. Measurements and characterizations of air-to-ground channel over sea surface at C-band with low airborne altitudes. *IEEE Trans. Vehic. Technol.* 60 (4): 1943-1948, 2011.

[98] M. Mozaffari, W. Saad, M. Bennis, and M. Debbah (2017). Mobile unmanned aerial vehicles (UAVs) for energy-efficient internet of things communications. *IEEE Trans. Wireless Commun.* 16 (11): 7574-7589.

[99] W. G. Newhall, R. Mostafa, C. Dietrich et al. (2003). Wideband air-to-ground radio channel measurements using an antenna array at 2 GHz for low-altitude operations. *Proceedings of the Military Communications Conference (MILCOM)*, volume 2, pages 1422-1427.

[100] F. Ono, K. Takizawa, H. Tsuji, and R. Miura (2015). S-band radio propagation characteristics in urban environment for unmanned aircraft systems. *Proceedings of the International Symposium on Antennas and Propagation (ISAP)*, pages 1-4, 2015.

[101] A. Paier, T. Zemen, L. Bernado et al. (2008). Non-WSSUS vehicular channel characterization in highway and urban scenarios at 5.2 GHz using the local scattering function. *Proceedings of the International Workshop on Smart Antennas*, pages 9-15, Feb. 2008. doi: 10.1109/WSA.2008.4475530.

[102] Pyung Joo Park, Sung-Min Choi, Dong Hee Lee, and Byung-Seub Lee. Performance of UAV (unmanned aerial vehicle) communication system adapting WiBro with array antenna. *Proceedings of the International Conference on Advanced Communication Technology (ICACT)*, volume 2, pages 1233-1237, 2009.

[103] Land Point. Satellite versus UAV mapping: How are they different. http://www.landpoint.net/satellite-versus-uav-mapping-how-are-they-different/.

[104] Qualcomm (2017). LTE Unmanned Aircraft Systems. https://www.qualcomm.com/media/documents/files/lte-unmanned-aircraft-systems-trial-report.pdf, May 2017.

[105] RadioReference. VHF/UHF military monitoring. http://wiki.radioreference.com/index.phpVHF/UHF_Military_Monitoring (accessed 31 May 2017).

[106] T. S. Rappaport (1996). *Wireless Communications: Principles and Practice*, vol. 2. Prentice-Hall.

[107] V. V. C. Ravi and H. S. Dhillon (2016). Downlink coverage probability in a finite network of unmanned aerial vehicle (UAV) base stations. *Proceedings of the IEEE Signal Processing Advances in Wireless Communications (SPAWC) Conference*, pp. 1-5.

[108] O. Renaudin, V. M. Kolmonen, P. Vainikainen, and C. Oestges (2010). Non-stationary narrowband MIMO inter-vehicle channel characterization in the 5-GHz band. *IEEE Trans. Vehic. Technol.* 59 (4): 2007-2015. doi: 10.1109/TVT.2010.2040851.

[109] D. Rieth, C. Heller, D. Blaschke, and G. Ascheid (2015). On the practicability of airborne MIMO communication. *Proceedings of the IEEE Digital Avionics Systems Conference (DASC)*, p. 2C1-1.

[110] J. Romeu, A. Aguasca, J. Alonso et al. (2010). Small UAV radiocommunication channel characterization. *Proceedings of the European Conference on Antennas and Propagation (EUCAP)*, pp. 1-5.

[111] A. R. Ruddle. Simulation of far-field characteristics and measurement techniques for vehicle-mounted antennas. *IEE Colloquium on Antennas for Automotives*, (Ref. No. 2000/002), pages 7/1-7/8, 2000. doi: 10.1049/ic:20000007.

[112] N. Schneckenburger, T. Jost, D. Shutin, and U. C. Fiebig. Line of sight power variation in the air to ground channel. *Proceedings of the European Conference on Antennas and Propagation (EUCAP)*, Davos, Switzerland, 2016a.

[113] N. Schneckenburger, T. Jost, D. Shutin et al. (2016). Measurement of the L-band air-to-ground channel for positioning applications. *IEEE Trans. Aerosp. Electron. Syst.* 52 (5): 2281-2297. doi: 10.1109/TAES.2016.150451.

[114] M. Schnell, U. Epple, D. Shutin, and N. Schneckenburger. LDACS: future aeronautical communications for air-traffic management. *IEEE Commun. Mag.*, 52 (5): 104-110, May 2014. doi: 10.1109/MCOM.2014.6815900.

[115] C. S. Sharp, O. Shakernia, and S. S. Sastry (2001). A vision system for landing an unmanned aerial vehicle. *Proceedings of the IEEE International Conference on Robotics and Automation (ICRA)*, volume 2, pages 1720-1727.

[116] D. H. Shim, H. J. Kim, and S. Sastry (2000). Control system design for rotorcraft-based unmanned aerial vehicles using time-domain system identification. *Proceedings of the IEEE International Conference on Control Applications*, pages 808-813.

[117] Hyunchul Shim. Hierarchical flight control system synthesis for rotorcraft-based unmanned aerial vehicles. PhD Dissertation, Harvard University, 2000.

[118] M. Simunek, F. P. Fontán, and P. Pechac (2013). The UAV low elevation propagation channel in urban areas: statistical analysis and time-series generator. *IEEE Trans. Antennas Propag.* 61 (7): 3850-

3858. doi: 10.1109/TAP.2013.2256098.

[119] Michal Simunek, Pavel Pechac, and Fernando P Fontán. Excess loss model for low elevation links in urban areas for UAVs. *Radioengineering*, 2011.

[120] R. Sun, D. W. Matolak, and W. Rayess (2017). Air-ground channel characterization for unmanned aircraft systems 8212 - Part IV: Airframe shadowing. *IEEE Trans. Vehic. Technol.* 66 (9): 7643-7652. doi: 10.1109/TVT.2017.2677884.

[121] Ruoyu Sun and David W. Matolak. Over-harbor channel modeling with directional ground station antennas for the air-ground channel. *Proceedings of the Military Communications Conference (MILCOM)*, pages 382-387, 2014.

[122] Ruoyu Sun and David W. Matolak. Air-ground channel characterization for unmanned aircraft systems - Part II: Hilly and mountainous settings. *IEEE Trans. Vehic. Technol.*, 2016.

[123] S. Sun and T. Rappaport. Investigation of prediction accuracy, sensitivity, and parameter stability of large-scale propagation path loss models from 500MHz to 100GHz. http://wireless.engineering.nyu.edu/presentations/NTIA-propagation-presentation-JUNE-15-2016_v1.

[124] K. Takizawa, T. Kagawa, S. Lin et al. (2014). C-band aircraft-to-ground (A2G) radio channel measurement for unmanned aircraft systems. *Proceedings of the Wireless Personal Multimedia Communications (WPMC) Conference*, pages 754-758, 2014.

[125] T. Tavares, P. Sebastiao, N. Souto et al. (2015). Generalized LUI propagation model for UAVs communications using terrestrial cellular networks. *Proceedings of the IEEE Vehicular Technology Conference (VTC)*, pages 1-6.

[126] E. Teng, J. D. Falcao, C. R. Dominguez et al. (2016). Aerial sensing and characterization of three-dimensional RF fields. *Proceedings of the Second International Workshop on Robotic Sensor Networks* (accessed September 2016).

[127] Ian J Timmins and Siu O'Young. Marine communications channel modeling using the finite-difference time domain method. *IEEE Trans. Vehic. Technol.* 58 (6): 2626-2637, 2009.

[128] T. C. Tozer and D. Grace (2001). High-altitude platforms for wireless communications. *Electron. Commun. Eng. J.* 13 (3): 127-137.

[129] H. D. Tu and S. Shimamoto. A proposal of wide-band air-to-ground communication at airports employing 5-GHz band. *Proceedings of the IEEE Wireless Communications and Networking Conference (WCNC)*, pages 1-6, 2009.

[130] Universitat Politècnica de Catalunya. Vector network analyzer specifications. http://www.upc.edu/sct/en/documents_equipament/d_160_id-655-2.pdf (accessed 18 May 2017).

[131] Vahid Vahidi and Ebrahim Saberinia. Orthogonal frequency division multiplexing and channel models for payload communications of unmanned aerial systems. *Proceedings of the International Conference on Unmanned Aircraft Systems (ICUAS)*, pages 1156-1161, 2016.

[132] Vodafone. Beyond visual line of sight drone trial report. https://www.vodafone.com/content/dam/vodafone-images/media/Downloads/Vodafone_BVLOS_drone_trial_report.pdf, Nov. 2018.

[133] Michael Walter, Snjezana Gligorevic, Thorben Detert, and Michael Schnell. UHF/VHF air-to-air propagation measurements. *Proceedings of the European Conference on Antennas and Propagation (EUCAP)*, pages 1-5, 2010.

[134] Michael Wentz and Milica Stojanovic. A MIMO radio channel model for low-altitude air-to-ground communication systems. *Proceedings of the IEEE Vehicular Technology Conference (VTC)*, pages 1-6, 2015.

[135] F. White (1973). Air-ground communications: history and expectations. *IEEE Trans. Commun.*, 21(5): 398–407. doi: 10.1109/TCOM.1973.1091709.

[136] Wikipedia. General atomics MQ-9 Reaper. https://en.wikipedia.org/wiki/General_Atomics_MQ-9_Reaper (accessed 3 July 2017).

[137] T. J. Willink, C. C. Squires, G. W. K. Colman, and M. T. Muccio (2016). Measurement and characterization of low-altitude air-to-ground MIMO channels. *IEEE Trans. Vehic. Technol.* 65(4): 2637–2648. doi: 10.1109/TVT.2015.2419738.

[138] Y. Wu, Z. Gao, C. Chen et al. (2015). Ray tracing based wireless channel modeling over the sea surface near Diaoyu Islands. *Proceedings of the International Conference on Computational Intelligence Theory, Systems and Applications (CCITSA)*, pages 124–128.

[139] Zhiqiang Wu, Hemanth Kumar, and Asad Davari. Performance evaluation of OFDM transmission in UAV wireless communication. *Proceedings of the Southeastern Symposium on Systems Theory (SSST)*, pages 6–10, 2005.

[140] Z. Xiao, P. Xia, and X. G. Xia (2016). Enabling UAV cellular with millimeter-wave communication: potentials and approaches. *IEEE Commun. Mag.* 54 (5): 66–73. doi: 10.1109/MCOM.2016.7470937.

[141] J. Yang, P. Liu, and H. Mao (2011). Model and simulation of narrowband ground-to-air fading channel based on Markov process. *Proceedings of the Network Computing and Information Security Conference (NCIS)*, volume 1, pages 142–146, 2011.

[142] Ev,sen Yanmaz, Robert Kuschnig, and Christian Bettstetter. Channel measurements over 802.11a-based UAV-to-ground links. *Proceedings of the IEEE Global Communications (GLOBECOM) Workshops*, pages 1280–1284, 2011.

[143] Ev,sen Yanmaz, Robert Kuschnig, and Christian Bettstetter. Achieving air-ground communications in 802.11 networks with three-dimensional aerial mobility. *Proceedings of the IEEE International Conference on Computer Communications (INFOCOM)*, pages 120–124, 2013.

[144] Z. Yun and M. F. Iskander (2015). Ray tracing for radio propagation modeling: principles and applications. *IEEE Access*, 3: 1089–1100.

[145] Jan Zeleny`, Fernando Pérez-Fontán, and Pavel Pechač. Initial results from a measurement campaign for low elevation angle links in different environments. *Proceedings of the European Conference on Antennas and Propagation (EUCAP)*, pages 1–4, 2015.

[146] Y. Zeng, R. Zhang, and T. J. Lim (2016). Wireless communications with unmanned aerial vehicles: opportunities and challenges. *IEEE Commun. Mag.* 54 (5): 36–42. doi: 10.1109/MCOM.2016.7470933.

[147] Chao Zhang and Yannian Hui. Broadband air-to-ground communications with adaptive MIMO datalinks. *Proceedings of the IEEE Digital Avionics Systems Conference(DASC)*, pages 4D4-1, 2011.

[148] Yi Zheng, Yuwen Wang, and Fanji Meng. Modeling and simulation of pathloss and fading for air-ground link of HAPs within a network simulator. *Proceedings of the International Conference on Cyber-Enabled Distributed Computing and Knowledge Discovery*, pages 421–426, 2013.

第3章 无人机检测与识别

Martins Ezuma[1], Fatih Erden[1], Chethan Kumar Anjinappa[1], Ozgur Ozdemir[1], Ismail Guvenc[1], David Matolak[2]

1. 美国北卡罗来纳州瑞利市北卡罗来纳州立大学电气与计算机工程系,邮编:27606
2. 美国哥伦比亚南卡罗来纳大学电气工程系,邮编:29208

3.1 简 介

无人机有望在第五代系统中发挥重要作用。新兴的民用应用包括包裹递送、搜索和救援、执法、精准农业、移动或临时蜂窝基站以及基础设施检查[32]。无人机通信网络是空中5G物联网(IoT)的组成部分,它将是未来智能城市的重要组成部分[29]。此外,有人提议按照空中交通管理(ATM)程序,将无人机系统(UAS)整合到国家空中交通系统中。这种整合将使无人机能够进入有人驾驶飞机占据的国家空域。

尽管无人机在未来5G生态系统中有许多潜在的好处,但这些设备也可能被恶意利用。最近,一些无人机飞行员故意违反敏感国家设施(如机场和核反应堆)周围的禁飞区限制。2015年,设计用于检测飞机的白宫监控系统未能检测到一架小型业余无人机坠落在白宫草坪上。同年,一架载有放射性物质(福岛核电站铯)痕迹的类似无人机降落在日本首相东京的官邸[34]。这类事件显示了无人机对现代社会的潜在威胁。此外,无人机和巡航导弹已被确定为国土安全新威胁[19]。因此,迫切需要开发一种有效的无人机检测和分类系统。

图3.1显示了5G生态系统中的典型无人机检测场景[17]。在这种情况下,设施周围的空域分为受限(保护区)或非受限空域。若小型无人机的航迹仍在保护区之外,则认为是安全的,因此无须对无人机采取行动。另外,若无人机的航迹穿过保护区,则无人机被视为威胁。在这种情况下,对无人机进行检测和分类非常重要。

文献中研究了几种无人机检测和分类技术。这些技术可分为基于雷达的技术、基于计算机视觉的技术、基于声学的技术和基于射频(RF)的技术。雷达技术的最新发展主要集中在无人机雷达微多普勒特征的提取上。在文献[12]中,使用25GHz毫米波雷达提取了四旋翼无人机的雷达微多普勒特征。随后,将四旋翼无人机的雷达微多普勒信号与从行人和三旋翼直升机提取的信号进行了比较。结果表明,四旋翼无人机通过其独特的雷达微多普勒特征可以与其他目标区分开来。

在文献[25]中,根据从微多普勒特征分解中提取的特征对微型无人机和小鸟进行分类。由于鸟类翅膀拍打会引起频率调制,所以很容易识别较大鸟类,并将其与小型无人机区分开来。利用雷达微多普勒信号,可以将无人机与其他空中物体(如鸟类、固定翼飞机和直

第 3 章 无人机检测与识别

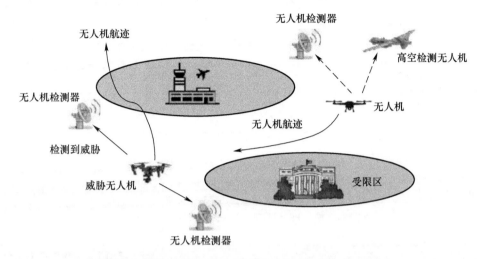

图 3.1 受限区附近未经授权的小型无人机检测场景[17]

升机)区分开来。然而,研究表明,基于雷达的检测技术在检测许多无人机方面并不十分有效。这是因为大多数无人机的雷达截面积(RCS)非常小[16]。目标的雷达截面积是对目标反射到雷达接收器的信号能量的测量。因此,雷达截面积较小的目标,如许多商用无人机,很难被雷达检测到。

最近,基于计算机视觉与声学的无人机检测和分类方法受到了关注。最近的激增可能是由于这些检测技术中使用了相对便宜的传感器[16]。计算机视觉技术使用摄像机作为传感器,而声学技术使用麦克风作为传感器。文献[14]描述了一种基于计算机视觉的无人机检测技术。该方法使用两个不同的光电摄像机来捕捉在不同方向和背景环境中飞行的无人机图像。然后,从无人机图像中提取了 Haar-like、梯度直方图(HOG)和局部二值模式(LBP)等特征。这些特征被输入级联增强分类器,用于无人机检测。结果表明,可近实时地检测无人机,检测率约为 0.96 F-score 值。此外,无人机的距离可以通过使用增强分类器的摄像头传感器进行估计。实验结果表明,无人机的距离估计在室内(1032×778 分辨率)每帧约 60ms 和室外(1280×720 分辨率)每帧约 150ms 是可行的。

类似的机器学习(ML)技术被用于基于声学的无人机检测。在这种情况下,麦克风用于记录无人机的独特音频特征。这些音频信号主要是无人机中使用的直流(DC)电机产生的声音。此后,从这些音频数据中提取的特征用于无人机的检测和分类。在文献[20]中,作者研究了高斯混合模型(GMM)和深度学习算法在无人机声音检测中的有效性。检测问题是基于声音事件的检测,被建模为二元分类问题。研究结果表明,长短时记忆(LSTM)递归神经网络(RNN)在基于声学的无人机检测中表现出最佳性能。

基于计算机视觉和声学的检测技术对环境条件非常敏感。例如,基于计算机视觉的技术受到环境光照条件变化的严重影响[11]。类似地,基于声学的检测技术也容易受到环境噪声的影响[11]。这些限制影响了无人机检测技术的效率和可靠性,尤其是在室外城市环境中。

从前文讨论中可以明显看出,无人机检测和跟踪的不同技术在成本、准确性、精度、范围、能效(若传感器使用电池工作,则至关重要)、便携性(如部署在其他无人机上的传感器)

和复杂性(表3.1)等方面具有不同的权衡。例如,虽然一些传感器技术只能在视线条件下(如雷达和计算机视觉)运行良好,但其他一些传感器技术也可以在非视线环境下运行(如基于射频的方法)。对于无人机的准确和快速检测/跟踪,同时使用来自多个不同类型传感器的信息数据融合技术具有至关重要的意义(如关于94GHz毫米波雷达和声学传感器与高分辨率光学相机的联合使用,参见文献[8,23]),这是一个开放的研究领域。

表3.1 不同无人机检测和跟踪技术的优缺点比较

检测技术	优势	缺点
环境射频信号(如文献[18,27])	低成本射频传感器(如软件定义无线电(SDR)),可在非视线、长检测范围内工作。可能允许通过模仿遥控器或欺骗全球定位系统(GPS)信号来控制无人机的反验证攻击	需要事先培训,以识别/分类不同的无人机。由于无人机/控制器没有/有限的信号辐射,无人机完全/部分自主飞行失败
雷达(如文献[8-9,13,22])	与基于视觉的技术相比,低成本调频连续波(FMCW)雷达不受雾/云/尘的影响,可以在非视线(更复杂)中工作。更高的(毫米波)频率允许以更高的路径损耗为代价准确捕获微多普勒/距离。不需要无人机主动传输	无人机的小雷达横截面使识别/分类变得困难。考虑到不同的雷达/无人机几何形状和不同的无人机类型,需要进一步研究准确的无人机检测/分类和机器学习技术,这些都会影响微多普勒信号。毫米波波段较高的路径损耗限制了无人机的检测范围
声信号(如文献[2-3,7])	简单麦克风成本低(成本取决于麦克风质量)。可以在非视线中工作,只要无人机发出声响	需要为不同的无人机开发声学特征数据库。需要了解当前的风况和背景噪声。在高环境噪声下,如在城市环境中,可能运行不良
计算机视觉(如文献[8,23,26])	基本光学传感器的低成本。许多商用无人机的摄像机可以用作传感器	热敏、基于激光和宽视场(FOV)摄像机的成本更高。需要视线。受雾、云和灰尘影响能见度水平
传感器融合(如文献[8,23])	可以结合多种不同技术的优点,实现更广泛的应用场景、高检测精度和远距离操作	更高的成本和处理复杂性。需要有效的传感器融合算法

一旦被发现,可以对无人机采取若干反措施,如拦截和干扰。根据无人机的威胁能力和脆弱性,可以采用不同的技术来对抗威胁。图3.2显示了可针对无人机发起的一些反行动。拦截无人机的一种方法是使用干扰枪干扰其遥控信号(通常在工业科学医疗2.4GHz频段)和/或全球定位系统信号,如图3.2(a)所示。在另一种方法中,如图3.2(b)所示,操作员发射一个装有大网的控制箱,一旦无人机的转子缠绕在一起,降落伞就会将无人机安全降落到地面。如前所述,某些类型的无人机可能容易受到图3.2(c)所示的反验证攻击,该攻击可用于中断无人机与其操作员之间的通信链路。

如图3.2(d)所示,苏格兰大都会警察正在训练老鹰击落可疑的无人机。这种低成本的想法不需要使用任何其他设备,对平民没有危险。通过训练,鹰将无人机视为猎物,以便捕捉它们并将其置于安全区域。另一种击落无人机的方法是使用另一种无人机。例如,如图3.2(e)所示,东京警方建立了一个无人机小组,负责处理隐私侵犯方面的犯罪行为。警察局配备了带网的无人机,可以捕获附近飞行的可疑无人机。图 3.2(f)中的全球定位系统欺骗是另一种可能的网络攻击,已被证明可在无人机上有效工作[21],即使使用低成本软件定义无线电也可以实施。无人机的通信链路包括来自全球定位系统卫星的输入信号、通知无人机存在的信号以及地面站和无人机之间的双向链路。全球定位系统欺骗的基本思想是将假全球定位系统坐标传输到无人机的控制系统。这将劫持无人机,随后它完全受攻击者控制。当攻击者非常接近无人机时,或等效地使用波束宽度窄的定向天线瞄准无人机,即可成功实施攻击。由于弱认证机制,民用无人机很容易通过延迟信号受到攻击。然而,由于使用了更先进的身份验证机制,对军用无人机的攻击非常复杂。

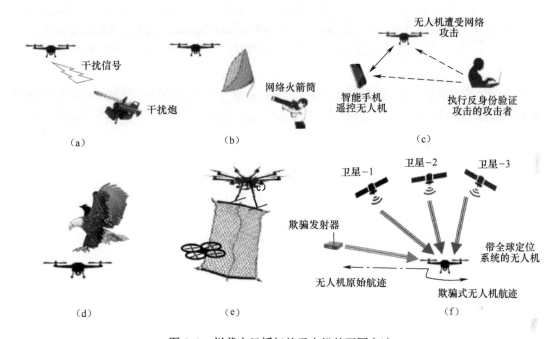

图 3.2 拦截未经授权的无人机的不同方法
(a)使用无人机干扰炮;(b)向无人机发射巨型网的火箭筒;
(c)对无人机进行反认证网络攻击;(d)训练鹰捕捉无人机并将其放置在安全区;
(e)大型无人机用于捕捉小型无人机的网陷阱;(f)使用全球定位系统欺骗控制无人机。

本章剩余部分将重点介绍基于射频的无人机检测和分类技术。本章组织如下。3.2 节简要介绍基于射频的无人机检测技术。3.3 节描述存在噪声和无线电干扰的多级无人机射频信号检测技术。3.4 节介绍特征提取和基于射频指纹的无人机分类系统。3.5 节描述实验装置以及无人机射频信号的检测和分类结果。3.6 节进行了结论。

3.2 基于射频的无人机检测技术

通过射频信号进行无人机检测和分类可分为:射频指纹技术和 Wi-Fi 指纹技术两大类。这些技术使用射频感应设备捕获无人机与其控制器之间的射频通信信号。在射频指纹识别技术中,首先提取捕获信号的物理层特征或射频特征,然后将其反馈给机器学习算法,用于无人机或其控制器的检测和分类。Wi-Fi 指纹技术提取捕获的无人机射频传输的媒体访问控制(MAC)和网络层特征,用于无人机的检测和分类。

3.2.1 射频指纹技术

射频指纹技术依赖于从不同无人机或无人机控制器捕获的射频信号波形的独特特征。实验研究表明,大多数商用无人机都有独特的射频信号,这是由于采用了电路设计和调制技术。因此,从无人机或其遥控器捕获的信号波形中提取的射频指纹可作为无人机检测和分类的基础。

在文献[36]中,从无人机无线控制信号中捕获的射频指纹通过计算信号的振幅包络来提取。通过执行主成分分析(PCA),进一步降低处理信号的维数。结果是一组低维数据,这些数据被送入辅助分类器 Wasserstein 生成式对抗网络(AC-WGAN)。当考虑 4 种不同类型的无人机时,辅助分类器 Wasserstein 生成式对抗网络实现了 95% 的总体分类率。

在文献[1]中,通过分析射频背景活动以及无人机在不同模式(如飞行、悬停和视频记录)下运行时发出的射频信号来检测无人机。然后,使用离散傅里叶变换计算无人机信号的射频频谱。无人机分类系统的设计是利用不同无人机的射频频谱数据训练深度神经网络(DNN)。当对两架无人机进行分类时,系统显示准确率为 99.7%,对 4 架无人机分类时显示准确率为 84.5%,对 10 架无人机分类时显示准确率为 46.8%。当只考虑少数无人机控制器时,分类系统表现最佳。

文献[5]描述了一种工业集成的对抗无人机解决方案。该解决方案基于分布式射频传感器网络。在该系统中,使用能量检测器检测来自不同无人机控制器的射频信号。然后,利用射频频谱形状相关特征对感兴趣的信号进行分类。分布式射频传感器使得使用到达时差(TDoA)或多向定位技术定位无人机控制器成为可能。然而,这种工业解决方案相当昂贵。因此,需要研究基于射频的低成本无人机检测系统。

3.2.2 Wi-Fi 指纹技术

Wi-Fi 指纹技术的动机是一些无人机使用 Wi-Fi 链路进行控制和视频流传输。射频传感系统主要由一个 Wi-Fi 数据包嗅探装置组成,该装置可截获无人机与其遥控器之间的 Wi-Fi 数据流量。通过分析 Wi-Fi 数据和相关 Wi-Fi 指纹,可以检测和识别无人机。在文献[4]中,巡逻无人机使用一组 Wi-Fi 统计特征检测到未经授权的 Wi-Fi 控制无人机。所提取的特征包括 MAC 地址、Wi-Fi 数据包长度的均方根(RMS)、数据包持续时间、平均数据包到达间隔时间等。这些特征用于训练执行无人机分类任务的不同机器学习算法。在文献[4]中,根据真阳性率和假阳性率衡量,随机树和随机森林(RandF)分类器实现了最佳性能。

在文献[28]中,通过窃听无人机与其控制器之间的 Wi-Fi 通道检测到无人机存在。该系统通过分析无人机独特的振动和机体移动对无人机传输的 Wi-Fi 信号的影响来检测无人机。该系统在 50m 处可达到 90% 以上的精度。

一般来说,Wi-Fi 指纹技术的一个主要问题是隐私。也就是说,同一个 Wi-Fi 检测系统可以欺骗智能手机用户或私人 Wi-Fi 网络的 Wi-Fi 流量数据。此外,只有有限数量的商用无人机使用 Wi-Fi 链接进行视频流传输和控制。大多数商用无人机使用专有通信链路。

本章其余部分将详细描述基于射频信号和相应射频指纹的无人机检测和识别新方法,还将介绍具有代表性的实验结果。拟议系统首先考虑采用多级检测器来捕获原始数据,并

第3章 无人机检测与识别

确定源是无人机控制器、无线干扰设备还是热噪声。若捕获的信号被检测为无人机控制器信号,则调用分类过程来识别无人机。接下来介绍多级检测器的设计。

3.3 多级无人机射频信号检测

我们考虑图3.3所示的场景。无源射频监视系统监听无人机与其遥控器之间传输的控制信号。监控系统的主要硬件部件是2.4GHz射频天线和高频示波器,能够以20GSa/s(千兆采样/秒)的速度对捕获的数据进行采样。高采样率使监控系统能够捕获任何检测到的射频信号的高分辨率波形瞬态特征。不同无人机控制器的波形瞬态特征各不相同。这是一个有用属性,用于检测和分类来自不同无人机控制器的射频信号。图3.4显示了从8个不同无人机控制器和4个不同无人机捕获的射频信号示例。从图中可以清楚地看出,每个信号都有独特的瞬态波形或形状,可用于识别源无人机控制器。

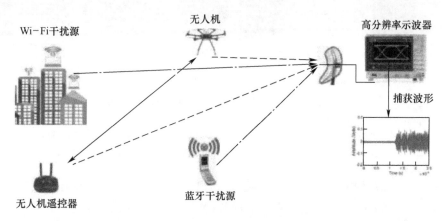

图3.3 基于射频的无人机检测系统中考虑的场景,无源射频监视系统监听控制器和无人机之间传输的信号。该环境包含来自Wi-Fi和蓝牙干扰设备的信号,这些设备与无人机和遥控器在同一频带内工作

此外,大多数商用无人机在2.4GHz频段工作,因此无源射频监视系统设计为在该频段工作。然而,这也对Wi-Fi和移动蓝牙设备的工作频带做出响应。因此,在无线环境中,来自这些无线源的信号将干扰无人机控制信号的检测。这项研究专注于只检测来自无人机控制器的信号。

根据图3.3中的场景,无源射频监视系统必须确定捕获的数据是来自无人机控制器、干扰源还是背景噪声。若捕获的数据来自无人机控制器,则检测系统应能够正确识别无人机控制器。但是,若检测到的信号来自干扰源,则检测系统应能够正确识别干扰源。因此,检测问题是一个多假设问题。对于这类问题,计算复杂性随着假设数目的增加而增加。因此,使用多级顺序检测器可以简化多假设检测问题。在这个系统中,前几个步骤涉及简单的二元假设检验,易于解决。

图3.5是一个流程图,提供了整个系统的高级图形描述。从流程图中可以看到,检测和识别无人机控制器的第一步是数据捕获。通常,捕获的原始数据集很大,样本非常嘈杂。因此,在检测和分类之前,首先使用基于小波的多分辨率分析对捕获的原始数据进行预处理。其次,将数据传输到由两个阶段组成的多级检测系统。在第一阶段,检测器采用贝叶斯假设

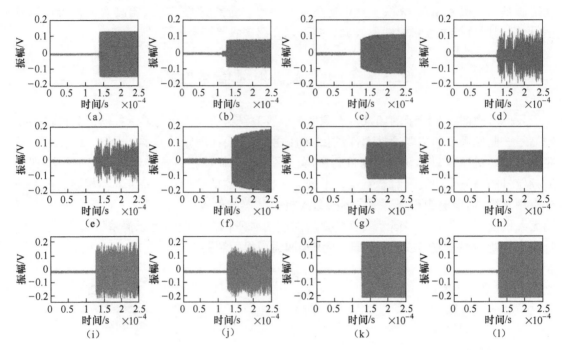

图 3.4 从(a)~(h)8 种不同的无人机控制器和(i)~(l)4 种不同的无人机在飞行中捕获的射频信号
(a) Graupner MC-32;(b) Spektrum DX6e;(c) Futaba T8FG;(d) DJI Phantom 4 Pro;(e) DJI Inspire 1 Pro;
(f) JR X9303;(g) Jeti Duplex DC-16;(h) FlySky FS-T6;(i) DJI Matrice 600 无人机;
(j) DJI Phantom 4 Pro 无人机;(k) DJI Inspire1 Pro 无人机;(l) DJI Mavic Pro。

检验来确定捕获的信号是射频信号还是噪声。若检测到射频信号,则激活第二级检测器。该检测器决定捕获的射频信号是否来自干扰源(Wi-Fi 或蓝牙设备)或无人机控制器。该检测器使用带宽分析和基于调制的特性进行干扰检测。因此,若检测到的射频信号不是来自 Wi-Fi 或蓝牙干扰源,则假定它是由无人机控制器传输的信号。因此,检测到的信号被传输到基于机器学习的分类系统,用于识别无人机控制器。

3.3.1 预处理步骤:多分辨率分析

捕获的射频数据通过基于小波的多分辨率分析进行预处理。已经证明,使用离散小波变换(DWT)的多分辨率分解(如 Haar 小波变换)对于分析信号和图像的信息内容有效[24]。

在这项工作中,使用图 3.6 所示的两级 Haar 变换对捕获的射频数据进行多分辨率分解。使用该变换,可以分解原始输入信号,并在不同分辨率级别提取重要时频信息。在第一级中,分别通过半带低通($h[n]$)和高通($g[n]$)滤波器将输入射频数据分成低频和高频分量(子带)。然后对滤波器输出进行二进抽取(下采样),以产生近似系数 $a_1[n]$ 和细节系数 $d_1[n]$。在第二级,以类似的方式进一步分解系数 $a_1[n]$,并将生成的 $d_2[n]$ 系数作为输出射频数据($y_T[n]$)。此后,将 $y_T[n]$ 输入多级检测系统。因此,在图 3.6 中从左向右移动,得到了捕获的射频数据的粗略表示。这种粗到精策略对于基于机器学习的信号分类非常有用,因为它可以在不同的分辨率级别上显示信号特征[6]。此外,由于输入射频数据的连续下采样,输出射频数据将具有较少的样本。这降低了算法的计算复杂度。

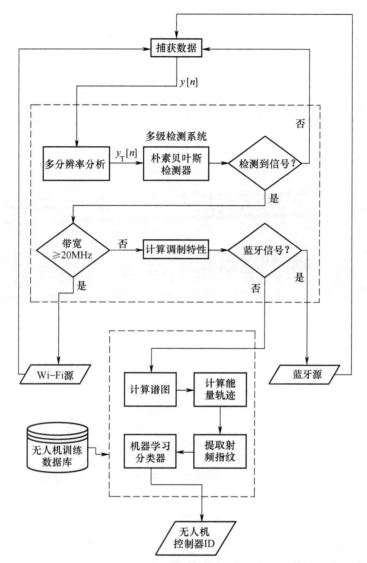

图 3.5 系统流程图提供了通过系统的信息处理和数据流的图形说明。
该系统由两个主要子系统组成：多级无人机检测系统和无人机分类系统

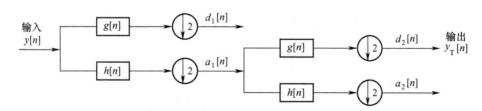

图 3.6 用于捕获原始数据预处理的两级离散 Haar 小波变换。
该变换由一组低通（$h[n]$）和高通（$g[n]$）滤波器组成

此外，多分辨率分析对于检测背景噪声中的微弱信号非常有用。这种噪声信号检测方法基于小波去噪（小波分解和阈值化）。这将导致更高的检测精度，在无人机威胁检测等应用中是必需的。

图3.7显示了Haar小波分解对从DJI Phantom 4 Pro无人机控制器捕获的信号的影响。从图中可以清楚地看出,小波变换消除了信号对齐中的偏差,并减少了原始信号中的样本数。此外,变换保留了原始波形的特征。这在基于机器学习的信号分类中很重要。

在预处理步骤之后,变换后的射频数据被传输到检测系统的第一级。在此阶段,使用基于马尔可夫模型的贝叶斯分类器确定捕获的数据属于射频信号样本还是噪声样本。

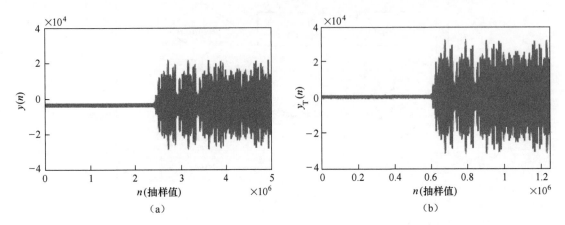

图3.7 (a)使用采样率为20GSa/s的示波器从DJI Phantom 4 Pro无人机的遥控器捕获的采样原始数据$y[n]$;以及(b)在两级Haar小波滤波器输出处获得的转换数据。由于连续下采样,$y_T[n]$的数据样本比$y[n]$少约$3.8×10^6$个

3.3.2 射频信号检测的朴素贝叶斯决策机制

在该阶段确定捕获的射频数据是表示相关射频信号还是背景噪声。首先,使用两状态马尔可夫模型对小波变换后的射频信号$y_T[n]$进行建模。这允许我们计算捕获的数据来自信号或噪声类的可能性。根据贝叶斯决策理论,使错误概率最小化的最佳检测器是使后验概率最大化的检测器。从数学上讲,设$C \in \{0,1\}$为表示预处理射频信号$y_T[n]$类别的索引,其中当捕获的原始信号$y[n]$为射频信号时,$C=1$,反之$C=0$。设$S_{y_T} = [S_{y_T}(1), S_{y_T}(2), \cdots, S_{y_T}(N)]^T$为给定测试数据$y_T[n]$的状态向量表示,该测试数据包含$N$个样本,且$S_{y_T}(i) \in \{S_1, S_2\}, i=1,2,\cdots,N, S_1$和$S_2$为马尔可夫模型中的两个状态。然后,给出射频信号类别的后验概率S_{y_T}为

$$P(C=1 \mid S_{y_T}) = \frac{P(S_{y_T} \mid C=1)P(C=1)}{P(S_{y_T})} \quad (3.1)$$

式中,$P(S_{y_T} \mid C=1)$是以似然函数$C=1$为条件的;$P(C=1)$是射频信号类别的先验概率;$P(S_{y_T})$是证据。后验概率$P(C=0 \mid S_{y_T})$也有类似的表达式。

在实践中,由于证据不依赖于C,它是常数,可以忽略。对等式(3.1)中的分子进行最大化,即

$$\hat{C} = \arg\max_C P(S_{y_T} \mid C)P(C) \quad (3.2)$$

换句话说,如果满足以下条件,我们决定捕获的数据属于射频信号(即$C=1$):

$$P(S_{y_T} | C=1)P(C=1) \geq P(S_{y_T} | C=0)P(C=0) \tag{3.3}$$

如果我们假设信号和噪声类的先验概率相等,那么等式(3.3)中的朴素贝叶斯决策规则为

$$P(S_{y_T} | C=1) \geq P(S_{y_T} | C=0) \tag{3.4}$$

因此,对于给定的测试数据,需要计算和比较似然概率 $P(S_{y_T} | C=\{0,1\})$。为了计算射频信号和噪声类别的似然概率,使用了从多个无人机控制器、Wi-Fi 路由器、移动蓝牙发射器和背景噪声捕获的大量训练数据。该培训数据集存储在数据库中,如图 3.5 所示。由于捕获的射频信号(采样后)具有离散的时变波形,可以将其建模为状态/事件的随机序列。这种状态序列属于任何类别的可能性都可以使用马尔可夫模型中的状态转移来计算。

首先,将 $y_T[n]$ 定义为两状态马尔可夫模型。这是通过使用阈值表示 $y_T[n]$ 两种状态 (S_1 和 S_2) 来实现的。因此,绝对振幅小于或等于预定阈值 (δ) 的 $y_T[n]$ 中样本被视为处于 S_1 状态,而绝对振幅大于 δ 的样本被视为处于 S_2 状态。从数学上讲,状态转换由下式给出:

$$S_{y_T}(n) = \begin{cases} S_1, & |y_T[n]| \leq \delta \\ S_2, & |y_T[n]| > \delta \end{cases} \tag{3.5}$$

基于上述规则,可以直接将 $y_T[n]$ 转换为状态向量 $\boldsymbol{S}_{y_T}$。一旦获得 $\boldsymbol{S}_{y_T}$,就可以计算任意两个状态之间的转移概率。

注意,由于降低了噪声功率,基于小波域中信号样本的振幅生成状态向量。在等式(3.5)中的选择取决于系统的工作信噪比,将在 3.5.2 节中讨论。转换概率矩阵基于相邻索引状态的转换生成。转移计数矩阵 $\boldsymbol{T}_N$ 和转移概率矩阵 $\boldsymbol{T}_P$ 的定义如下:

$$\boldsymbol{T}_N = \begin{bmatrix} N_{11} & N_{12} \\ N_{21} & N_{22} \end{bmatrix}, \boldsymbol{T}_P = \begin{bmatrix} p_{11} & p_{12} \\ p_{21} & p_{22} \end{bmatrix} = \frac{\boldsymbol{T}_N}{\sum_{i,j} N_{ij}} \tag{3.6}$$

式中,N_{ij} 为从状态 S_i 转换到 S_j 的样本数;$\boldsymbol{T}_N$ 为矩阵,其元素为 y_T 中的状态转换数;矩阵 $\boldsymbol{T}_P$ 包含状态转换概率,这些概率是通过使用 $y_T[n]$ 中的样本总数对 $\boldsymbol{T}_N$ 矩阵进行归一化而获得的。也就是说,元素 $p_{ij} = P(S_i \to S_j)$ 是从状态 S_i 到状态 S_j 的转移概率。预计在适当的信噪比水平下,信号类别(无人机、Wi-Fi 和蓝牙)和噪声类别产生的转移概率将显著不同。此外,δ 的选择将取决于信号和噪声类别的转移概率。在 3.5.2 节中,阈值 δ 用从环境中采集的预处理噪声数据的标准偏差 (σ) 表示。

在实验过程中,数据是在短时间窗口(0.25ms)内捕获的,因此假设在此时间间隔内环境噪声是平稳的。图 3.8 显示了从使用 $\delta = 3.5\sigma$ 的训练数据中获得的信号和噪声等级的两状态马尔可夫模型。从图 3.8 中可以看出,对于信号类别,p_{22} 显著高于 p_{11}、p_{12} 和 p_{21}。另外,从图 3.8 中还可以看出,对于噪声等级,p_{11} 显著高于 p_{22}、p_{12} 和 p_{21}。因此,对于任何给定的测试数据,使用两状态马尔可夫模型、适当 δ 及朴素贝叶斯分类器,可以准确地确定数据是射频信号还是噪声。

对于给定测试数据,数据作为信号的可能性计算如下:

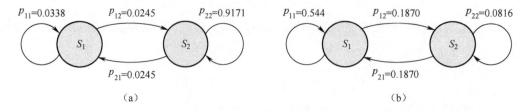

图3.8 使用 $\delta = 3.5\sigma$ 的(a)信号类和(b)噪声类的两状态马尔可夫模型和相关状态转移概率

$$P(S_{y_T} \mid C=1) = \prod_{n=1}^{N-1} p(S_{y_T}(n) \to S_{y_T}(n+1) \mid C=1)$$

$$= \prod_{i,j=\{1,2\}} T_{P_c=1}^{T_N(i,j)}(i,j) \quad (3.7)$$

$$= \prod_{i,j=\{1,2\}} p_{ij;C=1}^{N_{i,j}}$$

上述等式中条件转移概率的乘积给出了假设 $C=1$ 为真时获得状态向量 S_{y_T} 的可能性。等式(3.7)中表达式的对数似然由下式给出：

$$\log(P(S_{y_T} \mid C=1)) = \sum_{i,j=\{1,2\}} N_{ij}\log(p_{ij;C=1}) \quad (3.8)$$

类似地，来自噪声类的信号的对数似然通过下式计算：

$$\log(P(S_{y_T} \mid C=0)) = \sum_{i,j=\{1,2\}} N_{ij}\log(p_{ij;C=0}) \quad (3.9)$$

如果 $\log(P(S_{y_T} \mid C=1)) > \log(P(S_{y_T} \mid C=0))$，该决定将有利于 $C=1$；否则，$C=0$。若捕获的射频数据来自信号类(即如果 $C=1$)，则调用第二级检测器。否则，系统将继续感应环境中是否存在信号，如图3.5所示。

3.3.3 检测 Wi-Fi 和蓝牙干扰

第二级检测器决定在第一级检测到的信号是来自无线干扰源还是无人机控制器。引起注意的无线干扰源是 Wi-Fi 和移动蓝牙设备。

最近，对检测 Wi-Fi 和蓝牙信号产生了兴趣[30]。然而，在城市环境中基于射频的无人机检测中，这些无线信号被视为干扰，少有研究。这是个实际问题。幸运的是，这些无线干扰信号已经很好地标准化了。因此，可以使用规范的知识对其进行检测和分类。表3.2简要总结了 Wi-Fi 和蓝牙传输的规范。从表中可以明显看出，信号带宽和调制类型是识别 Wi-Fi 和蓝牙信号的两个重要特征。因此，第二级检测器利用这些特征来检测这些干扰信号/源。

表3.2 Wi-Fi 和蓝牙标准的规格

标 准	蓝牙(IEEE 802.15.1 WPAN)	Wi-Fi(IEEE 802.11 无线局域网)
中心频率/GHz	2.4	2.4 / 5
带宽/MHz	1	20 / 40 / 80 / 160
物理层调制	高斯频移键控/频移键控/DPSK	DSSS/正交频分复用

续表

标　准	蓝牙(IEEE 802.15.1 WPAN)	Wi-Fi(IEEE 802.11 无线局域网)
范围/m	变量	>50
数据速率/Mbps	2	变量

确定检测到的信号是否为无线干扰信号的第一步是执行带宽分析。这一点尤其重要，因为 Wi-Fi 信号很容易通过其带宽识别。根据表 3.2，蓝牙 2.0 信号的带宽为 1MHz 或 2MHz，Wi-Fi 信号的带宽为 20MHz(或更高)，而数据库中的所有无人机控制器信号的带宽均小于 10MHz。因此，若检测到的射频信号具有等于或大于 20MHz 的带宽，则将其分类为 Wi-Fi 信号。带宽分析通过对重采样信号进行傅里叶变换来执行。图 3.9 显示了 Wi-Fi 信号、来自摩托罗拉 e5 cruise 的蓝牙信号和来自 Spektrum DX5e 控制器的无人机遥控器信号的带宽分析结果。

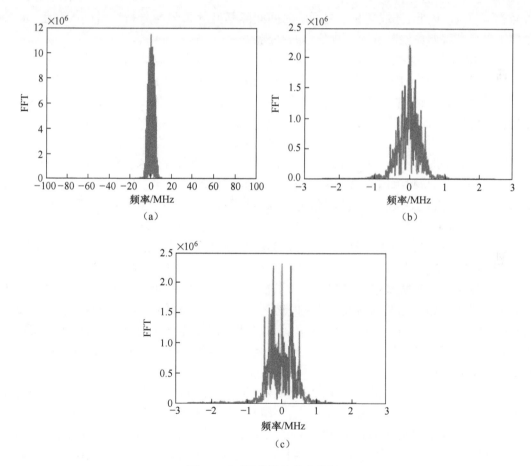

图 3.9　不同信号的带宽分析

(a)Wi-Fi 信号；(b)来自摩托罗拉 e5 cruise 的蓝牙信号；(c)Spektrum DX5e 无人机控制器信号。

一方面，若检测到的信号的带宽小于 20MHz，则假定它是从蓝牙干扰源或有效的无人机控制器传输的。大多数移动蓝牙设备采用高斯频移键控调制，因此通过调制特征来检测和区分这些设备是合理的。在本章中，高斯频移键控/频移键控(GFSK/FSK)调制特性，即频率偏差和符号持续时间,将用于区分蓝牙信号。频率偏移是高斯频移键控/频移键控信号峰值频率与中心频率之间最大差值的度量。另一方面,符号持续时间是观察到的蓝牙波形或脉冲中的最小时间间隔。因此,使用高斯频移键控/频移键控解调器,可以提取这些特征并将其用作蓝牙信号检测的基础。

在本章中,考虑了一种零交点高斯频移键控/频移键控解调器。众所周知,蓝牙高斯频移键控/频移键控信号以由 M 个数据比特 $d_m \in \{-1, +1\}$ 组成的突发方式传输,每个比特具有周期 T_b 和每比特的平均能量 E_b[31]。此类信号的一般模型由下式给出:

$$s(t) = \sqrt{\frac{2E_b}{T_b}} \cos(2\pi f_0 t + \varphi(t,\alpha) + \varphi_0) + n(t) \qquad (3.10)$$

式中,$\varphi(t,\alpha)$ 为相位调制函数;φ_0 为任意相位常数;f_0 为工作频率;$n(t)$ 为信道噪声。本章考虑的用于蓝牙干扰检测的零交点解调器能够检测信号 $s(t)$ 等于零且具有正斜率的时刻,即零交点。当蓝牙设备使用标准高斯频移键控/频移键控调制以基本速率传输时,一个符号表示一位。因此,连续零交点之间的时间间隔是蓝牙信号符号持续时间的测量值。这是使用零交点解调器检测蓝牙干扰信号的基础。

图 3.10 显示了摩托罗拉 e5 cruise 系统蓝牙信号的零交点解调结果。捕获的蓝牙信号及其快速傅里叶变换(FFT)分别如图 3.10(a)和图 3.10(b)所示。从图 3.10(b)中可以看出,蓝牙设备的发射频率为 2.4GHz。然后,将信号移位并按 1/2000 进行重采样。重采样信号的快速傅里叶变换如图 3.10(c)所示。此图显示蓝牙信号的带宽约为 2MHz,远小于 20MHz。接下来,通过取重采样信号相位角的导数来解调重采样信号,并使用 Higuchi 算法估计解调信号的起点[10]。Higuchi 算法通过测量信号的分形维数来检测信号的起点。一旦检测到起始点,则将频率偏差估计为解调信号的峰间频率的一半。图 3.10(d)显示了解调信号和估计起点的曲线图。解调信号的峰间频率估计为 551.12kHz,因此频率偏差为 275.56kHz。

为了估计符号持续时间,使用平均值作为阈值将解调信号转换为二进制信号。图 3.10(e)显示了二进制信号,其中二进制 1 表示正频率偏差,二进制 0 表示负频率偏差。然后,计算二进制信号的导数来定位零交点。为了精确计算符号持续时间,采用连续零交点之间的时间间隔直方图。这是必要的,因为信道失真会导致这些间隔出现一些偏差。图 3.10(f)显示了从摩托罗拉 e5 cruise 移动设备提取的蓝牙信号连续零交点之间的时间间隔直方图。根据直方图,出现频率最高的零交点间隔是蓝牙信号符号持续时间的度量。估计符号持续时间为 0.5μs。

通过估计基于调制的特征,如图 3.10 所示,可以检测和分类蓝牙干扰信号。为了验证这些调制特征的联合识别能力,采集了来自 6 部手机的蓝牙信号和来自 9 个无人机控制器的信号。这些手机包括 iPhone 7、iPhone XR、LG X 充电器、摩托罗拉 GXX Play、摩托罗拉 e5 cruise 和三星 Galaxy。考虑的无人机控制器为 Jeti Duplex DC16、Spektrum DX5e、Spektrum DX6e、Spektrum DX6i、Fly-Sky FS-T6、Graupner MC-32、HK-T6、Turnigy 9X 及 JRX9303。无人机信号也进行调频。因此,所有采集的信号都使用零交点技术进行解调。图 3.11 显示了解调的蓝牙和无人机控制器信号的特征空间,以及特征空间中清晰的聚类模式,来自不同移动设备的蓝牙信号聚集在一起。此外,图 3.11 显示蓝牙信号的符号持续时间均为 0.5μs,频率偏差小于 350kHz。因此,频率偏差和符号持续时间可以用作检测和分类蓝牙干扰信号

第 3 章　无人机检测与识别

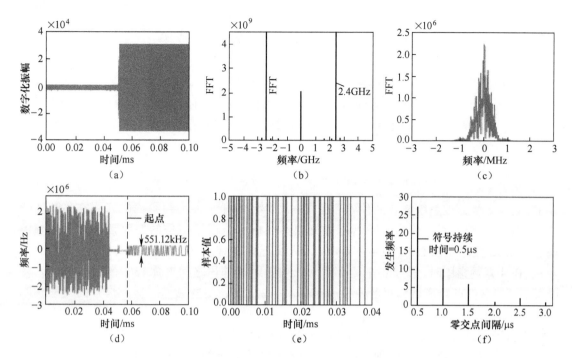

图 3.10　使用零交点解调技术从摩托罗拉 e5 cruise 移动设备提取蓝牙干扰信号的调制特征
（a）原始信号；（b）原始信号的快速傅里叶变换；（c）移位和重采样信号的快速傅里叶变换（1/2000）；
（d）解调信号显示 551.12kHz 的峰-峰频率（频率偏差为峰间值的一半）；（e）二进制信号；
（f）调制信号中连续零交点之间的时间间隔直方图。

的简单最大似然分类器中的特征。若检测到的信号不是来自蓝牙干扰源，则假定它是来自无人机控制器。在这种情况下，信号被传输到无人机分类系统进行识别。

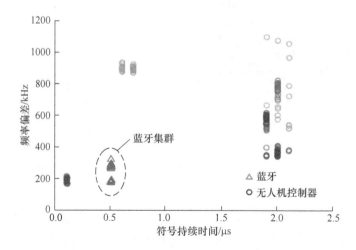

图 3.11　特征空间显示了来自多个移动蓝牙设备和无人机控制器信号的符号持续时间和频率偏差。
每个无人机控制器由一个独特颜色的圆形标记表示。特征聚类验证了符号持续时间和频率偏差
是检测蓝牙干扰信号的良好特征的假设（见书末彩插）

3.4 基于射频指纹的无人机分类

一旦检测到无人机信号的存在,将使用最大似然技术识别无人机控制器。最大似然分类器的输入是从信号的能量时频域表示中提取的射频指纹。使用频谱图方法表示能量-时间-频率域中的射频信号。任何信号的频谱图都可以计算为短时傅里叶变换(STFT)的平方幅度

$$\text{spectrogram}(m,\omega) = \Big| \sum_{k=-\infty}^{\infty} y_{\text{T}}[k]w[k-m]e^{-j\omega k} \Big|^2 \tag{3.11}$$

式中,$y_{\text{T}}[n]$为监控系统捕获的预处理信号;m为离散时间;ω为频率;$w[n]$为充当滤波器的滑动窗口函数。对捕获的射频信号进行频谱分析可以揭示信号的发射频率以及跳频模式。图 3.12 显示了从 DJI Phantom 4 Pro 无人机遥控器捕获的信号频谱图(图 3.7 中的信号)。在计算频谱图时,信号被分成长度为 128 的段,相邻段之间重叠 120 个样本。然后,使用汉明窗口和 256 点离散傅里叶变换(DFT)。图 3.12(a)中的频谱图显示信号的发射频率为 2.4GHz。

根据定义,频谱图显示信号在时频轴上的能量/强度分布。因此,可以通过沿时间轴取最大能量值,从光谱图计算能量轨迹。根据该分布,我们通过搜索归一化能量轨迹的平均值或方差的最突变来估计能量瞬态。能量瞬态定义了能量域中信号的瞬态特性。对于图 3.7 中的射频信号,根据频谱图计算的归一化能量轨迹和相应的能量瞬态如图 3.12 所示。

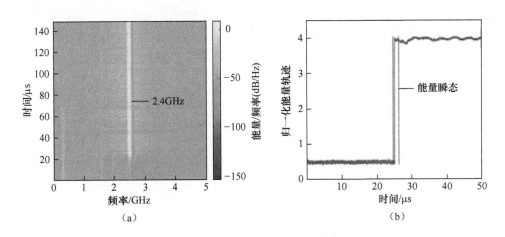

图 3.12 通过搜索平均值中最突然的变化,从能量轨迹中检测能量瞬态
(a)无人机控制器信号的频谱图;(b)能量轨迹。

一旦检测到能量瞬态,将提取射频指纹(一组 15 个统计特征)。这些射频指纹是表征能量瞬态的统计矩。也就是说,它们是能量瞬变的物理描述符,为从不同无人机控制器捕获的信号基于模式识别/最大似然的分类提供重要信息。表 3.3 给出了本章中使用的提取特征列表。

在本章中,从 17 个无人机控制器提取的射频指纹用于训练 5 种不同的最大似然算法:k 最近邻(kNN)、随机森林、判别分析(DA)、支持向量机(SVM)和神经网络(NN)[33]。由于

一些射频指纹可能相关并冗余,因此我们还执行特征选择以降低分类算法的计算成本。

表 3.3 统计特征

特 征	公 式	措 施
平均值,μ	$\frac{1}{N}\sum_{i=1}^{N}x_i$	中心趋势
绝对平均数,$\bar{x}$	$\frac{1}{N}\sum_{i=1}^{N}\|x_i\|$	中心趋势
标准差,σ_T	$\left[\frac{1}{N-1}\sum_{i=1}^{N}(x_i-\bar{x})^2\right]^{\frac{1}{2}}$	分散
偏斜,γ	$\frac{\sum_{i=1}^{N}(x_i-\bar{x})^3}{(N-1)\sigma_T^3}$	不对称/形状描述符
熵,H	$-\sum_{i=1}^{N}x_i\log_2 x_i$	不确定性
均方根,x_{rms}	$\left[\frac{1}{N}\sum_{i=1}^{N}x_i^2\right]^{\frac{1}{2}}$	量级/平均功率
根,x_r	$\left[\frac{1}{N}\sum_{i=1}^{N}\|x_i\|^{1/2}\right]^2$	量级
峰度,k	$\frac{\sum_{i=1}^{N}(x_i-\bar{x})^4}{(N-1)\sigma_T^4}$	尾部/形状描述符
方差	$\frac{1}{N}\sum_{i=1}^{N}(x_i-\mu)^2$	分散
峰值,x_{pv}	$\max(x_i)$	振幅
峰间,x_{ppv}	$\max(x_i)-\min(x_i)$	波形幅度
形状系数,x_{sf}	$\frac{x_{rms}}{\bar{x}}$	形状描述符
波峰系数	$\frac{x_{max}}{x_{rms}}$	峰顶
脉冲系数	$\frac{x_{max}}{\bar{x}}$	脉冲
间隙系数	$\frac{x_{max}}{x_r}$	尖峰

3.4.1 使用近邻成分分析进行特征选择

近邻成分分析(NCA)算法是一种基于最近邻的特征加权算法,它通过使用基于梯度的优化器最大化遗漏分类精度来学习特征加权向量。它是一种用于特征选择的非参数、嵌入式和监督学习方法。近邻成分分析通过加权向量将原始数据转换为低维空间学习加权向量[15]。在低维空间中,特征根据权重度量进行排序,更重要的特征获得更高权重。

假设 U 是一组代表不同无人机控制器的训练样本,有

$$U = \{(\boldsymbol{x}_i, Y_i), i = 1, 2, \cdots, n\} \tag{3.12}$$

式中，$\boldsymbol{x}_i$ 为从能量瞬变中提取的 p 维特征向量；$Y_i \in \{1, 2, \cdots, C\}$ 为相应的类别标签，C 为类别数。然后，近邻成分分析通过最大化关于特征权重 ω_r 的正则化目标函数 $f(w)$ 来学习特征权重向量 $\boldsymbol{w}$。正则化目标函数定义为

$$f(\boldsymbol{w}) = \frac{1}{n} \sum_{i=1}^{n} \Big[\sum_{j=1, i \neq j}^{n} p_{ij} Y_{ij} - \lambda \sum_{r=1}^{p} w_r^2 \Big] \tag{3.13}$$

其中

$$p_{ij} = \begin{cases} \dfrac{k(d_w(x_i, x_j))}{\sum\limits_{j=1, i \neq j}^{n} k(d_w(x_i, x_j))}, & i \neq j \\ 0, & i = j \end{cases}$$

$$Y_{ij} = \begin{cases} 1, & Y_i = Y_j \\ 0, & \text{其他} \end{cases}$$

式中，n 为特征集中的样本数；λ 为正则化项；w_r 为与第 r 个特征相关的权重；p_{ij} 为每个点 $\boldsymbol{x}_i$ 选择另一个点 $\boldsymbol{x}_j$ 作为其参考邻居并继承后者的类别标签的概率[35]；参数 Y_{ij} 为指示函数；$d_w(\boldsymbol{x}_i, \boldsymbol{x}_j) = \sum\limits_{r=1}^{p} w_r^2 |x_{ir} - x_{jr}|$ 为 $\boldsymbol{x}_i$ 和 $\boldsymbol{x}_j$ 之间的加权距离函数；$k(a) = \exp(a/\sigma)$ 为一些核函数。因此，近邻成分分析是基于核的特征选择算法，通过优化等式（3.13）使用梯度更新技术选择最具描述性和信息性的特征。

图 3.13 显示了从本章中考虑的 17 个无人机控制器中提取的 15 个特征的近邻成分分析排名结果。3.5.1 节描述了捕获数据的实验设置和数据结构。从图 3.13 可以看出，近邻成分分析根据射频指纹的权重对其进行排序。可以看出，形状系数具有最高的权重，因此是

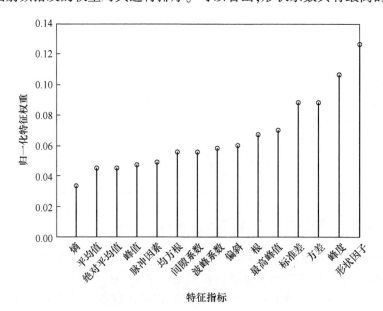

图 3.13 从 17 架无人机控制器中提取的所有 15 个特征的近邻成分分析排名。形状因子是数据集最重要的射频指纹，而熵是最不重要的

特征集中最具辨别力的特征。下一个重要特征是峰度,用于描述能量轨迹曲线的尾部。接下来是方差和标准差,用于测量能量轨迹曲线的离散度。大多数模式识别和最大似然算法依赖于数据集中的形状描述符。另外,衡量数据集中不确定性的熵是最不重要的特征。因此,对于训练和测试,本章中使用的最大似然算法可以安全地丢弃不太重要的特征,并且仍然获得良好的分类性能。这是因为丢弃不太重要的特征会减少过度拟合的机会。此外,对于大规模分类问题,在训练和测试具有较少特征的分类器时可以节省大量计算量。下一节将描述实验设置并给出结果。

3.5 实验结果

3.5.1 实验设置

在这项研究中,从 17 个无人机控制器、6 个移动蓝牙设备(智能手机)和一个 Wi-Fi 路由器捕获射频信号。表 3.4 给出了本章中使用的无人机控制器目录。该目录包括来自 8 家不同制造商的无人机控制器。所有无人机控制器在 2.4GHz 频带内传输控制信号。特别是,使用了一对来自 DJI Matrice 600 和 DJI Phantom 4 Pro 型号的无人机控制器,但仅使用了其他型号的一个控制器。这对于法医和安全分析非常重要,以调查当 ML 分类器或其他自动目标识别(ATR)系统试图区分相同品牌和型号的两个无人机控制器时可能出现的混淆。对于研究的剩余部分,我们将 DJI Matrice 600 对称为 DJI M600 Mpact 和 DJI M600 Ngat。类似地,这对 Phantom 4 Pro 控制器称为 DJI Phantom 4 Pro Compact 和 DJI Phantom 4 Pro Ngat。

表 3.4 无人机目录

制造商	模 型
DJI	Inspire 1 Pro
	Matrice 100
	Matrice 600[a]
	Phantom 4 Pro[a]
	Phantom 3
Spektrum	DX5e
	DX6e
	DX6i
	JRX9303
Futaba	T8-FG
Graupner	MC-32
HobbyKing	HK-T6A
FlySky	FS-T6
Turnigy	FS-T6
Jeti Duplex	DC-16

a) 本书中使用了一对这样的控制器。对于所有其他控制器,每种类型只考虑一个。

图 3.14 显示了室内和室外实验场景。在任何一种情况下,射频无源监视系统都可以检测无人机控制器和无线干扰源发送的信号。在室内和室外环境中,主要干扰信号来自 Wi-Fi 和蓝牙设备。在本章中,由于空间限制,仅报告室内实验的结果。

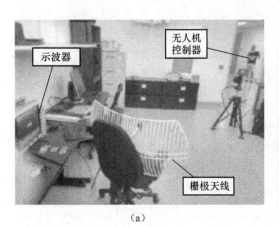 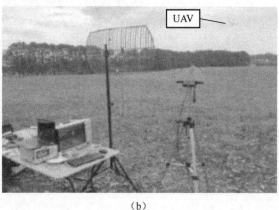

图 3.14　(a)室内和(b)室外环境中无人机信号检测的实验场景

本书中使用的实验性射频被动监视系统包括一个 6GHz 带宽 Keysight MSOS604A 示波器,最大采样频率为 20GSa/s,一个 2dBi 全向天线(用于短距离检测)和一个 24dBi Wi-Fi 网格天线(用于长距离检测)。天线工作在 2.4GHz 频段,这是大多数商用和业余级无人机的工作频段。通过使用高增益接收天线和低噪声功率放大器(LNA)的组合,可以进一步提高远场场景的检测范围。

接收器天线感应环境中是否存在来自无人机控制器的信号。然而,由于环境噪声,捕获的射频信号可能是来自干扰源或背景噪声的发射。一旦捕获到信号,它就被送入示波器(中央接收器系统)。采集到的信号自动保存在云数据库中进行后处理。对于每个控制器,收集 100 个射频信号。每个射频信号是一个大小为 5000000×1 的矢量,其时间跨度为 0.25ms。数据库按比率 $p = 0.2$ 进行分区。也就是说,80% 的保存数据被随机选择用于训练,其余 20% 用于测试(4:1 分区)。

3.5.2　检测结果

一旦接收机检测到射频数据,就会调用第一级检测器。该检测器决定捕获的数据是信号还是噪声。图 3.15 显示了不同阈值的检测精度与信噪比的关系。所选阈值是预处理噪声数据的标准偏差(σ)和虚警率(FAR)规范的函数。在对从环境中采集的多个噪声数据进行多分辨率分析(小波预处理)后,估计 σ 的值。另外,虚警率也称为误检概率,是每一个非事件的虚警报百分比。

从图 3.15 中,我们可以看到,在非常低的信噪比(如-10dB)下,无论阈值如何,检测精度通常都非常低。因此,在低电平信号(信号完全淹没在噪声中)的情况下,漏检的概率很高。此外,对于给定的信噪比,可以观察到设置的阈值决定了检测系统的性能。例如,当系统在 2dB 的信噪比下运行时,阈值 $\delta = 0.1\sigma$ 为将实现 99% 以上的检测精度。这种高检测精度意味着当阈值设置为 $\delta = 0.1\sigma$ 时,几乎所有测试信号都被正确检测到。然而,这一阈值 $\delta = 0.1\sigma$ 的虚警率为 100%。因此,非常低的阈值会导致将噪声数据误分类为信号的百分比很高。此外,对于 2dB 的给定信噪比,增加阈值至 $\delta=1.1\sigma$ 会使检测准确率和虚警率分别降低到 96.6% 和 14.8%。进一步提高阈值至 $\delta=2.5\sigma$ 会大大降低检测准确率,并将虚警率分别降低到 40.4% 和 3.2%。因此,最佳阈值取决于操作条件和对虚警率的要求。此外,示波器的输入阻抗对本章中使用的无源检测系统的灵敏度造成了基本限制。输入阻抗和检测精度之间的关系在未来的工作中进行研究。

此外,图 3.15 显示,若检测器在高信噪比(高于 8dB)和 $\delta\in[2.5\sigma,4.1\sigma]$ 下工作,则可以实现更好的检测性能(虚警率低)。例如,当接收器在阈值 $\delta=2.5\sigma$ 的 10dB 的信噪比下工作时,检测准确率为 100%,信噪比为 3.2%。尽管阈值的持续增加将进一步降低信噪比,但它并不总是保证更好的检测,尤其是当接收器在小于 18dB 的信噪比下工作时。这在将 δ 设置为 15σ 或 25σ 的情况下很明显。这是因为 δ 的级别决定了信号和噪声类的状态转移概率矩阵(T_p)。这两类转移矩阵之间的差异随着 δ 超过某个最佳值的增加而减小。因此,当 δ 无限增加时,检测误差的可能性很高。在检测理论的背景下,更高的 δ 水平会导致漏检率的增加,从而降低整体检测精度。

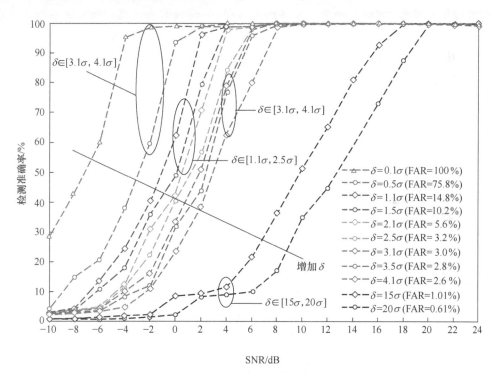

图 3.15　基于马尔可夫模型的朴素贝叶斯检测器的信号检测精度与不同 δ 值的信噪比。对于 δ 的每个值,都有一个关联的虚警率。此外,对于给定的信噪比,随着 δ 值的增加,检测精度和虚警率都会降低。δ 的选择取决于系统的运行要求(见书末彩插)

一旦检测到信号,按照 3.3.3 节所述,对带宽和调制特性进行估计。该信息用于确定信号是来自无人机控制器还是任何已知干扰源(Wi-Fi 和蓝牙源)。假设检测到的信号来自无人机控制器,它将被发送到最大似然分类系统进行正确识别。接下来将讨论最大似然分类器的结果。

3.5.3 无人机分类结果

对于分类问题,提取了表3.3中给出的15个统计特征。使用3.4.1节所述的近邻成分分析算法进行特征选择。为了验证近邻成分分析算法和最大似然分类器的结果,在测试数据集上进行了10次蒙特卡洛模拟。一方面,所有15个特征都用于无人机控制器分类问题。另一方面,根据图3.13所示的近邻成分分析权重排名,仅使用形状因子、峰度和方差三个最重要的特征。分类实验分别针对15个和17个无人机控制器进行。此处,控制器的数量表示所考虑的类的数量。15个控制器的型号均不同。然而,若为17个控制器,除了13个不同的模型,还考虑了一对JI Matrice 600(标记为DJI Matrice 600 Mpact和DJI Matrice 600 Ngat)和一对DJI Phantom 4 Pro控制器(标记为DJI Phantom 4 Pro Mpact和DJI Phantom 4 Pro Ngat)。

表3.5提供了所有5种最大似然算法的分类精度。除kNN分类器外,使用所有特征时的分类精度略高于仅使用三个选定特征时的分类精度。因此,仅使用选定的功能几乎不会造成性能损失。此外,当仅将选定的特征用于分类时,可以节省计算时间和存储空间。在空中监视系统中,这些节省的时间和计算资源非常重要,因为有效消除威胁的响应时间非常短。此外,随着无人机类别数量的增加,节省的时间将变得更加可观。因此,表3.5中的结果验证了使用近邻成分分析算法进行特征选择的决定。

表3.5 25dB信噪比下最大似然分类算法的性能

控制器数量	分级机	准确度/%[①]		计算时间/s[①]	
		所有特征	所选特征	所有特征	所选特征
15	kNN	97.30	98.13	24.85	24.57
	DA	96.30	94.43	19.42	18.58
	SVM	96.47	91.67	119.22	111.02
	NN	96.73	96.13	38.73	38.14
	RandF	98.53	97.73	21.37	20.89
17	kNN	95.62	95.53	26.16	25.13
	DA	92.77	88.12	19.36	18.90
	SVM	93.82	87.88	139.94	141.68
	NN	92.88	93.03	46.04	43.33
	RandF	96.32	95.18	24.71	24.84

① 精度和总计算时间均为10次蒙特卡洛模拟的平均值。

此外,表3.5显示,当使用所有特征时,随机森林(RandF)分类器具有最高的分类精度。对于15个和17个控制器,随机森林分别达到98.53%和96.32%的精度。因此,当使用所有特征时,RandF是性能最好的分类器。其次是kNN分类器,使用15个和17个控制器,其准确度分别达到97.30%和95.62%。在利用所有特征时,DA分类器是最不理想的。另外,当仅使用三个选定的射频特征时,kNN分类器在使用15个和17个控制器时分别达到98.13%和95.53%的最佳精度。其次是RandF分类器,使用15个和17个控制器,其精度分别达到

97.73%和95.18%。当只使用三个最重要的特征时,性能最低的分类器是支持向量机(SVM)。此外,表3.5还显示,DA分类器的计算时间最短,SVM分类器的计算时间最长。每个无人机控制器总共捕获100个样本信号,其中80%用于训练,20%用于测试(分配比=0.2)。选择的射频指纹包括形状因子、峰度和方差。

值得注意的是,表3.5仅提供了平均分类精度。更详细的总结可以从箱图分析中获得。图3.16提供了分类程序的箱线图比较。每个方框图对应一个不同的分类器。方框图根据最小值、第一个四分位数、中间值(虚水平线)、第三个四分位数和最大精度值总结了分类器的性能。根据这些指标,我们发现kNN是分类问题的最佳分类器,当只使用选定的特征时。比较图3.16(a)和图3.16(b)中的箱线图,我们发现17个控制器的箱线图指标低于15个控制器的箱线图指标。这将在混淆矩阵的帮助下进一步调查。此外,方框图显示了SVM和神经网络(NN)分类器性能中存在的异常值。这些异常值表明,对于给定的测试信号,SVM和NN分类器可以产生远低于表3.5中报告的平均值的精度值。这引起了人们对无人机控制器分类问题中分类器可靠性的关注。

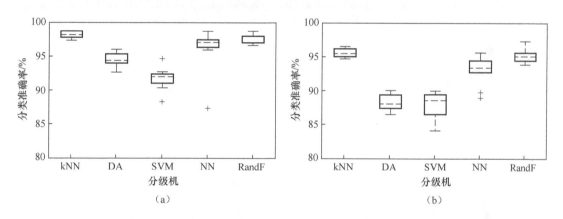

图3.16 使用三个选定特征(形状因子、峰度和方差)对最大似然分类器性能进行的箱图分析
(a)15个控制器;(b)17个控制器。

此外,检测信号的信噪比是影响分类器精度的重要因素。图3.17显示了kNN、RandF和DA分类器的精度。对于信噪比介于15dB和25dB之间的信号,kNN在15个控制器的情况下的性能略优于RandF。在相同的信噪比范围内,RandF在17个控制器的情况下表现最好。在这个信噪比区域,DA分类器的性能最差。另外,当信噪比在4~15dB之间时,DA分类器的性能显著提高,当考虑15个控制器时,其性能优于kNN和RandF分类器。这是一个有趣的观察,因为DA的计算时间最短。然而,当信噪比在0~4dB之间时,RandF分类器的性能最好。一般来说,所有分类器的准确度都随着信噪比的增加而增加。因此,为了确保准确识别无人机控制器,最好在信噪比高于15dB的情况下操作接收器,在这种情况下,kNN和RandF是数据集的最佳分类器。此外,图3.17显示,对于所有信噪比,当考虑17个控制器时,与15个控制器的情况相比,精度图略低。

混淆矩阵给出了分类器的正确性和错误类型的概念。图3.18显示了分类器的混淆矩阵:15个和17个遥控器的kNN、RandF和DA。每个混淆矩阵的纵轴是分类器的输出类或预测,而横轴是目标类或真实标签。从图3.18中的混淆矩阵中,我们观察到,在17个控制

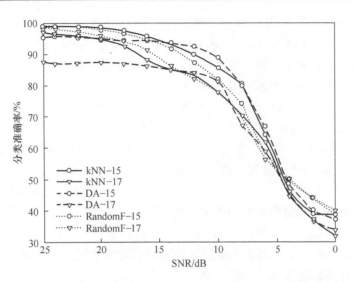

图3.17 使用三个选定的射频指纹(形状因子、峰度和方差)作为训练和测试最大似然分类器的特征,kNN、RandF和DA分类器的分类精度与信噪比

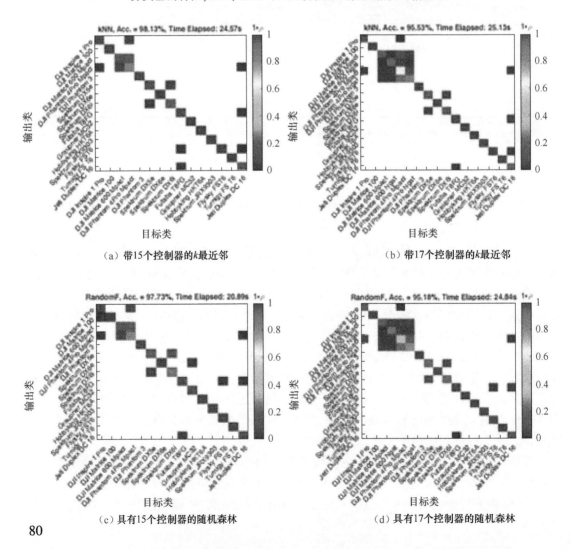

(a) 带15个控制器的k最近邻

(b) 带17个控制器的k最近邻

(c) 具有15个控制器的随机森林

(d) 具有17个控制器的随机森林

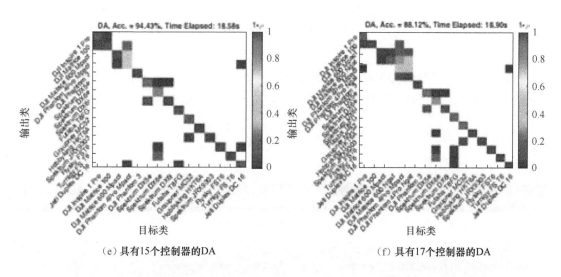

(e) 具有15个控制器的DA　　　　　　　　　(f) 具有17个控制器的DA

图3.18 使用三个选定射频指纹(形状因子、峰度和方差)的 kNN、RandF 和 DA 分类器的混淆矩阵。在混淆矩阵中,颜色条用于根据混淆概率 ρ 指定混淆程度。向下移动颜色条,混淆程度随着 ρ 值的增加而增加(见书末彩插)

器的情况下,与 15 个控制器的情况相比,DJI 控制器周围的混淆程度相对较高。这是因为,在前者中,我们有意包括两对相同的 DJI 控制器(DJI Matrice 600 MPact 和 DJI Matrice 600 Ngat, DJI Phantom 4 Pro MPact 和 DJI Phantom 4 Pro Ngat)。因此,这 4 个控制器之间存在一些混淆,导致 17 个控制器的分类精度略有降低。然而,kNN 和 RandF 分类器的平均准确率仍然分别达到 95.53% 和 95.18%。因此,这些分类器在识别相同品牌和型号的无人机控制器时具有鲁棒性。另外,DA 分类器的特点是不同控制器之间存在更多的混淆,在 17 个遥控器的情况下,其平均准确度降低到 88.12%。因此,尽管 kNN 和 RandF 似乎是最好的分类器,但 DA 分类器对于给定的数据集仍然表现良好。

3.6 结 论

本章研究了无人机的检测和分类问题,重点是射频指纹技术。建议的检测系统在存在来自 Wi-Fi 和蓝牙源的无线干扰的情况下运行。使用多级检测器检测这些干扰信号,该检测器估计检测信号的带宽和调制特性。一旦检测到来自 UAV 控制器的信号,将使用不同的 ML 算法对其进行识别。仅使用近邻成分分析为最大似然分类器选择的三个特征,研究表明,kNN 实现了最佳分类性能,在 15 个不同控制器的情况下,准确率为 98.13%。然而,当使用所有 15 个特征时,RandF 分类器是最好的,在 15 个不同控制器的情况下,达到 98.53% 的精度。另外,DA 分类器具有最短的计算时间,并且在一定的信噪比范围内表现良好。此外,混淆矩阵表明,在相同品牌和型号的多个控制器存在的情况下,平均分类精度略有降低。然而,即使在这种情况下,kNN 和 RandF 分类器仅使用三个选定的射频指纹,平均准确率分别达到 95.53% 和 95.18%。未来的研究将调查室外实验场景,我们将考虑传感器融合用于改进无人机检测的潜力。

致　谢

这项工作得到了美国国家航空航天局的支持,联邦奖励 ID 号为 NNX17AJ94A。作者要感谢建筑技术公司的项目共同研究者 Paul Davis 和 Benjamin Boisevert 的反馈。

参 考 文 献

[1] M. F. Al-Sa'd, A. Al-Ali, A. Mohamed et al. (2019). RF-based drone detection and identification using deep learning approaches: an initiative towards a large open source drone database. *Future Gener. Comput. Syst.* 100: 86-97.

[2] M. Benyamin and G. H. Goldman (2014). Acoustic Detection and Tracking of a Class I UAS with a Small Tetrahedral Microphone Array. Technical Report, DTIC Document, September.

[3] G. C. Birch, J. C. Griffin, and M. K. Erdman (2015). UAS detection, classification, and neutralization: market survey. Prepared by Sandia National Laboratories.

[4] I. Bisio, C. Garibotto, F. Lavagetto et al. (2018). Unauthorized amateur UAV detection based on WiFi statistical fingerprint analysis. *IEEE Commun. Mag.* 56 (4): 106-111.

[5] T. Boon-Poh (2017). RF techniques for detection, classification and location of commercial drone controllers. Technical Report, KeySight Technologies, July.

[6] A. Bultan and R. A. Haddad (2000). System identification with denoising. *Proceedings of the IEEE International Conference on Acoustics, Speech, and Signal Processing (ICASSP)*, Istanbul, Turkey, June, vol. 1, pp. 576-579.

[7] J. Busset, F. Perrodin, P. Wellig et al. (2015). Detection and tracking of drones using advanced acoustic cameras. *Proc. SPIE Security + Defense* 9647: 1-8.

[8] M. Caris, W. Johannes, S. Stanko, and N. Pohl (2015). Millimeter wave radar for perimeter surveillance and detection of MAVs (micro aerial vehicles). *Proceedings of the IEEE International Radar Symposium (IRS)*, Dresden, Germany, June, pp. 284-287.

[9] J. Drozdowicz, M. Wielgo, P. Samczynski et al. (2016). 35 GHz FMCW drone detection system. *Proceedings of the IEEE International Radar Symposium (IRS)*, Krakow, Poland, May, pp. 1-4.

[10] R. Esteller, G. Vachtsevanos, J. Echauz, and B. Litt (2001). A comparison of waveform fractal dimension algorithms. *IEEE Trans. Circuits Syst. I, Fundam. Theory Appl.* 48 (2): 177-183.

[11] M. Ezuma, F. Erden, C. K. Anjinappa et al. (2019). Micro-UAV detection and classification from RF fingerprints using machine learning techniques. *Proceedings of the IEEE Aerospace Conference*, Big Sky, MT, March, pp. 1-13.

[12] M. Ezuma, O. Ozdemir, C. Kumar et al. (2019). Micro-UAV detection with a low-grazing angle millimeter wave radar. *Proceedings of the IEEE Radio Wireless Week (RWW) Conference*, Orlando, FL, January, pp. 1-4.

[13] F. Fioranelli, M. Ritchie, H. Griffiths, and H. Borrion (2015). Classification of loaded/unloaded micro-drones using multistatic radar. *IET Electron. Lett.* 51 (22): 1813-1815.

[14] F. Gökçe, G. Üçoluk, E. Sahin, and S. Kalkan (2015). Vision-based detection and distance estimation of micro unmanned aerial vehicles. *Sensors* 15 (9): 23 805-23 846.

[15] Jacob Goldberger, Geoffrey E Hinton, Sam T Roweis, and Ruslan R Salakhutdinov. Neighbourhood components analysis. *Proceedings of Conference on Neural Information Processing Systems (NeurIPS)*, pages 513-520, Vancouver, Canada, December 2004.

[16] İsmail Güvenç, Ozgur Ozdemir, Yavuz Yapici, Hani Mehrpouyan, and David Matolak. Detection, localization, and tracking of unauthorized uas and jammers. *Proceedings of the 2017 IEEE/AIAA 36th Digital Avionics Systems Conference (DASC)*, pages 1-10, St. Petersburg, FL, September 2017.

[17] Ismail Guvenc, Farshad Koohifar, Simran Singh, Mihail L Sichitiu, and David Matolak. Detection, tracking, and interdiction for amateur drones. *IEEE Commun. Mag.*, 56(4):75-81, Apr. 2018.

[18] Michal Haluza and Jaroslav Čechák. Analysis and decoding of radio signals for remote control of drones. *Proceedings of the IEEE Meeting on New Trends in Signal Processing (NTSP)*, pages 1-5, Demanovska Dolina, Slovakia, Oct. 2016.

[19] Brian A Jackson, David R Frelinger, Michael Lostumbo, and Robert W Button. *Evaluating Novel Threats to the Homeland: Unmanned Aerial Vehicles and Cruise Missiles*. Rand Corporation, Santa Monica, CA, 2008.

[20] S. Jeon, J. Shin, Y. Lee, W. Kim, Y. Kwon, and H. Yang. Empirical study of drone sound detection in real-life environment with deep neural networks. *Proceedings of the European Signal Processing Conference (EUSIPCO)*, pages 1858-1862, Aug. 2017.

[21] Andrew J Kerns, Daniel P Shepard, Jahshan A Bhatti, and Todd E Humphreys. Unmanned aircraft capture and control via GPS spoofing. *J. Field Robotics*, 31(4):617-636, 2014.

[22] Jens Klare, Oliver Biallawons, and Delphine Cerutti-Maori. Detection of UAVs using the MIMO radar MIRA-CLE Ka. *Proceedings of the European Conference on Synthetic Aperture Radar*, pages 1-4, Hamburg, Germany, June 2016.

[23] H. Liu, Z. Wei, Y. Chen, J. Pan, L. Lin, and Y. Ren. Drone detection based on an audio-assisted camera array. *Proceedings of the IEEE International Conference on Multimedia Big Data (BigMM)*, pages 402-406, Apr. 2017.

[24] Stephane G Mallat. A theory for multiresolution signal decomposition: the wavelet representation. *IEEE Trans. Pattern Anal. Mach. Intell.*, 11(7):674-693, July 1989.

[25] Pavlo Molchanov, Ronny IA Harmanny, Jaco JM de Wit, Karen Egiazarian, and Jaakko Astola. Classification of small UAVs and birds by micro-Doppler signatures. *Int. J. Microw. Wireless Technol.*, 6(3-4): 435-444, 2014.

[26] Thomas Müller. Robust drone detection for day/night counter-UAV with static VIS and SWIR cameras. *Proc. SPIE Defense + Security*, 10190, id 1019018, May 2017.

[27] Phuc Nguyen, Mahesh Ravindranatha, Anh Nguyen, Richard Han, and Tam Vu. Investigating cost-effective RF-based detection of drones. *Proceedings of the ACM Workshop on Micro Aerial Vehicle Networks, Systems, and Applications for Civilian Use*, pages 17-22, Singapore, June 2016.

[28] Phuc Nguyen, Hoang Truong, Mahesh Ravindranathan, Anh Nguyen, Richard Han, and Tam Vu. Matthan: drone presence detection by identifying physical signatures in the drone's RF communication. *Proceedings of the ACM International Conference on Mobile Systems, Applications, and Services (ACM MobiSys)*, pages 211-224, Niagara Falls, NY, June 2017.

[29] Fei Qi, Xuetian Zhu, Ge Mang, Michel Kadoch, and Wei Li. UAV network and IoT in the sky for future smart cities. *IEEE Netw.*, 33(2):96-101, Mar. 2019.

[30] Shravan Rayanchu, Ashish Patro, and Suman Banerjee. Airshark: detecting non-WiFi RF devices using commodity WiFi hardware. *Proceedings of the ACM Internet Measurement Conference (ACM IMC)*, pages

137-154, Berlin, Germany, Nov. 2011.

[31] T Scholand and P Jung. Bluetooth receiver with zero-crossing zero-forcing demodulation. *IET Electron. Lett.*, 39(17):1275-1277, Aug. 2003.

[32] H. Shakhatreh, A. H. Sawalmeh, A. Al-Fuqaha et al. (2019). Unmanned aerial vehicles UAVs: a survey on civil applications and key research challenges. *IEEE Access* 7: 48572-48 634.

[33] Sergios Theodoridis and Konstantinos Koutroumbas. *Pattern Recognition*. Academic Press, Burlington, MA, Oct. 2008. 34 Ryan J Wallace and Jon M Loffi. Examining unmanned aerial system threats and defenses: a conceptual analysis. *Int. J. Aviation, Aeronaut., Aerosp.*, 2(4):1, Sept. 2015.

[35] Wei Yang, Kuanquan Wang, and Wangmeng Zuo. Neighborhood component feature selection for high-dimensional data. *J. Comput.*, 7(1): 161-168, Jan. 2012.

[36] Caidan Zhao, Caiyun Chen, Zhibiao Cai, Mingxian Shi, Xiaojiang Du, and Mohsen Guizani. Classification of small UAVs based on auxiliary classifier wasserstein GANs. *Proceedings of the IEEE Global Telecommunications (GLOBECOM) Conference*, pages 206-212, Abu Dhabi, UAE, Dec. 2018.

第二部分 蜂窝连接无人机通信

第4章 蜂窝连接无人机的性能分析

M. Mahdi Azari[1], Fernando Rosas[2,3,4], Sofie Pollin[1]

1. 比利时鲁汶大学电气工程系
2. 英国伦敦帝国理工学院数据科学研究所
3. 英国伦敦帝国理工学院脑科学系
4. 英国伦敦帝国理工学院复杂性科学中心

4.1 简　　介

可靠的无线通信是无人机应用的关键因素,它允许任务控制、实时飞行控制,甚至实时访问无人机数据。蜂窝网络的使用是一个很有希望的候选方案,因为它被广泛部署,也将允许超视距无人机应用。在本章中,提出了一个基于随机几何的数学框架,用于分析依赖蜂窝网络进行无线通信的无人机系统的性能,并导出了各种重要性能指标的闭合形式表达式,如覆盖概率、频谱效率和吞吐量。利用该框架,分析了地面基站密度、无人机高度及其天线倾角等各种设计参数的影响。此外,还研究了使用相同蜂窝基础设施和频谱地面与空中用户共存的问题。得出的主要结论是,干扰对空中用户非常重要,正确确定网络和天线参数尺寸以避免对空中用户的干扰非常重要。然而,当充分优化网络和天线参数时,同时具有地面和空中用户的网络可实现更高的总面积频谱效率。因此,本章的分析和结论证实了蜂窝通信是连接无人机的一种很有前途的技术。

4.1.1 动机

5G网络的一个新颖而有希望的特点是,通过将无人驾驶飞行器(UAV)——俗称无人机——集成到网络环境中,有可能将其延伸到天空。与传统飞机相比,无人机以其灵活性、低飞行高度和潜在的成本效益迅速引起学术界和工业界的关注。这些特点使无人机特别适合于一系列应用,包括监视和监控、搜索和救援行动、遥感、产品交付和许多其他应用[1]。事实上,据预测,到2021年,无人机的年销售额将超过120亿美元[2],到2027年,全球无人机有效载荷(包括摄像机等无人机携带的设备)市场价值预计将达到30亿美元[3]。所有这些都表明无人机将继续存在,因此,将其集成到 5G 网络是使其能够进入新的商业机会和民用服务的重要一步。

无人机的大多数新角色和应用都依赖于对这些设备的可靠控制,因此必须进行大量的实时数据交换,并需要足够的无线技术来保证无人机和地面网络之间的适当连接[4-5]。这项技术需要服务于两个主要目的:指挥/控制服务和数据通信[6]。与命令和控制功能相关的主要功能如下:

(1) 高覆盖率和连续连接性,以确保对自主或人驱动无人机的可靠控制和跟踪。
(2) 低延迟,支持强健的远程控制或实时应用程序,如事件监视。

此外,为了满足严重依赖数据交换的应用程序的需求,该技术可能需要具备以下功能:①高吞吐量,允许数据交换和视频监控;②用于数据保护和隐私的安全通信;③交通管理的位置验证;④用于关键任务应用的许可频谱;⑤支持无人机快速增长的系统可扩展性;⑥无人机通信的法规遵从性。

无线蜂窝网络是向无人机提供这些服务的自然选择,因为它是一种成熟的技术,能够在为更多传统地面用户服务时满足类似的设计目标。特别是,为此目的使用长期演进(LTE)技术及其现有基础设施可能特别方便,因为它将提供诸如灵活调度、资源管理和多址解决方案等重要功能[7]。反过来,这可能导致实现所需无人机连接所需的运营成本大幅降低。

将无人机集成到现有长期演进系统中并不是一个简单的"即插即用"过程。实际上,蜂窝基础设施和相应长期演进技术的当前实例是为服务地面用户而设计的,一些设计选择可能对无人机设备不利。例如,基站(BS)通常将其天线向下倾斜,指向地面,这将在为空中设备服务时出现相当大的天线增益损失。此外,针对地面传播条件和小区间干扰假设优化的空间复用系数不太可能很好地满足无人机的需求。这些关注源于最近的一些研究,这些研究强调了地对无人机通信与传统地对地系统在传播条件方面的重要区别[8-10]。综上所述,当地面蜂窝基础设施为无人机提供服务时,无人机接收到的服务相对于地面用户而言可能会有显著的退化。

为了成功地将蜂窝技术用于无人机服务,必须考虑地面和空中用户设备(UE)之间的潜在共存冲突,并研究各种设计因素对两个社区服务质量(QoS)的影响。此外,该类研究需要仔细描述相应的地面至无人机链路特性及其与主要网络参数的关系。

4.1.2 相关工作

关于蜂窝连接无人机的第一个理论研究可以在文献[6,11-12]中找到。在这些工作中,获得了地面蜂窝网络服务的无人机覆盖概率,其中频谱与地面用户共享。报告了一些有趣的见解,并提出了基于用户的解决方案,以提高无人机存在时网络的效率。例如,研究表明,小区间干扰对空中用户来说是一个相当重要的限制因素;然而,无人机能够通过正确使用其设计自由度(如可调高度或天线倾斜)来处理这一问题。此外,文献中还研究了许多地基参数(如基站天线倾角和高度)的影响,并给出了一般准则。

根据文献[6],地面蜂窝网络的关联模式在天空中是不同的,因此,由于具有视线(LoS)条件并且与较近的基站相比从更高的基站天线增益接收信号,空中用户可能会由更远的基站服务。文献[13]中还考虑了基站天线辐射方向图的详细影响,其中无人机对无人机的通信链路性能是主要关注点。在这项研究中,Azari 等提供了一个关于按照距离比例功率控制策略将地面上行链路蜂窝频谱用于无人机互联的一般观点。结论是,当使用功率控制机制时,空中干扰对现有地面网络的影响是有限的。尽管如此,我们仍然应该说,无人机与无人机之间的链路性能受到地面用户接收到的视线干扰的显著影响,这种干扰可以由地面用户的高度和互联距离控制。文献[14]中还研究了上行链路蜂窝连接的无人机。

在学术研究的同时,一些基于工业的关于蜂窝连接的无人机的研究也在进行[15-17]。高通公司的报告[15]表明,一般来说,无人机用户能够随着高度的增加检测到更多的小区。这意味着更有利的视轴传播条件决定了朝向天空的较低基站天线增益。因此,无人机用户接收到更高的参考信号强度和更高的干扰水平。同一份报告显示,全方位无人机在高空的性能低于地面,但仍能建立到某一检查高度的通信链路。都柏林贝尔实验室团队通过模拟工具研究了大规模多输入多输出(MIMO)技术在无人机上的应用[16]。他们的结果证明了大规模多输入多输出基站的优势,并表明可以为无人机作战建立可靠的通信链路。

大量文献认为无人机充当空中基站或中继[8-9, 18-28]。文献[25]中给出了无人机无线通信和网络的一般概述与教程。在文献[8-9, 18]中研究了无人机在空中基站服务地面用户中的性能。在文献[8]中,一种新的通用高度和仰角相关路径损耗与小尺度衰落模型用于分析无人机对地链路(有中继和无中继)。文献[18]中考虑了静态多空中BSs,文献[9]也考虑了无人机的随机位置。文献[9]的作者优化了无人机的高度、密度和天线波束宽度,以实现典型地面用户接收到的最大覆盖范围。文献[26-27]中考虑了用于地面节点定位的空中无人机基站的性能,其中无人机的数量和轨迹进行了优化,以获得更高的定位精度。文献[27]中给出了无人机的详细能耗,并在给定的能量预算下优化了网络性能。

4.1.3 贡献和章节结构

在本章中,我们将介绍一个通用框架,该框架可用于评估由地面蜂窝网络服务的无人机性能。该框架包括一个针对路径损耗和小尺度衰落的双斜率视线/非视线(LoS/NLoS)传播模型,根据其发生概率进行组合。该模型还使用了通用的距离和高度相关的服务水平概率,该概率能够反映不同类型城市环境的特征。因此,根据文献[8],该信道建模选择与路径损耗指数和衰落效应可能受链路距离与高度影响的事实一致。通过利用提议的框架,本章对文献[6, 11-12]中报告的结果提出了统一的观点。这些发现的核心是推导出一些重要关键性能指标的精确分析表达式,包括链路覆盖概率、容量和网络区域频谱效率。还提供了一些近似值,以便于表达式的复杂计算。使用这些表达式,本章中报告的主要发现如下:

(1)评估现有地面网络为空中用户服务的能力。为此,研究了几个重要系统参数的影响,包括基站密度、无人机高度和天线参数以及不同类型的城市区域。特别是,当共享同一频谱时,我们考虑地面和空中用户共存。

(2)通过将无人机天线向更远的BSs倾斜,以阻断视线干扰BSs,可以显著扩大无人机操作的高度范围。然而,这种方法对于非常密集的网络是不利的。

(3)本章还讨论了异构和超密集网络中的无人机联通性。为无人机提供服务时,适当的层选择对于缓解天空中不断增加的总干扰量至关重要。此外,从用户和网络两个角度分析了当网络容纳空中用户时,基站的最佳密度。

之后的4.2节介绍系统模型,4.3节介绍关键性能指标的数学推导,4.4节给出数值和仿真结果,其中还讨论各种系统参数对无人机联通性的影响。4.5节总结我们的主要结论。

4.2 建模前期工作

本节将介绍主要的建模假设。4.2.1 节介绍随机几何的一般概述,4.2.2 节介绍有关网络架构的注意事项,4.2.3 节阐述信道模型,4.2.4 节描述城市阻塞的建模和由此产生的服务水平概率,4.2.5 节解释用户关联方法和瞬时信噪比(SINR)的定义。

4.2.1 随机几何

无线网络是分布在空间上的节点的集合,这些节点依次充当发射机或接收机。由于无线媒体的广播性质,发送到预期接收器的信号可能同时对其位置可能是确定的或未知的相邻节点产生干扰。此外,在建立通信链路时,发射机和接收机之间的距离也可能未知。

出于这些原因,合理的做法是使用随机元素对无线网络的几何结构进行建模,从而提供各种感兴趣数量的统计估计,包括信噪比和其他关键性能度量或指标(KPI)。特别是,随机几何(SG)[29]是一种有效的形式,用于捕捉与其节点空间分布相关的无线网络的关键集体特性。此外,适当的建模选择允许随机几何体提供各种关键绩效指标的可处理、紧凑甚至封闭形式的表达式。这些表达式可以用来加深我们对无线网络行为的理解,比单纯的蛮力数值模拟更全面。

在无线网络建模中使用随机几何有着悠久的历史,可以追溯到 20 世纪 70 年代末[30-31]。随机几何方法不仅对于无线节点的随机位置建模有用,而且对于考虑几何结构是确定的但形状不规则的场景(如具有宏/微基站位置的蜂窝网络)也有用。使用随机几何,无线节点的位置根据给定随机过程的特性建模。通过利用这些属性,通常可以获得各种关键绩效指标的统计属性,这些关键绩效指标捕获网络性能和各种系统参数之间的关键依赖关系。虽然基本的随机几何方法侧重于节点的位置,但更高级的应用可能包括无线网络中的其他不确定性来源,包括大规模阴影衰落、小规模衰落以及功率控制的影响[32]。

在本章中,我们使用随机几何对蜂窝网络进行建模,并分析各种系统参数对用户和网络级性能的影响。对于基站的位置建模,我们的基本选择是使用泊松点过程(PPP),其中节点在空间域中随机、独立且均匀地分散。这意味着任何有界区域中的节点数都是泊松随机变量,其会激发这些过程的名称。

需要注意的是,与依赖于二维泊松点过程模型的地对地网络建模不同,空中用户的位置应通过三维泊松点过程进行建模。这种差异可能导致结果的重大差异,这与一些有趣的特征有关,这些特征将空中网络与传统的地面网络区分开来。

4.2.2 网络体系结构

我们考虑在下行链路中包括高度为 h_b 用户设备服务的基站的地面蜂窝网络。基站位置遵循均匀泊松点过程(HPPP),每平方千米 λ_b 基站密度固定(BS/km²)。用户位于高度 h_u,可以是 1.5m 高度的地面用户设备(G-UE)或更高高度的无人机用户设备(U-UE)。我们用 r 表示基站和典型用户之间的地面距离,该用户在地面上的二维位置用 O 表示(图 4.1)。此外,它们之间的三维距离由 $d = \sqrt{r^2 + \Delta_h^2}$,表示,其中 $\Delta_h \triangleq h_u - h_b$。

我们关注的是用户密度明显大于基站密度 λ_b 的情况,因此可以假设每个基站在给定的时间/频率资源块上是活跃的。假设在每个小区内的每个时间/频率资源块上调度最多一个用户设备,以便可以忽略小区内干扰。

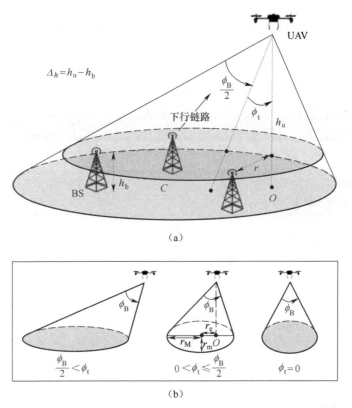

图 4.1 蜂窝连接无人机的下行链路。无人机配备倾斜定向天线,具有倾斜角度 ϕ_t 和天线波束宽度 ϕ_B。无人机可探测的区域形成一个用 C 表示的椭圆

根据第三代合作伙伴计划法规,假定基站的天线在垂直轴上是定向的,并朝地面向下倾斜[7]。因此,地面用户设备通常通过主瓣提供服务,而无人机地面用户设备倾向于从副瓣接收信号。基站天线的增益用 G_b 表示,其中 g_M 和 g_m 分别表示主瓣和副瓣增益。

假设无人机采用倾斜定向天线,而地面用户则配备全向天线。无人机天线波束宽度和倾斜角分别用 ϕ_B 和 ϕ_t 表示,主瓣和副瓣增益分别近似为 $G_u = 29000/\phi_B^2$ 和 0[33]。由于天线倾斜,无人机只能检测其主瓣内的基站,其在地面上形成椭圆形轮廓(图4.1)。椭圆区域用 C 表示,基站在该区域内的位置形成了一个齐次泊松点过程,用 Φ_C 表示,密度与 λ_b[29] 相同。

4.2.3 信道模型

假设两个给定节点之间的无线链路经历大范围的路径损耗和小范围的衰落。对于每种情况,我们对视线和非视线分量采用不同的参数。由接地距离 r 和高度差 Δ_h 分隔的两个节点之间的链路中承受的路径损耗可以表示为

$$\zeta_v(r) = A_v d^{-\alpha_v} = A_v (r^2 + \Delta_h^2)^{-\alpha_v/2}, v \in \{L, N\} \tag{4.1}$$

89

式中，$v \in \{L, N\}$ 表示链路类型，即 LoS($v = L$) 或 NLoS($v = N$)；α_v 为路径损耗指数；A_v 为距离 $d = 1$ 处的参考路径损耗。

为了对小规模衰落的影响进行建模，我们使用了著名的 Nakagami-m 模型，该模型可用于表示各种类型的衰落环境，包括瑞利或 Ricean 信道，同时提供了易于处理的数学结构[34]。在 Nakagami-m 衰落下，衰落功率 Ω_v 服从伽马分布，其累积分布函数(CDF)为

$$F_{\Omega_v}(\omega) \triangleq \mathbb{P}[\Omega_v < \omega] = 1 - \sum_{k=0}^{m_v-1} \frac{(m_v \omega)^k}{k!} e^{-m_v \omega}, v \in \{L, N\} \tag{4.2}$$

上面 m_v 是衰减参数，为了便于处理，将其视为正整数。注意，较大 m_v 对应较轻的衰落，其极限相当于加性高斯白噪声(AWGN)信道。因此，$m_L > m_N$ 保持不变。

最后，在用户设备处从发射功率为 P_{tx} 的基站接收的功率计算如下：

$$P_{rx}(r) = P_{tx} G_{tot} \zeta_v(r) \Omega_v \tag{4.3}$$

式中，$G_{tot} = G_b G_u$ 表示发射器和接收器天线的总增益，v 表示链路类型为视线或非视线。

4.2.4 阻塞模型与服务水平概率

根据文献[35]，视线概率建模如下

$$P_L(r) = \prod_{n=0}^{M} \left[1 - \exp\left(-\frac{\left[h_b - \left(n + \frac{1}{2}\right)(h_b - h_u)/(M+1)\right]^2}{2c^2}\right)\right] \tag{4.4}$$

式中，(a, b, c) 是确定城市区域类型的参数(如郊区、城市、密集城市或高层城市)，$M = (r\sqrt{ab}/1000) - 1$。相反，非视线概率为 $P_N(r) = 1 - P_L(r)$。

在我们的建模中，假设不同链路的视线概率在统计上相互独立，因此 Φ_C 可以分解为两个独立的非齐次泊松点过程：

(1) 与典型用户设备相关的视线基站 Φ_C^L。

(2) 非视线基站 Φ_C^N。

Φ_C^L 和 Φ_C^N 的密度可能不是常数，分别用 $\lambda_L(r) = \lambda P_L(r)$ 和 $\lambda_N(r) = \lambda P_N(r)$ 表示。以这种方式，$\lambda = \lambda_L + \lambda_N$ 和 $\Phi_C = \Phi_C^L \cup \Phi_C^N$。

4.2.5 用户关联策略与链路信噪比

对于关联策略，我们考虑这样的情况，即用户设备由在用户设备接收器处提供最高信号强度和信噪比的最佳基站服务。由于阻塞的影响，用户设备可能与不是最近的、但仍提供比可能更近的另一个非视线基站更高信噪比的视线基站相关联。通过将服务基站距离表示为 R_S，从其他同信道小区接收到的总干扰可以写为

$$I = \sum_{r \in \Phi_C^L/R_S} P_{tx} G_{tot} \zeta_L(r) \Omega_L + \sum_{r \in \Phi_C^L/R_S} P_{tx} G_{tot} \zeta_N(r) \Omega_N \tag{4.5}$$

如上所述，第一个求和项对应于视线干扰基站，第二个求和项对应于非视线干扰基站。因此，通过将接收到的有用信号功率表示为 $P_{rx}(R_S) = P_{tx} G_{tot} \zeta_v(R_S) \Omega_v$，在用户设备处的瞬时信噪比可以表示为

$$\text{SINR} = \frac{P_{rx}(R_S)}{I + N_0} \tag{4.6}$$

式中，N_0 为用户设备接收器处的噪声功率。

表 4.1 列出了变量列表和相应的定义。

表 4.1 变量和定义

变量	定义
λ_b	基站密度
h_u, h_b	分别为用户和基站高度
g_M, g_m	基站天线的主瓣和副瓣增益
G_b, G_u	分别为基站和无人机天线增益
$G_{tot} = G_b G_u$	发射机和接收机天线增益的总体影响
Φ_B, Φ_t	无人机天线宽度和倾角
ζ_v, A_v	总路径损耗和参考路径损耗，$v \in \{L, N\}$
r, d	分别为二维和三维距离
α_v	路径损耗指数，$v \in \{L, N\}$
Ω_v	小尺度衰落功率
m_v	Nakagami-m 衰落参数
P_{tx}	发射功率
P_L, P_N	视距和非视距概率
(a, b, c)	城市类型参数
λ_L, λ_N	视距和非视距有源盲源的密度
I	聚集干扰
N_0	噪声功率
R_S	给定 UE 与其服务 BS 之间的接地距离
P_{cov}	覆盖概率
R	可实现吞吐量
A	面积频谱效率
T	信噪比阈值
ρ	空中用户设备与总空中和地面用户设备的比率

4.3 性 能 分 析

在本节中，将评估与用户和网络透视图相对应的关键性能指标。分析提供了许多精确的形式表达式，为了便于数值计算，这些表达式后来被简化为几个紧近似。将 4.3.1 节将给出链路覆盖概率的精确表达式（即信噪比分布的互补累积分布函数（CCDF）），4.3.2 节包括近似表达式，4.3.3 节将进一步研究用户和网络层面的频谱效率。

4.3.1 精确覆盖概率

覆盖概率表示为瞬时信噪比大于取决于系统需求的给定阈值 T 的概率,即
$$P_{\text{cov}} \; P[\text{SINR} > T] \tag{4.7}$$

注意,覆盖概率也是用户设备高度的函数,因此可以写为 $P_{\text{cov}} = P_{\text{cov}}(h_u, T)$。该指标代表通信链路的可靠性,尤其可用于评估无人机指挥与控制(C&C)网络的适用性,其中包括重要信息,如实时控制、遥测、身份等。通过与地面站建立可靠的指挥与控制链路,将实现无人机的安全部署和交通管理,以及视觉视距以外的无人机操作。值得注意的是,信噪比阈值 T 可以与目标速率 R_t 和用户带宽 $T = 2^{R_t/\text{BW}} - 1$ 相关。在下面的定理中,我们解析地获得了服务基站距离分布 R_S,通过拉普拉斯算子刻画了聚合干扰,并推导了链路覆盖概率。

定理 4.1 典型小区连接无人机在下行链路中的覆盖概率可以表示为
$$P_{\text{cov}} = 2 \sum_{v \in \{L,N\}} \int_{r_0}^{r_e+r_m} r_S P_{\text{cov}}^v \mid_{R_S}(r_S) f_{R_S}^v(r_S) [\pi + \varphi_2(r_S)] \mathrm{d}r_S \tag{4.8}$$

其中
$$r_M = \frac{\Delta_h \sin(\phi_B)}{2[\cos^2(\phi_t) - \sin^2(\phi_B/2)]}, r_m = \frac{\Delta_h \sin(\phi_B/2)}{\sqrt{\cos^2(\phi_t) - \sin^2(\phi_B/2)}} \tag{4.9}$$

$$r_e = \Delta_h \tan(\phi_t - \phi_B/2) + r_M, r_0 = \max(0, r_e - r_M) \tag{4.10}$$

(1) 若 $r < (r_m/r_M)\sqrt{r_M^2 - r_e^2}, \phi_t < \phi_B/2$,则
$$\varphi_1(r) = \varphi_2(r) = \frac{\pi}{2}$$

(2) 若 $(r_m/r_M)\sqrt{r_M^2 - r_e^2} \leq r \leq r_M - r_e, \phi_t < \phi_B/2$,则
$$\varphi_1(r) = \arccos\left[\frac{r_e r_m^2 - \sqrt{r_e^2 r_m^4 - (r_m^2 - r_M^2)(r_e^2 r_m^2 + r^2 r_M^2 - r_m^2 r_M^2)}}{r(r_m^2 - r_M^2)}\right]$$

$$\varphi_2(r) = \arccos\left[\frac{r_e r_m^2 + \sqrt{r_e^2 r_m^4 - (r_m^2 - r_M^2)(r_e^2 r_m^2 + r^2 r_M^2 - r_m^2 r_M^2)}}{r(r_m^2 - r_M^2)}\right]$$

(3) 若 $r > |r_M - r_e|$,则
$$\varphi_2(r) = \arccos\left[\frac{r_e r_m^2 - \sqrt{r_e^2 r_m^4 - (r_m^2 - r_M^2)(r_e^2 r_m^2 + r^2 r_M^2 - r_m^2 r_M^2)}}{r(r_m^2 - r_M^2)}\right]$$

$$\varphi_2(r) = \pi$$

如上所述,$f_{R_S}^v(r_s)$ 表示服务基站距离 R_S 的概率密度函数(PDF),根据下式可得
$$f_{R_S}^v(r_S) = \lambda_b P_v(r_S) \mathrm{e}^{-2\lambda_b[I_{1L}^v + I_{1N}^v]}, v = \{L, N\}$$

有
$$I_{1\xi}^v = \int_{r_n}^{r_\xi} r P_S(r)[\pi + \varphi_1(r) - \varphi_2(r)] \mathrm{d}r, \xi \in \{L, N\}$$

r_ξ^v 且如下:
$$r_L^L = r_S, r_N^L = \sqrt{\max[r_0^2, (A_N/A_L)^{2/a_N}(r_S^2 + \Delta_h^2)^{a_L/a_N} - \Delta_h^2]}$$

$$r_L^L = \min[r_e + r_M \cdot \sqrt{r_0^2, (A_N/A_L)^{2/a_N}(r_S^2 + \Delta_h^2)^{a_L/a_N} - \Delta_h^2}], r_N^N = r_S \tag{4.11}$$

此外，$P_{\text{cov}}^v | R_S$ 表示给定服务基站地面距离 R_S 及其条件 v 的条件 R_S 覆盖概率，表示为

$$P_{\text{cov}}^v | R_S = \sum_{k=0}^{m_v-1} (-1)^k q_k \frac{\mathrm{d}^k}{\mathrm{d} y_v^k} \int_{I | R_S}^v (y_v), v \in \{L, N\} \quad (4.12)$$

其中

$$q_k = \frac{\mathrm{e}^{-N_0 y_0}}{k!} \sum_{j=k}^{m_v-1} \frac{N_0^{j-k} y_v^j}{(j-k)!} \quad (4.13)$$

$$y_v \triangleq \frac{m_v T}{P_{\text{tx}} G_{\text{tot}} \xi_v(r_S)} \quad (4.14)$$

此外，$L_I^v | R_S(\cdot)$ 表示条件 v 的服务基站的条件聚集干扰 $I | R_S$ 的拉普拉斯变换。$L_I^v | R_S(\cdot)$ 精确表达式为

$$L_I^v | R_S(y_v) = \mathrm{e}^{-2\lambda[I_{2L}^v + I_{2N}^v]} \quad (4.15)$$

其中

$$I_{2\xi}^v \triangleq \int_{r_\xi^v}^{r_e+r_M} r P_\xi(r)[1 - Y_\xi(r, y_v)][\pi + \varphi_1(r) - \varphi_2(r)] \mathrm{d}r$$

和

$$Y_\zeta(r, y_v) \triangleq \left(\frac{m_\xi}{m_\xi + y_v P_{\text{tx}} G_{\text{tot}} \xi_v(r)}\right)^{m_\xi} \quad (4.16)$$

证明：见附录 A。

定理 4.1 表示配备倾斜方向天线的无人机覆盖概率。为了获得使用全向天线的用户设备的覆盖概率，需要替换 $r_e = r_0 = 0, r_M = \infty, \varphi_1(r) = \varphi_2(r)$。

4.3.2 无人机覆盖概率的近似计算

在本节中，我们提出了两种近似方法，可显著降低无人机覆盖性能数值计算的复杂性。通过研究这些近似值，可以确定决定无人机通信性能的一些主要因素。

4.3.2.1 消除非视距和噪声影响

探测到的基站和视线基站的数量随着无人机的高度而增加。事实上，飞越高于基站高度的无人机在逻辑上会发现几个基站处于视线状态。当地面距离减小时，随着视线概率的增加，此类基站的位置可能更接近无人机。由于更有利的传播条件，与非视线基站相比，视线基站可以在无人机接收器处引入更高的信号功率。此外，视线干扰基站施加大量聚集干扰，通常远高于噪声功率。这些事实促使我们通过从数学推导中消除非视线基站和噪声影响，为空中用户数提出以下近似值。

命题 4.1 无人机用户设备覆盖性能可通过丢弃非视线基站和噪声效应来近似与模拟

$$P_{\text{cov}} \approx 2 \int_0^{r_e+r_M} P_{\text{cov}}^L | R_S(r_S) f_{R_S}^L(r_S) [\pi + \varphi_1(r_S) - \varphi_2(r_S)] r_S \mathrm{d}r_S \quad (4.17)$$

其中

$$f_{R_S}^L(r_S) \approx \lambda_b P_L(r_S) \mathrm{e}^{-2\lambda_b I_{1L}^b}$$

$$P_{\text{cov}}^L | R_S \approx \sum_{k=0}^{m_L-1} \frac{(-y_L)^k}{k!} \frac{\mathrm{d}^k}{\mathrm{d} y_L^k} L_I^L | R_S(y_L) \quad (4.18)$$

和

$$L_I^L|_{R_S}(y_L) \approx e^{-2\lambda I_{2L}^L} \tag{4.19}$$

证明:在定理4.1中,用零和 $N_0 \approx 0$ 替换 P_N 得到了期望的结果。

请注意,为了获得覆盖概率,命题4.1中删除了几个术语,其中包括 $I_{1\xi}^N$、I_{1N}^L 和 I_{2N}^L。4.4.1节检查了该近似值的准确性。

命题4.1表明,一方面,从零开始增加无人机高度 h_u 会导致更多视线干扰基站,从而导致视线值 I_{1N}^L 更大。反过来,由于等式(4.23)和等式(4.17)中 $L_{I/R_S}^L(y_L)$ 和 $f_{R_S}^L$ 分别减少,会降低自覆盖性能。另一方面,在较高的无人机高度上,无人机与服务基站的视线概率更高,这样整体性能更好,因为等式(4.17)中的 $f_{R_S}^L(r_S)$ 值较大。这两种相反的影响最终可能在性能最大化的无人机最佳高度上得到平衡。在研究其他系统参数(如基站密度)时,也会出现类似的权衡。

4.3.2.2 力矩匹配

为了进一步简化用户设备性能的表达式,现在使用伽马分布来近似聚合干扰[36],这能够表示干扰包围形式的拉普拉斯函数。为此,我们采用了矩匹配的方法来估计干扰分布。特别是,计算干涉的一阶矩和二阶矩,然后用于确定伽马分布。下面的引理得出聚合干扰的平均值和方差。

引理4.1 聚合干扰的平均值和方差可计算为

$$\mu_I|_{R_S} = 2\lambda P_{tx}G_{tot}\int_{r_S}^{r_e+r_M} rP_L(R)\zeta_L(r)[\pi + \varphi_1(r) - \varphi_2(r)]dr \tag{4.20}$$

和

$$\sigma_I^2|_{R_S} = 2\lambda(P_{tx}G_{tot})^2\left(\frac{m_L+1}{m_L}\right)\int_{r_S}^{r_e+r_M} rP_L(r)\zeta_L^2(r)[\pi + \varphi_1(r) - \varphi_2(r)]dr \tag{4.21}$$

证明:见附录B。

对于无人机天线直接指向下方的情况,可以通过推导以下积分进一步提供更简单的方程。

推论4.1 如果 $\phi_t = 0$,聚合干涉的一阶矩和二阶矩计算如下:

$$\frac{\pi\lambda P_{tx}G_{tot}A_L}{0.5\alpha_L - 1}\sum_{k=t}^{j} p_k[(r_k^2 + \Delta_h^2)^{1-0.5\alpha_L} - (r_{k+1}^2 + \Delta_h^2)^{1-0.5\alpha_L}], \alpha_L > 2$$

$$\pi\lambda P_{tx}G_{tot}A_L\sum_{k=l}^{j} p_k\ln\left(\frac{r_{k+1}^2 + \Delta_h^2}{r_k^2 + \Delta_h^2}\right), \alpha_L = 2$$

和

$$\sigma_I^2|_{R_S} = \frac{\lambda(P_{tx}G_{tot}A_L)^2}{\alpha_L - 1}\left(\frac{m_L+1}{m_L}\right)\sum_{k=i}^{j} p_k[(r_k^2 + \Delta_h^2)^{1-\alpha_L} - (r_{k+1}^2 + \Delta_h^2)^{1-\alpha_L}]$$

其中,$r_k = 1000(k+1)/\sqrt{ab}$,除 $r_i = r_S$ 和 $r_{j+1} = r_M$ 外,$i = \lfloor(r_S\sqrt{ab}/1000) - 1\rfloor$、$j = \lfloor(r_M\sqrt{ab}/1000) - 1\rfloor$ 和 p_k 是一个固定值,通过代入 $M = k$,由等式(4.4)得出结果。

证明:见附录C。

通过观察平均干扰,推论4.1表明增加BS高度会导致:

(1) 增加 p_k(因为视线概率是 h_b 的递增函数)。

(2) 求和第二项增加(因为该项是 $\Delta_h = h_u - h_b$ 的递减函数,因此是 h_b 的递增函数)。

第4章　蜂窝连接无人机的性能分析

因此,总的来说,平均干扰随 h_b 升高而增加。然而,视线概率和接收到的有用信号功率随着 h_b 增大而增大。所有这些都表明,可能存在一个最佳的基站高度值,在该值下,增加的干扰和信号水平达到最佳平衡,从而产生最大的无人机性能。

使用伽马分布的比例和形状参数(分别表示为 β_2 和 β_1),近似描述聚集干涉的分布。我们确实应用了这些参数与干扰均值和方差之间的以下关系[36]

$$\beta_1 = \frac{\sigma_I^2|_{R_S}}{\mu_I|_{R_S}}, \beta_2 = \frac{\mu_I^2|_{R_S}}{\sigma_I^2|_{R_S}} \tag{4.22}$$

此外,伽马-拉普拉斯变换为[36]

$$L_I^L|_{R_S}(y_L) = (1 + \beta_1 y_L)^{-\beta_2} \tag{4.23}$$

利用聚集干涉的伽马近似,我们提出下一个命题。

命题4.2　分别用尺度和形状参数 β_2 与 β_1 的伽马分布近似 I 的统计,无人机用户设备的条件覆盖性能可表达为

$$P_{\text{cov}}^L|_{R_S} \approx \frac{1}{\Gamma(\beta_2)} \sum_{k=0}^{m_L-1} \frac{(\beta_1 y_L)^k}{k!} \Gamma(\beta_2 + k)(1 + \beta_1 y_L)^{-\beta_2 - k} \tag{4.24}$$

式中,$\Gamma(\cdot)$ 为完整的伽马函数。

证明: 该结果是通过将等式(4.23)代入等式(4.18)中得出的。

4.3.3　可实现吞吐量和面积频谱效率分析

可实现吞吐量用 R 表示,是用户设备可从网络接收的最高比特率。此度量值的计算如下:

$$R \triangleq \mathbb{E}[\log_2(1 + \text{SINR})] \quad (\text{bps/Hz}) \tag{4.25}$$

计算 R,一种写法为

$$R = \frac{1}{\ln 2} \int_0^\infty \frac{P_{\text{cov}}(h_u, t)}{1 + t} dt$$

$$\approx \frac{1}{\ln 2} \sum_{n=1}^{k} \frac{P_{\text{cov}}(h_u, t_n)}{1 + t_n} \frac{\pi^2 \sin\left(\frac{2n-1}{2k}\pi\right)}{4K \cos^2\left[\frac{\pi}{4}\cos\left(\frac{2n-1}{2K}\pi\right) + \frac{\pi}{4}\right]}$$

我们使用最后一种近似,通过消除一个积分来简化主方程的数值计算。这种近似遵循高斯-切比雪夫求积(GCQ)规则,自由参数(K)选择得足够大,以实现高精度[37]。此外,t_n 由下式给出

$$t_n = \tan\left[\frac{\pi}{4}\cos\left(\frac{2n-1}{2K}\pi\right) + \frac{\pi}{4}\right] \tag{4.26}$$

为了评估无人机存在时的网络级性能,面积频谱效率(ASE)用 A 表示,是定义每平方千米可实现网络速率的适当度量。设 ρ 表示为空中用户设备与总空中和地面用户设备的比率。因此,可以写成

$$A \triangleq \lambda[(1-\rho)R(1.5, \lambda) + \rho R(h_u, \lambda)] \quad (\text{bps/Hz/km}^2) \tag{4.27}$$

其中,$R(1.5, \lambda)$ 和 $R(h_u, \lambda)$ 分别与海拔1.5m 的地面用户和海拔1.5m 的空中用户有关。

95

面积频谱效率使得我们研究当频谱与地面用户共享时,向网络中添加空中用户的影响。我们还旨在研究在有空中用户存在的情况下,网络如何随着基站的密度而扩展。该度量可以通过将等式(4.26)中的 $R(h_u, \lambda)$ 替换到等式(4.27)中直接导出。

4.4 系统设计:研究案例与讨论

本节通过使用4.3节中介绍的理论工具,对蜂窝连接无人机的重要设计参数进行定性和定量理解。表4.2列出了用于数值评估和模拟的系统参数的默认值。

表4.2 模拟和数值计算的默认值

参　数	数　值
$(\alpha_L, \alpha_N, m_L, m_N)$	(2.09, 3.75, 3, 1)
(A_L, A_N)	(−41.1, −32.9)dB
P_{tx}	46dBm
(a, b, c)	(0.3, 500, 15),用于城市
λ_b	10BSs/km^2
(g_M, g_m)	(10, 0.5)
(h_u, h_b)	(100, 25)m
BW	200kHz
R_t	100kbps
T	$2^{R_t/BW}-1 =$ −3.8dB

4.4.1 精度分析

图4.2显示了分析的准确性和建议的近似值。在该图中,为配备全向天线的地面和空中用户显示了信噪比的互补累积分布函数,仿真是 10^5 个网络实现的结果。请注意,地面用户的近似值不适用,因为其通信链路不以服务水平为主。换句话说,地面用户到基站的链路不太可能处于视线状态,因此在性能评估中不能忽略非视线链路。

此外,近似值与精确的数值结果吻合良好。这突出了非视线对无人机用户设备的影响。

总体而言,全方位无人机通信性能较低。当信噪比阈值较大时,增加高度时的性能损失较大。可以看出,空中用户的信噪比分布更加集中。这是由于多路径散射较少涉及视线无人机通信链路。然而,地面用户的多径效应非常显著,因此无法避免。

4.4.2 设计参数

本小节深入分析了各种设计参数对无人机与基站通信链路质量的影响。我们研究了每个参数如何影响用户级性能,即覆盖概率和可实现吞吐量。在各分节中,我们分析了无人机高度、天线波束宽度和倾角以及网络负载效应的作用。最后,我们讨论了环境类型如何影响地面和无人机用户的性能。

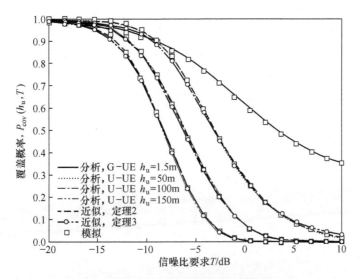

图 4.2 模拟和分析表达式的结果精确匹配

4.4.2.1 无人机高度的影响

一般来说,无人机性能最高时存在一个最佳高度,如图 4.3 所示。事实上,当无人机高度从零增加时,到基站的链路从非视线状态过渡到视线状态。这在某一点上是有益的,因为服务基站发现自己与用户设备处于视线情况。然而,随着高度的进一步增加,在视线水平下,干扰链路也变得更多,因此性能下降。这些结果表明,天空中更有利的视轴传播条件完全补偿了基站天线增益的降低。

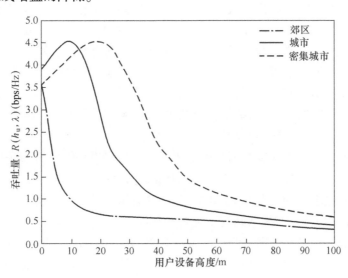

图 4.3 由于视线干扰基站的不利影响,配备全向天线时无人机的可行操作范围受到限制

图 4.3 还说明了两个重要结果:首先,与地面用户设备相比,最佳高度的无人机用户设备接收到更高的服务质量,尽管最佳高度通常非常低。其次,在密度较大的环境中,最佳高度较高,这是由于在非视线条件下有更多的干扰基站。此外,可以看出,在郊区,无人机必须飞得尽可能低,以减少视线干扰的有害影响。

4.4.2.2 无人机天线波束宽度的影响

图 4.4 中无人机性能随天线波束宽度 ϕ_B 的变化表明,选择合适的天线 ϕ_B 可以显著提高无人机的性能,甚至高于地面用户的性能。当增加 ϕ_B 时,无人机主瓣内的候选基站(待选择)将增加,这有利于无人机的性能。然而,进一步增加 ϕ_B 的结果是包含更多干扰基站,这是有害的。这两个相反的因素在最佳天线波束宽度下是平衡的。

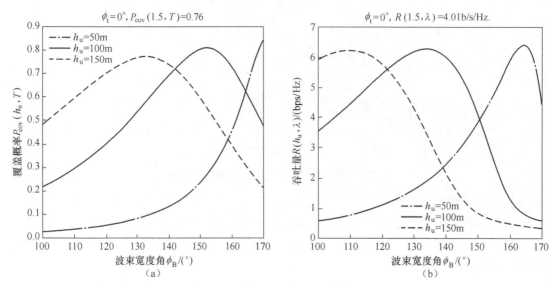

图 4.4 存在一个与高度相关的最佳无人机天线波束宽度,以获得最佳性能

我们注意到,增加 ϕ_B 会降低天线增益,如系统建模中所述。然而,无人机天线增益的变化对有用信号和干扰功率的影响相同。这基本上意味着,如果一个网络受到干扰限制,如命题 4.1 所述,ϕ_B 变化不会改变信噪比分布,因此也不会改变覆盖概率。

此外,我们注意到,对于覆盖概率和可实现吞吐量而言,最优 ϕ_B 是不同的。这是因为吞吐量是信噪比分布的所有实现的加权平均值;然而,覆盖概率只考虑特定的信噪比阈值。因此,适当的设计应考虑到这些不同的最佳系统因素,并建立适当的覆盖率和吞吐量权衡。

4.4.2.3 无人机天线倾斜的影响

图 4.5 显示了无人机天线倾斜的影响。事实上,增加倾斜角 ϕ_t 首先会增加主瓣内的基站数量,然后基站从视线过渡到非视线。这两种情况中的每一种都可能带来有益或有害的影响。前者随着候选基站的数量的增加而有益,并且随着干扰基站的数量的增加而有害。后者可能具有建设性,因为干扰基站变得更为非视线;然而,服务基站也处于非视线状态,因此可能是破坏性的。总之,数值结果表明,在一定的最佳角度下,这些影响是平衡的,无人机的性能是最大的。对于非稠密网络,最佳倾斜角为非零;但是,倾斜方法对于非常稠密的网络没有帮助。

值得注意的是,倾斜天线可能会引入基站误检测问题,即接收非常低的参考信号。这是由于基站距离变长,并且更有可能处于非直瞄状态。然而,我们注意到,覆盖概率考虑了这种影响,并考虑了由干扰引起的误检测或停机问题。此外,当倾斜角和波束宽度角较小时,无人机主瓣内可能没有基站。这种情况也对应于我们框架中的零覆盖。

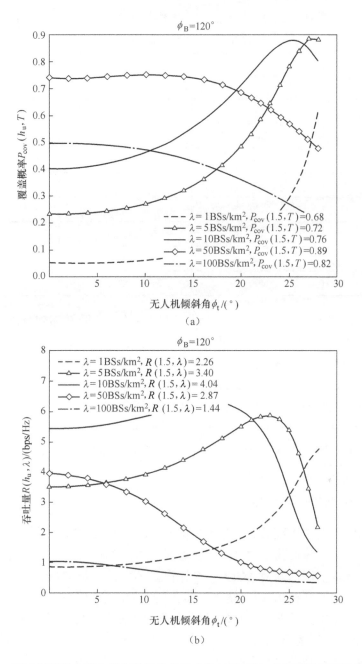

图 4.5 通过利用稀疏到中等密度网络的无人机天线倾斜,观察到显著的性能增强。
然而,由于包含明显更多的干扰基站,倾斜对密集网络不利

4.4.2.4 不同类型环境的影响

表 4.3 显示,在阻塞较少的环境中,用户设备高度对覆盖性能的影响更差。例如,在郊区,链路覆盖率从地面的 90% 下降到 150m 处的 4%,这比城市环境中相应的从 76% 下降到 10% 更严重。此外,地面用户数在郊区的覆盖性能最高,而无人机用户设备在城市环境中的服务效果最好。因此,地面和空中用户的网络部署策略将有所不同。

表 4.3　在两种城市地区,带有全向天线的蜂窝连接无人机的链路覆盖范围
假设目标率 R_t = 100kbps 评估覆盖率

无人机高度 h_u/m	指定带宽/kHz	覆盖率/% 郊区	覆盖率/% 城市
1.5	200	90	76
50	200	34	54
100	200	20	30
150	200	4	10
1.5	400	97	85
50	400	60	82
100	400	48	60
150	400	28	39

显而易见,无人机链路受到干扰限制,因此可实现的吞吐量 R 随着分配的带宽(BW)线性增长。相反,链路覆盖概率受带宽的影响很大。表 4.3 通过两种不同环境中的 4 个样本高度说明了这种依赖性,重点是无人机指挥与控制的固定目标速率 R_t = 100kbps[38]。结果表明,与地面用户相比,具有全向天线的无人机链路覆盖率要低得多,尤其是在障碍较少的区域。将给定目标速率的带宽加倍可减少信噪比阈值约束,从而显著提高覆盖概率;例如,在城市环境中,无人机在 150m 处的覆盖概率几乎提高了 4 倍。另外,相同的带宽翻倍使得用户设备在地面上的增长率仅为 8%。因此,一般来说,我们的结果表明,增加带宽对空中用户比地面用户更有效。

4.4.3　异构网络-层选择

在蜂窝体系结构中使用不同的层是解决重要问题的常用方法。同质宏蜂窝网络可能无法在热点或当用户由于障碍物而遭受严重阴影时提供适当的服务质量。此外,数据需求的显著增长是考虑异构多层蜂窝网络的另一个原因。为此,可以部署成本较低的微型基站来解决此类问题。与宏基站相比,微基站通常具有更低的高度、更小的小区大小、更低的发射功率和更大的部署密度。此外,不同层的工作频率可以是正交的,如第三代合作伙伴计划所建议的[39]。考虑到各层的不同特征以及无人机可以看到这两层的事实,研究各层在服务空中用户方面的适用性是很有意思的。

事实上,要断定哪一层最适合为航空用户服务并不容易。高密度的微小区可能会产生更高的干扰;但是,它们较低的基站高度会增加阴影并限制干扰传播。因此,需要对此类问题进行调查,如图 4.6 所示。在本图的两个面板中,我们使用了第三代合作伙伴计划建议[38]中规定的参数值。这些参数包括基站高度、密度和发射功率。

图 4.6 显示,一般来说,在低海拔地区,微小区最适合为空中用户提供服务。然而,在一定高度以上,宏小区是无人机连接的最佳候选小区。请注意,切换点主要取决于无人机的天线波束宽度和倾角。实际上,ϕ_B 越大,切换高度越低。

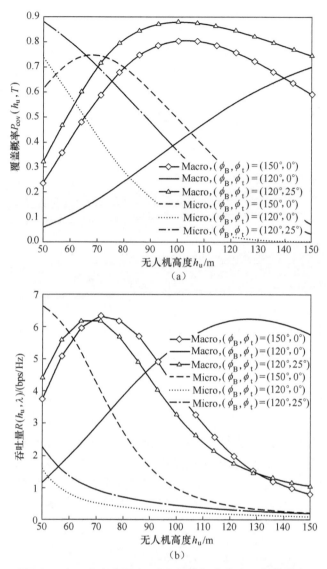

图 4.6 在一定高度以上,无人机最好由宏小区提供服务

4.4.4 网络致密化

为了提高网络容量,网络加密是另一个有前途的解决方案。以这种方式,小区的数量增加,以使基站更接近用户。然而,由于干扰基站的有害影响,该方法仅适用于特定密度,应确定该密度。航空用户的加入可能会显著影响最佳网络密度和加密效益。为此,在下文中,我们研究了存在空中用户设备时的致密化。首先,我们通过图 4.7 关注用户级性能,然后在图 4.8(a) 中研究网络级性能。

图 4.7 显示了用户可实现的吞吐量与基站密度的关系。通过采用最佳倾角,即 $\phi_t^{opt}(\lambda)$,获得任意给定 λ_b 的无人机性能。事实上,如前所述,存在一个最佳倾斜角,在该倾斜角下无人机性能达到最大。从图中可以看出,由于天线参数选择的灵活性,空中用户能够接收更高的速率。此外,在一定密度下,用户的性能最高,表明存在一个最优网络密度。

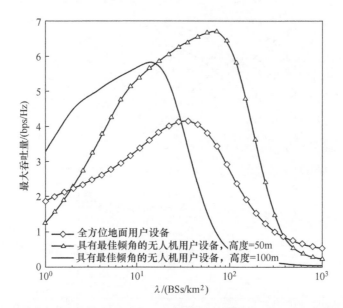

图 4.7 从无人机的角度来看,即使采用了最佳倾斜角,当网络变得密集时,网络性能收敛到零。然而,降低无人机高度部分地挽救了无人机。注意,对于这些模拟,地面用户设备被认为配备了全向天线

此外,当网络密集时,降低无人机高度可显著提高其性能。这是因为降低无人机高度会阻挡干扰基站。

研究了当网络仅由地面用户,或仅无人机用户或空中和地面用户设备同时存在组成,相对于 λ_b 的标度特性。如图 4.8(a) 所示,当网络仅包括空中用户设备时,可以实现三种缩放模式。第一种情况是,增加信号功率支配较高的干扰,称为信号主导区。在这一地区,通过将空中用户包括在适当的 ϕ_t 内,总体面积频谱效率有所增加。换句话说,随着网络容量的增加,与无人机共享资源有益。第二种情况是,较高的干扰占主导地位,因此总体性能会下降。这一地区称为干扰主导区。这种影响降低了无人机用户设备网络的可用性。第三种情

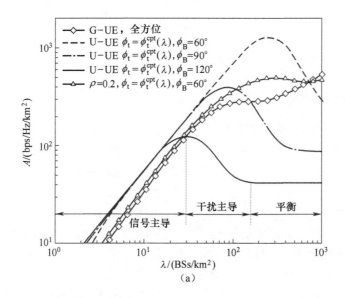

(a)

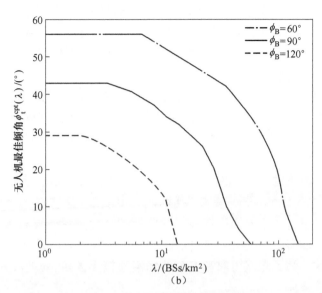

图4.8 在一定的基站密度下,加入空中用户可能会提高区域频谱效率。网络密度越高,最佳倾角越小

况是,平衡状态是面积频谱效率恒定的状态。在该区域,无人机用户设备可实现的吞吐量与性能成反比。可以看出,当网络非常密集时,包括更多无人机用户从网络角度来看是有害的。图4.8(b)说明了密度越高,最佳倾角越低,这也明显取决于无人机天线波束宽度。

4.5 结 论

在本章中,我们研究了将无人机集成到现有和未来5G蜂窝网络中的可行性。为此,开发了基于随机几何的通用三维框架,使我们能够为各种用户和网络关键绩效指标构建解析表达式。通过分析发现了许多设计见解,这些见解可能有助于引导无人机顺利集成到5G蜂窝网络中。

结果表明,我们可以乐观地认为,当前的蜂窝网络可能能够为无人机用户设备提供有效的支持。具体而言,我们的主要发现可总结如下:

(1)基站天线增益的降低是由天空中更有利的自由空间传播条件造成的。因此,与地面水平相比,在高度处接收到的信号强度更高。

(2)由于从天空检测到的视距干扰节点数量增加,配备全向天线的无人机用户的性能受到限制。这反过来又限制了无人机操作的可行范围。

(3)存在一个最佳高度,与地面用户相比,无人机的性能更高,尽管该最佳高度通常非常低,可能不适合无人机飞行。

(4)无人机的天线配置起着重要作用。其波束宽度和倾角的适当设计克服了空中视线干扰的不利影响,从而使无人机能够安全可靠地运行。然而,这样的结果对于非常密集的地面网络无效,因此需要依赖地面网络的其他解决方案。

(5)网络运营商可以通过纳入空中用户受益,因为面积频谱效率可以提高。

(6)当除了宏基站,还可以使用微基站时,无人机的适当层选择可显著提高网络和无人机效率。我们注意到，由于高服务水平概率，无人机能够同时检测两层。

总之，由于空对地无线链路的独特特性，为无人机提供服务的最关键方面是管理其极易受干扰的弱点。结果表明，通过设计具有适当基站高度和下倾角、无人机天线参数和高度的网络，可以成功地控制干扰水平。

然而，在无人机和5G网络的集成方面，仍然存在许多未解决的问题。特别是，由于这些系统的高干扰水平，它们与未来超密集网络的集成可能仍然具有挑战性。虽然这可以通过选择低飞行高度和优化无人机天线波束宽度来缓解，但良好的集成最终可能需要新的干扰补偿技术。其他有趣的未来研究可能包括以下几点。

(1) 蜂窝连接无人机的移交。连接到地面蜂窝网络的无人机通常能够检测多个视线基站，这些视线基站通过天线的主瓣或副瓣发射信号。因此，小区在空气中的模式不同。这一事实将导致空中用户设备的不同切换特性。这些特性高度依赖于飞行无人机的阻塞分布、高度和机动性模式。事实上，切换模式可以改变，其中一些切换模式可能由于接收到来自副瓣的信号功率而失败。为了建立可靠和安全的蜂窝连接无人机，对此类网络行为的定性和定量理解至关重要。

(2) 无人机毫米波通信。毫米波作为5G及以后的重要元素，也可用于无人机通信。事实上，由于无人机的视线通信，这项技术听起来更有希望。本章中提出的框架允许分析此类场景的性能，并通过比较毫米波和亚6GHz技术提供一般指南。然而，由于无人机的运动，为了能够有效地使用毫米波进行无人机通信，应适当解决信号阻塞、快速波束形成训练和跟踪以及多普勒效应。

(3) 无人机用户识别和调度方案。蜂窝网络中的无人机用户定义了一种新的服务，其需求与地面用户不同。例如，下行链路中的无人机需要高可靠性、低数据速率和低延迟的通信链路，以实现安全的指挥与控制。为了满足这种需求并可靠地容纳无人机，首先应该区分空中用户。这可以通过开发新的信号开销来实现。可以为低延迟通信开发替代解决方案，这是一个公开的问题。此外，由于无人机链路的不同要求，应采用新的用户调度。

附录A 定理1的证明

使用等式(4.7)，人们看到

$$P_{\text{cov}} = \sum_{v \in \{L,N\}} \int_C P_{\text{cov} \mid R_S}^v (r_S) \int_{R_S}^v (r_S) r_S d\varphi dr_S \tag{A.1}$$

其中

$$P_{\text{cov} \mid R_S}^L = \mathbb{P}\left[\text{SINR} > T \mid R_S = r_S, \text{LoS}\right] \tag{A.2}$$

$$P_{\text{cov} \mid R_S}^L = \mathbb{P}\left[\text{SINR} > T \mid R_S = r_S, \text{NLoS}\right] \tag{A.3}$$

是给定服务基站的类型(分别为视线和非视线)以及在$\mathbb{R}^2$给定服务基站的位置条件覆盖概率。此外，我们注意到$f_{R_S}^L(r_S)$和$f_{R_S}^N(r_S)$是特定位置r_S处服务基站距离和类型的概率分布。

接收到的信号(视线或非视线)受到来自视线和非视线干扰基站集合的干扰，用等式(4.5)表示。利用泊松点过程的属性，可通过以下获得函数$f_{R_S}^L(r_S)$：

$$f_{R_S}^L(r_S) = \lambda_b P_L(r_S) P_{noL}^L(r_S) P_{noN}^L(r_S) \tag{A.4}$$

其中，具有视线基站的无条件概率表示 $\lambda_b P_L(r_S)$，$P_{noL}^L(r_S)$ 表示典型用户设备不存在具有更强信号的视线基站的概率，$P_{noN}^L(r_S)$ 表示不存在具有更强信号强度的非视线基站概率。让我们假设 $A_{noL}^L(r_S)$ 集包括视线基站能够提供更高信号功率的所有地面距离。因此，概率 $P_{noL}^L(r_S)$ 可以表示为

$$P_{noL}^L(r_S) = \exp\left(-2\int_{A_{noL}^L} \lambda_b P_L(r) r \mathrm{d}\varphi \mathrm{d}r\right) \tag{A.5}$$

类似地，若我们将集合定义为 $A_{noL}^L(r_S)$ 可以接收到更强非视线信号的位置，则可以写为

$$P_{noL}^L(r_S) = \exp\left(-2\int_{A_{noL}^L} \lambda_b P_N(r) r \mathrm{d}\varphi \mathrm{d}r\right) \tag{A.6}$$

A_{noL}^L 和 A_{noN}^L 集是几何体相关的。

让我们用 C 表示系统模型中规定的天线参数（即波束宽度角 ϕ_B 和倾角 ϕ_t）表示无人机主瓣内的面积。这是一个椭圆截面，特征是其半长轴和半短轴分别由 r_M 和 r_m 表示。该区域的原点也是 $(r_e, 0)$，如附图 A.1 所示。使用文献[40]可获得这些参数，并在附表 A.1 中列出，其中使用了以下符号：

$$[y]_x^+ \triangleq \max(x,y), [y]_x^- \triangleq \max(x,y) \tag{A.7}$$

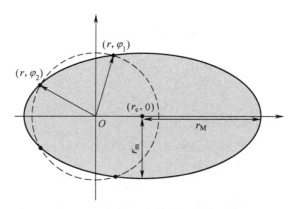

附图 A.1　参数 φ_1 和 φ_2 区域 C 的图示

附表 A.1　参　数　值

$r_M = \dfrac{\Delta_h \sin(\phi_B)}{2[\cos^2(\phi_t) - \sin^2(\phi_B/2)]}$
$r_m = \dfrac{\Delta_h \sin(\phi_B/2)}{\sqrt{\cos^2(\phi_t) - \sin^2(\phi_B/2)}}$
$r_e = \Delta_h \tan(\phi_t - \phi_B/2) + r_M$
$r_0 = [r_e - r_M]_0^+$
$r_L^L = r_S, r_N^L = \sqrt{[(A_N/A_L)^{2/\alpha_N}(r_S^2 + \Delta_h^2)^{\alpha_L/\alpha_N} - \Delta_h^2]_{r_0}^+}$
$r_L^N = [\sqrt{(A_L/A_N)^{2/\alpha_L}(r_S^2 + \Delta_h^2)^{\alpha_N/\alpha_L} - \Delta_h^2}]_{r_e + r_M}^-, r_N^N = r_S$
$\varphi_1(r) = \varphi_2(r) = \dfrac{\pi}{2}, r < \dfrac{r_m}{r_M}\sqrt{r_M^2 - r_e^2}, \phi_t < \phi_B/2$

续表

$$\varphi_1(r) = \arccos\left[\frac{r_e r_m^2 - \sqrt{r_e^2 r_m^4 - (r_m^2 - r_M^2)(r_e^2 r_m^2 + r^2 r_M^2 - r_m^2 r_M^2)}}{r(r_m^2 - r_M^2)}\right]$$

$$\varphi_2(r) = \arccos\left[\frac{r_e r_m^2 + \sqrt{r_e^2 r_m^4 - (r_m^2 - r_M^2)(r_e^2 r_m^2 + r^2 r_M^2 - r_m^2 r_M^2)}}{r(r_m^2 - r_M^2)}\right], \frac{r_m}{r_M}\sqrt{r_M^2 - r_e^2} \leq r \leq r_M - r_e, \phi_t < \phi_B/2$$

$$\varphi_1(r) = \arccos\left[\frac{r_e r_m^2 - \sqrt{r_e^2 r_m^4 - (r_m^2 - r_M^2)(r_e^2 r_m^2 + r^2 r_M^2 - r_m^2 r_M^2)}}{r(r_m^2 - r_M^2)}\right]$$

$$\varphi_2(r) = \pi, r > |r_M - r_e|$$

为了获得 A_{noL}^L，我们注意到该集合是以原点和 C 为中心的半径为 r_S 圆盘的交点，如附图 A.1 所示。相应地，有

$$A_{noL}^L = \{(r,\varphi) \mid r < r_L^L, \varphi \in [0,\pi] \setminus [\varphi_1(r), \varphi_2(r)]\} \tag{A.8}$$

其中，$r_L^L = r_S$。此外，附表 A.1 中表示了 $\varphi_1(r)$ 和 $\varphi_2(r)$。

因此，等式(A.5)的整数是

$$\int_{A_{noL}^L} \lambda_b P_L(r) r d\varphi dr = \int_0^{r_S}\int_0^{\varphi_1(r)} \lambda_b P_L(r) r d\varphi dr + \int_0^{r_S}\int_{\varphi_2(r)}^{\pi} \lambda_b P_L(r) r d\varphi dr$$

$$= \lambda_b \int_0^{r_S} r\varphi_1(r) P_L(r) dr + \lambda \int_0^{r_S} r[\pi - \varphi_2(r)] P_L(r) dr$$

$$= \lambda_b \int_0^{r_S} r P_L(r) [\varphi_1(r) + \pi - \varphi_2(r)] dr$$

$$\triangleq \lambda_b I_{1L}^L$$

我们继续推导 A_{noN}^L 集的偏差，其

$$A_{noN}^L = \{(r,\varphi) \mid r < r_N^L, \varphi \in [0,\pi] \setminus [\varphi_1(r), \varphi_2(r)]\} \tag{A.9}$$

式中，r_N^L 在附表 A.1 中表示。因此，有

$$\int_{A_{noL}^L} \lambda_b P_L(r) r d\varphi dr = \lambda_b \int_0^{r_N^L} r\varphi_1(r) P_N(r) dr + \lambda_b \int_0^{r_N^L} r[\pi - \varphi_2(r) P_N(r) dr$$

$$= \lambda_b \int_0^{r_N^L} r P_N(r) [\varphi_1(r) + \pi - \varphi_2(r)] dr \tag{A.10}$$

$$\triangleq \lambda_b I_{1N}^L \tag{A.11}$$

最后，通过用等式(A.4)~等式(A.10)，有

$$f_{R_S}^L(r_S) = \lambda_b P_L(r_S) e^{-2\lambda_b[I_{1L}^L + I_{1N}^L]} \tag{A.12}$$

类似地，可以看到

$$f_{R_S}^N(r_S) = \lambda_b P_N(r_S) e^{-2\lambda_b[I_{1L}^L + I_{1N}^L]} \tag{A.13}$$

其中，整数和相关参数在定理 4.1 中规定。

条件覆盖概率，即 $P_{cov}^v \mid_{R_S}$，可通过下式获得：

第4章 蜂窝连接无人机的性能分析

$$P_{\text{cov}}^v \mid_{R_S} = P\left[\frac{P_{\text{tx}} G_{\text{tot}} \xi_v \Omega_v}{N_0 + I} > T/R_S = r_S\right]$$

$$= \mathbb{E}_I\left\{\mathbb{P}\left[\Omega_v > \frac{T}{P_{\text{tx}} G_{\text{tot}} \xi_v}(N_0 + I) \mid R_S = r_S\right]\right\}$$

$$\stackrel{(a)}{=} \mathbb{E}_I\left\{\sum_{k=0}^{m_v-1} \frac{y_v^k}{k!}(N_0 + I)^k \exp[-y_v(N_0 + I)] \mid R_S = r_S\right\}$$

$$= \mathbb{E}_I\left\{\sum_{k=0}^{m_v-1} \frac{y_v^k}{k!} e^{-N_0 y_v} \sum_{j=0}^{k}\binom{k}{j} N_0^{k-j} I^j \exp[-y_v I] \mid R_S = r_S\right\}$$

$$= \sum_{k=0}^{m_v-1}(-1)^k q_k \frac{d^k}{dy_v^k} L_I^v \mid_{R_S}(y_v)$$

其中，上述表达式中使用了 Ω_v 的伽马分布，q_k 和 y_v 如等式(4.13)和等式(4.14)所述。

聚合干涉的拉普拉斯函数，即 $L_I\mid_{R_S}(y_v)$ 为

$$L_I \mid_{R_S}(y_v) = \mathbb{E}_I\{e^{-y_v I} \mid R_S = r_S\}$$

$$= \mathbb{E}_{\varphi, \Omega}\left\{\prod_{r \in \phi \setminus r_S} e^{-y_v P_{\text{tx}} G_{\text{tot}} \xi_\xi(r) \Omega_\xi}\right\}$$

$$= \mathbb{E}_\phi\left\{\prod_{r \in \phi \setminus r_S} E_\Omega\{e^{-y_v P_{\text{tx}} G_{\text{tot}} \xi_\xi(r) \Omega_\xi}\}\right\} \tag{A.14}$$

可以写成

$$L_I \mid_{R_S}(y_v) = \mathbb{E}_{\phi_L}\left\{\prod_{r \in \phi_L \setminus r_S} \mathbb{E}_\Omega\{e^{-y_v P_{\text{tx}} G_{\text{tot}} \xi_L(r) \Omega_L}\}\right\} \times$$

$$\mathbb{E}_{\phi_N}\left\{\prod_{r \in \phi_N \setminus r_s} \mathbb{E}_\Omega\{e^{-y_v P_{\text{tx}} G_{\text{tot}} \xi_N(r) \Omega_N}\}\right\}$$

$$\stackrel{(a)}{=} \exp\left\{-2\int_{\overline{A}_{\text{noL}}^v} \lambda_L(r)[1 - Y_L(r, y_v) r d\varphi dr]\right\} \times$$

$$\exp\left\{-2\int_{\overline{A}_{\text{noL}}^v} \lambda_N(r)[1 - Y_N(r, y_v) r d\varphi dr]\right\}$$

上面，泊松点过程的概率生成函数(PGFL)用于表达式(a)。此外，C 上集 $A_{\text{no}\xi}^v$ 的互补表示为 $\overline{A}_{\text{no}\xi}^v$。从数学上讲，$\overline{A}_{\text{no}\xi}^v = C \setminus A_{\text{no}\xi}^v$。所以有

$$\int_{\overline{A}_{\text{noL}}^L} \lambda_L(r)[1 - Y_L(r, y_L)] dx$$

$$= \int_{r_S}^{r_e + r_M} \int_0^{\varphi_1(r)} \lambda_L(r)[1 - Y_L(r, y_v)] r d\varphi dr$$

$$+ \int_{r_S}^{r_e + r_M} \int_{\varphi_2(r)}^{\pi} \lambda_L(r)[1 - Y_L(r, y_L)] r d\varphi dr$$

$$= \lambda \int_{r_S}^{r_e + r_M} \varphi_1(r) P_L(r)[1 - Y_L(r, y_L)] r dr +$$

$$\lambda \int_{r_S}^{r_e + r_M} [\pi - \varphi_2(r)] P_L(r)[1 - Y_L(r, y_L)] r dr$$

$$= \lambda \int_{r_S}^{r_e + r_M} r P_L(r)[1 - Y_L(r, y_L)][\varphi_1(r) + \pi - \varphi_2(r)] dr$$

$$\triangleq \lambda I_{2L}^L$$

和

$$\int_{\overline{A}_{\text{noL}}^{\text{L}}} \lambda_{\text{N}}(r)[1-Y_{\text{N}}(r,y_{\text{L}})]rd\varphi dr$$
$$=\lambda\int_{r_{\text{N}}^{\text{L}}}^{r_e+r_{\text{M}}}\varphi_1(r)P_{\text{N}}(r)[1-Y_{\text{N}}(r,y_{\text{L}})][\varphi_1(r)+\pi-\varphi_2(r)]dr+\lambda\int_r^{r_e+r_{\text{M}}^{\text{L}}}[\pi-\varphi_2(r)]P_{\text{N}}(r)[1-Y_{\text{N}}(r,y_{\text{U}})]rdr$$
$$=\lambda\int_{r_{\text{N}}^{\text{L}}}^{r_e+r_{\text{M}}}rP_{\text{N}}(r)[1-Y_{\text{N}}(r,y_{\text{L}})][\varphi_1(r)+\pi-\varphi_2(r)]dr$$
$$\triangleq \lambda I_{2\text{N}}^{\text{L}}$$

因此
$$L_I|_{R_{\text{S}}}(y_{\text{L}})=\mathrm{e}^{-2\lambda[I_{2\text{L}}^{\text{L}}+I_{2\text{N}}^{\text{L}}]} \tag{A.15}$$

同样
$$L_I|_{R_{\text{S}}}(y_{\text{N}})=\mathrm{e}^{-2\lambda[I_{2\text{L}}^{\text{L}}+I_{2\text{N}}^{\text{L}}]} \tag{A.16}$$

其中，定理 4.1 中规定了相关参数。

附录 B　引理 1 的证明

聚合干扰 I 的第一阶矩可使用其拉普拉斯变换获得，即

$$\mu_I|_{R_{\text{S}}}=-\frac{\mathrm{d}}{\mathrm{d}y_{\text{L}}}L_I|_{R_{\text{S}}}(y_{\text{L}})|_{y_{\text{L}}=0} \tag{B.1}$$

根据等式(4.23)，等式(B.1)可以写成

$$\mu_I|_{R_{\text{S}}}=-2\lambda\frac{\mathrm{d}}{\mathrm{d}y_{\text{L}}}I_{2\text{L}}^{\text{L}}|_{y_{\text{L}}=0}L_I|_{R_{\text{S}}}(0)$$
$$=2\lambda\int_{r_{\text{S}}}^{r_e+r_{\text{M}}}\frac{\mathrm{d}}{\mathrm{d}y_{\text{L}}}Y_{\text{L}}(r,y_{\text{L}})|_{y_{\text{L}}=0}rP_{\text{L}}(r)[\varphi_1(r)+\pi-\varphi_2(r)]dr$$
$$=2\lambda P_{\text{tx}}G_{\text{tot}}\int_{r_{\text{S}}}^{r_e+r_{\text{M}}}rP_{\text{L}}(r)\xi_{\text{L}}(r)[\varphi_1(r)+\pi-\varphi_2(r)]dr \tag{B.2}$$

至于 I 的差异，我们可写成

$$\sigma_I^2|_{R_{\text{S}}}=\frac{\mathrm{d}^2}{\mathrm{d}y_{\text{L}}^2}L_I|_{R_{\text{S}}}(y_{\text{L}})|_{y_{\text{L}}=0}-\mu_I^2|_{R_{\text{S}}} \tag{B.3}$$

通过等式(4.23)和与平均值计算类似的方法，可获得预期结果。

附录 C　推论 1 的证明

我们设 $\phi_{\text{t}}=0$，得出 $\phi_1(r)=\phi_2(r)=\pi/2$。因此，等式(4.20)中的整数可表示为

$$\mu_I|_{R_{\text{S}}}=2\pi\lambda P_{\text{tx}}G_{\text{tot}}\sum_{k=i}^{j}p_k\int_{r_k}^{r_{k+1}}r\xi_{\text{L}}(r)dr$$
$$=2\pi\lambda P_{\text{tx}}G_{\text{tot}}\sum_{k=i}^{j}p_k\int_{r_k}^{r_{k+1}}r\,(r^2+\Delta_h^2)^{-\alpha_{\text{L}}/2}dr$$

所以

$$\mu_I\mid_{R_S} = 2\pi\lambda P_{tx}G_{tot}A_L \sum_{k=i}^{j} p_k \left[\frac{(r^2+\Delta_h^2)^{1-\alpha_L/2}}{2-(1-\alpha_L/2)}\right]_{r_k}^{r_{k+1}}, \alpha_L > 2$$

$$= 2\pi\lambda P_{tx}G_{tot}A_L \sum_{k=i}^{j} p_k \left[\frac{\ln(r^2+\Delta_h^2)}{2}\right]_{r_k}^{r_{k+1}}, \alpha_L = 2$$

这是理想的等式。

类似的方法可以得出 $\sigma_I^2\mid_{R_S}$ 的表达式。

参 考 文 献

[1] Y. Zeng, R. Zhang, and T. J. Lim (2016). Wireless communications with unmanned aerial vehicles: opportunities and challenges. *IEEE Commun. Mag.* 54 (5): 36-42.

[2] D. Joshi (2017). Commercial unmanned aerial vehicle (UAV) market analysis industry trends, companies and what you should know. *Business Insider*.

[3] S. D. Intelligence (2017). The global UAV payload market 2017-2027.

[4] L. Sundqvist (2015). *Cellular controlled drone experiment: evaluation of network requirements.* Master's Thesis, Aalto University, December.

[5] GSMA, Mobile-enabled unmanned aircraft. Tech. Rep., Feb. 2018. https://www.gsma.com/iot/mobile-enabled-unmanned-aircraft.

[6] M. M. Azari, F. Rosas, and S. Pollin, Reshaping cellular networks for the sky: major factors and feasibility. *Proceedings of the 2018 IEEE International Conference on Communications(ICC)*. IEEE, 2018, pp. 1–7.

[7] 3GPP (2010). 3rd Generation Partnership Project; technical specification group radio access network; evolved universal terrestrial radio access (E-UTRA); further advancements for E-UTRA physical layer aspects (release 9). Tech. Rep., March 2010. www.qtc.jp/3GPP/Specs/36814-900.pdf

[8] M. M. Azari, F. Rosas, K.-C. Chen, and S. Pollin, Ultra reliable UAV communication using altitude and cooperation diversity. *IEEE Trans. Commun.*, vol. 66, no. 1, pp.330-344, 2018.

[9] M. M. Azari, Y. Murillo, O. Amin et al. (2017). Coverage maximization for a Poisson field of drone cells. *Proceedings of the 28th IEEE Annual International Symposium on Personal, Indoor, and Mobile Radio Communications (PIMRC)*. IEEE, 2017, pp. 1–6.

[10] W. Khawaja, I. Guvenc, D. Matolak et al. (2018). A survey of air-to-ground propagation channel modeling for unmanned aerial vehicles. arXiv preprint arXiv:1801.01656.

[11] M. M. Azari, F. Rosas, A. Chiumento, and S. Pollin, Coexistence of terrestrial and aerial users in cellular networks. *Proceedings of the IEEE Global Communications (GLOBECOM) Workshops*, Dec. 2017.

[12] M. M. Azari, F. Rosas, and S. Pollin, Cellular connectivity for UAVs: network modeling, performance analysis and design guidelines. *IEEE Trans. Wireless Commun.*, 2019.

[13] M. M. Azari, et al. 2020. UAV-to-UAV communications in cellular networks. *IEEE Trans. Wireless Commun.*, 19 (9): 6130-6144.

[14] W. Mei, O. Wu, and R. Zhang (2018). Cellular-connected UAV: uplink association, power control and interference coordination. *Proceedings of the IEEE Global Communications(GLOBECOM) Conference*, pp. 206-212.

[15] Qualcomm Technologies, Inc. (2017). LTE unmanned aircraft systems. Tech. Rep., May.

[16] G. Geraci, A. Garcia-Rodriguez, L. G. Giordano et al. (2018). Understanding UAV cellular

communications: from existing networks to massive MIMO. *IEEE Access* 6, 67853-67 865.

[17] Ericsson, Drones and networks: ensuring safe and secure operations. White Paper, Nov.2018.

[18] M. Mozaffari, W. Saad, M. Bennis, and M. Debbah (2016). 'Efficient deployment of multiple unmanned aerial vehicles for optimal wireless coverage. *IEEE Commun. Lett.* 20(8): 1647-1650.

[19] M. M. Azari, H. Sallouha, A. Chiumento et al. (2018). Key technologies and system trade-offs for detection and localization of amateur drones. *IEEE Commun. Mag.* 56 (1):51-57.

[20] M. Mozaffari, W. Saad, M. Bennis, and M. Debbah, Wireless communication using unmanned aerial vehicles (UAVs): optimal transport theory for hover time optimization. *IEEE Trans. Wireless Commun.*, vol. 16, no. 12, pp. 8052-8066, 2017.

[21] Y. Chen, W. Feng, and G. Zheng, Optimum placement of UAV as relays. *IEEE Commun.Lett.*, 2017.

[22] D. Yang, Q. Wu, Y. Zeng, and R. Zhang (2017). Energy trade-off in ground-to-UAV communication via trajectory design. arXiv:1709.02975.

[23] M. Alzenad, A. El-Keyi, and H. Yanikomeroglu, 3D placement of an unmanned aerial vehicle base station for maximum coverage of users with different QOS requirements. *IEEE Wireless Commun. Lett.*, 2017.

[24] R. I. Bor-Yaliniz, A. El-Keyi, and H. Yanikomeroglu (2016). Efficient 3-D placement of an aerial base station in next generation cellular networks. *Proceedings of the IEEE International Conference on Communications (ICC)*, pp. 1-5.

[25] E. Vinogradov, H. Sallouha, S. De Bast et al. (2019). Tutorial on UAV: a blue sky view on wireless communication. arXiv:1901.02306.

[26] H. Sallouha, M. M. Azari, A. Chiumento, and S. Pollin, Aerial anchors positioning for reliable RSS-based outdoor localization in urban environments. *IEEE Wireless Commun. Lett.*, vol. 7, no. 3, pp. 376 - 379, 2017.

[27] H. Sallouha, M. M. Azari, and S. Pollin (2018). Energy-constrained UAV trajectory design for ground node localization. *Proceedings of the IEEE Global Communications(GLOBECOM) Conference*, pp. 1-7.

[28] M. M. Azari, F. Rosas, A. Chiumento et al. (2017). Uplink performance analysis of a drone cell in a random field of ground interferers. *Proceedings of the IEEE Global Communications (GLOBECOM) Conference*, submitted.

[29] M. Haenggi (2012). *Stochastic Geometry for Wireless Networks*. Cambridge University Press.

[30] L. Kleinrock and J. Silvester, Optimum transmission radii for packet radio networks or why six is a magic number. *Proceedings of the IEEE National Telecommunications Conference*, vol. 4, 1978, pp. 1-4.

[31] J. Silvester and L. Kleinrock, On the capacity of multihop slotted ALOHA networks with regular structure. *IEEE Trans. Commun.*, vol. 31, no. 8, pp. 974-982, 1983.

[32] M. Di Renzo, W. Lu, and P. Guan, The intensity matching approach: a tractable stochastic geometry approximation to system-level analysis of cellular networks. IEEE Trans.Wireless Commun., vol. 15, no. 9, pp. 5963-5983, 2016.

[33] C. A. Balanis (2016). *Antenna Theory: Analysis and Design*, 4th ed. Wiley.

[34] F. Rosas and C. Oberli, Nakagami-m approximations for multiple-input multiple-output singular value decomposition transmissions. *IET Commun.*, vol. 7, no. 6, pp. 554-561,2013.

[35] ITU-R (2012). Recommendation P.1410-5: Propagation data and prediction methods required for the design of terrestrial broadband radio access systems operating in a frequency range from 3 to 60GHz. Tech. Rep.

[36] C. Forbes, M. Evans, N. Hastings, and B. Peacock (2011). *Statistical Distributions*. Wiley.

[37] F. Yilmaz and M.-S. Alouini, A unified MGF-based capacity analysis of diversity combiners over generalized fading channels. *IEEE Trans. Commun.*, vol. 60, no. 3, pp.862-875, 2012.

[38] 3GPP (2018). 3rd Generation Partnership Project: Technical specification group radio access network; study on enhanced LTE support for aerial vehicles (release 15). Tech. Rep., Jan. www.3gpp.org/dynareport/36777.htm

[39] 3GPP (2013). Small cell enhancements for E-UTRA and E-UTRAN - physical layer aspects. Tech. Rep., December 2013. www.3gpp.org/dynareport/36872.htm

[40] H. C. Rajpoot, Analysis of oblique frustum of a right circular cone. *Int. J. Math. Phys.Sci. Res.*, 2015. www.researchpublish.com

第 5 章 LTE(4G)无人机的性能提升:实验和仿真

Rafhael Medeiros de Amorim[1], Jeroen Wigard[1],
István Z. Kovács[1], Troels B. Sørensen[2]

1. 丹麦诺基亚贝尔实验室
2. 丹麦奥尔堡大学

5.1 简　　介

根据文献[1],到 2025 年,无人机(UAV)的总数将达到 8650 万。在文献[2]中,无人机技术的商业应用使从农业到电影制作行业的公司能够创造新的商业和运营模式,从而创造了巨大的全球市场价值。人们对无人机的兴趣与日俱增,这是硬件价格降低如何推动物联网(IoT)的最好迹象之一。目前,大多数国家的法规仅允许在无人机飞行员和无人机之间使用视觉视线(VLoS)的无人机操作,但预计未来将允许超视距(BVLoS)操作,前提是无人机有可靠的指挥与控制(某些文献中的 C2 或 C&C)链接。这条链路对于确保无人机安全运行非常重要。

在上行链路中,即从无人机到基站,控制链路用于使用状态消息(包括无人机位置)和来自传感器(如传感器)的信息更新无人机系统交通管理或飞行控制单元,这些信息可用于对飞行控制做出决定。在下行链路中(朝向无人机),它允许飞行控制功能更改无人机的飞行计划,以避免潜在碰撞,启用动态地理围栏,或命令无人机上的一系列传感器/执行器功能。指挥与控制链路下行链路使用的一个例子是,在无人机的路线上,直升机或其他无人机突然需要紧急着陆。在这种情况下,下行链路指挥与控制链路可用于通知无人机新的特设禁飞区,并通过提供新方向重定向无人机。

提供这种指挥与控制链路的一种有吸引力的方法是利用现有的蜂窝网络,特别是现有的长期演进(LTE)和未来的第五代(5G)系统,因为基础设施已经到位,因此投资可以最小化。然而,此类网络不是为空中覆盖而设计的,因为它们针对地面用户进行了优化,通常使用如基站处的下倾斜天线。然而,正如我们将在本章中解释的,现有的长期演进网络和未来的 5G 网络能够确保与无人机的可靠指挥与控制通信,并在为无人机通信提供端到端(E2E)可靠性方面发挥重要作用,类似于其他需要高可靠性的用例。通过这种方式,蜂窝网络可以实现超视距无人机飞行。对于网络运营商来说,无人机数量的增加是一个有吸引力的潜在客户群体。

毫不奇怪,各监管委员会正在努力明确无人机操作必须遵守的规则,以确保向"飞行器时代"稳健而有序地过渡,在那些试图解决无人机使用案例的组织中,还可以找到第三代合作伙伴计划(3GPP),该计划负责标准化全球蜂窝技术,如通用移动电信服务(UMTS)和长期演进。在本章中,我们将使用第三代合作伙伴计划在其空中连接研究中设定的可靠性要求,这意味着在50ms的单向延迟预算内99.9%的可靠性。同时,所需的吞吐量相当低,因为第三代合作伙伴计划[3]假设为100kbps(千比特每秒)。除指挥与控制链路外,无人机上可能还有其他需要无线电通信的应用程序在运行。这些应用程序可能具有非常不同的要求,因情况而异;例如,自主传输无人机将不会有太多额外的信息交换,除非在传送数据包时可能有注释,而提供来自特定事件的高质量实时流的无人机将需要高上行链路吞吐量。这些应用通常需要比下行链路更重的上行链路负载。指挥与控制控制链路更加对称。表5.1总结了本章中考虑的主要无人机交通特征。

表5.1 聚合能力的技术比较

项目	下行链路吞吐量	上行链路吞吐量	可靠性	延误
指挥与控制链路	100kbps	100kbps	99.9%	50ms
应用	≤1Mbps	高达20Mbps	类似于移动宽带	

在本章的其余部分中,我们将重点讨论指挥与控制链路和通过蜂窝网络提供可靠通信的可能性,同时也将研究蜂窝网络提供高上行链路吞吐量的能力。为了了解当用户在空中时现有蜂窝网络是如何工作的,我们首先研究无人机的传播特性。

5.2 LTE 连接实时网络测量

在分析复杂的传播条件和场景时,有必要对无线信道进行实验研究,以捕捉无线电环境的真实效果。在无人机场景中,特别是对于蜂窝网络中的指挥与控制链路性能,确定无人机上的蜂窝无线电调制解调器如何感知现有蜂窝网络中的无线信道是非常有价值的。为此,进行了测量,以表征在典型蜂窝长期演进/长期演进-高级网络部署上进行通信时无人机将经历的大中型传播和干扰。已对平均地面标高以上120m(即在极低水平(VLL)空域内)的操作高度进行了表征。农村和城市环境都通过大量的下行链路和上行链路实验进行了表征,在每种情况下都应用了一种特定的测量方法来表征一个或多个期望的特征。对于下行链路,主要关注大规模路径损耗、阴影和干扰,而对于上行链路实验,主要关注干扰。

本节讨论在两个城市和两个农村环境中进行测量的结果。城市环境是小型城市环境,人口密度约为每平方千米1000~2900人(人口规模为11万~26万人,覆盖较大的城市区域)。测量区域的特点是不规则的街道网格和新旧建筑的混合。测量区域内的建筑高度各不相同,从郊区住宅区的4m到市中心的15~20m不等;在最密集的区域,平均建筑高度在20~25m之间。

大多数站点具有三扇区配置,典型的角扇区间隔为120°。载波频率在路径损耗特性中起着重要作用,因此测量了不同的频带。然而,我们主要关注的是800MHz和1800MHz频段。表5.2给出了平均站点间距离(ISD)、天线高度和下倾角的汇总。典型的扇形天线半功率波束宽度在 H 面为65°,在 E 面为7°,最大天线增益为18dBi。

表 5.2 市区网络配置汇总表(天线高度高于地面)

频率/MHz	站点间距离/m	平均天线高度/m	平均下倾角/(°)
800	850	26	5.5
1800	580	30	5.5
2600	690	25	5.8

这两个农村环境主要因地形不同而不同,因此也因站点间距离而异。一个主要是公寓,其蜂窝网络站点内距离为 5000 m,而另一个的地形变化在 40~120m,约为站点内距离的一半。相应地,在这两种环境中,天线高度和下倾角也较高,分别为 19~54m 和 0°~9°,但在城市环境中,具有相同的典型三扇区配置和天线类型。对于农村环境,仅使用 800MHz 频段进行测量。

在丹麦移动运营商提供的测量计划和处理中,提供了有关小区标识、位置、工作频率、天线高度、天线类型、天线倾斜、小区方位和发射功率的详细信息。

5.2.1 下行链路实验

不同的测量设置适用于地方法规和测量的实际执行。因此,在某些情况下,使用无人机进行测量,在其他情况下,使用安装在移动起重机升降机上的测量设备进行测量。在使用无人机时,某些情况下,测量数据是在街道上空飞行时收集的,而在其他情况下,则是在固定位置悬停时收集的。所有情况,包括固定位置的情况,都是通过在线性或圆形路径上移动测量天线的同时采集样本来实现空间平均的。

基本实验方法遵循图 5.1 所示的设置,如文献[4-7]所述。为了表征路径损耗和小区环境,使用 R&S TSME 移动网络扫描仪进行测量。扫描仪在可配置的一组频带上主动地检测长期演进载波,服从于最大数量的检测小区和用于解调与同步参考信号的最小可能检测

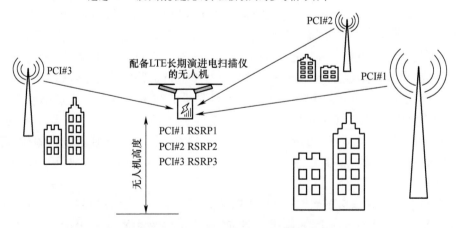

图 5.1 实时长期演进网络中无线信道调查的实验测量方法

电平。主动检测意味着测量仅在小区标识的主动解码下可用。在所有测量中,扫描仪已配置为允许以 5~9Hz 的频率检测最大可能数量的小区(32)。小区识别的检测性能取决于参考信号的绝对信号电平以及信号质量。主要限制在于同步信道的信号质量,即瞬时信噪比(SINR),这是由于在所考虑的测量环境中长期演进载波的中心 1.08MHz 上面临的干扰。因此,检测取决于特定测量位置的特定网络配置和传播条件,以实现最小−20dB 的同步信噪比。

TSME 连接到(蜂窝)多波段全向天线。如图 5.2 所示,天线安装在无人机顶部,在无人机机身和旋翼平面 s 上方约 50cm 处。该天线是一种桨式、独立于地平面的天线,支持 698~960MHz、1710~2170MHz 和 2396~2700MHz 频率范围内的所有主要蜂窝频带,标称增益为 2dBi。

(a) (b)

图 5.2 (a)安装在 6 架直升机机身上方的全向天线,
(b)测量设备安装在无人机下方的定制碳纤维底盘上(扫描仪位于小型计算机下方)

图 5.3 显示了在农村环境中获得的路径损耗与距离的结果,以及适用于对数距离 α-β 模型的相应平均 PL 路径损耗(见 5.2.2 节)。从图 5.3 可以看出两个主要观察结果:路径损耗线与距离的斜率随着高度的增加而减小,同样,路径损耗变化相对于平均值的残差也减小。事实上,在 120m 高度处,平均路径损耗行为近似于自由空间传播。对于城市环境和其他高度,也获得了类似的结果,如 5.2.2 节所述,但城市情况下的剩余路径损耗变化略高。

图 5.4 显示了农村和城市环境中测量结果的另一个重要影响。具体而言,该图显示了农村场景的情况,说明了干扰环境如何随高度的增加而变化。从测量结果来看,有一个明显的趋势,即检测到的小区的平均数量随着高度的增加而增加:对于城市,从大约 5 个小区(取决于具体的环境)到屋顶上方的 12 个小区[5];对于农村,从大约 5 个小区到 20 多个小区。但图 5.4 也显示,它很可能有一个小区在最强 3 dB 以内,甚至有两个小区。当无人机远高于平均屋顶水平时,即在 35~40m 范围内,这一点尤其显著,其中 3dB 内有 3 个和 4 个小区的案例数量也非常显著。

在城市和农村环境中的一系列实验已经调查了 120m 的高度,证实了这一趋势在继续;在 120m 处,城市病例中检测到的平均小区数增加到 22 个。频率的影响不太明显,特别是在较高的高度,因为经过长距离传播的改进已经通过(接近)自由空间传播得到补偿。对于

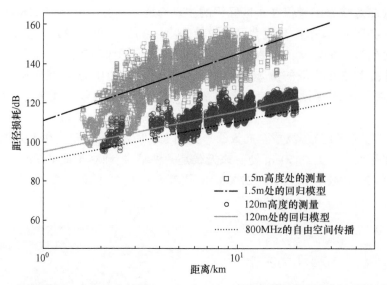

图5.3 农村环境(800MHz)中地面(1.5m)和120m高度的估计路径损耗与距离的关系

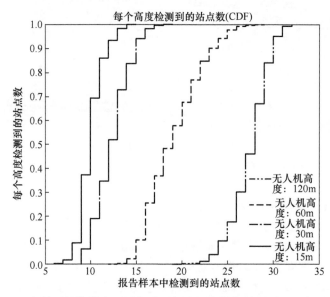

图5.4 农村测量场景中不同高度的每个报告样本检测到的相邻小区数

增加的干扰,平均小区范围随着高度的增加而增加,因此越来越多的非恒定小区在干扰中发挥作用。在测量期间,扫描仪也记录了长期演进参考信号接收质量(RSRQ),这证实了信干比(SIR)随高度增加而恶化。

5.2.2 路径损耗模型表征

根据估算的路径损耗值和无人机与相关小区之间的直接视线(LOS)三维距离,使用最小二乘法将对数距离 α-β 模型[8]拟合到数据中回归,值得注意的是,一些作者更倾向于将机载用户的路径损耗模型描述为两个天线之间仰角的函数无人机和基地站及其距离[9]。

可以将一个模型的参数转换为另一个模型的参数。对数距离模型由下式给出：

$$\mathrm{PL}_{\mathrm{est}}(d) = 10\alpha \log_{10}(d) + \beta + X_\sigma \tag{5.1}$$

该模型已结合图 5.3 进行了举例说明，并进一步用作 5.3 节所述系统级性能评估的基础。在等式(5.1)中，d 是以米为单位的三维距离，α 表示路径损耗指数，β 是在 $d = 1\mathrm{m}$ 处的截距点。X_σ 项是一个随机变量，用于解释路径损耗相对于平均路径损耗（阴影）的变化，并建模为标准偏差 σ 等于回归残差标准偏差的正态分布随机变量。在回归分析中，基于与小区主波束方向相关的最大距离和方位标准集排除数据，以分别最大限度地减少检测能力和天线副瓣效应的裁剪[4]。

对于等式(5.1)中的参数，导出适用于农村环境的高度相关模型。由模型表示的相应行为如图 5.5 所示。

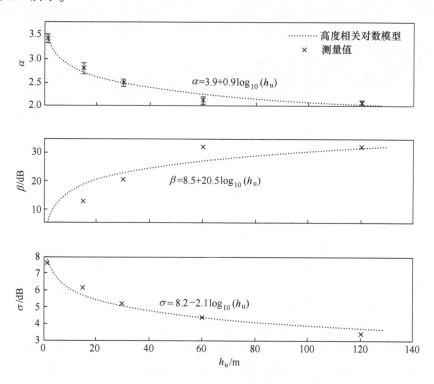

图 5.5 针对农村环境，等式(5.1)中模型的高度相关回归参数。
图中的等式表示范围 $1.5\mathrm{m} < h_\mathrm{u} < 120\mathrm{m}$ 内的模型

对城市环境进行了类似的分析，确认相同的趋势和建模框架适用，具有与图 5.5 相同或更小的路径损耗坡度，而标准偏差约为两倍，从地面 12dB 以上到 40m 处约 6dB。由于在这种环境中增加了混乱。

5.2.3 上行链路实验

通过飞行无人机观测到的较低的光电损耗代表了无人机向服务小区以及几个相邻小区辐射的无线电信号的衰减。特别是由于无人机与相邻小区之间的无线电路径存在间隙，与地面用户相比，无人机将对相邻基站造成潜在的更高干扰。

现场测量表明，与地面用户设备(UE)造成的干扰相比，机载无人机造成的上行链路干扰增加。实验测量设置如图 5.6 所示。对于机载传输，用户设备连接到无人机，以 100m 高度飞行，圆周半径为 5m。地面传输由用户设备在大约 1.5m 高的静止位置进行。在这两种情况下，使用长期演进类别 6 用户设备。

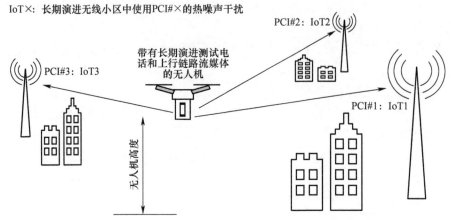

图 5.6 现场长期演进网络上行链路干扰调查的无人机实验测量设置

实验中，通过公共长期演进运营商提供的互联网连接将大文件循环上传到远程服务器，模拟了全缓冲区流量类型。测试在凌晨 2—5 点进行，在网络运营商的协助下，适当选择该时间，以减轻其他活跃用户造成的背景干扰作为混杂因素的影响。实验基线由在感兴趣区域收集的 7 天热噪声上升干扰数据构成，以测试位置周围 30km 的圆周半径表示。

对地面和机载用户设备在不同的时间重复三次测试，每次测试持续 15min。此后，收集感兴趣区域中每个基站报告的噪声升高，并与基线进行比较。若在给定小区的实验过程中观察到的噪声升高高于三个小区平均值基线的 99%，则该小区被视为测试传输的干扰受害小区(IVC)，动机是因为它更可能是由实验而不是统计变异引起的。在城市、郊区和农村三种不同的情况下重复上述一系列测试。在农村地区，邻近基站的信息限制在 15km 的半径范围内。

图 5.7 所示为在农村地区测量的结果。干扰受害小区显示在 x 轴上，并按干扰对航空传输热噪声的降序排列。值得注意的是，与地面传输(7)相比，机载设备对更多(20)个小区产生了影响，平均而言，这些小区的热噪声干扰更大(5.0dB 对 2.7dB)。

图 5.8 所示为在所有机载受害小区中测得的热噪声干扰累积分布函数(CDF)的差异。可以观察到，尽管基站中的接收天线通常向下倾斜，且针对地面覆盖进行了优化，但是由空中传输引起的干扰显著增加。此外，图中的图例显示了从空中传输感知到的受害细胞数量与从地面传输感知到的受害细胞数量之间的比较。与地面用户设备相比，在 100m 处受无人机传输影响的小区数量更多是由于远距离信号衰减较低造成的。

然而，无人机的初始密度比地面用户小得多，预计无人机将传输大部分低数据速率的指挥与控制信息，只需要很少的频率资源。无人机在最初几年产生的载荷预计不会很高，因此

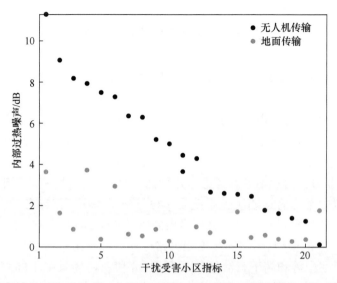

图5.7 在无人机传输的干扰受害小区中观察到的热噪声干扰(农村场景),无人机在100m高度飞行

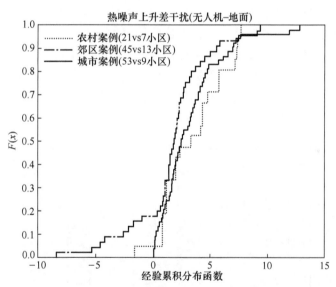

图5.8 三种场景下,无人机在100m处的传输与干扰受害小区中的地面传输造成的干扰与热噪声之间差异的累积分布函数。在图例中,"X vs Y 小区"表示无人机传输(X)的干扰受害小区数量与地面传输(Y)产生的受害小区数量相比较

在这些实验中测得的影响往往不会造成重大影响。另外,如果无人机的密度显著增加,或者特别是当其中一些无人机用于传输高数据速率上行链路流量时(如通过无人机的实时视频流),那么可能需要采取措施来缓解无人机传输对所有网络用户造成的潜在性能下降。

通过将无人机发射功率限制在较低水平,控制无人机发射功率是调整不同传播条件的一种方法。然而,在这种情况下,干扰缓解可能会带来无人机吞吐量的成本。另一种选择是使用无人机侧的高定向传输,受益于视线似然,并限制受无人机传输影响的区域。

5.3 LTE 网络的性能

为了显示上一节中解释的不同传播条件的影响,我们通过模拟研究了农村和城市地区无人机的下行链路连接。对于农村地区,我们考虑丹麦 70km×70km 的农村空间。对于市区,我们研究了丹麦的主要城市之一奥尔堡。在这两种情况下,我们都使用真实的长期演进网络作为网络布局,包括实际的基站位置、高度、天线方向图、方位和向下倾斜。在农村地区,基站高度从地面以上 19~50m 不等,下倾角从 0°到 9°;而在城市地区,基站高度约为 30m,下倾角稍大,从 0°到 11°不等。考虑地形剖面,假设无人机始终以恒定高度在地形上方飞行。我们在模拟中考虑的长期演进系统是 2×2 多输入多输出(MIMO)。对于农村地区,我们使用根据上一节中提到的测量结果推导出的传播模型;而对于城市地区,则使用了第三代合作伙伴计划[3]中的模型,附加的高度相关路径损耗斜率由服务水平概率确定。

图 5.9 显示了在中等和高下行流量负载下,城市和农村场景中不同高度的地面用户设备(TUE)和无人机(UAV)的平均下行信噪比。这些负载水平对应于下行链路中 30% 和 55%~65% 的平均资源或物理资源块(PRB)利用率。应该注意的是,当今真实长期演进网络中的负载通常低于我们用于中等负载的值。使用这些高值的是为了观察未来负载增加时无人机是否能够实现更高的可靠性。可以对这些结果进行以下观察:

(1) 平均下行链路信噪比随无人机飞行高度的增加而下降。其原因是,随着高度的增加,干扰增加,因为更多的干扰源变得可见,并且当高度增加时,传播变得更有利。

(2) 无人机的平均下行链路信噪比比地面用户对网络负载更敏感,因为空中用户看到更多潜在干扰源。

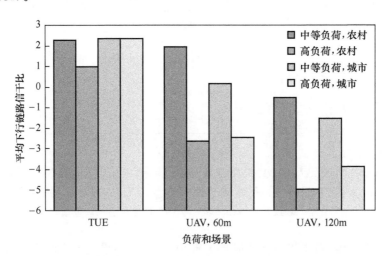

图 5.9　高负荷下农村和城市场景中两种不同高度的地面用户
设备(TUE)与无人机(UAV)的平均下行链路信噪比

为了使用户设备能够连接到网络并保持连接,下行链路信噪比需要高于-6dB[10]。虽然下行链路平均信噪比值都高于该阈值,但是围绕这些平均值存在变化,导致处于不同高度的用户设备经历不同程度的停机,即无法连接到网络的可能性。农村和城市情况下不同高度与负荷的停机水平见表5.3。从表中可以看出,停机概率随着高度和网络负载的增加而增加。然而,在城市地区,高负荷网络中的地面用户有1.5%的概率经历停机,而在同一场景中,在120m高度的无人机,停机概率会飙升23%。总的来说,可以得出结论,这些停机概率表明当前高负载下的蜂窝网络无法提供到无人机的高度可靠连接,而在中等负荷下,停机概率可能是可接受的。换句话说,为了确保所有负载条件下的高可靠性,需要进行干扰抑制。这将在下一节中介绍。

表5.3 不同场景下地面用户和无人机在不同高度的停机概率

高度	农村地区/%		市区/%	
	中等负荷	高负荷	中等负荷	高负荷
地面用户	0.3	1.5	1.1	2.8
60m处无人机	1.7	10.9	6.9	11.2
120m处无人机	3.5	23	14.5	21.4

5.4 可靠性增强

如上一节所示,可能需要可靠性增强技术来确保可靠的指挥与控制链路。我们可以将可靠性改进技术分为两类:终端侧增强(对应于增强无人机上的接收器和/或发射器)和网络增强(对应于向网络添加功能以降低干扰影响)。下一小节描述了许多此类技术,并展示了它们在无人机高度为120m且网络负荷较高的最坏情况下解决可靠性问题的潜力。此外,使用与上一节相同的建模。

5.4.1 干扰抵消

蜂窝系统中用于下行链路传输的传统终端侧干扰缓解解决方案是使用接收机干扰抵消(IC)或干扰抑制组合(IRC)算法。当接收机链中的用户设备处有两个或多个天线单元可用时,干扰消除机制可以抑制一个或多个下行链路的主要干扰信号。实际上,此类接收机的干扰抑制性能不仅由天线单元的数量决定,而且还由天线相关度、干扰信号的电平和信号衰落的时空特性决定。

在早期研究中,我们使用各种农村网络条件和位置下的测量信号轨迹评估了理想干扰抵消算法的潜在性能[11]。按照5.2.1节所述进行测量。这些结果表明,抑制3个或4个干扰信号的潜在增益随无人机飞行高度的变化而变化,典型的最大高度为30~60m,同时,增益在很大程度上取决于网络站点间距离(ISD)和无人机在网络中的位置:较大的站点间距离和较低的信干比或信噪比条件通常会导致较高的干扰抵消增益。

最后两个观察结果导致在城市和农村场景中使用大规模系统级模拟进一步研究干扰缓解算法的性能,设置与5.3节所述相同。我们假设每个无人机都有一个用户设备,带有一个四天线接收器,能够理想地抑制三个下行链路干扰信号[12]。根据大修概率指标评估干扰抵消增益,图5.10给出了120m高度无人机的平均实现值。这些结果表明,即使使用一个理想的干扰抵消并拒绝3个干扰源,增益也不足以达到0.1%(99.9%可靠性)的目标停机。

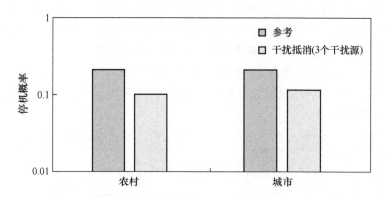

图 5.10 无人机用户设备未使用干扰抵消(参考)和干扰抵消(拒绝三个干扰源)时，城市和农村无线电网络部署中 120m 处无人机飞行的平均停机概率

5.4.2 小区间干扰控制

基于网络的解决方案是下行链路小区间干扰协调(ICIC)。有几种标准化的解决方案。最简单的下行链路小区间干扰协调方案在第三代合作伙伴计划第 8 版中引入，并且纯粹基于小区间信令且不需要任何用户设备侧功能。其总体思想是协调小区间无线电资源的使用，以优化小区边缘信噪比。第三代合作伙伴计划第 10 版和第 11 版中包含的增强型与进一步增强型小区间干扰协调(eICIC 和 FeICIC)解决方案引入了进一步的可能性。这些解决方案也可以视为无人机场景中的候选解决方案。通过协调来自正确数量的小区的下行链路传输，可以减少停机。图 5.11 所示为停机增益与移除的干扰源数量的关系，即假设理想小区间干扰协调能够完全抑制城市和农村场景接收信号的干扰。

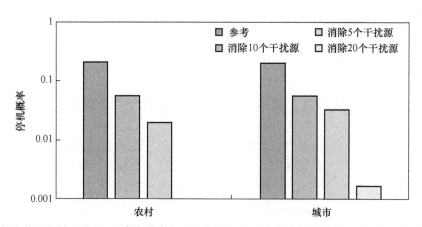

图 5.11 在城市和农村环境中，在高负荷条件下，移除不同数量的干扰源时，无人机在 120m 处停机概率

从图 5.11 的结果可以得出结论，在无人机专用的传输间隔期间，需要对几个小区进行静音，以在高负载情况下达到 99.9% 的可靠性。但是，需要记住的是，这种可靠性适用于指挥与控制链路，它只需要 100kbps。这意味着与无人机之间的数据传输可以在时间上集中，如每 10 次传输时间间隔(TTI)用于无人机相关的传输。这意味着只有在这些 TTI 中，干扰

小区才需要静音。这种设置的一个例子是,在空中120m处,具有100kbps指挥与控制链路的无人机每10次使用一次传输时间间隔。在高负荷场景下,这需要每10个传输时间间隔[13]对8个最强的小区进行静音,相当于移除这些小区10%的容量。

5.4.3 坐标多点

为了减轻蜂窝系统下行链路和上行链路中无线电干扰的影响,已经为LTE Advanced开发并标准化了一类特殊的技术:联合协调多点传输和接收(JT/JR CoMP)方案[14]。在传输中,JT CoMP是由多个基站向用户设备同时传输相同信号,目的是通过累积接收功率来提高接收信号的可靠性/质量。类似地,在上行链路中,JR CoMP工作类似,用户设备信号由多个基站接收,这些基站组合其版本以获得具有增强的可靠性/质量的输出版本。

JT CoMP和JR CoMP都需要能够协调和组合来自多个无线小区(CoMP组)的发送/接收信号的无线网络机制。这反过来又对小区间通信链路的性能提出了某些要求,并限制了可包括在CoMP集合中的小区数量。

在典型的长期演进高级网络部署中,用户设备位于(或靠近)地面,并且由于传播条件,需要包括在CoMP集中的无线小区的数量相对较低。然而,对于高空飞行的无人机,甚至可能在无线电小区上方飞行的无人机,当目标要实现与地面用户设备场景类似的增益时,几乎无障碍的传播条件导致需要使用更大的补偿集(在更大的地理区域)。如5.4.2节所述,对于农村和次农村网络,协调大量小区不是一个现实的假设。

考虑到以上讨论的实用性,在无人机场景中,我们调查了仅在减少的最多5个小区的CoMP集合中使用JT/JR CoMP的潜在收益[11]。此外,我们使用了在农村场景中收集的实验无线电测量数据(见5.2.1节)。JT/JR CoMP的好处是使用理想平均信噪比增益的度量来估计的,而不考虑由于不完美的信令或CoMP集中小区之间可能的有限通信而导致的性能损失。实现至少3dB下行链路信干比或3dB上行链路接收信号电平改善的概率用作评估指标[11]。

图5.12和图5.13总结了站点间距离为2.8km农村情景下的JT和JR CoMP评估结

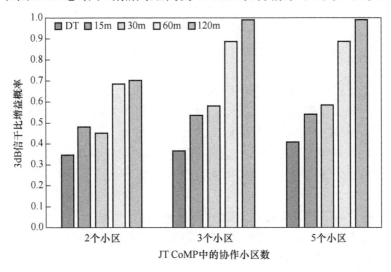

图5.12 站点间距离为2.8km的农村场景中下行链路JT CoMP 3dB信干比增益概率结果汇总

果。给出了两个子案例,对应于低下行链路信干比条件下的无人机飞行。下行链路 JT CoMP 结果表明,飞行高度超过 60m 的无人机场景可以从 CoMP 技术中获益最多,只有三个协作小区(一个服务加上两个附加小区),而在较低高度,JT CoMP 提供的增益可能并不总是能够被利用。在上行链路 JR CoMP 的情况下,我们的结果表明,需要 5 个小区(1 个小区加上 4 个小区)的合作才能从 JR CoMP 技术中获益,尤其是对于 60m 以下的低空无人机飞行;对于 60~120m 飞行高度的无人机场景,收益最高。

5.4.4 天线波束选择

现代无线通信系统可以利用无线通信信道中的空间和时间分集,使用多天线技术来提高系统性能。最简单的多天线配置之一是根据每个天线单元处估计的信号电平(或信号质量)选择性地使用可用天线单元时。例如,通过处理每个天线单元接收的参考信号,接收终端可以推断出提供更好信号接收的天线单元,并调制其天线阵列的功率和相位以有利于该波束。这种天线波束选择分集技术可以容易地适应终端、接收机和/或发射机的物理几何结构。

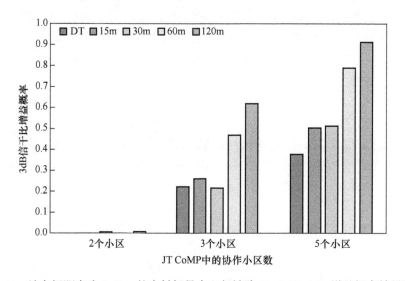

图 5.13　站点间距离为 2.8km 的农村场景中上行链路 JR CoMP 3dB 增益概率结果汇总

对于物理尺寸比移动电话大得多的中大型无人机而言,机身周围定向天线元件的正确间距可以实现固定波束网格(GoB)。我们已经在城市和农村场景中,采用 5.3 节所述的相同设置,研究了无人机在大型系统中的固定波束网格性能。测试的采空区几何形状如图 5.14 所示。模拟的天线波束图在主方向上提供+6.6dBi 增益和 13dB 前副瓣衰减,这可以认为是波束形状不理想的原因。无线电网络是在现有的三扇区配置下模拟的,没有任何波束形成能力。

无人机上的接收器选择具有最佳下行链路信号质量(RSRQ)的天线波束方向,而无须在飞行期间调整无人机的方向。这种天线选择可减少下行链路中接收到的干扰功率,提高接收信干比,从而降低无人机经历的总体无线电停机水平。根据大修概率指标评估固定波束网格增益,图 5.15 给出了 120m 高度无人机的平均实现值。这些结果表明,无人机采用 6

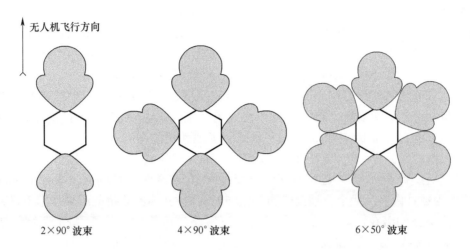

图5.14 具有2个、4个和6个波束的无人机固定波束网格配置(波束宽度不按比例)

个波束固定波束网格配置时,在所有情况下都可以满足0.1%的目标停机率[12-13]。

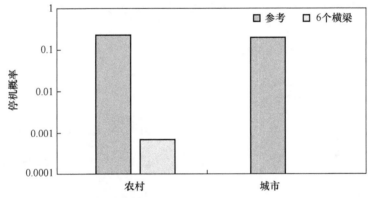

图5.15 无人机用户设备使用全向天线(参考)和6个波束固定波束网格时,城市和农村无线电网络部署中120m处无人机飞行的平均停机概率

在上行链路中,使用固定波束网格配置,以及基于下行链路信号质量的天线波束选择,可获得无人机传输的信号增益,并减少网络中的上行链路干扰。因此,地面用户设备和无人机用户设备的上行链路吞吐量都提高了50%以上,从而提高了整体网络性能[12-13]。

5.4.5 双长期演进接入

5.3节所述的系统级仿真的补充方法是使用能够记录典型长期演进无线电连接性能指标的测量设置,同时主动执行与无人机之间的数据传输。此外,为了获得通信链路性能的更准确视图,需要模拟无线通信链路上的数据流量(上行链路和下行链路数据分组),以反映特定的无人机用例,如通过长期演进连接的指挥与控制(C&C)链路遥控无人机。为此目的的实验设置至少需要包括以下内容:①无人机上,能够记录长期演进无线电连接性能指标的长期演进无线电调制解调器,以及生成上行链路分组并记录下行链路分组的客户端应用程序;②远程服务器应用程序,连接到互联网,生成下行数据包并记录上行数据包。这种类型的实验装置先前已用于研究混合接入传输方案中的数据包延迟[15]。

对于无人机调查,我们采用了文献[15]中的设置,并对其进行了修改,以用于双长期演进网络连接研究。为此,我们使用了两个长期演进无线电调制解调器–两个运行特殊固件的移动电话—每个都连接到不同的长期演进网络运营商,客户端应用程序同时生成和记录两个调制解调器之间的数据包。类似地,服务器应用程序同时处理两个数据连接。图 5.16 示意性地显示了该测量设置。调查了城市无线电环境,无人机在三个不同高度(15m、40m 和 100m)沿大约 2km 长的空中路径飞行,还进行了地面驾驶测试[16]。

所有传输的数据包(上行链路和下行链路)都带有时间戳,客户端和服务器应用程序通过全球导航卫星系统(GNSS)进行时间同步[15]。这允许在两个长期演进连接上进行延迟测量,精度为数百微秒。两个长期演进连接是同时测量的,因此获得的结果可用于研究实际"混合"接入方案的潜在性能,以提高指挥与控制链路的可靠性。此外,每个调制解调器记录的长期演进无线电连接性能指标可进一步用于深入了解已实现的指挥与控制性能和潜在改进[16]。必须指出,通过这样的设置获得的结果指示了可实现的全部端到端延迟,而不仅仅是无线电接入网络中的延迟。此外,为了获得真实的结果,必须根据接入网络中的不连续接收(DRX)设置来配置客户端和服务器中的分组生成速率,使得用户设备不必在连接模式和空闲模式之间切换,这将导致每个连接设置延迟地增加发送/接收数据包。

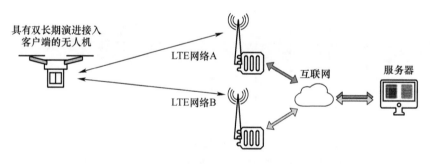

图 5.16 LTE 网络中双网络连接的无人机实验测量设置

图 5.17 给出了一组具有代表性的结果,其中展示了在假设双长期演进混合接入时,对于下行链路、上行链路和总数据包往返时间,在 99.9 百分位概率下的峰值数据包延迟性能。我们在这里假设的混合解决方案是,数据包在两个网络连接上简单地进行双向广播,并且只有最早的数据包(最小延迟)保留在接收方。

这些结果表明,指挥与控制交通的总体延迟性能由上行链路(无人机到网络)传输的延迟决定。双长期演进混合接入解决方案可以将下行和上行中的峰值端到端延迟分别降低到 40ms 和 90ms,同时实现接近 100ms 的往返时间。无人机飞行高度会对实现的延迟产生重大影响,高度超过 40m 的延迟可达 90ms。

5.4.6 专用频谱

在单独的网络部署中,使用分配给无人机的专用频谱,似乎特别有利于将指挥与控制链

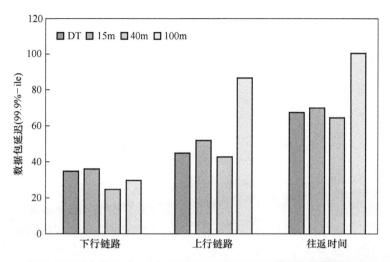

图 5.17　假设采用混合接入时,无人机测量不同飞行高度所获得的数据包延迟的结果

路和外部干扰源(如地面用户)隔离开来。然而,部署此类网络所需的基础设施,如桅杆和回程连接,可能会带来不具吸引力的成本。特别是,考虑到目前无人机的飞行密度和它们在空中花费的时间,从商业角度来看,使投资物有所值可能是相当具有挑战性的。

为了降低这些成本,基础设施可以与当前的蜂窝网络共享,但仍然使用为无人机保留的专用频谱带宽。在文献[17]中,基于美国商业非业余无人机注册的公共数据库,提出了未来 20 年无人机机队规模和指挥与控制预留带宽需求的预测。仿真结果表明,在所分析的大多数情况下,利用现有的长期演进网络技术解决方案,5MHz 的带宽可以保证指挥与控制链路的可靠连接。模拟假设所有无人机都在 120m 高度飞行。不过,在曼哈顿等高密度地区,所需的总带宽可能高达 10MHz 以上。

尽管数字表明需要相对较窄的带宽,并且站点密度可以保持在较低的水平,但仍有一些注意事项。首先,预测了峰值使用率所需的带宽,峰值使用率可能大大高于某些位置的平均使用率。因此,我们应该考虑频谱在整个网络中空闲的时间量。此外,正如文献[17]中的作者所建议的,小型商用无人机可能从地面任何地方着陆和起飞,因此可能需要更高密度的基站来增强地面覆盖,以实现此类操作。

通过采用智能频谱管理策略可以最大限度地减少资源浪费,其中指挥与控制保留的资源量随着瞬时需求的波动而增减。研究委员会必须调查该政策背后的分配策略,以便在保护指挥与控制链路和浪费专用带宽资源之间取得良好的权衡。

5.4.7　讨论

在上一节中,讨论了无人机的 4 种不同干扰缓解技术。当无人机通信使用与地面用户相同的频谱时,需要这些干扰缓解技术。显然,当无人机可以使用专用频谱时,情况会发生变化,因为网络中的负载只取决于无人机造成的负载。在这种情况下,特别是当无人机数量较少时,不需要干扰缓解。但是,需要为专用频谱建立覆盖范围。为了使这在经济上可行,可以通过使用现有的小区塔来实现。在表 5.4 中,我们就无人机和网络侧的增益潜力与复杂性比较了不同的干扰缓解技术和专用频谱选项。

表 5.4　无人机干扰缓解技术比较

技术	增益潜力	复杂无人机	网络
固定波束网格	高	中型	低
干扰抵消	低	中型	低
功率控制	中(上行链路)	低	中低
干扰协调	中高	低	高
混合接入	高	中低	低
专用频谱	高	低	低

专用频谱选项是一个非常有吸引力的解决方案,但它要求为此保留足够的频谱。在所研究的 4 种干扰抑制技术中,固定波束网格最具吸引力,在无人机上以略高的复杂度提供了良好的增益。单靠干扰消除并不能很好地解决干扰问题,而单靠功率控制的收益仅限于上行链路。如果协调足够多的小区,干扰协调可以提供良好的增益,但这将导致更高的网络信令和同步复杂性。后者可以通过考虑较少的小区来降低成本,但这意味着较低的收益。此外,需要注意的是,可以组合不同的技术以降低不同特征的复杂性和/或获得更好的增益。

5.5　总结与展望

无人机的数量正在迅速增加。众所周知,为了允许超视距,需要一个可靠的指挥与控制链路,这为进一步的用例打开了大门。该指挥控制链路需要高可靠性和广域覆盖,以确保安全。蜂窝网络是提供这种指挥与控制链路的一种自然选择,因为它们已经提供了几乎无处不在的覆盖范围,使其在经济上具有吸引力。

然而,蜂窝网络的设计目的是为地面用户提供覆盖,而不是在空中。例如,天线通常向下倾斜。此外,与地面相比,信号在天空中传播得更远,因为建筑物、植物等的阻碍更少。这会导致信号增强,但同时也会导致更强的干扰。除此之外,可见干扰源的数量随着无人机飞行高度的增加而增加。对于相对低负载的网络,这不是问题,但对于中负载和高负载的网络,如果没有一些额外的措施,就可能无法达到 C2 服务所需的可靠性。此外,当无人机运行具有朝向基站的高上行链路吞吐量的应用程序(如视频流)时,这对网络中的其他用户造成的干扰明显大于在地面上具有类似服务的用户设备。这意味着在重负载情况下可能需要干扰缓解。从所研究的干扰缓解技术来看,在无人机上实施的固定波束网格和混合接入方案是最有吸引力的解决方案,在无人机上以适度的复杂性增加获得了良好的增益。确保可靠指挥与控制链路通信的一种完全不同的方法是在专用频谱中运行,但这可能不是所有地区的选项。

总的来说,今天的蜂窝网络可以在许多应用场景中为无人机提供覆盖,通过小的增强,它们将能够在更具挑战性的情况下,在高网络负载下提供高可靠性。在高度挑战性的条件下,如曼哈顿环境,需要 5G 技术通过利用高密度的无人机提供可靠的指挥与控制链路,在极低水平空域上方运行,大规模多输入多输出和波束空间增强,改进参考信号设计等。

参 考 文 献

[1] GSMA (2019). A look into the future of mobile-enabled drones. https://www.gsma.com/iot/wp-content/uploads/2019/02/22166-Connected-Drones-Infographic-v3-002.pdf (accessed June 2019).

[2] M. Mazur, A. Wisniewski, J. McMillan et al. (2016). Clarity from above. PwC global report on the commercial applications of drone technology. PwC Tech. Rep., May.

[3] 3GPP (2018). Enhanced LTE support for aerial vehicles. 3rd Generation Partnership Project (3GPP), Technical Specification (TS) 36.777, version 15.0.0, January.

[4] R. Amorim, H. Nguyen, P. Mogensen et al. (2017). Radio channel modeling for UAV communication over cellular networks. *IEEE Wireless Commun. Lett.* 6 (4):514-517.

[5] R. Amorim, H. Nguyen, J. Wigard et al. (2018). LTE radio measurements above urban rooftops for aerial communications. *Proceedings of the IEEE Wireless Communications and Networking Conference (WCNC)*, pp. 1-6.

[6] T. B. Sørensen and R. Amorim (2018). DroC2om-763601. Preliminary report on first drone flight campaign. SESAR Joint Undertaking, Deliverable 5.1, March.

[7] T. B. Sørensen, R. Amorim, and M. López (2018). DroC2om-763601. Report of first drone flight campaign. SESAR Joint Undetaking, Deliverable 5.2, October.

[8] T. Rappaport (2002). *Wireless Communications*: Principles and Practice. Prentice-Hall Communications Engineering and Emerging Technologies Series. Prentice-Hall.

[9] A. Al-Hourani and K. Gomez (2018). Modeling cellular-to-UAV path-loss for suburban environments. *IEEE Wireless Commun. Lett.* 7 (1):82-85. February 2018.

[10] 3GPP (2012). Evolved Universal Terrestrial Radio Access (E-UTRA); Mobility enhancements in heterogeneous networks. 3GPP Tech. Rep. TS 36.839, version 2.0.0, September.

[11] I. Kovacs, R. Amorim, H. C. Nguyen et al. (2017). Interference analysis for UAV connectivity over LTE using aerial radio measurements. *Proceedings of the 86th IEEE Vehicular Technology Conference (VTC)*, Fall, September, pp. 1-6.

[12] Nokia, Reliable 3D connectivity for drones over LTE networks. Nokia, White Paper, May 2018.

[13] H. C. Nguyen, R. Amorim, J. Wigard et al. (2018). How to ensure reliable connectivity for aerial vehicles over cellular networks. *IEEE Access* 6, 12304-12317.

[14] D. Lee, H. Seo, B. Clerckx et al., E. Hardouin, D. Mazzarese, S. Nagata, and K. Sayana (2012). Coordinated multipoint transmission and reception in LTE-advanced: Deployment scenarios and operational challenges. *IEEE Communications Magazine* 50 (2):148-155. February 2012.

[15] G. Pocovi, T. Kolding, M. Lauridsen, R. Mogensen, C. Markmller, and R. Jess-Williams (2018). Measurement framework for assessing reliable real-time capabilities of wireless networks. *IEEE Communications Magazine*. 56 (12):156-163. December 2018.

[16] R. Amorim, J. Wigard, I. Z. Kovacs, T. Sorensen, P. Mogensen, and G. Pocovi (2019). Improving drone's command and control link reliability through dual-network connectivity. *2019 IEEE 89th Vehicular Technology Conference (VTC Spring)*, May 2019, pp. 1-5.

[17] R. Amorim, I. Z. Kovacs, J. Wigard, T. B. Sorensen, and P. Mogensen (2019). Forecasting spectrum demand for uavs served by dedicated allocation in cellular networks. *2019 IEEE Wireless Communications and Networking Conference (WCNC)*, pp. 1-6.

第6章 蜂窝状无人机的第三代合作伙伴计划标准化

Helka-Liina Määttänen

爱立信研究院,芬兰

无人机,或更正式的无人机(UAV)或无人机系统(UAS)都需要超无线电视线(BRLOS)连接的用例,从成套交付到基础设施监控和救援服务各不相同[9、12、15]。将蜂窝网络用于无人机的连接被视为一种有趣的方式来实现超无线电视线与无人机的连接,因为安全性、完整性、延迟、容量和覆盖等重要功能已经就绪。此外,移动网络已经广泛部署,覆盖范围和容量正在不断增强。

第三代合作伙伴计划(3GPP)一直是几种全球移动技术的主要标准化开发机构。国际标准化工作有助于确保供应商之间的兼容性,并降低网络运营和设备成本。3GPP在其第15版中完成了第一个全球第五代(5G)新无线电(NR)标准。与此同时,长期演进(LTE)、第四代(4G)的发展也在继续。

本章中,我们从无人机运行的角度简要介绍长期演进和新无线电,讨论无人机通过蜂窝网络服务的特点,详细介绍无人机在移动网络中的特定长期演进支持,并将其与新无线电进行了比较。最后,我们讨论无人机飞行模式检测是移动网络为无人机提供服务的关键方面之一。

6.1 长期演进和新无线电简介

新无线电标准的第一阶段于2017年12月最终确定。它被称为非独立组网新无线电,因为其基于长期演进无线接入技术(RAT)和新无线电无线接入技术之间的多无线电双连接(MR-DC)。双连接意味着用户设备(UE)同时连接到两个节点,并且这是已经在长期演进第12版中引入的概念。在非独立组网新无线电操作中,可以在用户设备已经发起到长期演进的连接之后将新无线电连接添加到用户设备。新无线电标准的第二阶段称为独立组网新无线电,它使用户设备能够直接访问新无线电无线接入技术,并且仅具有新无线电连接。独立组网新无线电的规范于2018年6月完成。

从核心网的角度来看,演进的数据包核心网(EPC)和5G核心网(5GC,5GCN)都可以用于MR-DC解决方案。EPC是长期演进的现有CN,5GC是为新无线电指定的新CN。若长期演进节点(eNB)是MR-DC中的主节点,则从无线接入网络(RAN)到EPC的CN连接。若新无线电节点(gNB)或称为NG eNB的增强长期演进节点是主节点,则连接到5GC[4]。图6.1描述了这些选项。为了启用MR-DC,需要在网络节点之间设置X_2或X_n接口,如图所示。该接口用于在节点之间交换控制信息以及通过两个节点启用用户设备的连接。

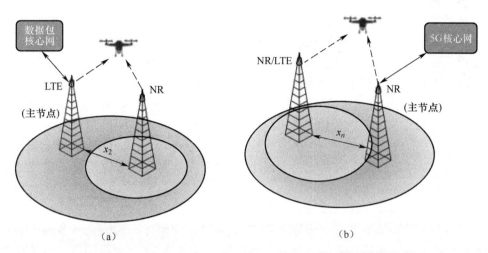

图6.1 (a)以 eNB 为主节点,(b)以 gNB 为主节点的多无线电双连接

在长期演进和新无线电中,用户设备和 eNB/NG-eNB/gNB 以及 eNB/NG-eNB/gNB 与 CN 之间的连接由控制平面(CP)和用户平面(UP)组成。eNB/NG-eNB/gNB 和用户设备之间的控制平面连接以及控制平面无线电协议称为无线资源控制(RRC),在文献[2]中为 LTE 指定,在文献[5]中为新无线电指定。通过 RRC,eNB、NG-eNB 或 gNB 可以控制无人机的长期演进/新无线电连接。用户设备的所有数据,如无人机的视频流,都属于用户平面。需要注意的是,从 3GPP 的角度来看,用于无人机飞行或其他控制的无人机和无人机交通管理(UTM)之间的指挥与控制或交通也是用户飞机交通。

鉴于 NR 的第一个产品推出将是带有长期演进的 MR-DC,可以看出,新无线电已经具备了对无人机的初始支持。这是因为用户设备连接到长期演进,如果 eNB 是主节点并且用户设备支持 LTE 版本 15 的天线特性,如高度报告,那么从天线功能支持的角度来看没有区别。然而,它假设无人机支持 MR-DC。

在本节的其余部分中,我们将简要比较长期演进和新无线电物理层。我们集中讨论了多天线、多输入多输出(MIMO)等方面的差异。发射机处的多个天线可用于发射波束形成,这基本上意味着可以控制信号覆盖范围。它还提供了控制干扰的可能性。对于无人机运行,对多输入多输出方案的兴趣源于将波束指向天空的理论潜力,特别是与有源天线结合时。

6.1.1 长期演进物理层与多输入多输出

在长期演进中,小区特定参考信号(CRS)被发送到"小区范围",这意味着小区特定参考信号的带宽与小区的下行链路带宽相同。小区特定参考信号也始终打开,并且在每个下行链路子帧(即每1ms)中发送。其他始终接通的参考信号是主同步信号(PSS)和次同步信号(SSS),它们作为一对 PSS/SSS 在跨越 72 个子载波的小区下行链路带宽的中心处发射,并且每 5 个子帧重复一对。用户设备使用主同步信号/次同步信号来检测小区,并使用小区特定参考信号来测量来自小区的接收信号强度。在空间上,小区特定参考信号以及主同步信号/次同步信号覆盖整个小区。在长期演进中,不对主同步信号/次同步信号/小区特定参考信号应用额外的波束形成权重,即不预编码。从版本 10 开始,长期演进还支持称为信道状态信息参考信号(CSI-RS)的用户设备特定参考信号。用户设备不能搜索和找到 CSI-RS,但是必须为每个用户设备单独配置 CSI-RS,因此只能在用户设备具有到网络的活动连接时使用。有关长期演进物理层的更多详细信息,请参见文献[7]。

长期演进从版本 8 开始支持多输入多输出,第 10 版在 eNB 处最多可以有 8 个发射天线。即使主同步信号/次同步信号/小区特定参考信号始终是非预编码的,也可以使用所选择的天线权重对用户特定的传输进行预编码。为了知道哪个预编码权重应该应用于给定 UE,需要来自 UE 的反馈。在版本 13 之前,CSI-RS 也是非预编码的。以特定于用户的方式配置 CSI-RS 的可能性使其成为第 11 版中引入的更高级多输入多输出方案以及协调多点(CoMP)方案的使能器。

最先进的长期演进多输入多输出方案称为全维多输入多输出(FD-MIMO),在第 13 版中引入,在第 14 版中略有改进。实际上存在 A 类和 B 类两种不同的全维多输入多输出方案。A 类全维多输入多输出使用户设备能够配置代表多达 32 个天线端口的信道状态信息参考信号。用户设备随后将测量该信道状态信息参考信号,并为下行链路传输将最佳支持的选定数量空间复用流找到合适的预编码权重。在 B 类中,用户设备配置有一组信道状态信息参考信号,其中最大数量为 8 个信道状态信息参考信号资源。集合中的每个信道状态信息参考信号表示多达 8 个天线端口,这意味着集合中可能有 8 个不同的波束,因为每个信道状态信息参考信号可以进行不同的预编码。对于 B 类,用户设备测量从每个信道状态信息参考信号波束经历的信道,并选择最强的波束。用户设备还选择附加预编码器权重以及假设所选波束的最佳传输秩。用户设备将这些与所选波束索引一起反馈给网络。

A 类和 B 类似乎提供了在空中和地面用户设备之间分配资源的能力,用于长期演进部署,试图提供专门的无人机支持。然而,应当记住,长期演进多输入多输出方案用于连接模式用户设备,并且依赖于 eNB 给出的用户设备特定配置。这意味着,当用户设备是移动的时,它需要在应用于新服务小区的每个切换中接收新配置。用户设备能够在接收到多输入多输出配置之后将第一个多输入多输出反馈给网络之前,存在一定的延迟。

6.1.2 新无线电物理层与多输入多输出

新无线电小区特定的常开参考信号——小区特定参考信号的新无线电对应物称为同步信号和物理广播信道块(SSB)。当小区特定参考信号总是小区带宽宽并且在每个子帧中发送时,同步信号和物理广播信道块传输在频率和时间上都大大减少。同步信号和物理广播信道块的宽度是 240 个子载波,时间长度是 4 个正交频分复用(OFDM)符号。一个同步信号和物理广播信道块由主同步信号/次同步信号和携带主信息块(MIB)与解调参考信号(DMRS)的物理广播信道(PBCH)组成。新无线电的主同步信号/次同步信号具有与长期演进中类似的结构,并且能够检测小区。解调参考信号用于测量同步信号和物理广播信道块,并用于用户设备接收主信息块。同步信号和物理广播信道块以突发方式传输,突发的周期可以从 5ms 到 160ms 不等。对于允许初始访问的小区,突发的最大周期为 20ms。突发中的每个同步信号和物理广播信道块可以使用不同的波束形成权重进行传输,并且通常称为同步信号和物理广播信道块波束。因此,如图 6.2 所示,一个小区被一个或多个同步信号和物理广播信道块波束覆盖。这使得长期演进的区别最大,因为在新无线电中,同步信号和物理广播信道块(PSS/SSS/DMRS)是波束形成的,并且一个小区覆盖由多个这样的波束形成。由于这些是新无线电的常开参考信号,因此用户设备对服务小区的初始接入是经由同步信号和物理广播信道块波束的,而在用户设备中是经由"小区范围"主同步信号/次同步信号/小区特定参考信号的。

根据频率范围,每个突发允许不同的最大同步信号和物理广播信道块数量 L_{max}:低于 3GHz,$L_{max}=4$;介于 3GHz 和 6GHz 之间,$L_{max}=8$;高于 6GHz,$L_{max}=64$,因为在更高的频率下,需要更多的波束形成增益来补偿更高的信号损失。最大数量是指同步信号和物理广播信道块在时间上可能的标称位置的数量。网络可以选择在发送同步信号和物理广播信道块突发的给定频率位置的突发中存在多少同步信号和物理广播信道块。在该频率位置上具有同步信号和 PBCH 块传输的所有小区都需要在突发中存在的那些标称位置上具有同步信号和 PBCH 块。在图 6.2 中的示例中,$L_{max}=4$ 和小区由 3 个同步信号和物理广播信道块波束组成。若小区支持初始接入,即它是独立组网新无线电小区,则用户设备可以经由任何同步信号和物理广播信道块波束来接入小区,因为在所有波束中广播给出如何接入小区信息的初始系统信息。物理广播信道内的主信息块中给出了有关初始系统信息是否存在以及如何查找的信息。此外,寻呼消息通过所有波束发送。

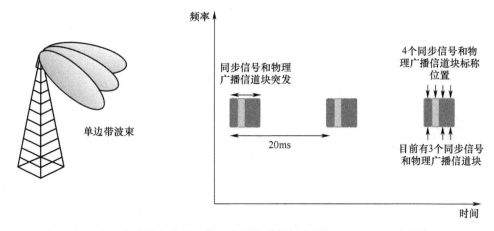

图 6.2 新无线电中的同步信号和物理广播信道块基本原理。显示了 3 个周期为 20ms 的同步信号和物理广播信道块连续爆发。每个突发有 4 个同步信号和物理广播信道块($L_{max}=4$)的标称位置,每个突发中有 3 个同步信号和物理广播信道块

新无线电还支持使用特定于用户设备的信道状态信息参考信号资源配置用户设备。新无线电多输入多输出框架允许在如何以及在何种假设下配置不同的信道状态信息参考信号资源方面具有很大的灵活性。信道状态信息参考信号由于这些新无线电多输入多输出方案依赖于用户设备特定的配置,因此与长期演进中相同的权衡相适用。也就是说,这些仅在连接模式下有效,并且在每次切换中应用新配置。然而,同步信号和物理广播信道块波束使初始接入成为可能的常开信号,因此可以看到一些进一步的优势。在计划专门支持无人机的新无线电网络中,一个或两个同步信号和物理广播信道块波束可以向上转向,空中用户设备可以通过这些波束访问小区。当新无线电用户设备将其上行链路波束指向所选同步信号和

物理广播信道块波束时,可以减少对其他小区的干扰。有关新无线电系统的更多信息,请参见文献[8]。

6.2 由移动网络提供服务的无人机

由于人们对使用蜂窝网络连接低空无人机的可能性非常感兴趣,3GPP 研究了现有长期演进网络为无人机提供连接服务的能力。关于增强长期演进对空中交通工具支持的第三代合作伙伴计划研究项目(SI)于 2017 年启动,旨在研究地面移动网络的性能,确定挑战,并强调可能的解决方案[13]。

在研究开始时,第三代合作伙伴计划定义了无人机运行的性能要求,如表 6.1 所列的数据速率、可靠性和延迟。对于无人机操作,数据流量可分为指挥控制数据和应用数据。指挥与控制数据包括关键信息,如自主飞行或实时驾驶的飞行路线,而应用数据包括如视频流和图像。这些数据类型在数据速率、延迟和可靠性方面有不同的要求。可靠性定义为在从 eNB 到用户设备的延迟范围内传输 X 字节的成功概率。延迟通过空中接口和所有无线电访问数据协议处理进行测量。也就是说,eNB 将包含 X 字节的因特网协议(工业增加值)包数据集中协议(PDCP)分组,进一步到无线电链路控制(RLC)和介质访问控制(MAC)分组,然后通过物理层经由空中接口传送,由参考符号接收功率物理层接收,由介质访问控制处理,无线电链路控制和包数据集中协议接收工业增加值。可靠性的定义在新无线电研究项目阶段定义,并在相应的技术报告[1]中描述。包数据集中协议、无线电链路控制和介质访问控制是长期演进和新无线电中的用户平面协议。尽管这些协议对长期演进和新无线电有单独的规范,但协议在很大程度上是相似的。

表 6.1 LTE 网络中无人机运行的 3GPP SI 性能要求

数据类型	指挥和控制	应用数据
数据示例	遥测、自主飞行航线、实时驾驶、飞行授权	视频流、图像传输、传感器数据
延迟	从 eNB 到空中用户设备 50ms	类似于长期演进地面用户设备
数据速率	上行链路和下行链路均为 60~100kbps	上行速率高达 50Mbps
可靠性	高达 10^{-3} 数据包错误丢失率	不适用

对于无人机,命令和控制数据包大小被视为 $X = 1250$ 字节,单向延迟要求被定义为 50ms,可靠性要求为 10^{-3} 个数据包错误丢失。对于应用数据类型的业务,延迟要求被确定为类似于长期演进地面用户,并且上行链路数据速率要求被确定为高达 50Mbps。

在研究项目期间,为了评估无人机的长期演进性能,进行了模拟和现场研究,结果报告在技术报告 36.777[3]中。总的来说,可以得出结论,针对地面使用的现有长期演进网络可以支持低空无人机的初始部署,特别是当网络中的无人机数量相对较低时。更详细的发现是,尽管现有的长期演进网络可以随时为无人机服务,但也存在与干扰和移动性相关的挑战。此外,网络识别和授权空中用户设备的能力也被认为至关重要。

研究项目之后是一个工作项目,在此期间,长期演进第 15 版中规定了支持无人机运行的进一步功能。在本节的剩余部分中,我们将更详细地讨论某些研究项目发现,并解释如何确定工作项目目标。在下一节中,我们将详细描述长期演进第 15 版标准化支持。

6.2.1 干扰检测与抑制

在为提供地面覆盖而部署的网络中,当在天线瞄准镜上方飞行时,无人机由基站(BS)天线模式的副瓣提供服务。无人机对多个基站具有接近视线的可见性,这意味着上行链路(UL)和下行链路(DL)干扰都可能增加。事实上,研究项目的一个结果是,当空中用户设备在空中时,近视线传播条件会改变总体干扰情况,即基站高度以上的空中用户设备看到来自多个相邻小区的干扰。图 6.3 描述了这种情况。

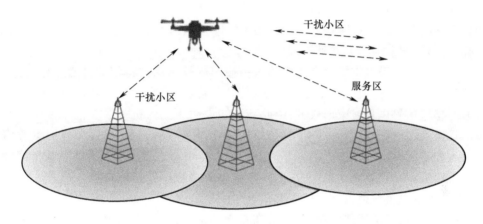

图 6.3 由于接近多个基站的视线连接,UL 和 DL 干扰可能会增加

即使在频分双工(FDD)系统中不能假设完全互易,UL 和 DL 中的链路强度也不是完全独立的。因此,研究项目结果表明,机载空中用户设备看到来自不同小区的多个参考信号参考功率(RSRP)值,这些值接近于同等强度[3]。参考信号接收功率由下行链路参考信号测量,是用于指示给定小区信号强度的主要测量参数。因此,检测用户设备看到多个强参考信号接收功率值的事件被视为一种重要的干扰检测方法。这也是需要标准化变更的方法之一,详情见 6.3.1 节。

当用户设备在空中发生这种情况时,基于小区数 N 触发的报告也可以用作飞行模式检测的输入。由于飞行模式检测和无人机识别也与监管相关,我们在本章末尾专门安排了 6.4 节,以总结实施、标准化和监管方面之间的所有相互关系。应该注意的是,飞行模式没有明确的定义,因为无人机可能在非常低的高度飞行,因此可能与人使用的移动电话没有区别,或者无人机可能坐在架子上。从网络角度看,飞行模式与变化的干扰条件有关,并且在网络部署之间可能有所不同。

除了参考信号接收功率报告外,与 6.1 节中描述的多输入多输出技术相关的反馈被认为是干扰检测的有效输入。例如,来自用户设备的全维多输入多输出反馈可指示用户设备正在看到指向天空的波束比地面用户设备将看到的波束更强。此外,现有的多输入多输出技术可能用于干扰缓解,因为信号可以朝向无人机,或者从无人机朝向基站。然而,在研究项目期间,没有发现标准化对增强各个方案的影响,并且得出结论,根据实施选择,这些方案可以很容易地使用。

另一种确定的干扰检测和缓解方法是小区协调,也称为 CoMP 技术。LTE 第 11 版支持不同的CoMP技术,如文献[11]中描述的联合传输和动态点静音。例如,eNB可以测量检测到的上行链路干扰并交换信息,使得服务eNB知道相邻节点是否正经历来自其所服务的特定用户设备的干扰。若eNB已首先交换关于如何为用户设备配置上行链路参考信号的信息,则这是可能的。当这是已知时,服务eNB能够限制该用户设备的上行链路调度。然而,应注意的是,在实践中,配置和设置可能会有较多的延迟,以使信息能够对飞行无人机做出足够快的反应。此外,回程需求以及回程是否存在于各个节点之间影响小区协调技术的可行性。长期演进研究项目结论与全维多输入多输出相同。该标准已经为使用这些技术进行无人机干扰检测和缓解提供了支持。

LTE研究项目将与上行链路功率控制相关的增强识别为需要改变长期演进规范的干扰缓解方案。6.3.3节描述了该增强。

长期演进和新无线电支持的高级多输入多输出依赖于用户特定的参考信号,在建立无线资源控制连接之后,需要为每个用户设备单独配置这些参考信号。然而,在新无线电中,始终接通的参考信号也是波束形成的,因此新无线电对于无人机基于多输入多输出的干扰管理技术具有潜在的更好功能。除了连接模式操作,用户设备使用始终接通的参考信号进行初始接入和空闲模式移动性。图6.4描绘了在天空中形成覆盖的新无线电同步信号和物理广播信道块波束。在新无线电中,每个同步信号和物理广播信道块波束都有一个波束索引,该索引可以从每个波束内广播的系统信息中读取。当用户设备选择一个波束,还将其自身的接收/发射波束转向所选波束。因此,在新无线电情况下,上行链路干扰可能更小。然而,到目前为止,第三代合作伙伴计划还没有在新无线电环境中研究无人机。

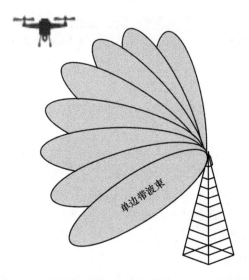

图6.4 覆盖天空的新无线电同步信号和物理广播信道块波束

文献[16]中给出了商业网络的现场结果,以便在农村环境中测量从一架无人机到地面用户设备的干扰。结论是,无人机造成的干扰与另一个地面用户设备造成的干扰相似。在文献[6],通过模拟研究了共存。文献[10]给出了进一步的模拟结果和现场测量结果。总体结论是,一两架无人机不会对蜂窝网络造成重大问题,但若某个区域内的无人机数量增加,则存在干扰增加的风险。为此,除了单天线用户设备飞行模式检测,无人机飞往何处或无人机计划飞往何处有一些关联。

6.2.2 无人机机动性

另一个确定的潜在增强领域是机动性。当飞行高度增加时,小区的覆盖区域变得更加分散,信号强度波动。这种效应的原因是,在现有长期演进网络中,天线通常向下倾斜,以便辐射图案的主瓣覆盖基站周围的地面,其中大多数用户设备通常位于基站周围。地面上的无人机用户设备将作为常规长期演进智能手机使用。一旦无人机开始垂直向上移动,该主瓣的强度就会降低,相邻基站的副瓣就会变得更强。这些副瓣比主瓣窄,因此副瓣的覆盖面积自然较小。

在研究项目期间进行的移动性评估和现场试验结果有些矛盾,因为有些人推断移动性能不受飞行状态的影响,有些人看到切换故障和无线链路故障增加。这很可能是由于强烈依赖于应用研究的部署场景。对于农村地区,无人机的机动性能有可能更好,而在更密集的城市地区,由于信号波动和干扰,机动性问题更为明显[3]。

由于快速变化的覆盖范围的类似情况也适用于高速地面用户设备,因此无人机机动性没有直接的规范变更相关改进。移动性问题相似,并且已经有许多研究来改进长期演进网络的移动性能。对于无人机来说,可以改进的主要方面是,若无人机的飞行状态已知,则无线资源控制配置可以适应飞行模式。例如,在移动性模拟[3]期间可以看到,当用户设备在空中时,更快地触发测量则有益。可以得出结论,飞行模式检测对无人机的机动性能非常重要。

与干扰检测和缓解类似,新无线电规范为部署提供了更好的灵活性,可以增强对天空的覆盖,因为一些同步信号和物理广播信道块波束可以向上转向(图6.4)。

6.2.3 无人机识别和授权需求

在研究项目期间,提出了识别和授权航空用户设备的必要性。这涉及不同国家之间不同的法规。在一些国家,如日本,用户设备在连接到长期演进网络时不能飞行,除非得到授权。根据特定于国家的法规,航空用户设备授权可能需要由网络验证,以便允许使用长期演进网络进行航空用户设备连接。另外,运营商可能会提供无人机特定服务或收费。

即使用户设备由认证、授权和计费(AAA)服务器向长期演进网络进行认证,这本身也不会告诉任何关于网络空中操作授权的事情。类似地,同一设备可以连接到无人机系统交通管理并从那里接收空中授权。然而,无人机系统交通管理和长期演进网络之间没有标准化接口,因此没有对这种用户授权的规范支持。

需要考虑的一个重要区别是,讨论是关于识别基于长期演进第15版规范的空中用户设备,还是识别由移动网络服务的任何潜在航空用户设备。对于后者,识别无人机操作的唯一方法是尝试检测任何用户设备的飞行模式。这不受规范工作的影响,因为不可能以不向后兼容的方式更改规范的早期版本,也不可能更改已经制造的版本。检测任何长期演进用户设备的飞行模式的方法基于网络已知的某些参数值推断潜在飞行状态,这在6.4节中讨论。

为了识别第15版空中用户设备,可以利用用户设备能力信号。这里的一个复杂之处是,不存在可以表示为一个比特的"作为空中用户设备"这样的特征。相反,第15版指定了一组可被视为空中用户设备子功能的特征。这些特性在6.3节中描述,每个特性都与一个能力位相关联,该能力位告诉网络用户设备是否支持某个特性。当用户设备向网络报告这种能力时,网络原则上可以推断它是空中用户设备。

另一个方面是第三方(如从地面检查无人机的机构)是否需要识别无人机。由第三方识别飞行无人机可能需要无人机的全局标识符,该标识符可由第三方识别或读取。美国联邦航空管理局(FAA)与欧洲邮政和电信管理局会议(CEPT)等不同监管机构都在考虑这一方面。

6.3.5 节描述了用于空中用户设备识别和授权的长期演进第 15 版解决方案。

6.3 对无人机的第三代合作伙伴计划标准化支持

在本节中,我们详细回顾了长期演进第 15 版中无人机的规范支持,并描述了新无线电的规范状态和需求。其主要特点是:

(1) 基于测量报告的干扰检测,当配置数量的小区满足触发标准时触发。
(2) 基于用户设备的高度已超过网络配置阈值高度的事件高度和位置报告。
(3) 为上行链路功率控制引入特定于用户设备的分数路径损耗补偿因子。
(4) 从用户设备向网络发送飞行路径信息的信号。
(5) 基于订阅的空中用户设备识别和授权。

6.3.1 基于多小区参考信号接收功率级别的测量报告

处于连接模式的用户设备被配置为测量和报告服务小区与邻居小区,以便在服务小区质量下降时知道足够强的邻居小区作为切换目标。具有基于事件的测量报告触发的参考信号接收功率是用于移动性的主要测量配置类型。在长期演进中,在文献[2]中指定了几个不同的事件。此处要考虑的相关事件称为 A_3、A_4 和 A_5。事件 A_3 定义为当相邻小区成为比服务小区更好的配置偏移时的事件。事件 A_4 是相邻小区优于绝对阈值的事件。事件 A_5 是服务小区变得比一个绝对阈值差,而相邻小区变得比另一个绝对阈值好的事件。这里还有一个名为触发时间(TTT)的参数。传统的基于事件的报告工作原理是,需要通过定义为触发时间的时间窗口来满足事件输入条件,以便触发测量并将其发送到网络。触发时间是在测量配置中给予用户设备的值,该测量配置还描述了用户设备在测量其他小区时应考虑的事件和相应阈值。还有其他参数,但这些是本次讨论的主要参数。

如 6.2.1 节所述,检测用户设备看到多个强参考信号接收功率值的情况被视为需要改变规范的重要干扰检测方法。用于移动性的传统报告中的参考信号接收功率值可用于飞行模式检测,但需要在网络中实现机器学习算法,详见 6.4 节。为了直接识别用户设备看到多个强邻居小区的情况,指定了增强触发条件。例如,增强触发将要求三个相邻小区的参考信号接收功率值高于阈值,或满足触发时间的选定事件输入条件。图 6.5 试图描述当事件配置为 $N=3$ 时触发测量报告的情况,其中 N 是参考信号接收功率应完成事件的小区数。

首先,小区 A 的参考信号接收功率满足触发时间事件的输入条件,并被添加到小区触发列表中,该列表由用户设备用于跟踪满足触发时间输入条件的小区。小区 B 和 C 也会发生同样的情况,但在小区 C 添加到列表之前,小区 B 满足触发时间事件的离开条件,因此从小区触发列表中删除。为了避免乒乓效应,进入和离开条件都涉及配置的滞后。只有当有

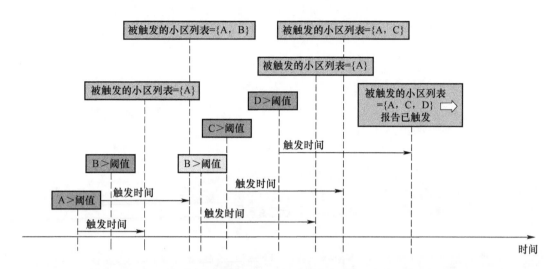

图 6.5 当事件配置为 $N=3$ 时触发测量，其中 N 是参考信号接收功率应完成事件的小区数

N 个小区全部满足触发时间的输入条件时，才会触发测量报告。这样，当用户设备当前看到多个强邻居小区时触发报告，而不是当它在飞行时测量了一个小区，之后又测量了另一个小区时触发报告。

触发报告后，若第四个小区满足触发时间的输入条件，则规范不允许立即触发另一个测量报告。这是为了避免用户设备发送不必要的上行链路数据，因为主要目的是在小区高于阈值时检测案例。此外，由于网络可以使用多个报告配置来配置用户设备，因此用户设备可以被配置为报告 $N=3$、$N=5$ 等。

图 6.5 中的另一个注释是，当 $N>1$ 时，与 $N=1$ 时的报告相比，参考信号接收功率的报告延迟。我们在 6.2.2 节中讨论过，当用户设备飞行时，需要比地面用户设备更早地触发测量报告，因为在较高的高度，小区覆盖面积较小。因此，干扰检测参考信号接收功率报告不补偿移动目的的测量配置。也就是说，为了支持良好的移动性能（这是通过用户设备及时的参考信号接收功率报告实现），除了用于检测特定干扰情况的 $N>1$，还需要始终将用户设备配置为 $N=1$。

新无线电的测量框架基于长期演进的测量框架。最大的区别在于如何从同步信号和物理广播信道块波束测得的参考信号接收功率值得出小区质量。小区质量推导由单独的配置控制，每个小区推导一个参考信号接收功率值作为小区质量。鉴于此，上述干扰检测报告也可直接指定给新无线电。

6.3.2 高度、速度和位置报告

长期演进网络可将地面用户设备配置为将位置坐标和水平速度背载到任何参考信号接收功率测量报告。若用户设备具有可用的位置信息和速度信息，则它将搭载位置和速度。当发送该报告时，基于事件的触发不是与用户设备的位置或速度相关，而是与根据如上一小节中描述的事件 A_3 的参考信号接收功率值相关。

已确定并同意为空中用户设备规定的一项增强措施是，报告的触发取决于高度，除了水

平速度和位置，报告还包括高度和垂直速度，即事件触发高度、速度和位置报告，其中事件阈值是用户设备的高度。当用户设备配置该事件，用户设备的高度超过阈值高度时，会触发报告。图 6.6 描述了这种情况。

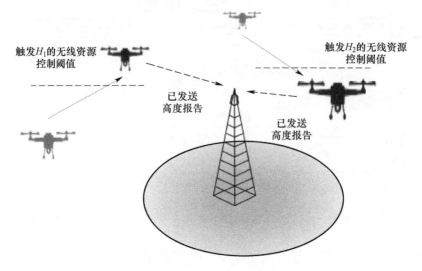

图 6.6　基于高度阈值的无人机高度、速度和位置报告

第三代合作伙伴计划正在为高度报告的用户设备指定一致性测试，以测试高度报告对于将其指示为其能力的用户设备是否正常工作。报告需要包括用户设备的高度，但位置、垂直和水平速度（如果用户设备可用）在报告中。

第三代合作伙伴计划的工作范围是针对低空无人机，并同意考虑地面以上 300m 的无人机。因此，配置的高度阈值需要覆盖地面以上 300m 的高度。由于与海平面相关的地面标高随着位置的变化而变化，文献[2]中规定的高度阈值涵盖了海平面 –420～8880m 的高度。

基于高度阈值的无人机高度、速度和位置报告没有新无线电特定分量，这也意味着可以很容易地将其添加到新无线电无线资源控制中。从用户设备的角度来看，唯一的区别将是哪个无线资源控制（长期演进或新无线电）配置高度报告。

6.3.3　上行链路功率控制增强

如 6.2.1 节所述，导致规范变更的上行链路干扰缓解讨论与用户设备功率控制有关。长期演进具有开环和闭环功率控制机制。根据定义，闭环是特定于用户设备的，因为网络为每个用户设备提供功率控制命令。在工作项目期间，增强了开环功率控制，从而引入了特定于用户设备的分数路径损耗补偿因子。这使得能够为给定小区中的地面和航空用户设备设置不同的参数，这被认为有利于小区的整体性能[3]。此外，用户设备特定 P_0 参数（其是开环功率控制参数）的范围被扩展，以进一步帮助减轻航空用户设备对多个小区的上行链路干扰。

当检测到用户设备处于飞行模式时，或仅当用户设备高于配置的高度阈值时，用户设备特定功率控制参数的引入使网络能够重新计算用户设备的功率控制参数。6.4 节将详细讨论飞行模式检测。

长期演进的上行链路扰缓解在文献[17]中进一步讨论。新无线电规范已经支持用户设备特定的部分路径损耗补偿因子。

6.3.4 航路信号

长期演进第5版引入了对网络的支持,以从用户设备请求飞行路径信息。空中用户设备可以经由应用层连接到无人机系统交通管理,或者它可以具有来自用户的飞行路径。根据规范,无人机系统交通管理和用户设备之间的通信对于长期演进或新无线电网络不可见,因为在任何长期演进/新无线电逻辑节点和无人机系统交通管理之间没有标准化接口。因此,为了使eNB知道飞行路径信息,需要从用户设备接收信息。

表示飞行轨迹的最简单方法是起飞点和着陆点以及一些中间点的位置信息。除了计划航路点的位置坐标,用户设备还可以包括描述用户设备计划何时到达该航路点的时间戳。对于飞行路径信息的准确性没有要求,因此必须将其视为尽最大努力的附加信息。

在工作项目期间,讨论了用户设备是否将在可用时简单地向eNB发送飞行路径信息,或者是否将基于eNB请求和用户设备提供信息(如果可用)。通常,从用户设备到网络的所有信令都由网络控制,并且为了避免不必要和冗余的上行链路传输,同意请求-响应信令。此外,一致认为,例如,当无线资源控制连接建立时用户设备可以通知eNB关于飞行路径信息的可用性。从空中用户设备到网络的飞行路径信号如图6.7所示。

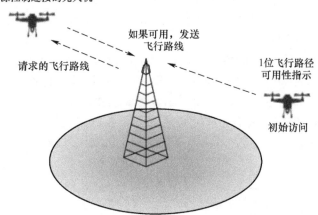

图6.7 从空中用户设备到网络的飞行路径信号

无线接入网对飞行路径信息的使用存在争议。如6.2.2节所述,较高高度的信元覆盖是零碎的,很难根据计划的航路点确定准确的目标信号。因此,飞行路径信息不能直接用于切换决策。然而,网络可以根据无人机的飞行路径信息进行粗略的资源规划。例如,如果几架无人机正驶向某个区域,网络可能会提前做好准备。

对于飞行路径报告,LTE和可能的NR支持之间的比较与高度报告相同。唯一的区别是哪个RRC(LTE或NR)将配置报告,因为飞行路径的信令是新无线电不可知的。

6.3.5 无人机授权和识别

无人机可以通过应用层连接到无人机系统交通管理,并从那里接收飞行授权。这种通信对长期演进或新无线电网络不可见,因为在任何长期演进/新无线电逻辑节点和无人机系统交通管理间都没有标准化接口。因此,即使无人机的命令和控制数据包括无人机授权或无人机标识,网络节点也不会意识到这一点。由于美国和日本等国家有相关规定,允许网络授权使用移动网络进行连接的无人机,第三代合作伙伴计划规定了基于订阅的授权方法。

空中用户设备功能的支持存储在家庭用户服务器(HSS)中的用户订阅信息中,其中还存储如国际移动用户标识(IMSI)以及一些安全相关信息。当用户设备(地面或空中)访问小区并且即将通过空中接口建立无线资源控制连接时,eNB 通过 S1 AP 接口向机动性管理实体(MME)请求该用户设备的订阅信息。机动性管理实体通过 S6 接口从归属用户服务器接收用户信息。

应注意,订阅信息是用户授权,并且为了将用户授权与关于设备的信息相结合,订阅信息需要与特定无线电能力信息相结合。6.3 节中描述的每个特定于空中用户设备的特征都与能力位相关联。在当前版本中指定的能力位通常可选地由用户设备支持,这使得用户设备制造商可以自由选择要在给定用户设备中实现的特征组合。

然而,此处由于无线电识别的重要性,两个特定于天线的特征具有授权天线使用的订阅有条件强制的功能。也就是说,若设备可以具有空中用户设备授权的订阅,则它必须支持基于 N 个参考信号接收功率值的高度报告和测量触发。eNB 随后可将订阅信息与来自空中用户设备的无线电能力指示相结合,以识别空中用户设备是否已被授权在飞行时连接到演进的 UMTS 陆地无线接入网网络。上述无人机授权尚未描述用户设备何时飞行,但描述了允许用户设备在连接到网络时飞行。

规范中增加了为移动目的传输连接模式用户设备的订阅授权支持。若源 eNB 和将用户设备移交到的目标 eNB 之间存在 X2 接口,则源 eNB 可以在到目标 eNB 的 X2-AP 移交请求消息中包含订阅信息。如图 6.8 所示。若没有 X2 接口,则机动性管理实体在切换过程之后向目标 eNB 提供订阅信息。特别是对于无人机,其可能连接到一个遥远的小区,然后被移交到另一个遥远的小区,可能需要执行基于机动性管理实体 S1 内或机动性管理实体 S1 间的移交。

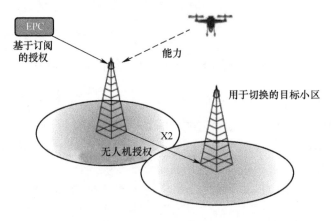

图 6.8 将基于订阅的无人机授权转发到目标小区进行切换

6.4 蜂窝网络中的飞行模式检测

如前所述，基于几个原因，通过网络识别无人机的飞行状态至关重要。这是一些国家法规所要求的，在这些国家，未经许可，手机不能处于飞行状态。即使没有监管要求，网络也需要飞行模式检测，以便网络控制其资源。例如，用于干扰检测和缓解。此外，如 6.2.2 节所述，调整测量配置可能有助于为机载用户设备实现更好的移动性能。

明确的飞行模式确定很有挑战性，因为无人机可能在高空盘旋，或者地面用户设备可能只是在高层的阳台上。

用户设备可以是不支持基于小区数量 N 的指定高度报告或参考信号接收功率报告的任何常规第 15 版前或后的陆地用户设备。这种类型的手机可能连接到无人机上，或者无人机可能在制造时没有这些特定于空中用户设备的功能。根据特定国家的法规，此类无人机可能被视为流氓无人机，也可能被视为非流氓无人机。例如，目前在芬兰，如果飞行员收到当局和运营商的许可，就可以将常规用户设备连接到无人机，并在连接到长期演进网络时飞行。如果没有这些权限，同样的情况也会导致设备成为流氓无人机。无论如何，检测飞行状态很重要，这样网络就可以采取适当的行动，这可能是限制连接、控制干扰或优化无线电配置。例如，网络可以选择不支持在小区域内以连接模式飞行的许多用户设备。为了检测这种类型的用户设备的飞行模式，网络需要依赖它能够从这些用户设备接收的信息。例如，机动性参考信号接收功率报告可与机器学习算法一起使用，从这些单独的参考信号接收功率报告中推断出飞行模式。文献 [14] 对此进行了研究，得出结论认为，根据单独触发的参考信号接收功率报告确定无人机飞行状态的可能性很大。

在一些场景中可能揭示用户设备处于飞行模式的另一个参数是定时提前值。定时提前是每个用户设备需要在所有上行链路传输中应用的值，使得这些传输在正确的上行链路时隙期间到达 eNB，这在上行链路传输许可时被指示给用户设备。指定的定时提前值覆盖高达 100km 的小区范围，并且，若用户设备需要远大于给定区域中小区的地面覆盖的值，则可以推断用户设备正从天空连接到小区。应注意，这仅适用于小区地面覆盖范围小于 100km 的情况。

在研究项目期间还讨论了另一种可能的方法，该方法依赖于全维多输入多输出反馈。若部署支持安排 B 类信道状态信息参考信号波束，使得一些波束朝向天空，则当用户设备报告这些波束为最强波束时，可以推断飞行模式。为了能够应用该方法，除了网络，用户设备还需要支持全维多输入多输出 B 类特征。

以上所有讨论均适用于不支持第 15 版天线功能的用户设备，但也适用于支持这些功能的用户设备。第 15 版航拍功能可用于上述功能之上，以改进和简化飞行模式检测。飞行模式检测最重要的特征是高度报告和基于小区数 N 的参考信号接收功率报告。在实际部署中，基站天线高度可能变化很大。这意味着用户设备的高度并不一定高于该区域中的所有基站天线。或者，用户设备可能已经被认为是机载的，即使它不在所有基站天线之上。因此，仅基于小区数 N 的高度报告或参考信号接收功率报告可能不足以确定飞行模式。当结合这两种报告类型的信息时，网络具有高度和干扰情况知识，这使得飞行模式检测更加可靠。出于这个原因，并且检测飞行模式被认为是重要的，因此对于可能具有基于订阅的空中授权的用户设备,对这两个特性的支持被指定为有条件强制的。

表 6.2 总结了为飞行模式确定提供输入的可用方法。方法的多样性取决于用户设备的能力。所有长期演进用户设备均支持用于机动性目的的定时提前和参考信号接收功率测量,这相当于 $N=1$。全维多输入多输出相关功能均为可选功能。例如,用户设备可能支持 A 类,但不支持 B 类。若空中用户设备具有基于订阅的授权,则基于小区数 N 的高度和参考信号接收功率报告是有条件强制的。对于所有其他用户设备,这些都是可选功能。

表 6.2 根据用户设备是否具有基于订阅的空中用户
设备授权,支持用户设备飞行模式检测的功能

支持的功能	空中授权	不支持空中授权
高度报告	是	取决于能力
N 个小区的参考信号接收功率	是	取决于能力
遗留参考信号接收功率	是	是
定时提前	是	是
全维多输入多输出	取决于能力	取决于能力

参 考 文 献

[1] 3GPP(2017). Study on New Radio Access Technology Physical Layer Aspects, Release 15. *TR 38.802*, September. http://www.3gpp.org/

[2] 3GPP(2018). Radio Resource Control (RRC); Protocol Specification, Release 15. *TS 36.331*, September. http://www.3gpp.org/.

[3] 3GPP(2018). Enhanced LTE Support for Aerial Vehicles, Release 15. *TR 36.777*, June. http://www.3gpp.org/.

[4] 3GPP(2018). NR; Multi-Connectivity; Overall Description; Stage-2, Release 15. *TS 37.240*, September. http://www.3gpp.org/.

[5] 3GPP(2018). Radio Resource Control (RRC); Protocol Specification, Release 15. *TS 38.331*, September. http://www.3gpp.org/.

[6] M. M. Azari, F. Rosas, A. Chiumento, and S. Pollin(2017). Coexistence of terrestrial and aerial users in cellular networks. *Proceedings of the IEEE Global Communications (GLOBECOM) Workshops*, December, pages 1-6.

[7] J. Skold E. Dahlman, S. Parkval. *LTE/LTE-Advanced for Mobile Broadband)*. Academic Press, 2011.

[8] J. Skold E. Dahlman, S. Parkval. *5G NR: The Next Generation Wireless Access Technology*. Academic Press, 2018.

[9] M. Erdelj, E. Natalizio, K. R. Chowdhury, and I. F. Akyildiz(2017). Help from the sky: leveraging UAVs for disaster management. *IEEE Pervasive Comput.* 16:24-32.

[10] X. Lin, R. Wiren, S. Euler et al. (2019). Mobile networks connected drones: field trials, simulations, and design insights. *IEEE Vehic. Technol. Mag.* 14:115-125.

[11] H.-L. Määttänen, K. Hämäläinen, J. Venäläinen et al. (2012). System-level performance of LTE-Advanced with joint transmission and dynamic point selection schemes. *EURASIP J. Adv. Signal Process.* 54:1-18. doi: 10.1186/1687-6180-2012-247y.

[12] H. Menouar, I. Guvenc, K. Akkaya et al. (2017). UAV-enabled intelligent transportation systems for the smart city: applications and challenges. *IEEE Commun. Mag.* 55:22-28.

[13] Ericsson NTT Docomo (2017). Study on Enhanced LTE Support for Aerial Vehicles. *RP-170779*. http://www.3gpp.org/.

[14] H. Ryden, S. B. Redhwan, and X. Lin (2019). Rogue drone detection: a machine learning approach. *Proceedings of the IEEE Wireless Communications and Networking Conference(WCNC)*, May, pages 1-6.

[15] Goldman Sachs (2016). Drones: reporting for work. https://www.goldmansachs.com/insights/technology-driving-innovation/drones/.

[16] J. Säe, R. Wiren, J. Kauppi et al. (2018). Public LTE network measurements with drones in rural environment. *Proceedings of the IEEE Vehicular Technology Conference(VTC) Workshops*, April, pages 1-5.

[17] V. Yajnanarayana, Y.-P. E. Wang, S. Gao et al. (2018). Interference mitigation methods for unmanned aerial vehicles served by cellular networks. *Proceedings of the IEEE 5G World Forum*, July, pages 1-5.

第7章 大规模多输入多输出无人机的增强蜂窝支持

Giovanni Geraci[1], Adrian Garcia-Rodriguez[2],
Lorenzo Galati Giordano[2], David López-Pérez[2]

1. 西班牙巴塞罗那庞培法布拉大学
2. 爱尔兰都柏林诺基亚贝尔实验室

7.1 简 介

本章中,我们采纳了移动网络运营商的观点,即通过推出基于多输入多输出(MIMO)的大规模5G网络,旨在同时为地面用户(GUE)和无人机(UAV)提供通信服务,重用其蜂窝频谱和基础设施。因此,本章致力于回答以下问题:目前的网络基础设施是否足以满足无人机的链路要求——100kbps(千比特/秒)指挥与控制(C&C)信道和要求每秒数兆比特(Mbps)的上行有效负载——由第三代合作伙伴计划标准化论坛[3]提出,或者主要面向地面用户设备的网络是否应进行重大升级以适应无人机。

为了提供一个有充分根据的答案,我们评估了网络性能,并通过最新的第三代合作伙伴计划三维信道模型捕获了地面基站(BS)与地面用户设备和无人机之间的传播环境[3]。在该模型中,路径损耗、阴影、视线(LoS)概率和小尺度衰落等参数明确说明了用户的高度。在下面的内容中,我们对支持5G连接无人机的解决方案进行了初步评估,概述并解释了我们广泛的模拟活动的结果[7,16-17],最后提炼成所需精华。

7.2 系统模型及评估

本节将介绍本章中使用的网络拓扑和信道模型。表7.1给出了所用参数的更多详细信息(首字母缩略词见后文)。

表 7.1 系统参数

部 署	说 明	参考文献
基站分布	三层环绕六边形网格,37个站点,每个站点三个扇区,每个扇区一个基站,站点间距离500m	[3]
用户分布	平均每个部门15个用户	[3]
地面用户设备分布	80%室内;水平:均匀;垂直:在4~8层建筑中均匀 20%室外;水平:均匀;垂直:1.5m	

续表

部 署	说 明	参考文献
无人机分布	100%室外;水平:均匀;垂直:在1.5~300m之间均匀	[3]
无人机/地面用户设备比	第三代合作伙伴计划案例3:7.1%;案例4:25%;案例5:50%	[3]
用户关联	基于参考信号接收功率(大规模衰落)	
信道模型		
路径损耗,视线概率,阴影,小尺度衰落	城市宏观	[3,5]
信道估计	单用户:完美的信道估计 大规模多输入多输出:上行链路探空参考信号与复用3	
热噪声	-174dBm/Hz 频谱密度	[3]
物理方面		
载频	2GHz	[3]
系统带宽	10MHz,带50个物理资源块	[3]
发射功率	46dBm	[3]
基站天线单元	水平和垂直半功率波束宽度:65°;最大增益:8dBi	[3]
基站阵列	高度:25m;电气下倾:12°;元件间距:0.5λ	[3]
基站阵列大小	单用户:8×1 X-POL±45°,1个射频链 大规模多输入多输出:8×8 X-POL±45°,128个射频链	
基站预编码器	单用户:无 大规模多输入多输出:迫零	
功率控制	下行链路:等功率分配 上行链路:分数与 $\alpha = 0.5$, $P_0 = -58\mathrm{dBm}$ 和 $P_{\max} = 23\mathrm{dBm}$	[10]
用户天线	垂直极化全向;增益:0dBi	[3]
噪声系数	基站:7dB;用户:9dB	[3,4]
媒体接入控制		
交通模型	全缓冲区	
调度程序	对于次要/大规模多输入多输出,每个主专属区域有1/8个用户的循环	[11]

7.2.1 蜂窝网络拓扑

我们考虑图7.1所示的传统蜂窝网络(设计用于地面用户设备)的下行链路,其中基站部署在六边形布局上,并与各自的连接用户组通信。每个部署站点由三个位于同一位置的基站组成,每个基站覆盖一个扇区,其角度间隔为120°。考虑中的蜂窝网络在下行链路(DL)和上行链路(UL)中服务于客房与无人机,例如,为客房提供下行链路/上行链路数据流,为无人机提供上行链路数据流和下行链路/上行链路指挥与控制信息。在下面的内容中,用户表示地面用户设备和无人机。地面用户设备位于室外(高度为1.5m)和室内由几层组成的建筑内。无人机位于室外,高度可变,介于1.5m(代表起飞和着陆时的高度)和300m(使用蜂窝服务时的最大巡航高度)之间。所有部署特性都符合第三代合作伙伴计划在文献[3]中指定的特性。

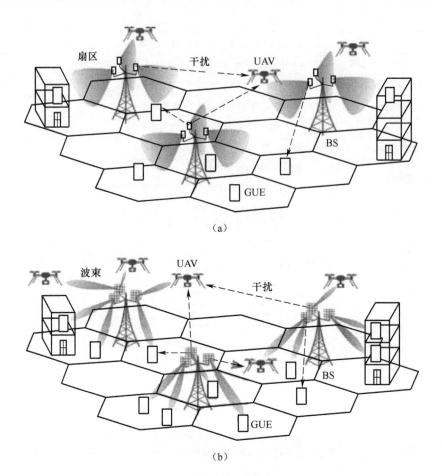

图 7.1 支持地面和无人机用户的蜂窝基础设施的两个示例。在(a)中,与许多现有部署类似,基站使用垂直天线面板覆盖蜂窝扇区,并为每个物理资源块上的单个用户提供服务,这可能会对附近的用户产生强烈干扰。在(b)中,举例说明了下一代部署,基站通过大规模多输入多输出阵列和波束形成在每个物理资源块上服务多个用户;这增加了每个服务用户的有用信号功率,并减轻了对附近用户的干扰

(a)单一使用模式;(b)大规模多输入多输出模式。

蜂窝基站的集合由 $\mathcal{B}$ 表示,并且我们假设所有基站采用每个时频物理资源块(PRB)的发射功率 P_b,由总基站发射功率除以物理资源块的数目给出。用户与在整个通信频带上提供最大参考信号接收功率(RSRP)的基站相关联。每个基站都配备了 N_a 天线,我们假设所有用户都配备了一个天线,除非另有规定。我们设基站 b 服务的用户集 K_b,在给定的物理资源块上小区 b,基数为 K_b。当相关用户的总数由其密度和分布确定时,基站 b 可以通过调度操作自适应地选择集合。在这方面,我们确定了两种情况:一种是单用户模式操作,另一种是通过空间多路复用进行大规模多输入多输出操作。这两种情况分别如图 7.1(a)和图 7.1(b)所示,描述如下。

(1)单用户模式(SU)。每个基站均配备有一个 8×1 天线阵列,天线阵列采用±45°交叉极化(X-POL)辐射元件,向下倾斜 12°。辐射元件处的射频(RF)信号在模拟域中组合,并馈送至单个射频链。因此,如图 7.1(a)所示,基站可以为每个物理资源块提供一个设备。

(2) 大规模多输入多输出模式(mMIMO)。每个基站仍向下倾斜12°,但配备了一个8×8天线阵列,天线阵列的交叉极化辐射元件为±45°,如图7.1(b)所示。我们认为每个辐射单元连接到一个单独的射频链;因此有128个单元天线连接到128个射频链。通过这次大修,每个基站采用数字预编码和组合来空间复用8个设备并执行三维波束形成。为了获取实现上述能力所必需的信道状态信息(CSI),地面用户设备和信道状态信息发送特定于设备的导频序列,该导频序列每三个小区重复使用一次,大规模多输入多输出基站执行常规最小二乘信道估计[9]。

单用户模式和大规模多输入多输出范例的一个共同特征是下行链路和上行链路数据传输之间的等时分割。

7.2.2 系统模型

我们采用最新的第三代合作伙伴计划信道模型来评估无人机的蜂窝支持[3]。在该模型中,所有无线链路都受到大尺度衰落(包括天线增益、路径损耗和阴影衰落)和小尺度衰落的影响。在其他真实世界现象中,该模型考虑了三维信道方向性、空间相关阴影以及时间和频率相关的小尺度衰落。此外,模型中无人机的所有传播参数——如路径损耗、视线概率、阴影衰落和小范围衰落——都是通过多次测量活动得出的,并明确说明了发射器和接收器的高度。

在给定的物理资源块上,$h_{bjk} \in \mathbb{C}^{N_a \times 1}$ 表示小区 j 中基站 b 和用户 k 之间的信道向量。在下行链路中,小区 b 中的用户 k 接收的信号 $y_{bk}^{DL} \in \mathbb{C}$ 可以表示为

$$y_{bk}^{DL} = \sqrt{P_b} h_{bbk}^H w_{bk} S_{bk}^{DL} + \sqrt{P_b} \sum_{i \in K_{b \setminus k}} h_{bbk}^H w_{bi} S_{bi}^{DL} + \sqrt{P_b} \sum_{j \in B \setminus b} \sum_{i \in K_j} h_{jbk}^H w_{ji} S_{ji}^{DL} + \varepsilon_{bk} \tag{7.1}$$

式中,P_b 为由基站 b 发射的功率,假设对于所有基站相等;$S_{bk}^{DL} \in \mathbb{C}$ 为用于小区 b 中的用户 k 的单位方差下行链路信号;$w_{bk} \in \mathbb{C}^{N_a \times 1}$ 为热噪声,并且是基站 b 用于服务小区 b 中的用户 k 的发射预编码,归一化以满足总功率约束。等式(7.1)右侧的4项分别表示有用信号、来自服务基站的小区内干扰(仅存在于大规模多输入多输出运行中)、来自其他基站的小区间干扰和热噪声。

假设用户具有完美的信道状态信息,则在给定的物理资源块上的小区 b 中的用户 k 处得到的下行链路瞬时信噪比(SINR) γ_{bk}^{DL} 作为对所有符号的期望,其由下式给出:

$$\gamma_{bk}^{DL} = \frac{P_b |h_{bbk}^H w_{bi}|^2}{P_b \sum_{i \in K_{b \setminus k}} |h_{bbk}^H w_{bi}|^2 + P_b \sum_{j \in B \setminus b} \sum_{i \in K_j} |h_{jbk}^H w_{ji}|^2 + \sigma_\varepsilon^2} \tag{7.2}$$

类似地,在上行链路中,基站 b 处接收信号的向量 $y_b^{UL} \in \mathbb{C}^{N_a \times 1}$ 可以表示为

$$y_b^{UL} = \sqrt{P_{bk}} h_{bk} S_{bk}^{UL} + \sum_{i \in K_{b \setminus k}} \sqrt{P_{bi}} h_{bi} S_{bi}^{UL} + \sum_{j \in B \setminus b} \sum_{i \in K_j} \sqrt{P_{ji}} h_{jbi} S_{bji}^{UL} + e_b \tag{7.3}$$

式中,$S_{jk}^{UL} \in \mathbb{C}$ 为用户 k 在小区 j 中发送的单位方差上行链路信号。等式(7.3)右侧的4项分别表示来自小区 b 中的用户 k 的有用UL信号、来自同一小区中的其他用户的小区内干扰(仅针对大规模多输入多输出操作存在)、来自其他小区中的用户的小区间干扰以及具有独立且相同分布条目的基站 b 处的热噪声向量。对于小区 j 中用户 k 发送的功率 P_{jk},我们假

设分数上行链路功率控制如下[8,10]：

$$P_{jk} = \min\{P_{\max}, P_0 \bar{h}_{jjk}^{\alpha}\} \tag{7.4}$$

式中，$P_{\max}$ 为最大用户发射功率；P_0 为小区特定参数，α 为路径损耗补偿因子；$\bar{h}_{jjk}$ 为基于参考符号接收功率在小区 j 中的用户设备 k 处测量的平均信道增益[2,6]。等式(7.4)的目标是仅补偿路径损耗的一小部分 α，最高限值为 $P_{\max}$。

给定 PRB 上小区 b 中用户 k 的最终瞬时上行链路 SINR 由下式给出：

$$\gamma_{bk}^{\mathrm{UL}} = \frac{P_{bk}|\boldsymbol{h}_{bbk}\boldsymbol{w}_{bk}^{\mathrm{H}}|^2}{\sum\limits_{i \in K_{b\setminus k}} P_{bi}|\boldsymbol{h}_{bbi}\boldsymbol{w}_{bk}^{\mathrm{H}}|^2 + \sum\limits_{j \in B\setminus b} \sum\limits_{i \in K_j} P_{ji}|\boldsymbol{h}_{bji}\boldsymbol{w}_{bk}^{\mathrm{H}}|^2 + \sigma_e^2} \tag{7.5}$$

式中，$\boldsymbol{w}_{bk}$ 是基站 b 为小区 b 中的用户 k 使用的接收滤波器，并且假设其等于下行链路中使用的预编码器。

对于下行链路和上行链路，SINR 的每个值都映射到给定 PRB 上可实现的速率，通过假设理想链路自适应，即选择产生期望块错误率(BLER)的最大调制和编码方案(MCS)[2]。在计算可实现速率时，我们还考虑了由于控制信令引起的开销[2]。

7.2.3 大规模多输入多输出信道估计

在大规模多输入多输出场景中，网络以时分双工(TDD)方式运行，其中预编码器和接收滤波器根据估计的信道计算。后者通过用户在信道互易假设下发送的上行链路测深参考信号(SRS)(通常称为导频)在基站处获得[12,21]。

让导频信号跨越 M_p 符号。小区 b 中用户 k 发送的导频由 $\boldsymbol{v}_{i_{bk}} \in \mathbb{C}^{M_p}$ 表示，其中 i_{bk} 是导频码本中的指标，并且码本中的所有导频形成正交基[21]。在基站接收到的每个导频信号由于在小区间的导频重复使用而受到污染。我们假设导频复用 3，即导频信号集在同一站点的三个 120°基站扇区之间是正交的，但它在所有基站站点之间被复用，从而造成污染。每个基站扇区将其导频池随机分配给其服务用户。基站 b 处的集体接收信号表示为 $\boldsymbol{Y}_b \in \mathbb{C}^{N_a \times M_p}$，并由下式给出：

$$\boldsymbol{Y}_b = \sum_{j \in B\setminus b} \sum_{i \in K_j} \sqrt{P_{jk}} \boldsymbol{h}_{bjk} \boldsymbol{v}_{ijk}^{\mathrm{T}} + \boldsymbol{N}_b \tag{7.6}$$

式中，$\boldsymbol{N}_b$ 包含导频信令期间基站 b 处的加性噪声，根据 $\mathcal{CN}(0, \sigma_e^2)$，有独立且相同分布的条目，且 P_{jk} 是由小区 j 中的用户 k 发送的功率，假设如等式(7.4)的部分功率控制。

等式(7.6)中接收信号 $\boldsymbol{Y}_b$ 在基站 b 处通过将其与已知导频信号相关来处理，从而拒绝来自其他正交导频的干扰。因此，基站 b 获得小区 b[20]中用户 k 的以下最小二乘信道估计：

$$\hat{\boldsymbol{h}}_{bbk} = \frac{1}{\sqrt{P_{bk}}} \boldsymbol{Y}_b \boldsymbol{v}_{ibk}^* = \boldsymbol{h}_{bbk} + \frac{1}{\sqrt{P_{bk}}} \Big(\sum_{j \in B\setminus b} \sum_{k' \in K_j'} \sqrt{P_{jk'}} \boldsymbol{h}_{ijk'} \boldsymbol{v}_{ijk'}^{\mathrm{T}} + \boldsymbol{N}_i \Big) \boldsymbol{v}_{ibk}^* \tag{7.7}$$

其中，不存在小区内导频污染，因为基站 b 在其自己的小区中为用户分配正交导频。

7.2.4 大规模多输入多输出空间复用

在下行链路中，每个基站通过迫零(ZF)预编码同时为每个物理资源块上的多个用户服务,试图抑制所有小区内干扰。我们将估计的信道矩阵 $\hat{H}_b \in \mathbb{C}_a^N \times K_b$ 定义为

$$\hat{H}_b = [\hat{h}_{bb1}, \cdots, \hat{h}_{bbK_b}] \tag{7.8}$$

ZF 预编码器

$$W_b = [w_{b1}, \cdots, w_{bK_b}] \tag{7.9}$$

在基站 b 可计算为[14,22]

$$W_b = \hat{H}_b (\hat{H}_b^H \hat{H}_b) H^{-1} (D_b)^{-1/2} \tag{7.10}$$

其中,选择对角矩阵 D_b 以满足具有相等用户功率分配的发射功率约束,即对于所有 k, b, $\|w_{bk}\|^2 = P_b / K_b$。上行链路中使用相同的滤波器来接收小区 b 中用户 k 发送的信号。用户 k 的给定 PRB 上的下行链路和上行链路 SINR 可分别从等式(7.2)和等式(7.5)中获得,向量如等式(7.9)中所示。

7.3 单用户下行链路性能

在本节中,我们考虑图 7.1(a)中所示的蜂窝网络,其中每个基站配备有 $N_a = 16$ 天线,天线排列在 8 个 X-POL 元件的垂直阵列中,每个 X-POL 元件具有 65°半功率波束宽度,电向下倾斜 12°,并由单个射频链支撑。这种配置产生图 7.2 所示的基站天线方向图。在此设置中,每个基站最多为一个用户提供一个物理资源块,不使用数字预编码[1,4,19]。此设置包含许多当前的蜂窝网络,我们称之为单用户模式。在这种模式下,等式(7.1)~等式(7.5)简化如下:所有向量 w 都由相同的标量组成,等式(7.1)和等式(7.3)右侧的第二项消失,等式(7.2)和等式(7.5)分母的第一个项也消失。对于此设置,我们检查无人机的高度如何影响其下行链路指挥与控制信道性能。

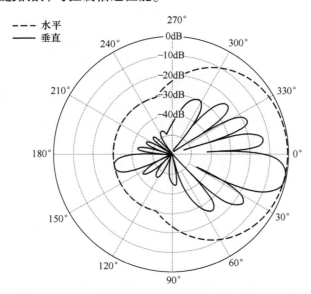

图 7.2 基站的水平和垂直天线方向图(标准化为最大增益),包括 8 个 X-POL 单元的垂直阵列,每个单元具有 65°半功率波束宽度,电向下倾斜 12°

7.3.1 无人机下行链路指挥和控制信道

图 7.3 中绘制了 6 条曲线,以显示无人机所经历的耦合损耗和每个物理资源块的信噪比随高度的变化。耦合损耗(右 y 轴)表示由于天线增益、路径损耗和阴影衰落,服务基站和无人机之间的载波信号衰减。另外,每个物理资源块的信噪比(左 y 轴)也考虑了小尺度衰落和无人机感知的干扰。对于这两个指标,图 7.3 显示了 5% 的最佳值(即 95%)、均值和 5% 的最差值,得出以下观察结果:

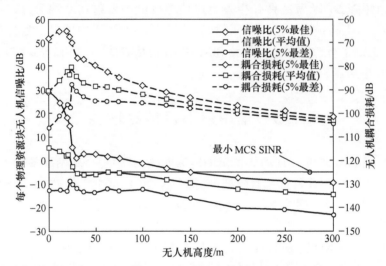

图 7.3 单用户场景中无人机所经历的耦合损耗(右 y 轴)和每个物理资源块(左 y 轴)的瞬时信噪比(SINR)与高度的关系。非零速率所需的最小调制和编码方案信噪比阈值为 -5.02dB,也显示为基准

(1) 当无人机从地面上升到 25m 左右的高度时,更接近服务基站,且与服务基站之间存在视线链路的概率增加,因此无人机的平均耦合损耗有所提高。相反,5% 的最佳无人机,即位于基站主瓣方向的无人机,由于天线增益减小,会出现耦合损耗降低。随着无人机高度的不断增加,基站到无人机的距离也随之增加,导致耦合损耗衰减。

(2) 虽然无人机的平均耦合损耗略有改善,但在 25m 左右飞行的无人机通常每个物理资源块会降低信噪比。这是因为无人机可以看到更多的相邻基站,充当强视线干扰源。相反,在 25m 处飞行的 5% 最差无人机,其耦合损耗显著改善,因此也提高了其信噪比。随着无人机高度的不断增加,信噪比不断减小,尽管比耦合损耗要慢。这一趋势是由于当无人机进一步远离相邻的干扰基站时,干扰同时略有减少。

(3) 总的来说,在 25m 及以上高度飞行的无人机每 PRB 的 SINR 值较低。特别是,对于超过 100m 的高度,平均 SINR 低于 -5.02dB 的最小 MCS SINR 阈值;对于超过 150m 的高度,即使每个 PRB 的 5% 最佳 SINR 也低于所述最小阈值。

图 7.4 所示为几种无人机高度的上述性能,得出以下结论:

(1) 1.5m 处的无人机在 87% 的时间内达到 100kbps 的目标速率,34% 的时间其速率甚至超过 1Mbps。

(2) 50m 和 75m 左右的无人机仅在 35% 和 40% 的时间内达到目标速率,而该高度范围内的可实现速率几乎从未达到 1Mbps(0.3% 的时间)。

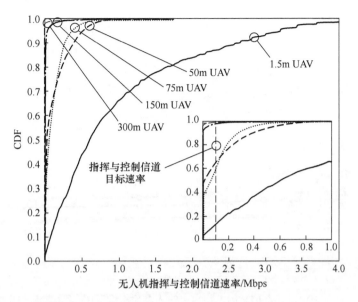

图 7.4 单用户模式下无人机指挥与控制信道速率与无人机高度的累积分布函数(CDF)。图中还显示了 100kbps 的目标速率每个 PRB 的 SINR 测量值可转换为 10MHz 带宽上无人机 C&C 信道的数据速率性能

(3) 在更高的高度,100kbps 的无人机目标速率只能在很短的时间内实现,在 150m 和 300m 的高度分别仅为 2% 和 1%。

上述结果促使我们得出结论,在数据流量大的蜂窝网络中,仅仅依靠基站扇区化和单用户模式操作可能不足以支持无人机在合理高度飞行所急需的指挥与控制信道。

7.4 大规模多输入多输出下行链路性能

在本节中,我们考虑图 7.1(b) 所示的网络,其中蜂窝基站配备大量多输入多输出天线阵列,并利用波束形成和空间复用能力。特别是,我们考虑到 N_a = 128 天线,其布置在一个由 ±45° 交叉极化元件组成的 8×8 平面阵列中,由 128 个射频链馈电。我们让每个基站 b 通过数字迫零预编码为每个物理资源块最多 N_b = 128 用户提供服务。

在本节剩余部分中,我们首先评估通过大规模多输入多输出实现的无人机指挥与控制信道性能改进,然后研究无人机的存在对地面用户设备性能的影响。

7.4.1 无人机下行链路指挥和控制信道

与单用户模式下的图 7.3 和图 7.4 类似,我们现在显示耦合损耗(图 7.5,右 y 轴)、每个物理资源块的信噪比(图 7.5,左 y 轴)以及无人机在大规模多输入多输出设置中实现的指挥与控制数据速率(图 7.6),作为其高度的函数。图 7.5 和图 7.6 都考虑了第三代合作伙伴计划案例 3,即每个扇区一架无人机和 14 台地面用户设备[3]。为了评估理论上可通过大规模多输入多输出实现的增益,在这些图中,假设基站利用完美信道状态信息,即不考虑导频污染。通过等式(7.7)中探测参考信号更加真实的信道估计,以及导频污染对无人机和地面用户设备性能的影响将在后面讨论。

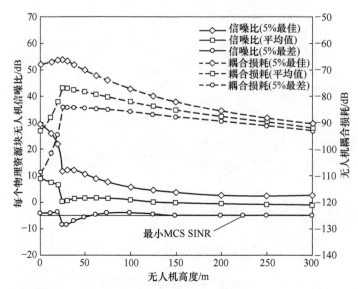

图7.5 在具有完美信道状态信息的大规模多输入多输出设置中,无人机所经历的耦合损耗(右y轴)和每个物理资源块(左y轴)的瞬时信噪比(SINR)与其高度的关系(案例3)。最小调制和编码方案信噪比阈值-5.02dB也显示为基准

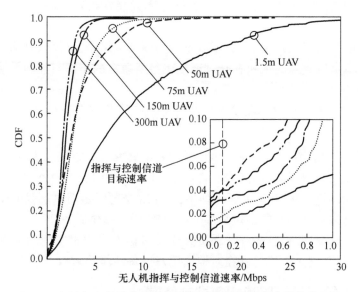

图7.6 在具有完美信道状态信息的大规模多输入多输出设置中,各种无人机高度的无人机指挥与控制信道速率的累积分布函数(案例3)。图中所示以100kbps的目标速率作为基准

将图7.5与图7.3进行比较,可得出以下见解:

(1)与图7.3一致,在25m左右飞行的无人机通常会看到耦合损耗有所改善,但每个物理资源块的信噪比降低。这是因为无人机可以看到更多的相邻基站,充当强视线干扰源。

(2)在基站处采用大规模多输入多输出改善了无人机的耦合损耗,这是在第一个射频链的输出处测量[5],因为增加了朝向天空的天线。

(3) 由于两种现象,在大规模多输入多输出系统中,无人机所经历的每个物理资源块的信干比得到了很大改善。首先,无人机受益于服务基站的波束形成增益,现在也可以向天空发射波束。其次,由于大多数用户都是地面用户设备,相邻的基站往往将其大部分波束指向下方,从而大大降低了无人机上产生的干扰。

(4) 总的来说,大多数无人机每个物理资源块的信噪比值高于最小调制和编码方案阈值。特别是,对于任何无人机高度,每个物理资源块的平均信噪比远高于上述阈值。此外,即使是5%最差的无人机也满足大多数无人机高度的最小信噪比阈值。

图7.6显示了在各种无人机高度的大规模多输入多输出设置中,无人机指挥与控制信道的数据速率性能。将该图与图7.4进行比较,可以得到一个关键结论:与单用户模式蜂窝网络相比,大规模多输入多输出网络有可能支持100kbps无人机指挥与控制信道,并具有更高的可靠性,即在考虑的所有无人机高度中,至少96%的情况下。事实上,由于信噪比增益(图7.5)和空间复用增益,大量多输入多输出网络中的数据速率大大提高,这是因为无人机和地面用户设备之间的8个用户同时被分配相同的物理资源块。

7.4.2 无人机-地面用户设备下行链路相互作用

我们现在研究通过蜂窝网络支持无人机指挥与控制信道如何影响地面用户设备的性能。特别是,我们评估了无人机在单用户和大规模多输入多输出环境下对表7.1中规定的用户高度分布的影响。对于后者,我们还讨论了参考信号重复使用和污染的影响。

图7.7所示为在参考信号重用3和上行链路分数功率控制的实际信道状态信息捕获情况下,无人机和地面用户设备每个物理资源块的信噪比。该图考虑了第三代合作伙伴计划案例3、4和5,分别对应于每个扇区1架无人机和14台地面用户设备,3架无人机和12台地面用户设备,以及5架无人机和10台地面用户设备。图7.7包含多个相应的信息:

(1) 尽管基站可用的信道状态信息不完善,但当从单个用户移动到大规模多输入多输出场景时,每个物理资源块的无人机信噪比大大提高。这是由于波束形成增益与来自附近基站的减少干扰相匹配,基站将大部分能量向下聚焦。

(2) 如上所述,当从案例3移动到案例4和案例5时,大规模多输入多输出模式场景中每个物理资源块的无人机信噪比降低,主要是因为:①更多的无人机由于其对多个基站的强视线信道而导致信道状态信息导频污染增加;②相邻小区向上指向更多波束,从而在无人机上产生更多的小区间干扰。另外,尽管图中未明确显示,但无人机的数量不会影响单用户模式场景中的信噪比。

(3) 与无人机信噪比不同,当从单个用户移动到大规模多输入多输出场景时,地面用户设备信噪比没有改善。这主要是由于地面用户设备引起的严重导频污染,超过了波束形成的任何收益。事实上,在所考虑的场景中,每个地面用户设备的参考信息可能与相邻小区中至少一架无人机的参考信号发生碰撞,且所述无人机可能与地面用户设备的服务基站发生强视线链路。

(4) 当从案例3移动到案例4和案例5时,每个物理资源块的地面用户信号信噪比进一步降低,因为相邻小区中存在更多无人机会导致导频污染效应,增加其严重性。

图7.8所示为第三代合作伙伴计划案例3下无人机和地面用户设备可实现的最终下行

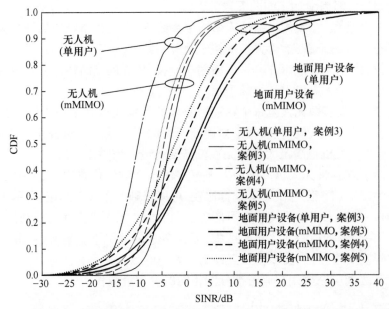

图7.7 在单用户和大规模多输入多输出场景中,无人机和地面用户设备在导频复用3和上行链路分数功率控制(各种第三代合作伙伴计划案例)下每个物理资源块的信噪比

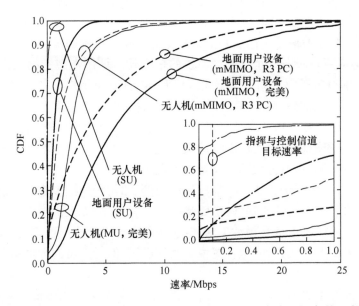

图7.8 在大规模多输入多输出设置下,无人机和地面用户设备在以下条件下实现的速率:①完全信道状态信息,"大规模多输入多输出,完美"(实线);②参考信号重用3和上行链路分数功率控制,"大规模多输入多输出,R3 PC"(虚线)。还显示了单用户场景中的速率"SU"(虚线),以及100kbps的无人机指挥与控制目标速率(放大图)

链路速率性能,即每个扇区一架无人机和14台地面用户设备。该图不仅说明了大规模多输入多输出网络提供的收益,而且还通过比较两种场景强调了信道状态信息捕获所起的关键

作用：①完美信道状态信息（"完美"）；②通过导频复用3和分数上行链路功率控制（"R3 PC"）获得的不完美信道状态信息。图7.8促使我们通过以下要点总结本节：

（1）导频污染会严重降低无人机和地面用户设备的速度性能。事实上，在信道状态信息捕获不完善的情况下，无人机的平均速率降低到无信道估计误差情况下可达到速率的40%。

（2）大规模多输入多输出提高了地面用户设备的数据传输速率。这是由于多路复用增益而不是信噪比增益，如图7.7中未改善的信噪比所示。至于无人机指挥与控制信道，大规模多输入多输出是一个关键的促成因素，在74%的情况下，即使在导频污染（"MU, R3 PC"）时，也能达到100kbps的目标速率。

（3）利用具有完全信道状态信息的大规模多输入多输出允许在96%的情况下实现上述指挥与控制信道目标速率，而在单用户情况下仅为16%。为了缩小导频污染造成的性能差距，可以采用下一节讨论的无人机侧和网络侧增强。

7.5 增强的下行链路性能

本节中，我们探讨以下两种增强功能[7]，每种增强功能都在前面章节中描述的次要用户和大规模多输入多输出模式的基础上进行独立评估：

（1）带自适应阵列的无人机（aaUAV）。无人机集成了一个2×2自适应阵列，该阵列由全向天线单元和单个射频链组成。这似乎是一个自然的选择，因为飞行中的无人机通常会遇到其服务基站的视线传播条件，这通常会阻止它们执行空间复用，并使模拟和数字信号处理的性能具有可比性。如图7.9所示，该硬件升级使具备其服务基站方位角和仰角知识的空中设备能够执行精确的模拟波束控制。

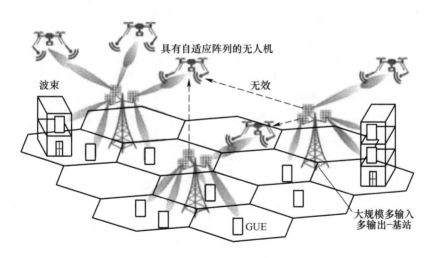

图7.9 无人机增强蜂窝支持示意图。大规模多输入多输出基站通过数字预编码为每个物理资源块上的多个地面用户设备和无人机提供服务，同时通过辐射零点减轻导频污染和小区间干扰，无人机将精确波束指向其服务基站

（2）具有零转向的大规模多输入多输出基站（mMIMOnulls）。基站包含额外的信号处理功能,使其能够执行双重任务。首先,通过利用无人机到基站链路中经常出现的信道方向性,基站系统可以在空间上分离不同空中设备传输的非正交导频[9]。其次,通过放置空间辐射零点,基站可以减轻对其他小区中易受攻击用户的干扰[13-14,18]。直观地说,基站将倾向于将其辐射零点(在我们的设置中为16个)转向与其他基站连接的最近高空无人机的位置,因为它们会经历视线传播条件[3]。

7.5.1 无人机下行链路指挥和控制信道

图7.10所示为实现下行链路指挥与控制信道速率大于100kbps最低要求的无人机百分比[3]。通过每个小区考虑一架无人机,并通过改变所有无人机的高度(15m,75m,150m和300m)来显示该百分比,以举例说明该参数对地空链路性能的关键作用。

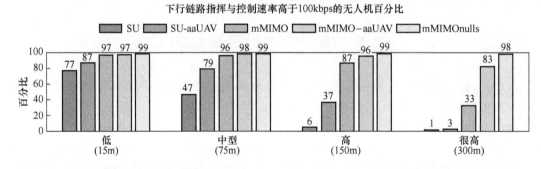

图7.10 下行链路指挥与控制信道速率大于100kbps无人机的百分比,作为其飞行高度的函数

图7.10再次表明,无论网络和设备能力如何,当无人机将其高度从15m增加到300m的最大飞行高度时,下行链路指挥与控制信道的性能降低。后者是由于干扰增加,对于次要用户设置(干扰协调性较差),其影响尤其明显,其中下行速率大于100kbps的无人机百分比从15m低空飞行的77%增加到300m飞行的1%。在150m及以上的位置,这种退化尤其严重,而干扰确实存在不会以与信号功率相同的速率衰减,尽管无人机配备了自适应阵列(SU aaUAV),但也会发生这种情况。

图7.10的趋势强调,在为空中用户服务时,需要使用更复杂的硬件和信号处理。例如,可以观察到,当满足超高空无人机的需求时,用显式小区间干扰抑制技术(mMIMOnulls)补充大规模多输入多输出基站处理必不可少。事实上,这些额外的能力大大提高了无人机在300m飞行时满足100kbps要求的百分比,从33%(mMIMO)增加到了98%(mMIMOnulls)。这是因为蜂窝基站放置的辐射零点数量足以有效抑制对非相关无人机产生(接收)的干扰。即使每个基站都需要来自与其他基站相关联的小区边缘设备的信道知识来执行该小区间干扰抑制,但对于更高的无人机来说,其捕获可能更容易。事实上,由于信道方向性强,问题归结为无人机到达角的估计。

图7.10还告诉我们,就无人机下行链路性能而言,可能没有必要依赖具有自适应阵列(mMIMO-aaUAV)的设备,因为与大规模多输入多输出相比,在较低高度时增益较小,而mMIMO-aaUAV在极高高度时的性能明显更好。

总的来说，图7.10证实了大规模基于多输入多输出的网络在下行链路中为无人机提供服务的有效性。因此，大规模多输入多输出将在本节剩余部分占据中心地位。

7.5.2 无人机-地面用户设备下行链路相互作用

为了说明无人机的存在对网络性能的影响，图7.11显示了地面用户体验到的每个物理资源块下行链路信噪比的累积分布函数。考虑了带无人机和不带无人机的蜂窝网络，在前一种情况下，每个蜂窝一架无人机在150m的高度飞行。图7.11证实了无人机产生的导频污染会导致地面用户设备可实现的下行链路信噪比的整体退化。这种影响对于小区边缘的地面用户设备非常重要，即位于累积分布函数下尾部并在插图中显示的地面用户设备，当每个小区部署一架无人机(mMIMO)时，其损失约5dB。相反，小区中心地面用户设备的性能没有受到严重影响，因为其服务基站以大功率接收其上行链路导频信号，因此使其不易受到来自空中用户设备的上行链路导频干扰。

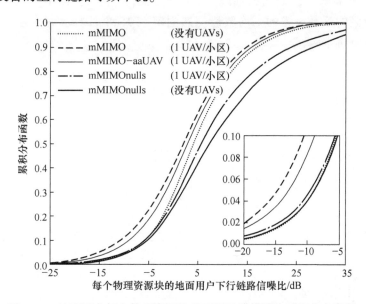

图7.11 地面用户每个物理资源块的下行链路信噪比累积分布函数

有趣的是，当空中设备配备自适应阵列(mMIMO-aaUAV)并将其波束聚焦到其服务基站时，这种性能损失得到部分补偿。事实上，增加的链路预算允许执行(模拟)波束形成的无人机降低其发射功率，进而减少在上行链路导频传输阶段对其他小区产生的干扰。然而，与没有无人机的大规模多输入多输出场景相比，小区边缘地面用户设备的性能仍然有所降低。

每个小区有一架无人机在150m的高度飞行，另外，小区间干扰抑制能力(mMIMOnulls)缩短了有无无人机场景之间的差距。图7.11显示，即使在每个小区有一架无人机的情况下，这种能力也能保持小区边缘的地面用户设备性能。这一显著结果表明，无人机在网络中的存在以及减轻无人机对地面用户设备导频污染的好处。剩余的性能差距可解释如下。在没有无人机的情况下，基站将其辐射零点指向小区外地面用户设备，包括位于小区中心的地面用户设备。相反，当无人机存在时，大多数零位瞄准它们和易受攻击的小区边缘地面用户设备。

7.6 上行链路性能

在评估无人机用户网络的下行链路性能后,我们希望评估蜂窝网络是否能够为视频流提供高速上行链路空中链路。同样重要的问题是无人机传输对地面用户上行链路性能的影响。本节将讨论上行链路传输的这两个方面。

7.6.1 无人机上行链路指挥与控制信道和数据流

图 7.12 显示了(a)每个小区不同数量无人机的平均和(b)95%无人机上行链路数据速率。直观地说,平均上行链路数据速率表示网络对实时流应用的支持,而 95%表示上行链路指挥与控制信道的可靠性。在所考虑的网络中,无人机均匀分布在 1.5~300m 之间,以捕获其在关键起飞和着陆操作期间的性能[3]。此外,我们注意到,根据第三代合作伙伴计划规范[3],每个扇区的活动设备的平均数量仍然固定在 15 个,因此,每个小区的用户数量随着无人机数量的增加而减少。

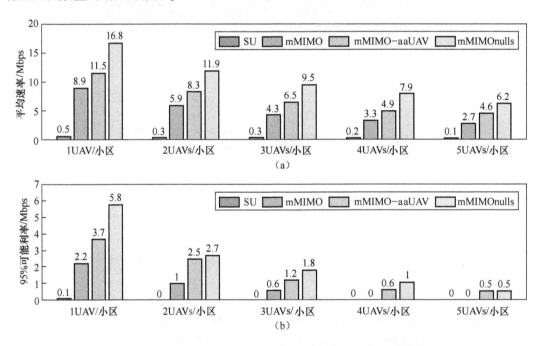

图 7.12 (a)每个小区有 1~5 架无人机的蜂窝网络的平均;
(b)95%可能的上行链路无人机速率(Mbps)

图 7.12 传达了一个重要信息,即无人机数量的增加会对其自身的性能产生不利影响,因为近邻小区会更频繁地调度无人机。上行链路数据速率的降低对于老式的次要用户设置尤其重要,当每个小区有一个以上的空中用户时,对于 5%最差的无人机,100kbps 的最低要求无法满足。因此,我们再次将焦点转移到大规模多输入多输出系统。

图 7.12 证实了具有大规模多输入多输出基站的网络如何能够显著提高次要用户架构

可实现的平均上行链路数据速率。然而，在信道状态信息捕获和上行链路数据传输阶段，大规模多输入多输出无法避免严重的无人机间干扰。可以观察到，当无人机数量从每个小区1架增加到5架时，图7.12(a)中的无人机上行链路平均速率如何从8.9Mbps下降到2.7Mbps。这些结果表明，当网络中存在大量单天线无人机时，无人机不可知信号处理技术可能不足以保证上行链路指挥与控制信道所需的100kbps。

在这些具有挑战性的环境中，若所有蜂窝连接的无人机都配备了自适应阵列(mMIMO-aaUAV)，则可以在没有零转向的情况下脱身。然而，这超出了网络运营商的控制范围，因此可能需要使用小区间干扰抑制能力(mMIMOnulls)来补充网络，以提高无人机上行链路有效载荷和指挥与控制信道的性能。事实上，图7.12显示，后一种方法可以保证95%的无人机上行链路速率为0.5Mbps，即使在ActivieuAvsPercell的情况下也是如此。

7.6.2 无人机上行链路相互作用

图7.13展示了在1~5架无人机的不同数量情况下，地面用户设备实现的平均上行链路速率。图7.13说明了当更多无人机处于活动状态时，平均地面用户设备上行链路速率显著降低。

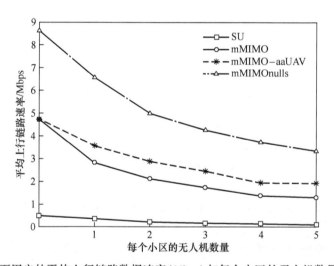

图7.13　地面用户的平均上行链路数据速率(Mbps)与每个小区的无人机数量的函数关系

图7.13还传达了另一个基本信息：除非在数据接收和信道状态信息采集阶段实施了明确的小区间干扰抑制机制(mMIMOnulls)，否则，具有大规模多输入多输出能力的基站提供的更积极的空间重用可能无法满足地面用户设备的要求。尽管如此，当一个满载的网络中每个小区有三架或更多无人机时，这种方法也会受到影响，平均上行链路速率会下降到没有无人机设置时的速率以下。

最后，图7.13显示，配备自适应阵列的无人机提供了有限的性能改进，尽管由于：①根据应用的分数功率控制逻辑降低了辐射功率；②增加了传输方向性，允许无人机减少产生的干扰。总之，图7.13强调了在整个网络设计阶段，如果要保持现有地面用户设备的性能，需要考虑无人机的存在。

7.7 结　　论

本章中,我们尝试了解实现蜂窝连接的无人机需要什么。我们发现,由于其将多个信号聚焦到多个用户的能力,大规模多输入多输出是实现可靠无人机通信的重要工具。事实上,它的采用在满载网络中至关重要,以限制无人机产生的干扰对传统地面通信的影响。

虽然大规模多输入多输出是一种可行的解决方案,但在许多高空无人机存在的情况下,大规模多输入多输出的效能会逐渐减弱。此外,大规模多输入多输出需要更新和准确的信道状态信息,无人机位置和航迹相关信息可促进信道状态信息的获取。最后,导频污染可能造成严重威胁,如果处理不当,就可能会危及现有地面用户的性能。

因此,运营商和无人机制造商似乎希望通过适当的基础设施和信号处理升级来补充大规模多输入多输出。后者在高海拔地区要求蜂窝服务时,可能需要改善其设备的硬件特性,如为无人机配备波束形成能力(mMIMO-aaUAV)。前者可能希望借助小区间干扰抑制(mMIMOnulls),利用基站-无人机信道的方向性,为无人机和地面用户设备提供满意的服务。

参 考 文 献

[1] 3GPP(2006). 3GPP Technical Report 25.814. Physical layer aspects for evolved Universal Terrestrial Radio Access(UTRA)(Release 7), September.

[2] 3GPP(2010). 3GPP Technical Report 36.213. Evolved Universal Terrestrial Radio Access(E-UTRA); physical layer procedures(Release 9), June.

[3] 3GPP(2017). 3GPP Technical Report 36.777. Technical Specification Group Radio Access Network; study on enhanced LTE support for aerial vehicles(Release 15), December.

[4] 3GPP(2013). 3GPP Technical Report 36.814. Further advancements for E-UTRA physical layer aspects (Release 9), March.

[5] 3GPP(2017). 3GPP Technical Report 38.901. Study on channel model for frequencies from 0.5 to 100GHz (Release 14), May.

[6] 3GPP(2011). 3GPP Technical Specification 36.201. LTE; Evolved Universal Terrestrial Radio Access(E-UTRA); LTE physical layer(Release 10), June.

[7] A. Garcia-Rodriguez, G. Geraci, D. Lopez-Pérez, L. Galati Giordano, M. Ding, and E. Björnson(2019). The essential guide to realizing 5G-connected UAVs with massive MIMO. *IEEE Commun. Mag.* 57(12):84-90.

[8] P. Baracca, L. Galati Giordano, A. Garcia-Rodriguez et al. (2018). Downlink performance of uplink fractional power control in 5G massive MIMO systems. *Proceedings of the IEEE Global Communications(GLOBECOM) Conference*, December, pages 1-7.

[9] E. Bjornson, J. Hoydis, and L. Sanguinetti(2017). Massive MIMO networks: spectral, energy, and hardware efficiency. *Found. Trends Signal Process.* 11(3-4):154-655.

[10] C. Ubeda Castellanos, D. L. Villa, C. Rosa et al. (2008). Performance of uplink fractional power control in UTRAN LTE. *Proceedings of the Vehicular Technology Conference(VTC)*, May, pages 2517-2521.

[11] H. Fattah and C. Leung(2002). An overview of scheduling algorithms in wireless multimedia networks. *IEEE*

Wireless Commun. Mag. 9(5):76-83.

[12] L. Galati Giordano, L. Campanalonga, D. Lopez-Pérez et al. (2018). Uplink sounding reference signal coordination to combat pilot contamination in 5G massive MIMO. *Proceedings of the IEEE Wireless Communications and Networking Conference (WCNC)*, April, pages 1-6.

[13] A. Garcia Rodriguez, G. Geraci, L. Galati Giordano et al. (2018). Massive MIMO unlicensed: a new approach to dynamic spectrum access. *IEEE Commun. Mag.* 56(6):186-192.

[14] G. Geraci, A. Garcia-Rodriguez, D. Lopez-Pérez et al. (2018). Indoor massive MIMO deployments for uniformly high wireless capacity. *Proceedings of the IEEE Wireless Communications and Networking Conference (WCNC)*, April.

[15] G. Geraci, A. Garcia Rodriguez, D. López-Pérez et al. (2017). Operating massive MIMO in unlicensed bands for enhanced coexistence and spatial reuse. *IEEE J. Sel. Areas Commun.* 35(6):1282-1293.

[16] G. Geraci, A. Garcia Rodriguez, L. Galati Giordano et al. (2018). Understanding UAV cellular communications: from existing networks to massive MIMO. *IEEE Access* 6:67 853-67 865.

[17] G. Geraci, A. Garcia Rodriguez, L. Galati Giordano et al. (2018). Supporting UAV cellular communications through massive MIMO. *Proceedings of the IEEE International Conference on Communications (ICC) Workshops*, May, pages 1-6.

[18] H. H. Yang, G. Geraci, T. Q. S. Quek, and J. G. Andrews (2017). Cell-edge-aware precoding for downlink massive MIMO cellular networks. *IEEE Trans. Signal Process.* 65(13):3344-3358.

[19] A. Kammoun, H. Khanfir, Z. Altman et al. (2014). Preliminary results on 3D channel modeling: from theory to standardization. *IEEE J. Sel. Areas Commun.* 32(6):1219-1229.

[20] M. S. Kay (1998). *Fundamentals of Statistical Signal Processing: Detection Theory*. Prentice-Hall.

[21] T. L. Marzetta, E. G. Larsson, H. Yang, and H. Q. Ngo (eds.) (2016). *Fundamentals of Massive MIMO*. Cambridge University Press.

[22] Q. H. Spencer, A. L. Swindlehurst, and M. Haardt (2004). Zero-forcing methods for downlink spatial multiplexing in multiuser MIMO channels. *IEEE Trans. Signal Process.* 52(2):461-471.

第8章 大容量毫米波无人机通信

Nuria González-Prelcic[1], Robert W. Heath[1], Cristian Rusu[2], Aldebaro Klautau[3]

1. 得克萨斯大学奥斯汀分校电气和计算机工程系,美国得克萨斯州奥斯汀高速公路2501号,邮编:78712
2. LCSL,意大利技术学院(IIT),意大利利古里亚热那亚经莫雷戈,邮编:16163
3. 巴西帕拉联邦大学计算机和电信工程系,贝伦奥古斯托·科雷亚,66075-110

8.1 动　　机

高数据速率通信使得飞行器的许多应用成为可能。毫米波(mmWave)载波频率是5G蜂窝系统的一个关键特征,因为带宽信道更高,非常适合提供高数据速率。在本章中,我们会解释毫米波在无人机(UAV)中的潜力。我们通过解释毫米波如何支持依赖于高数据速率、低延迟或两者结合的重要用例,推动对飞行器的毫米波研究。然后,我们总结在毫米波频率下传播的重要考虑因素,并回顾适合不同场景的通道模型。本章还描述了在毫米波频率下无人机多输入多输出(MIMO)通信的基本挑战,包括使用大型阵列、高机动性和低结构机动性。在本章结束时描述了与毫米波频率下运行的无人机相关的其他研究机会。

正如本书前几章所述,无人机在各种应用中具有巨大的颠覆性潜力。然而,要实现这一潜力,就需要与之相称的无线通信技术,如毫米波通信。由于毫米波载波频率处的带宽更高,加上精心的系统设计,毫米波蜂窝通信具有提供高数据速率(每秒千兆比特,Gbps)和低端到端延迟(亚毫秒)的潜力。如图8.1所示,这在飞行器的重要应用中有几个优势,包括传感、无线接入和运输。

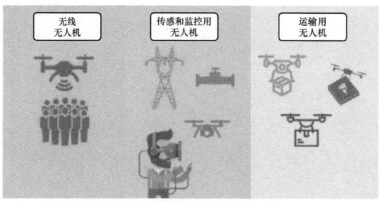

图8.1　毫米波通信授权的飞行器的关键应用

第8章 大容量毫米波无人机通信

在传感方面,高数据速率和低延迟可将高保真传感器信息从无人机传送到基础设施,以便于远程监控。无人机数据的最终目的地取决于应用程序:可能是控制无人机的人类用户、从传感器数据中提取信息的算法、控制无人机机动性模式的集中控制器,甚至是使用人工智能协调自身活动的其他无人机。例如,第一人称视觉观看无人机竞赛(人类或自主驾驶)[17]、电影摄影[43]、农业[49]和搜索与救援[18,68]受益于流式传输高质量视频的能力,包括多个视频流和多个摄像头视图。视频和其他传感器数据也可用作无人机远程控制的手段,包括定位、导航、避障和协作[74]。高数据速率连接允许卸载计算,因此用于处理数据的机器学习算法可以在地面上运行。这减少了空中计算所需的重量和功耗。

在无线接入方面,毫米波有助于无人机、塔台和其他用户之间的高数据速率和低延迟通信。例如,毫米波可以用作高数据速率回程手段,以便无人机可在临时事件期间充当热点[42,84]或用于救灾[41]。请注意,从无人机到用户的无线接入技术不需要使用毫米波;它可以使用传统的4G或无线局域网(WLAN)技术交付。无人机也可能会是提高5G毫米波蜂窝网络弹性的一种手段。例如,无人机的毫米波可以提供一种替代方法处理回程[21]或接入链路[39]的毫米波视线链路阻塞。毫米波已被用于最近的空中应用,如Facebook的Aquila系统,支持农村连接[31,45]。高数据速率确保无人机有足够的能力为其预期应用提供服务,而低延迟使无线互联网接入等应用能够在这些链路上无缝运行。

在城市空中机动——无人机的新兴应用中,毫米波也可能发挥重要作用。毫米波已被考虑用于地面车辆应用,以支持原始传感器数据共享和信息娱乐[12,70]。例如,使用毫米波,车辆可以共享经过轻微处理的传感器数据,提高态势感知、协同导航和通过十字路口的远程操作。使用毫米波进行城市空中交通,尤其是包裹和人员的运送,也可以实现类似的好处。例如,毫米波为实现超精密定位提供了一种自然手段[75],在城市地区,由于卫星能见度有限或多径效应,全球定位系统(GPS)受到影响[51],这是一项挑战。毫米波的使用也有助于传感器数据共享和远程操作,与地面车辆一样,对交通管理和碰撞避免非常有用。然而,到目前为止,毫米波在城市地区机动性方面的潜力仍在调查中。

毫米波现已被公认为5G新无线电(NR)蜂窝系统的一个重要新特征[7]。其主要原因是信道带宽可能更大,如3GPP第15版[16]中所定义的,在28GHz左右的载波上可达400MHz,在5G中可达40GHz,而在2GHz以下的载波频率下,在没有载波聚合的情况下可达20MHz。对于给定的工作信噪比(SNR),根据加性高斯噪声信道中的经典香农容量表达式,通信速率与带宽B成正比增加为$B\log(1+SNR)$。当然,在真实网络中的速率要复杂得多,但速率随带宽的线性增加在许多感兴趣的操作模式中很常见。

在毫米波频率下通信存在许多挑战[30]。可以说,5G新无线电中的整个基于波束的设计是针对这些挑战提出的,主要区别特征之一是使用具有大量散热器的天线阵列来实现阵列和多输入多输出复用增益。此外,这些天线阵列通常通过模拟波束形成组件(如移相器)网络进行控制,从而形成混合结构。这使得毫米波多输入多输出通信不同于低频时的通信[30]。例如,预编码或信道估计等基本信号处理任务变得更加复杂。尽管存在这些挑战,预计毫米波阵列小巧轻便,非常适合小型飞行器。此外,可能用于毫米波多输入多输出处理的混合阵列可提供毫米波无人机的重要优势。例如,窄波束通常有利于提高空间复用,避免与地面用户的干扰,并通过使信号更难截获来增强安全性。

毫米波在无人机上的应用给通常的毫米波多输入多输出信号处理带来了额外的复杂

性。与5G新无线电首次发布的固定无线和手持应用程序相比,机动性方面的考虑更为重要。这意味着需要快速配置通信信道(或波束)。在依赖于用例的基础信道假设中也存在显著差异。例如,我们预计从作为热点的高空无人机到塔台的通道是视线(LoS),几乎没有明显的多径分量。或者,街道级无人机交付包裹的通道可能是非视线(NLoS),具有更多的多径分量。这意味着毫米波在无人机上并不是"一刀切"的应用;相反,每个用例都需要一组不同的操作条件和要求。因此,在许多无人机应用中,进一步开发毫米波仍有很大潜力。

在本章中,我们会解释毫米波在无人机中的潜力及其作为5G及以上蜂窝系统用例的重要性。我们首先对毫米波通信可能发挥的作用和用例进行更详细的评估,然后描述回顾毫米波传播的基本原理和毫米波频率的相关空中信道模型。接下来,我们描述毫米波通信的关键方面,为更详细地描述毫米波多输入多输出通信奠定基础。我们描述了空中通信的主要挑战之一:建立和维护与高度机动的空中交通工具的通信。最后,我们对毫米波无人机的未来研究方向进行了展望。

8.2 基于毫米波通信的无人机作用和用例

毫米波通信提供了一种获得与无人机之间高速通信链路的方法。这成为实现无人机几个重要用例的关键因素,这些用例无法使用4G、Wi-Fi或非毫米波技术提供的较低数据速率充分服务。在本节中,我们首先介绍无人机在蜂窝网络(如5G)中的连接方式,然后描述无人机通过高数据速率通信实现的几个应用。虽然重点是与高数据速率相关的好处,但大多数应用也有低延迟的帮助。

8.2.1 无人机在蜂窝网络中的作用

无人机可以不同的方式连接到蜂窝网络,充当蜂窝基础设施或用户设备。这里我们总结一下这些应用。虽然它们不一定需要毫米波,本书的其他章节也对其进行了讨论,但当使用毫米波时,它们可工作得更好。不同的场景对传播信道模型也有重要影响,稍后会进行描述。

蜂窝网络运营商可以使用无人机作为空中基站。在此应用中,无人机通过无线链路被回送至蜂窝网络。该链路可以从基站、其他地面基础设施或卫星链路提供服务,这在农村应用中可能有用。回程的大小需要与无人机在其接入链路上提供的峰值数据速率相称,如支持5G数据速率的千兆位/秒。当然,这是毫米波一个很好的应用。无人机提供的接入链路不必基于5G技术。可以想象,它可以使用不太先进的东西,如4G,甚至Wi-Fi热点。需要注意的是,无人机不需要一直飞行来充当空中基站。例如,它可以飞行,然后像鸟一样栖息在建筑物顶部,从而节省飞行能量[66]。

无人机还可以在蜂窝网络中扮演用户设备的角色。5G的一个显著特征是围绕几个重要的行业垂直应用(包括运输)制定标准。5G支持1ms的低端到端延迟,这意味着5G可用于人类对无人机的远程控制。请注意,最近(2019年)的消费品宣传"超低延迟"为28ms[33],用于响应人工操作员控制;因此,1ms是对现有技术的重大改进。高数据速率还提供了延迟优势。例如,文献[67]中的表1给出了视频捕获和显示的逐帧延迟示例。它包括25ms的视频编码和27ms的视频解码。使用5G中毫米波支持的高数据速率,可以发送未压缩的视频,节省了大量编码和解码延迟。

在蜂窝网络中,无人机作为中继设备运行的方式多种多样。在这种操作模式下,无人机扮演着转发信号的角色,并不像基站那样实现所有高层功能。例如,无人机可作为其他用户设备(可能在地面)和基站之间的中继[5]。这在毫米波蜂窝网络中尤其有用,在毫米波蜂窝网络中,具有到基站的非视线连接的用户可以通过无人机获得具有更好性能的两跳视线链路。无人机也可用于促进回程[65]。在这种情况下,部署无人机是为了避免小型蜂窝昂贵的有线/光纤回程成本。其主要优势还体现在当小型蜂窝与服务中心有非视线连接,但与无人机为视线连接,与连接到网络核心的基础设施为视线连接的情况下。这些用例非常适合于毫米波通信,因为解决了一个关键问题(地面到基站链路的阻塞),并利用高数据速率能力为中继提供高容量。

虽然我们强调单个无人机与基站的连接,但大多数应用自然会推广到无人机群[11,19],即一起工作的无人机集合。机群中的飞行器可作为基站进行协调,如最大限度地覆盖地面或填充死区。机群还可以更紧密地耦合并参与联合任务,如完成监视活动。在本例中,无人机之间直接进行多跳或网状通信具有一些优势。请注意,这种通信的框架已经在5G的设备到设备通信中得到了支持。毫米波在这些网络中提供了高数据速率的潜力。

8.2.2 高容量蜂窝网络支持的无人机用例

毫米波网络可以绕过无人机行业正在经历的一些瓶颈,实现更具颠覆性的应用[78]。特别是,毫米波技术可以保证高速率传感数据的实时传输,同时联合提供高精度的位置信息,有助于准确跟踪无人机[75]。在本节中,我们将回顾无人机使用高数据速率毫米波蜂窝通信实现的一些特定用例。

无人机在解决蜂窝网络中的关键问题方面有很多应用。例如,它们可以在具有超密集交通需求的临时活动中充当动态热点[84]。或者,可以填补由于基础设施损失造成的覆盖缺口,如在自然灾害之后[41]。它们还可用于支持该基础设施,如在通信网络关闭时回送基站(许多基站已经有应急备用电源)。无人机有助于解决蜂窝系统中基站和地面终端之间的阻塞问题[39],如当传统的毫米波回程链路被移动的车辆、人或其他动态对象阻塞时,动态回程连接[21]。这些应用都受益于毫米波通信的基本优势,包括窄波束(减少干扰)和高带宽(提供高数据速率),同时解决了部署毫米波时遇到的一些关键挑战,如对阻塞的敏感性。

使用像5G这样的蜂窝无线连接可以提供传感器数据的高数据速率传输,如用于监视和救援行动,这些行动利用各种传感器,如4K、高光谱或红外摄像机,需要实时生成高数据速率[18,28]。此类数据可被回送至中央控制站,并由人工操作员或机器学习算法进行处理,以提取信息。精确农业是另一个潜在的应用[49]。得益于超精密定位,还可以传播大量高光谱图像[22]。虚拟现实(VR)是另一个得益于5G毫米波连接的应用。遥控无人机的第一人称视图在无人机比赛中非常流行[55]。在该设置中,用户戴着虚拟现实护目镜,从无人机内飞行员(认为是一个非常小的飞行员)的角度观察环境。这必须与操作员从地面自身角度控制无人机的视角形成对比。在该应用中,良好的虚拟现实体验需要从无人机到用户的高质量视频以及到无人机的低延迟控制链路。

无人机在运输行业有多种应用。一个简单的示例是监测地面车辆交通,如监测十字路口的车流[46]。无人机有许多新兴应用,有可能对运输业造成巨大颠覆。城市空中机动是一个开始增长的领域[53]。在该应用中,无人机用于使用电动"垂直起降"飞机接送乘客。基本上,无人机现在扮演着直升机作为城市地区交通工具的角色,但避免了相关噪声并降低了成本。虽然现在大多数城市空中机动项目都涉及人类飞行员,但拥有远程控制的飞行器有助于提高有效载荷(不需要人类飞行员)并降低成本(因为更多的任务被转移到自动计算机上)。无人机的一个相关被大肆宣传的城市应用是包裹递送,包括快餐和小包裹。5G毫米波连接的益处很多:低延迟远程控制、城市峡谷中的高精度定位,以及无人机协调运行的改进态势感知。蜂窝网络也有许多优势,无论它们是否使用毫米波,作为协调多架飞机的一部分[73],协调交付、管理空中拥挤和避免碰撞[13]。

8.3 毫米波频率下的空中通道模型

8.3.1 空中通道的传播注意事项

在本节中,我们将重点介绍毫米波空中传播的一些显著特征。我们首先讨论大气的影响,对于更长的链路和更高的频率,大气的影响变得更加重要。其次,我们解释空中网络中毫米波链路阻塞的来源。大气效应和阻塞都取决于物理环境与地面以上的高度(简称高度)。

8.3.1.1 大气因素

由于大气效应,毫米波传输经历了超出典型自由空间路径损耗的额外衰减[52]。相对于毫米波的地面应用,大气对飞行器的影响相对更为重要。空中链路可能比地面5G网络中使用的链路更长。对于较长距离,大气衰减成为维持通信链路的重要考虑因素。

大气衰减有三个主要来源:第一个是气体分子吸收,毫米波信号激发构成大气中气体的分子;第二个是雾或云中的悬浮液体;第三个是由于降雨或其他类型的降水造成的散射副产品。所有这些来源都会产生与频率相关的衰减。一般来说,效应随着频率的增加(波长的减少)而增加,由于在特定频率下与特定分子的相互作用,峰值衰减更高。

水蒸气和氧气是造成100GHz以下毫米波信号衰减的两种大气气体,这两种气体对5G很有意义。详细计算可在国际电信联盟(ITU)文件中找到,如文献[63]至1000GHz,或使用文献[14]中的软件。水蒸气吸收的峰值集中在23GHz左右。使用假设温度为15°C、总气压为1 atm、相对湿度为58%的计算数据,23GHz的峰值增加了约0.3dB/km的额外衰减。针对较长的链接,这只是一个重要的考虑因素。氧引起的峰值出现在60GHz左右。使用相同的参数,衰减大于10dB/km。这是一个重要的额外因素。其中一个原因是,60GHz很早就被选为未经许可的频段(频谱被视为仅对极短距离链路有用),而且60GHz被用于卫星到卫星链路(对地面的干扰严重衰减)。尽管如此,随着低频率许可证辅助接入的发展趋势,60GHz很可能将继续在未来的5G版本中使用。

悬浮的水蒸气产生另一个频率相关衰减源,该衰减也随频率增加(随波长减小)[6]。衰减随水的密度(单位为k/m^3)而增加,并可能随温度的升高而增加或减小,具体取决于频率。根据文献[6]中图1,对于$0.1g/m^3$的浓雾,100GHz下的衰减为0.5dB/km。在较低的频率下,衰减要小得多。因此,我们得出结论,悬浮水蒸气对空中毫米波通信来说不是一个重要问题。当然,悬浮的水蒸气可能会阻挡光学传感器,因此它仍然会对无人机的整体运行产生影响。

降水(如雨、雨夹雪和雪)引起的散射非常复杂,因为降水涉及许多参数。有许多不同的衰减模型作为降雨率的函数,单位为 mm/h 和信号极化[62,69]。例如文献[52]中给出的示例,对于 50mm/h 的降雨率(中等暴雨),衰减可能在 8~18dB/km。因此,重要的是要考虑降雨对链路预算的影响。降雨还会增加植物的额外穿透损失和地面附近的额外散射。当然,暴雨会造成飞行条件差的明显缺点。简而言之,降雨很重要,应包括在内,但目标最大降雨率应根据无人机任务和应用确定。

雪、雨夹雪和结冰雨也会在毫米波信号中造成额外的衰减。然而,由于这些条件在操作无人机时带来了额外的挑战,因此对于大多数预期的 5G 无人机用例来说,这些条件的优先级较低。

计算各种衰减源的综合影响很复杂。一般来说,它需要详细了解连接发射器和接收器的链路如何横切大气层。例如,云和雾都是局部现象,其影响随无人机在地面上的位置和高度而变化。温度和相对湿度也随海拔与天气条件而变化。充分了解用例和操作环境对于确定大气影响对链路预算的影响非常重要。

有关航空传播考虑因素和建模的更详细调查,请参见文献[15]。复制文献[15]中结果的代码,以及根据国际电信联盟估算大气损耗的代码,可在文献[14]中找到。

8.3.1.2 阻塞

阻塞的重要性是毫米波相对于低频通信系统的一个重要区别特征[30]。如图 8.2 所示,毫米波蜂窝系统中的主要阻塞源是建筑物和植物等固定物体,以及其他车辆等移动物体。阻塞因素适用于信号链路和干扰链路。在空中环境中,飞行器相对于环境的高度部分决定了链路被阻断的可能性。环境影响的程度取决于场景和通信中另一对的相对位置。

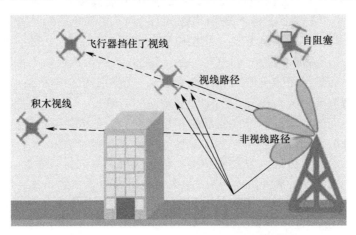

图 8.2 毫米波空中通信系统中的不同阻塞场景

阻塞的可能性是地面以上高度的函数。例如,在高海拔地区,空塔链路更可能出现未阻塞链路,而空地链路则不太可能出现未阻塞链路。在低海拔地区,建筑物、人和植物的距离更近,因此更需要考虑阻塞问题。来自其他飞行器的机身阻塞的重要性不取决于海拔,而是更强烈地取决于用例,并且取决于其他飞行器的密度。例如,对于机群来说,这种阻塞的风险可能很大。空中用例中也可能存在自身阻塞,但这可以通过天线布置克服,如在车辆上方和下方布置。阻塞对链路预算的直接影响是额外的路径损耗,尽管这忽略了与机动性相关的方面。

在系统级模拟中,考虑到阻塞的影响,通常需要使用两状态路径损耗模型,对于视线为自由空间指数,对于非视线或阻塞案例,指数更高。在这种情况下,阻塞的影响取决于链路的长度,即远距离相关阻塞概率函数和阻塞时不同的远距离相关损失。此类模型已用于分析毫米波蜂窝网络[9],并扩展到分析毫米波空中网络[80]。一个广泛使用的基于随机形状理论的视线概率模型,其参数与占地比例、单位面积平均建筑物数量以及与高度分布相关的比例参数有关(取决于发射器和接收器的高度),见文献[1]中的等式(4)。其他概括可能包括多种类型的阻塞[21]。

由地面高度和阻塞概率之间的关系得出一些关于毫米波无人机网络的有趣结论。例如,考虑空对地通信的情况。若无人机靠近地面,则与无人机在高空相比,链路更有可能被建筑物阻挡。然而,当无人机高度较高时,链路距离变长,衰减和大气的影响变得更为显著。因此,在这些情况下,通常在地面以上有一个平衡阻塞概率和路径损失的最佳工作点[27]。

当无人机需要与地面和空中设备通信时,无人机螺旋桨的自阻塞是一个问题,已在文献[10]中解决。作者使用硬件试验台描述螺旋桨引起的阻塞相关参数,并提出了通过跟踪随后的周期性衰落提高吞吐量的方案。

文献[20]中讨论了人体阻塞的影响,还提出了通过无人机提供的毫米波通信优化容量的方法。提出的方法考虑了人为阻塞,告知无人机的最佳位置(三维坐标)以及相应的覆盖区域。这项工作的数值结果表明,覆盖半径是如何随着人体阻塞物密度而减小的。

8.3.2 空对空毫米波信道模型

视线通道模型适用于自由空间通信,通常在高车辆高度的空对空(A2A)和空对地(A2G)通信中见到。空对空多输入多输出通道由方位角和仰角到达角(AoA)与出发角(AoD)、大气路径损耗、阵列几何形状以及相位变化和局部散射产生的小尺度效应参数化。该信道模型假设发射器和接收器之间只有一条传播路径,这会造成秩 1 多输入多输出信道。然而,对于空对空场景,使用极化发射和接收天线时,可使用秩 2 模型。

模拟视线通道需要对大尺度和小尺度传播效应进行表征。其中,包括大气衰减效应、由发射器和接收器之间的相对几何结构驱动的相位变化,以及方位和高度出发角与到达角的知识。将发射器处的天线数量表示为 N_t,接收器处的天线数量表示为 N_r,大气衰减和相位变化的联合效应表示为复数 α_1,发射侧和接收侧的阵列引导向量表示为 $\boldsymbol{\alpha}_T$ 和 $\boldsymbol{\alpha}_R$,方位到达角和出发角表示为 $\theta_{\mathrm{AoA},1}$ 和 $\theta_{\mathrm{AoD},1}$,高度到达角和出发角表示为 $\phi_{\mathrm{AoA},1}$ 和 $\phi_{\mathrm{AoD},1}$,视线路径传播延迟表示为 $\tau_{1,1}$,发射和接收脉冲形状的联合效应以及在 τ 处评估的模拟滤波为 $p(\tau)$,采样时间为 T_S,对应于视线通道的多输入多输出矩阵可几何建模为

$$\boldsymbol{H} = \sqrt{N_t N_r} \alpha_1 p(dT_S - \tau_{1,1}) \boldsymbol{\alpha}_R(\theta_{\mathrm{AoA},1}, \phi_{\mathrm{AoA},1}) \boldsymbol{\alpha}_t^*(\theta_{\mathrm{AoD},1}, \phi_{\mathrm{AoD},1}) \qquad (8.1)$$

除了发射器和接收器天线阵列之间的信道建模,重要的是考虑由于两端使用的非理想射频(RF)振荡器引起的相位变化[61]。

8.3.3 空对地毫米波信道模型

非视线通道除了可能的视线分量,还有来自反射和散射的多径。这是一种能更好描述

高度相关空对地通道特征的通道类型。航空和非航空毫米波应用中常见的反射源包括建筑物、植物和街道固定物。航空案例特有的来源是地面和本地机身。一般来说,无视线分量的非视线通信最具挑战性,因此在非视线模型中正确捕获最重要。图 8.3 所示为毫米波频率下空对空和空对地信道模型之间的差异。

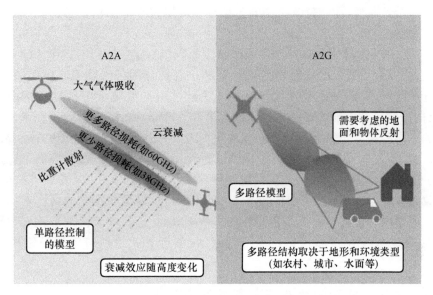

图 8.3 毫米波频段的空对空信道与空对地信道

非视线通道可以通过使用集群几何信道模型生成[30]。均匀平面阵列(UPA)是阵列几何结构的常见选择。设 C 为多径簇,R_c 为第 c 个簇的射线数,设 $\alpha_{c,r}$ 为大气衰减和簇 c 内第 r 个射线相位变化的联合效应,$\tau_{c,r}$ 为簇 c 内第 r 个射线到达时间。根据这些定义,复杂基带离散时间信道模型可以写为

$$H_d = \sqrt{\frac{N_t N_r}{\sum_{c=1}^{C} R_c}} \sum_{c=1}^{C} \sum_{r=1}^{R_c} \alpha_{c,r} p_{r,c}(dT_S - \tau_{c,r})$$
$$\times \alpha_R(\theta_{\text{AoA},c,r}, \phi_{\text{AoA},c,r}) \alpha_T^*(\theta_{\text{AoD},c,r}, \phi_{\text{AoD},c,r}) \quad (8.2)$$

对于 $d = 1, 2, \cdots, D$,其中 D 是要考虑的信道阶数,包括脉冲成形效应对于频率选择性信道非常重要,因为带宽和时间泄漏(一条连续时间射线产生多个离散时间样本)的影响在该响应中被准确捕获。即使对于视线,这也很重要,因为不完全同步意味着即使只有一条射线,也会有一些离散时间系数。

鉴于毫米波通信系统飞行原型的困难性,光线跟踪模拟已成为获得实验信道测量的有效工具。在文献[34]中,介绍了使用 Remcom 的 Wireless InSite 进行光线跟踪模拟的结果。研究了 4 种场景(InSite 中的三维模型和相应的电磁参数):农村、城市、郊区和海上。模拟使用 28GHz 或 60GHz 作为载波频率,获得了无人机高度为 2m、50m、100m 和 150m 时的接收信号强度和延迟扩展。仿真表明,无人机高度对延迟扩展的影响取决于场景。对于城市,延迟扩展随着无人机高度的增加而增加,而对于农村,延迟扩展则减小。这些射线追踪模拟的主要结论是,双射线模型可能在高飞行高度保持不变,而在低飞行高度则需要更多的多径

分量。

在文献[35]中,作者扩展了他们在文献[34]中的工作,并给出了在前面提到的4种场景在28GHz的空对地视线信道的光线跟踪模拟结果。针对持续和非持续两种不同类型的多径分量(MPC),分析了方向和到达时间(分别为自由度和TOA)等参数。前者中的多径分量主要取决于场景几何,而非持续类中的多径分量则取决于散射体的特性,并通过出生/死亡过程进行建模。

在文献[79]中,作者使用机器学习方法预测无人机有接收器空对地毫米波信道中的路径损耗和延迟扩展。其中,K最近邻(KNN)和随机森林是用于训练回归模型的学习算法。结合特征选择阶段,以便在路径损耗预测的8个特征的初始集合中预选敏感特征的子集(延迟扩展的预测具有正确的路径损耗值作为第9个特征)。例如,一些特征是发射器与无人机之间的二维距离以及发射器与无人机之间线路上的建筑物数量。这些功能高度依赖于特定站点,并对迁移学习方法进行评估,以便通过利用其他站点的数据预测新站点的性能。Remcom的Wireless InSite射线追踪模拟使用了两个不同的城市区域(渥太华和赫尔辛基)和不同的载波频率(2.4GHz、5.8GHz、28GHz和37GHz)。模拟数据支持对作者提出的基于频率和基于场景两种迁移学习策略进行评估。结果表明,这两种策略能够很好地预测路径损耗。然而,实验仅使用了城市区域,输入特征依赖于无人机航迹沿线三维场景的详细知识。

8.3.4　射线追踪作为获取信道测量值的工具

实现毫米波多输入多输出系统的光设备价格高且通常不可用。如前几节所述,射线追踪模拟是获取通道数据的一种有意思的方法。文献[37]中提出了一种模拟真实毫米波空对地通道的方法。以前的一些工作使用射线追踪模拟空对地毫米波通道(如文献[34-35]),这些工作采用了无人机定义明确的航迹。例如,假设无人机在固定高度飞行。由这种简化方法生成的毫米波信道可能不足以用于诸如信道跟踪算法之类的应用,其中信道的时间演化需要反映实际中发生的变化。为了获得无人机航迹(包括风影响等),微软的AirSim[64]被纳入了文献[37]提出的方法中。AirSim对一些物理现象进行建模,并用于以$1/T_S$的速率获得位置(x,y,z),其中T_S是用户指定的采样间隔。如图8.4所示,虽然AirSim指定了无人机的航迹,但是城市机动性的开源仿真(SUMO)[38]生成了所有其他移动对象(车辆和行人)的位置。给定感兴趣的三维场景,手动定位发射器天线。如图8.4所示,Python编排器代码收集所有移动对象(无人机、车辆和行人)的位置,组成一个场景,其中包含射线追踪模拟所需的所有信息,最后调用射线跟踪模拟器。对于每个场景,执行Remcom的Wireless InSite射线追踪模拟器,并在数据库中存储关于每个接收器L最强射线(增益、相位、角度等)的信息。

作为文献[37]中应用于无人机的方法的一个示例,我们使用射线追踪模拟来获得文献[59]中Ricean K因子的最坏情况值。我们使用图8.5中描述的场景生成数据,该场景是Wireless InSite示例的一部分,代表弗吉尼亚州罗斯林的337m×202m区域。采用的载波频率为60GHz,$T_S=1$s,发射机天线高度为5m,并启用了"漫散射"。这些射线追踪模拟估计出的信道随后被用于指导无人机毫米波通信的设计,而测量数据并不充分可用。

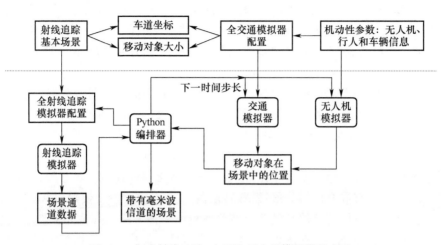

图 8.4 集成射线追踪、交通和无人机模拟器的方法

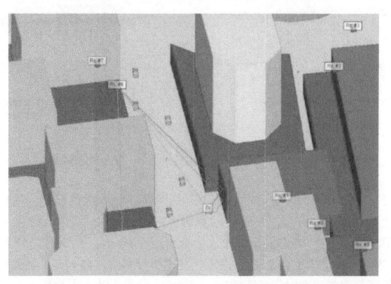

图 8.5 城市峡谷三维场景,无人机配有 1 个发射器,7 个接收器,以及含场景的车辆进行射线跟踪模拟。图中所示无人机 6(接收器 Rx,#6)的 4 条最强射线

8.4 毫米波频率下无人机多输入多输出通信的关键方面

多天线在毫米波通信系统中起着重要作用[30]。其主要原因来自天线孔径增益的作用,因为它会导致信道中的路径损耗。为了进行说明,请考虑自由空间传播。设发射功率为 P_t,则远场接收功率为

$$P_r = G_r G_t \left(\frac{\lambda}{4\pi d}\right)^2 p_t \tag{8.3}$$

当功率为线性标度时,d 为发射-接收分离距离,λ 为波长,G_t 和 G_r 为发射和接收天线增益。若天线增益固定,则接收功率与波长的平方成比例降低,从而导致毫米波信号损耗

大。但是,若物理天线孔径固定,则可在同一空间中安装多个天线元件。从简单定向波束形成得到的阵列增益 G 通常缩放 $\propto \lambda^{-2}$,补偿 A 项,造成接收的功率提高。多天线对于路径损耗的重要性,不用说许多其他次要益处,是多输入多输出通信增强毫米波赋能的主要原因。

毫米波多输入多输出通信链路中的多个天线可用于除获得阵列增益之外的其他目的。最显著的示例是多个数据流的空间多路复用,这是过去 20 年来人们热衷于多输入多输出的核心原因[29]。多天线还可用于支持多个用户、抑制干扰、增强安全性[72],或者用于防止机身阻塞的多样性[10]。在每种应用中执行的信号处理类型可能不同。

与低频多输入多输出通信系统相比,毫米波多输入多输出中的功耗导致射频架构不同。在功耗最高的设备中有混合信号分量:模数转换器(ADC)和数模转换器(DAC)。图 8.6 所示的混合架构是减少数模转换器和模数转换器数量的一种方法。其关键思路是使用模拟相移器和(可能情况)衰减器(模拟分量)组合天线的信号。其缺点是模拟复杂度增加,需要更复杂的网络将混合信号设备连接到射频组件。

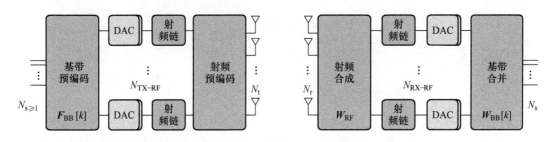

图 8.6 单毫米波多输入多输出链路的典型混合预编码架构

为了理解与毫米波多输入输出相关的挑战,考虑将混合预编码链路的接收信号模型与无约束架构进行对比很有帮助。首先,考虑具有 N_t 发射天线、N_r 接收天线和 N_s 数据流的多输入输出通信链路。其次,考虑假设多输入多输出正交频分复用(OFDM)设置的接收信号模型,其中 k 表示子载波索引,n 表示正交频分复用符号索引。将 $\boldsymbol{H}[k]$ 表示为等式中定义的多输入多输出信道的离散时间频率响应。等式(8.2)中,$\boldsymbol{F}^{(n)}$ 作为 $N_t \times N_s$ 预编码矩阵,$\boldsymbol{W}^{(n)}$ 作为 $N_r \times N_s$ 组合矩阵。假设完全同步,设 $\boldsymbol{y}^{(n)}[k]$ 表示接收器处的 1 个样本向量。让 $\boldsymbol{s}^{(n)}[k]$ 表示如来自正交幅度调制(QAM)星座的发射符号的向量。最后,设 $\boldsymbol{n}^{(n)}[k]$ 表示包括热噪声和残余干扰的加性噪声项。接收到的信号可写为

$$\boldsymbol{y}^{(n)}[k] = \boldsymbol{W}^{(n)*}[k]\boldsymbol{H}[k]\boldsymbol{F}^{(n)}\boldsymbol{s}^{(n)}[k] + \boldsymbol{W}^{(n)*}[k]\boldsymbol{n}^{(n)}[k] \tag{8.4}$$

若发射机上有可用的信道状态信息,则根据信道的奇异值分解选择预编码器和组合器,可能采用注水功率分配[29]。

现在考虑混合预编码的情况。我们使用与等式(8.4)中类似的符号,BB 附加下标表示基带数量,射频的附加下标表示通带数量(无论模拟操作处于中频还是载波频率,有效模型都相同)。接收到的信号为

$$\boldsymbol{y}^{(n)}[k] = \boldsymbol{W}_{BB}^{(n)*}[k]\boldsymbol{W}_{RF}^{(n)*}\boldsymbol{H}[k]\boldsymbol{F}_{RF}^{(n)}\boldsymbol{F}_{BB}^{(n)}[k]\boldsymbol{s}^{(n)} + \boldsymbol{W}_{BB}^{(n)*}[k]\boldsymbol{W}_{RF}^{(n)*}\boldsymbol{n}^{(n)}[k] \tag{8.5}$$

请注意,预编码操作已拆分为矩阵 $\boldsymbol{F}_{RF}^{(n)}$ 和 $\boldsymbol{F}_{BB}^{(n)}[k]$,生成等效 $N_t \times N_s$ 矩阵,但与 $N_t \times$

N_{TX-RF} 和 $N_{TX-RF} \times N_S$ 矩阵的乘积相同。N_{TX-RF} 为混合信号链的数量,通常比 N_t 小得多,但比 N_S 大。$F_{BB}^{(n)}[k]$ 应用于数字域,因此可以实现频率选择性预编码;而 $F_{RF}^{(n)}$ 应用于模拟域,因此分量对所有频率的作用相同(理想情况下)。此外,射频预编码受制于诸如量化相位和无幅度控制的附加约束。预编码的相同考虑因素也适用于接收器处与 N_{RX-RF} 对模数转换器的组合。

混合架构带来的主要挑战总结如下:

(1)预编码和组合需要优化额外的预编码与组合矩阵。由于尺寸 $N_S \leq N_{TX-RF} \ll N_t$,一个挑战在于秩约束,另一个是射频操作的频率平坦度以及对增益和相位值的限制。这使得通常不可能计算最优 F 或 W 的混合预编码器完美分解。也就是说,一种常见的算法是找到一个最佳的全数字预编码器,然后用一个混合与其近似。

(2)在接收器处测量的信道被射频预编码和组合所污染。作为一个非混合多输入多输出系统,以常规方式发送训练可测量 $W_{RF}^{(n)*}H[k]F_{RF}^{(n)}F_{BB}^{(n)}[k]$,其尺寸 $N_{RX-RF} \times N_{TX-RF}$ 比底层 $N_r \times N_t$ 信道小得多。这意味着需要新的方法来压缩估计信道[58],或者使用波束训练配置模拟预编码器和组合器[47]。在估计的情况下,结合使用伪随机波束模式的智能压缩感知算法发送训练数据。对于波束训练,先后尝试了不同的基于波束的预编码器和组合器。迭代过程用于选择和优化最佳选项。在无人机应用非常重要的通道跟踪任务中会出现其他复杂情况[59]。

尽管针对单用户多输入多输出链路进行了描述,但混合架构可用于多用户毫米波多输入多输出环境中。例如,可以设想在基站上使用的混合阵列和在设备上使用的模拟阵列(特别是 $N_{TX-RF} = N_{RX-RF} = 1$ 的情况)[30],以减少功耗。例如,对于用户 u,上行链路的一般接收信号模型是等式(8.5)中接收信号模型的扩展:

$$y_u^{(n)}[k] = W_{BB,u}^{(n)*}[k]W_{RF,u}^{(n)*}\sum_{m=1}^{U}H_m[k]F_{RF,m}^{(n)}F_{BB,m}^{(n)}[k]s_m^{(n)}[k] + W_{BB,u}^{(n)*}[k]W_{RF,u}^{(n)*}n^{(n)}[k]$$
(8.6)

基站将应用一组不同的组合器,以便从各个用户提取信号。或者,对于下行链路,在用户 u 处接收的信号为

$$y_u^{(n)}[k] = W_{BB,u}^{(n)*}[k]W_{RF,u}^{(n)*}H_u[k]\sum_{m=1}^{U}F_{RF,m}^{(n)}F_{BB,m}^{(n)}[k]s_m^{(n)}[k] + W_{BB,u}^{(n)*}[k]W_{RF,u}^{(n)*}n^{(n)}[k]$$
(8.7)

在下行链路中,基站将发射信号中所有用户贡献合并。每个用户必须努力提取其预期信号,同时抑制其他用户的影响。

与单用户情况相比,在多用户设置中配置阵列更具挑战性。一个原因是,即使在无约束的情况下,也很难精确计算最佳预编码器和组合器[29]。另一个原因是,对干扰的考虑可能胜过对噪声的关注。这意味着,就低信号干扰比而言,配置预编码器的不精确性可能导致显著的性能劣势。贪婪算法是多用户毫米波多输入多输出通信的一种实用策略。例如,在下行链路上,可为具有最佳信道的用户配置模拟预编码器,移除该贡献,并为选择的下一个用户配置模拟预编码器,以此类推。然后使用数字预编码来消除残余的多用户干扰。

除了适用于所有毫米波多输入多输出应用的考虑因素,在无人机平台上实现毫米波多

输入多输出通信还有许多挑战[76]。一个考虑因素是,对于许多使用案例,信道是具有单一主要传播路径的视线。这意味着,在不与主信道方向对齐的波束上传输时,存在一个显著的缺点。因此,获取信道可能更具挑战性。或者,信道追踪可能更简单,因为要追踪的通道可能更少。另一个考虑因素是无人机在三个维度上的机动性很高。与地面车辆不同,它们的运动自由度更高。这使得利用机器学习方法进行毫米波多输入多输出波束训练变得更加困难,因为这些训练方法利用了诸如在同一条街上行驶的汽车之类的项目[71]。此外,必须更频繁地完成追踪等重要任务[59]。天线布置也变得相对更为重要。为了避免机身阻塞,无人机可能需要在顶部和底部安装阵列,可能需要在不同位置安装多个阵列。需要额外的智能算法自适应地改变阵列。

无人机提供了感测和通信之间有趣的相互作用。这可以用来帮助毫米波通信。例如,先前的工作已经表明雷达如何帮助解决波束训练问题[3,25];高端自动化车辆上的传感器光探测和测距(LIDAR)也被建议作为确定链路是否被阻断的一种手段[36]。其他通信信号也可用于帮助配置毫米波链路[2]。在无人机案例下,用于导航的飞行器上的传感器也可用于辅助毫米波链路配置。导航传感器可以为其输出提供信息,从而形成更智能的基于位置的信道追踪算法[59]。传感器也可以部署在无人机网络中,进一步协助导航和交通管理。现已建议将传感器作为支持地面车辆的一种方式[12]。

8.5 建立空中毫米波多输入多输出链路

无人机之间的链路很难建立和维护,因为两个节点都是高度可移动的,尽管信道通常是视线,且单个路径足以精确模拟传播环境。当目标是在地面基站和无人机之间建立毫米波通信链路时,信道通常不太呈动态,但需要检测和跟踪多个多径分量。

8.5.1 无人机毫米波通信波束训练与追踪

8.4节中描述的一般波束训练/追踪方法也适用于空对所有(A2X)空中通信。然而,有一些特定的设计利用无人机中通常可用的特定信息减少波束训练开销。

例如,在空对空场景中,仅模拟多输入多输出架构的波束训练/追踪策略尝试查找和追踪单对到达角/出发角。大多数无人机都配备了全球定位系统和惯性测量单元(IMU)等传感器,因此可以假设无人机在给定误差下知道自己的绝对位置。或者,在空对空场景中,一架发射无人机可以使用不同的信号处理方法估计和预测接收无人机的位置。然后可以使用位置信息减少训练开销,因为位置的估计可以通过使用球坐标中的变换转换为到达角/出发角的估计,以后细化很方便。

根据这一思路,文献[83]描述了一种利用基于高斯过程(GP)的学习算法所预测的三维位置信息的波束跟踪算法。发射器无人机利用接收无人机的估计位置追踪到达角/出发角。仿真结果表明,即使在无人机高度机动的情况下,该方法也能取得较好的效果。一个潜在的问题是机器学习算法的选择,它不能很好地适应数据,需要大量的计算资源。文献[32]中提出了同样基于高斯过程学习策略的类似方法,用于预测多个无人机的位置,并将其限制在空间区域内,然后在该空间区域内执行波束搜索。为了解决潜在的计算问题,使用了一种更高效(在线)的高斯过程变体来减少开销——不仅仅是用于追踪的符号,还包括计算无人机位置预测所需的实际时间。

无人机通信波束训练的其他工作利用了运动信息加速波束搜索过程。例如,在文献[85]中考虑了空对地场景,其中空中基站为地面用户服务。用户的最大速度用于预测当前活动波束周围两个波束的方向。然后,波束搜索仅限于这两个可能的波束,只需要两个追踪导频。

8.5.2 空中环境中的信道估计与追踪

在初始压缩信道估计问题[58]中,向接收器发送一系列训练符号,每个符号通过不同的伪随机波束模式。这些符号通常是正交频分复用符号或单载波频域均衡(SC-FDE)帧,在零前缀分离符号期间发生波束切换。这些测量值在接收器处收集在一起,并用于重建信道的估计值。例如,在文献[58]中,我们开发了一种算法,该算法利用噪声统计和子载波之间的空间公共支持来估计大约80个符号的宽带信道。虽然我们的算法在有许多簇和射线的通道中工作,但在高度机动的空中场景中,80个符号可能仍然太长。因此,自适应方法很有吸引力,它利用过去的测量追踪信道的演变,并降低开销。对于视线空对地通信系统的简单情况,可以利用信道在角度域和延迟域中的高稀疏性。文献[40]中针对这种特殊情况提出了一种ESPRIT算法来恢复到达角和延迟,而路径增益是通过直接最小二乘方(LS)估计器获得的。

在信道追踪中,新的测量值与过去的测量值或信道估计值相结合,以更新信道估计值。如图8.7所示,当信道参数在空间上一致且随飞行器位置平稳变化时,该方法合理。为了处理簇到达或出发,该算法可以周期性地重新初始化,或者利用变化检测估计这些事件。

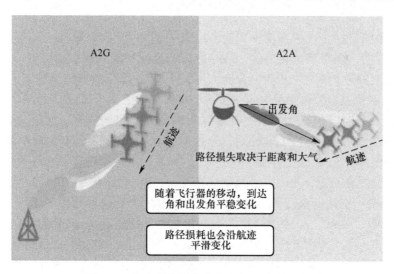

图8.7 空中毫米波信道的空间一致性概念

在飞行器中,一个有趣的方法是将位置或航迹纳入追踪通道的自适应算法中。这是侧面信息的一种有价值的形式,特别是车辆设置[26]。例如,在文献[57]中,针对多用户空对空场景提出了一种信道追踪算法,其中所有无人机都与单个空中接入点通信,该接入点利用位置信息和统一错误定位模型。如图8.8所示,可在与估计位置相对应的角度周围定义缩小的空间搜索。压缩方法能够跟踪只有 8 个正交频分复用符号的信道。在后面的工作[59]中,考虑了多个无人机与地面站通信的场景。困难还在于空中部队的高机动性,并提出了一种基于毫米波信道稀疏特性和最大似然(ML)技术的信道跟踪算法,该算法利用无人机位置和航迹的先验信息进行增强。实验结果表明,在给定 256 个子载波情况下,只需少量的正交频分复用训练符号即可跟踪三架无人机。此外,值得注意的是,所提出的方法能够在没有阻塞的情况下,以较小的开销随时间保持频谱效率。

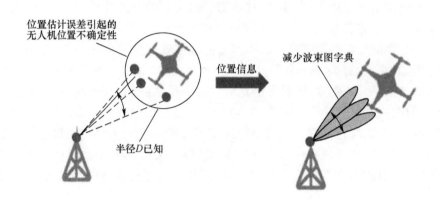

图 8.8　利用位置信息减少天线毫米波多输入多输出中波束图搜索或信道估计的空间

8.5.3　混合预编码器和组合器的设计

混合预编码的目标是在考虑硬件和能量约束的情况下,近似最佳全数字预编码器的性能。先前工作中的大多数算法将最优全数字解分解为模拟解和数字解。第一项工作是为一般毫米波系统设计混合预编码器和组合器[4,8,44,60,77],考虑了窄带信道模型,当忽略飞机本身的反射时,这对于空对空配置可能是准确的。然而,对于无人机通信,文献[77]中的解决方案似乎不可行,因为它需要大量射频链才能获得完美的因子分解。文献[60]中的设计实现了基于串行干扰消除(SIC)的混合预编码,这对于无人机侧的混合设备来说很有趣,它避免了昂贵的数值运算,如初始文件中所需的单值分解(SVD)和矩阵求逆。

最近的工作考虑了毫米波信道的频率选择性,这是空对地信道的一个特征,提出了以下解决方案:①假设一个接近最佳的组合器[48,50,81];②在避免这种假设的情况下考虑更一般的设置[23-24,56,82]。文献[23]中的解决方案利用备选上行链路和下行链路传输来迭代地更新预编码器和组合器。这项工作的主要限制是计算复杂度和较高的训练开销,这使得该方法不适用于空中通信。文献[24]中提出的算法对于空对地场景很有意思,因为它在多路径分量数量较少时提供了良好的性能。文献[56]中提出的基于贪婪单值分解的算法因其极低的复杂度而对空中场景非常有趣。在这种情况下,设计基于一种迭代技术,该技术使最佳全数字预编码器和组合器与混合滤波器之间的欧氏距离最小化。

混合预编码和组合也在无人机的毫米波系统中得到了特别考虑,其中硬件上的功率限制更为紧迫。文献[76]中提出了使用无人机混合处理的首要考虑因素之一,讨论了在无人机蜂窝网络中使用毫米波的挑战和机遇,并确定混合处理是实现无人机成本和能源可持续性的必由之路。文献[54]中描述了一种情况,即带有透镜天线的天线设备作为地面用户的基站,只建立服务水平连接,这是对空对地信道的限制。作者认识到空中基站的潜在能耗问题,并提出了一种节能的混合预编码技术,其中数字部分只有几个射频链,移相器由更简单的逆变器和开关取代。该算法采用鲁棒监督机器学习技术设计模拟/数字预编码器。结果表明,随着用户数量的增加,与全数字预编码的能效差距逐渐缩小。

8.6 研究方向

在本节中,我们通过描述部分由毫米波通信实现的一些研究想法来总结。

8.6.1 在塔台的传感

传感对于提供态势感知和防止碰撞非常有用。无人机的有效载荷通常较小,可能无法支持远程传感技术。另一种选择是将传感与塔台上的通信基础设施相结合。通过这种方式,塔台可以使用摄像机、雷达和声学传感器来收集和转播有关飞行器位置的信息。这种架构有助于其他应用,包括检测未经授权的无人机飞行和管理一般的无人机。传感器还可以通过提供有关位置或环境的带外信息来帮助促进通信,这尤其与空对地毫米波通信有关[26]。

8.6.2 联合通信和雷达

毫米波频率用于5G和汽车雷达。可以想象,频谱可以在通信和雷达信号之间的时间或频率上共享。使用具有全双工消除的相同波形,通信波形甚至可以达到这两个目的。飞行器上联合雷达和通信的一个主要优点是,相同的硬件可用于两个目的。例如,空中交通工具可以使用这种能力与地面交通工具进行通信,并监测地面交通工具的速度和速率,这种能力对于远程雷达成像和避免大型载人飞行器也很有价值。

8.6.3 定位和制图

5G和飞行器可以以其他方式协同工作。例如,低频和高频5G波形的较高带宽提供了另一种定位方法。这可用于在被拒绝的环境中帮助全球定位系统,或者作为单独的定位机制。通过精确定位,飞行器还可以帮助从鸟瞰图创建三维地图,从而支持自动驾驶等活动。在这种情况下,毫米波通信用于将传感器数据从车辆传输到边缘或云处理设备,进而更新地图。飞行器也可以利用其位置信息来帮助创建无线电地图。例如,可以识别空对地毫米波通信中的死区,然后通过飞行器中的导航算法来避免。

8.7 结论

毫米波是一种为飞行器提供高带宽连接的明智方式。空中平台的高机动性改变了毫米波更传统应用中的低机动性设计考虑。传播信道具有稀疏性,这与高度有关。在更高的海拔和更长的链路上,大气影响变得更为显著。与飞行器建立毫米波通信链路预计将是一项重大挑战,特别是在混合结构和非视线链路中,预计会出现集群阻塞。尽管如此,毫米波在许多关键飞行器任务(包括通信和传感)中仍处于关键地位。

参 考 文 献

[1] A. Al-Hourani, S. Kandeepan, and S. Lardner (2014). Optimal LAP altitude for maximum coverage. *IEEE Wireless Commun. Lett.* 3(6):569-572. doi:10.1109/LWC.2014.2342736.

[2] A. Ali, N. González-Prelcic, and R. W. Heath (2018). Millimeter wave beam-selection using out-of-band spatial information. *IEEE Trans. Wireless Commun.* 17(2):1038-1052. doi:10.1109/TWC.2017.2773532.

[3] A. Ali, N. González-Prelcic, and A. Ghosh (2019). Millimeter wave V2I beam-training using base-station mounted radar. *IEEE Radar Conference (RadarConf)*, April, pp. 1-5. doi:10.1109/RADAR.2019.8835615.

[4] A. Alkhateeb, G. Leus, and R. W. Heath. Limited feedback hybrid precoding for multi-user millimeter wave systems. *IEEE Trans. Wireless Commun.*, 14(11):6481-6494, Nov 2015. doi:10.1109/TWC.2015.2455980.

[5] A. Almohamad, M. O. Hasna, T. Khattab, and M. Haouari. Maximizing dense network flow through wireless multihop backhauling using UAVs. *Proceedings of the International Conference on Information and Communication Technology Convergence (ICTC)*, pages 526-531, Oct 2018. doi:10.1109/ICTC.2018.8539573.

[6] E. Altshuler. A simple expression for estimating attenuation by fog at millimeter wavelengths. *IEEE Trans. Antennas Propag.*, 32(7):757-758, July 1984. doi:10.1109/TAP.1984.1143395.

[7] J. G. Andrews, S. Buzzi, W. Choi et al. What will 5G be? *IEEE J. Sel. Areas Commun.*, 32(6):1065-1082, June 2014. doi:10.1109/JSAC.2014.2328098.

[8] O. E. Ayach, S. Rajagopal, S. Abu-Surra et al. Spatially sparse precoding in millimeter wave MIMO systems. *IEEE Trans. Wireless Commun.*, 13(3):1499-1513, Mar. 2014.

[9] T. Bai, A. Alkhateeb, and R. W. Heath Jr. Coverage and capacity of millimeter-wave cellular networks. *IEEE Commun. Mag.*, 52(9):70-77, Sep. 2014.

[10] J. Bao, D. Sprinz, and H. Li. Blockage of millimeter wave communications on rotor UAVs: demonstration and mitigation. *Proceedings of the 2017 IEEE Military Communications Conference (MILCOM)*, pages 768-774, Oct 2017. doi:10.1109/MIL-COM.2017.8170850.

[11] M. Campion, P. Ranganathan, and S. Faruque. A review and future directions of UAV swarm communication architectures. *Proceedings of the 2018 IEEE International Conference on Electro/Information Technology (EIT)*, pages 0903-0908, May 2018. doi:10.1109/EIT.2018.8500274.

[12] J. Choi, N. G. Prelcic, R. Daniels et al. Millimeter wave vehicular communication to support massive automotive sensing. *IEEE Commun. Mag.*, 54(12):160-167, Dec. 2016.

[13] W. B. Cotton. Adaptive autonomous separation for UAM in mixed operations. *Proceedings of the 2019 Integrated Communications, Navigation and Surveillance Conference (ICNS)*, pages 1-11, April 2019. doi:10.1109/ICNSURV.2019.8735196.

[14] T. Cuvelier. mmWaveAerialNetworks. https://github.com/travisCuvelier/mmWaveAerialNetworks, May 2019.

[15] T. Cuvelier and R. W. Heath Jr. (2018). MmWave MU-MIMO for aerial networks. Preprint. arXiv: 1804.03295v2.

[16] E. Dahlman, S. Parkvall, and J. Sköld (2018). *5G NR The Next Generation Wireless Access Technology*. Academic Press.

[17] J. Delmerico, T. Cieslewski, H. Rebecq et al. (2019). Are we ready for autonomous drone racing? The UZH-

FPV drone racing dataset. *Proceedings of the 2019 International Conference on Robotics and Automation (ICRA)*, May, pp. 6713-6719. doi:10.1109/ICRA.2019.8793887.

[18] M. Erdelj, E. Natalizio, K. R. Chowdhury, and I. F. Akyildiz. Help from the sky: leveraging UAVs for disaster management. *IEEE Pervasive Comput.*, 16(1):24-32, Jan 2017. doi:10.1109/MPRV.2017.11.

[19] Z. Feng, L. Ji, Q. Zhang, and W. Li. Spectrum management for mmwave enabled UAV swarm networks: challenges and opportunities. *IEEE Commun. Mag.*, 57(1):146-153, January 2019. doi:10.1109/MCOM.2018.1800087.

[20] M. Gapeyenko, I. Bor-Yaliniz, S. Andreev et al. (2018). Effects of blockage in deploying mmWave drone base stations for 5G networks and beyond. *Proceedings of the IEEE International Conference on Communications(ICC) Workshops*, pp. 1-6.

[21] M. Gapeyenko, V. Petrov, D. Moltchanov et al. Flexible and Reliable UAV-Assisted Backhaul Operation in 5G mmWave Cellular Networks. *IEEE J. Sel. Areas Commun.*, 36(11):2486-2496, Nov 2018. doi:10.1109/JSAC.2018.2874145.

[22] C. M. Gevaert, J. Suomalainen, J. Tang, and L. Kooistra (2015). Generation of spectral-temporal response surfaces by combining multispectral satellite and hyper-spectral UAV imagery for precision agriculture applications. *IEEE J. Sel. Topics Appl. Earth Observ. Remote Sens.* 8(6):3140-3146. doi:10.1109/JSTARS.2015.2406339.

[23] J. P. González-Coma, N. González-Prelcic, L. Castedo, and R. W. Heath. Frequency selective multiuser hybrid precoding for mmWave systems with imperfect channel knowledge. *Proceedings of the 50th Asilomar Conference on Signals, Systems and Computers*, pages 291-295, Nov 2016. doi:10.1109/ACSSC.2016.7869044.

[24] J. P. González-Coma, J. Rodríguez-Fernández, N. González-Prelcic et al. (2018). Channel estimation and hybrid precoding for frequency selective multiuser mmWave MIMO systems. *IEEE J. Sel. Topics Signal Process.* 12(2):353-367. doi:10.1109/JSTSP.2018.2819130.

[25] N. González-Prelcic, R. Méndez-Rial, and R. W. Heath. Radar aided beam alignment in mmWave V2I communications supporting antenna diversity. *Proceedings of the 2016 Information Theory and Applications Workshop(ITA)*, pages 1-7, Jan 2016. doi:10.1109/ITA.2016.7888145.

[26] N. Gonzalez-Prelcic, A. Ali, V. Va, and R. W. Heath. Millimeter-wave communication with out-of-band information. *IEEE Commun. Mag.*, 55(12):140-146, December 2017. doi:10.1109/MCOM.2017.1700207.

[27] K. Han, K. Huang, and R. W. Heath. Connectivity and blockage effects in millimeter-wave air-to-everything networks. *IEEE Wireless Commun. Lett.*, 8(2):388-391, April 2019. doi:10.1109/LWC.2018.2873361.

[28] S. Hayat, E. Yanmaz, and R. Muzaffar. Survey on unmanned aerial vehicle networks for civil applications: a communications viewpoint. *IEEE Commun. Surveys Tuts*, 18(4):2624-2661, 2016. doi:10.1109/COMST.2016.2560343.

[29] R. W. Heath Jr. and A. Lozano. *Foundations of MIMO Communication*. Cambridge University Press, 2018.

[30] R. W. Heath Jr., N. Gonzalez-Prelcic, S. Rangan et al. An overview of signal processing techniques for millimeter wave MIMO systems. *IEEE J. Sel. Topics Signal Process.*, 10(3):436-453, 2016.

[31] J. Hempel (2016). Inside FaceBook's ambitious plan to connect the whole world, January. https://www.wired.com/2016/01/facebook-zuckerberg-internet-org/.

[32] Y. Ke, H. Gao, W. Xu et al. (2019). Position prediction based fast beam tracking scheme for multi-user UAV-mmWave communications. *Proceedings of the IEEE International Conference on Communications (ICC)*, May, pp. 1-7. doi:10.1109/ICC.2019.8761775.

[33] H. Kesteloo (2019). New DJI digital FPV transmission system with low latency and HD video for drone racing, July. https://dronedj.com/2019/07/31/dji-digital-fpv-transmission-system/.

[34] W. Khawaja, O. Ozdemir, and I. Guvenc (2017). UAV air-to-ground channel characterization for mmWave systems. *Proceedings of the IEEE 86th Vehicular Technology Conference (VTC)*, Fall, pp. 1-5.

[35] W. Khawaja, O. Ozdemir, and I. Guvenc (2018). Temporal and spatial characteristics of mmWave propagation channels for UAVs. *Proceedings of the 11th Global Symposium on Millimeter Waves (GSMM)*, pp. 1-6.

[36] A. Klautau, N. González-Prelcic, and R. W. Heath. LIDAR data for deep learning-based mmWave beam-selection. *IEEE Wireless Commun. Lett.*, 8(3):909-912, June 2019. doi:10.1109/LWC.2019.2899571.

[37] A. Klautau, P. Batista, N. González-Prelcic et al. (2018). 5G MIMO data for machine learning: application to beam-selection using deep learning. *Proceedings of the 2018 Information Theory and Applications Workshop (ITA)*, pp. 1-9.

[38] D. Krajzewicz, J. Erdmann, M. Behrisch, and L. Bieker (2012). Recent development and applications of SUMO-Simulation of Urban MObility. *Int. J. Adv. Syst. Measurem.* 5(3-4):128-138.

[39] B. Li, Z. Fei, and Y. Zhang. UAV communications for 5G and beyond: recent advances and future trends. *IEEE Internet Things J.*, 6(2):2241-2263, April 2019. doi:10.1109/JIOT.2018.2887086.

[40] A. Liao, Z. Gao, Y. Wu et al. Multi-user wideband sparse channel estimation for aerial BS with hybrid full-dimensional MIMO. *Proceedings of the IEEE International Conference on Communications (ICC) WorKshops*, pages 1-6, May 2019. doi:10.1109/ICCW.2019.8757125.

[41] C. Luo, W. Miao, H. Ullah et al. Unmanned aerial vehicles for disaster management. *Geological Disaster Monitoring Based on Sensor Networks*, Springer, 2018.

[42] J. Lyu, Y. Zeng, and R. Zhang (2017). UAV-aided offloading for cellular hotspot. arXiv:1705.09024.

[43] I. Mademlis, V. Mygdalis, N. Nikolaidis, and I. Pitas. Challenges in autonomous UAV cinematography: an overview. *Proceedings of the 2018 IEEE International Conference on Multimedia and Expo (ICME)*, pages 1-6, July 2018. doi:10.1109/ICME.2018.8486586.

[44] R. Méndez-Rial, C. Rusu, N. González-Prelcic, and R. W. Heath. Dictionary-free hybrid precoders and combiners for mmWave MIMO systems. *Proceedings of the IEEE 16th International Worqshop on Signal Processing Advances in Wireless Communications (SPAWC)*, pages 151-155, June 2015. doi:10.1109/SPAWC.2015.7227018.

[45] C. Metz (2016). Inside Facebook's first efforts to rain internet from the sky, November https://www.wired.com/2016/11/inside-facebooks-first-efforts-rain-internet-sky/.

[46] H. Niu, N. Gonzalez-Prelcic, and R. W. Heath. A UAV-based traffic monitoring system - invited paper. *Proceedings of the IEEE 87th Vehicular Technology Conference (VTC)*, Spring, pages 1-5, June 2018. doi:10.1109/VTCSpring.2018.8417546.

[47] E. Onggosanusi, M. S. Rahman, L. Guo et al. Modular and high-resolution channel state information and beam management for 5G new radio. *IEEE Commun. Mag.*, 56(3):48-55, March 2018. doi:10.1109/MCOM.2018.1700761.

[48] S. Park, A. Alkhateeb, and R. W. Heath. Dynamic subarrays for hybrid precoding in wideband mmWave MIMO systems. *IEEE Trans. Wireless Commun.*, 16(5):2907-2920, May 2017. doi:10.1109/TWC.2017.2671869.

[49] Y. A. Pederi and H. S. Cheporniuk. Unmanned aerial vehicles and new technological methods of monitoring and crop protection in precision agriculture. *Proceedings of the IEEE International Conference on Actual Problems of Unmanned Aerial Vehicles Developments (APUAVD)*, pages 298-301, Oct 2015. doi:10.1109/APUAVD.2015.7346625.

[50] R. Peng and Y. Tian. Wideband hybrid precoder design in MU-MIMO based on channel angular information. *Proceedings of the IEEE 18th International Workshop on Signal Processing Advances in Wireless Communications(SPAWC)*, pages 1-5, July 2017. doi: 10.1109/SPAWC. 2017. 8227759.

[51] K. M. Pesyna, R. W. Heath Jr., and T. E. Humphreys. Centimeter accurate positioning with a smartphone-grade antenna. *Proceedings of the ION GNSS+ Conference*, 2014.

[52] T. S. Rappaport, R. W. Heath Jr., R. C. Daniels, and J. N. Murdock (2014). *Millimeter Wave Wireless Communications*. Prentice-Hall.

[53] C. Reiche, C. McGillen, J. Siegel, and F. Brody. Are we ready to weather urban air mobility (UAM)? *Proceedings of the 2019 Integrated Communications, Navigation and Surveillance Conference(ICNS)*, pages 1-7, April 2019. doi: 10.1109/ICN-SURV. 2019. 8735297.

[54] H. Ren, L. Li, W. Xu et al. (2019). Machine learning-based hybrid precoding with robust error for UAV mmWave massive MIMO. *Proceedings of the IEEE International Conference on Communications(ICC)*, May, pp. 1-6. doi: 10.1109/ICC. 2019. 8761112.

[55] R. Ribeiro, J. Ramos, D. Safadinho, and A. M. de Jesus Pereira. UAV for everyone: an intuitive control alternative for drone racing competitions. *Proceedings of the 2nd International Conference on Technology and Innovation in Sports, Health and Wellbeing (TISHW)*, pages 1-8, June 2018. doi: 10.1109/TISHW. 2018. 8559538.

[56] J. Rodríguez-Fernández and N. González-Prelcic (2018). Low-complexity multiuser hybrid precoding and combining for frequency selective millimeter wave systems. *Proceedings of the IEEE Signal Processing Advances in Wireless Communications(SPAWC) Conference*, June.

[57] J. Rodríguez-Fernández, N. González-Prelcic, and R. W. Heath. Position-aided compressive channel estimation and tracking for millimeter wave multi-user MIMO air-to-air communications. *Proceedings of the IEEE International Conference on Communications(ICC) Workshops*, May 2018.

[58] J. Rodríguez-Fernández, N. González-Prelcic, K. Venugopal, and R. W. Heath. Frequency-domain compressive channel estimation for frequency-selective hybrid millimeter wave MIMO systems. *IEEE Trans. Wireless Commun.*, 17(5):2946-2960, May 2018. doi: 10.1109/TWC. 2018. 2804943.

[59] J. Rodríguez-Fernández, N. González-Prelcic, I. Pamplona-Trindade, and A. Klautau. Position-aided compressive channel estimation and tracking for millimeter wave multi-user MIMO air-to-ground communications. *Proceedings of the IEEE 20th International Workshop on Signal Processing Advances in Wireless Communications(SPAWC)*, pages 1-5, July 2019. doi: 10.1109/SPAWC. 2019. 8815594.

[60] C. Rusu, R. Méndez-Rial, N. González-Prelcic, and R. W. Heath. Low complexity hybrid precoding strategies for millimeter wave communication systems. *IEEE Trans. Wireless Commun.*, 15(12):8380-8393, Dec 2016. doi: 10.1109/TWC. 2016. 2614495.

[61] T. Schenk(2008). Phase noise. *RF Imperfections in High-Rate Wireless Systems*, Springer.

[62] ITU (2005). ITU Radiocommunication Sector. Specific attenuation model for rain for use in prediction methods.

[63] ITU(2016). ITU Radiocommunication Sector. Attenuation by atmospheric gases.

[64] S. Shah, D. Dey, C. Lovett, and A. Kapoor (2018). AirSim: high-fidelity visual and physical simulation for autonomous vehicles. *Field and Service Robotics*, pp. 147-196. Springer. doi: https://doi.org/10.1007/978-3-319-67361-5_40.

[65] W. Shi, J. Li, W. Xu et al. Multiple drone-cell deployment analyses and optimization in drone assisted radio access networks. *IEEE Access*, 6:12518-12529, 2018. doi: 10.1109/ACCESS. 2018. 2803788.

[66] R. Shinkuma and N. B. Mandayam. Design of ad hoc wireless mesh networks formed by unmanned aerial

vehicles with advanced mechanical automation. https://arxiv.org/abs/ 1804. 07428,2018.

[67] Texas Instruments (2016). Low-latency design considerations for video-enabled drones. http://www.ti.com/lit/wp/spry301/spry301.pdf.

[68] T. Tomic, K. Schmid, P. Lutz et al. (2012). Toward a fully autonomous UAV: research platform for indoor and outdoor urban search and rescue. *IEEE Robot. Autom. Mag.* 19(3):46–56. doi:10. 1109/MRA. 2012. 2206473.

[69] R. N. Trebits(1987). MMW propagation phenomena. *Principles and Applications of Millimeter-Wave Radar*, pp. 131–188. Artech House.

[70] V. Va, T. Shimizu, G. Bansal, and R. W. Heath Jr. (2016). *Millimeter Wave Vehicular Communications: A Survey*. Now Publishers. https://www.nowpublishers.com/BookSeries.

[71] V. Va, T. Shimizu, G. Bansal, and R. W. Heath(2019). Online learning for position-aided millimeter wave beam training. *IEEE Access* 7:30 507–30 526. doi:10. 1109/AC-CESS. 2019. 2902372.

[72] N. Valliappan, A. Lozano, and R. W. Heath Jr. Antenna subset modulation for secure millimeter-wave wireless communication. *IEEE Trans. Commun.*, 61(8):3231–3245, Aug. 2013.

[73] M. D. Villaluz, L. Gan, J. Sia et al. Preliminary 4. 5G cellular network assessment with calibrated standard propagation model(SPM) for uTM-UAS operations in Singapore airspace. *Proceedings of the International Conference on Unmanned Aircraft Systems (ICUAS)*, pages 796–805, June 2018. doi:10. 1109/ICUAS. 2018. 8453326.

[74] X. Wang, V. Yadav, and S. N. Balakrishnan(2007). Cooperative UAV formation flying with obstacle/collision avoidance. *IEEE Trans. Control Syst. Technol.* 15(4):672–679. doi:10. 1109/TCST. 2007. 899191.

[75] H. Wymeersch, G. Seco-Granados, G. Destino et al. (2017). 5G mmWave posi¬tioning for vehicular networks. *IEEE Wireless Commun.* 24(6):80–86. doi:10. 1109/MWC. 2017. 1600374.

[76] Z. Xiao, P. Xia, and X. Xia. Enabling UAV cellular with millimeter-wave communication: potentials and approaches. *IEEE Commun. Mag.*, 54(5):66–73, May 2016. doi:10. 1109/MCOM. 2016. 7470937.

[77] X. Zhang, A. F. Molisch, and S.-Y. Kung(2005). Variable-phase-shift-based RF-baseband codesign for MIMO antenna selection. *IEEE Trans. Signal Process.* 53(11):4091–4103. doi:10. 1109/TSP. 2005. 857024.

[78] G. Yang, X. Lin, Y. Li et al. (2018). A telecom perspective on the internet of drones: from LTE-Advanced to 5G. arXiv:1803. 11048, March.

[79] G. Yang, Y. Zhang, Z. He et al. (2019). Machine-learning-based prediction methods for path loss and delay spread in air-to-ground millimetre-wave channels. *IET Microw. Antennas Propag.* 13(8):1113–1121.

[80] W. Yi, Y. Liu, A. Nallanathan, and G. K. Karagiannidis. A unified spatial framework for clustered UAV networks based on stochastic geometry. *Proceedings of the IEEE Global Communications Conference (GLOBECOM)*, pages 1–6, Dec 2018. doi:10. 1109/GLO-COM. 2018. 8648138.

[81] X. Yu, J. C. Shen, J. Zhang, and K. B. Letaief (2016). Alternating minimization algorithms for hybrid precoding in millimeter wave MIMO systems. *IEEE J. Sel. Topics Signal Process.* 10(3):485–500. doi:10. 1109/JSTSP. 2016. 2523903.

[82] X. Yu, J. Zhang, and K. B. Letaief. A hardware-efficient analog network structure for hybrid precoding in millimeter wave systems. *IEEE J. Sel. Topics Signal Process.*, 12(2):282–297, May 2018. doi:10. 1109/JSTSP. 2018. 2814009.

[83] J. Zhang, W. Xu, H. Gao et al. Position-attitude prediction based beam tracking for UAV mmWave communications. *Proceedings of the IEEE International Conference on Communications(ICC)*, pages 1–7, May 2019. doi:10. 1109/ICC. 2019. 8761981.

[84] L. Zhang, H. Zhao, S. Hou et al. A survey on 5G millimeter wave communications for UAV-assisted wireless networks. *IEEE Access*, 7:117460-117504, 2019. doi:10.1109/AC-CESS.2019.2929241.

[85] W. Zhang and W. Zhang. Beam training and tracking efficiency analysis for UAV mmWave communication. *Proceedings of the IEEE International Conference on Communication Systems (ICCS)*, pages 115-119, Dec 2018. doi:10.1109/ICCS.2018.8689233.

第三部分 无人机辅助无线通信

第9章 基于随机几何的无人机蜂窝网络性能分析

Morteza Banagar, Vishnu V. Chetlur, Harpreet S. Dhillon

美国弗吉尼亚州布莱克斯堡弗吉尼亚理工大学布雷迪电气与计算机工程系

9.1 简 介

无人机(UAV)基站(BS),通常称为无人机基地基站(DBS),由于其移动性、易部署性、成本效益以及与地面用户设备(UE)的视线(LoS)链路可能性高,与传统地面基站相比具有多个优势。由于这些特性,无人机基站被认为是当前蜂窝网络的一个有价值的补充。无人机基站通过向地面蜂窝基站服务区以外的位置提供连接,扩展了蜂窝网络的覆盖范围。此外,无人机基站在自然灾害和紧急情况下提供联通性方面发挥着关键作用,因为地面网络可能完全丧失能力[22,37]。此外,无人机基站易于部署,成为在短期内需要网络资源场景(如体育赛事或音乐会)中提供网络访问的有效解决方案[21]。为了利用无人机蜂窝网络提供的众多益处,第三代合作伙伴计划(3GPP)最近将无人机基站通信支持作为第五代(5G)标准的一部分[1-2]。

由于无人机基站通常部署在比地面基站高得多的高度,无人机基站的空对地链路传播特性与地面链路传播特性显著不同。在文献[35-36,43]中,通过针对各种环境(如农村、半城市和城市)的广泛测量活动,研究了空对地通信的大尺度和小尺度衰落特性。文献[5-6]中提出了空中网络中出现视线和非视线(NLoS)链路的概率模型,该模型是无人机高度、链路距离和环境类型的函数,并在文献[23]中进一步开发。尽管无人机基站的机动性为无人机蜂窝网络提供了许多优势,但功率限制和回程链路的性质限制了无人机基站在这些网络中的性能。对于无人机基站的规划、设计和部署,需要清楚地了解无人机基站的好处和局限性及其对网络性能的影响之间的权衡。这刺激了大量使用各种数学工具对无人机蜂窝网络各个方面的研究。受无人机基站机动性的推动,有几项工作专注于确定使无人机基站效用最大化的最佳航迹[30,46,48]。文献[30]中提出了一种动态调整无人机航向的算法,以将上行链路通信的总速率最大化。在文献[46]中,通过联合优化用户调度和无人机航迹,将用于下行链路通信的地面用户的最小吞吐量最大化。在文献[47]中,利用博弈论工具,提出了一种有效的带宽资源分配算法，以平衡服务成本和网络性能。在文献[3]中，作者将无人机建模为移动中继，将源-目的地对信息的平均峰值时间最小化。在文献[34]中，使用机器学习提出了一种节能无人机控制方法，以最大限度地扩大地面用户设备的覆盖范围。

与任何无线环境中的情况一样，无人机蜂窝网络的系统级性能分析原则上可以通过基于仿真的方法进行。然而，这些方法无法通过网络参数的数量进行扩展，因此进一步开发分析方法以补充模拟非常重要。鉴于无人机基站和用户设备位置的不规则性，使用随机几何工具是对空中通信网络进行建模和分析的自然选择。这种方法的主要思路是将无线节点的位置适当分布，然后通过利用这些分布的特性分析表征关键性能指标，如覆盖率和数据速率[8]。参考接收器基于下行链路信干比(SIR)的覆盖概率和网络频谱效率已在文献[24-25]中针对有限的无人机基站网络进行了分析，其中无人机基站的位置由二项式点过程(BPP)建模[4]。这项工作中提供的结果为网络性能提供了有用的见解，它是无人机基站高度、无人机基站数量和用户在地面位置的函数。考虑到视线和非视线概率，文献[10]的作者推导了无人机基站齐次泊松网络中的覆盖概率。

由于无人机基站在实践中经常与地面蜂窝网络共存，因此文献[11,31]中计算了多层异构网络中典型用户的覆盖概率，其中无人机基站和地面基站的位置由独立的齐次泊松点过程(PPP)建模。多层无人机网络在下行频谱效率方面的性能已在文献[40]中进行了研究。文献[13,15]分析了无人机对无人机通信链路，其中作者评估了两种频谱共享策略的覆盖概率和速率。在文献[45]中考虑了以用户为中心的无人机基站部署，其中假设无人机基站部署在由泊松簇过程[39]建模的用户设备簇中心之上的某个高度。对于该设置，已经分析了典型用户设备的基于瞬时信噪比(SINR)的覆盖概率和面积频谱效率(ASE)。文献[12,50]中推导了无人机基站上行链路覆盖概率的解析表达式。在所有这些工作中，假设无人机基站悬停在固定位置，并对网络的一个快照进行分析。然而，正如我们将在本章中讨论的那样，无人机基站的机动性对网络性能有重大影响。

为了设计高效的面向应用的协议，通过考虑无人机基站的机动性来了解无人机蜂窝网络的性能非常重要。与蜂窝网络中节点的机动性直接相关的两个关键性能指标是切换概率和切换速率。此外，无人机基站的空间分布受其机动性的影响，因此研究基于信噪比的性能指标(如覆盖概率和可实现数据速率)的时间演化也很有意义。进一步基于文献[25]中考虑的无人机基站有限网络模型，在文献[27]中提出了两类航迹过程，以减少平均衰减持续时间，同时确保与静态无人机基站相同的覆盖性能。文献[28]中展示了通过动态部署无人机基站在频谱效率方面取得的性能增益。文献[41-42]中的作者使用无人机基站有限三维网络中水平和垂直位移的随机游走(RW)和随机航路点(RWP)移动性模型，推导了参考地面用户设备的覆盖概率。研究了使用各种典型移动性模型(如随机游走和随机航路点)对移动无人机蜂窝网络的性能分析[7,16-18]，还研究了无人机网络中的切换概率和速率[14,19]。

本章中，我们将重点介绍第三代合作伙伴计划的无人机移动性模型，其中无人机基站的初始位置被建模为距地面恒定高度的均匀二维泊松点过程，每个无人机基站沿随机方向的直线移动，独立于其他无人机基站。在实际中，受单层蜂窝网络中关联方式的启发，我们假设一个典型地面用户由其最近的无人机基站提供服务，而所有其他无人机基站充当干扰源。我们为服务无人机基站的移动性提出了两种服务模型：①用户设备相关模型(UDM)，其中服务无人机基站沿典型用户设备的方向在地面上方的固定高度移动，并保持悬浮在典型用户设备的正上方；②用户设备无关模型（UIM），其中，服务无人机基站的运动方向是完全随机的。对于这两种服务模型，我们描述了在每个时间 t 处干扰无人机基站的密度，并分析了典型用户设备在 Nakagami-m 衰落下的下行链路平均速率。我们还将第三代合作伙伴计划移动性模型与其他非线性移动性模型进行了比较，并证明我们提出的模型速率性能是这些更复杂的非线性模型速率性能的下限。此外，我们对用户设备相关模型和用户设备无关模型的切换概率进行了分析，并表明用户设备无关模型中的切换概率等同于传统地面网络的切换概率，其中基站是静态的，分布为齐次泊松点过程，用户设备沿着直线在随机方向上移动。接下来将介绍有关系统模型的更多详细信息。

9.2 系统模型概述

9.2.1 空间模型

我们考虑图 9.1 所示的移动无人机基站网络，其中无人机基站部署在固定高度 h 以服务于地面上的用户设备。我们假设笛卡儿坐标系的 xy 平面与地面对齐，并在本章中将 $z=h$ 平面称为无人机基站平面。我们将无人机基站的初始位置建模为齐次泊松点过程 $\Phi_D(0)$，密度 λ_0 在无人机基站平面中。用户设备的位置由独立的齐次泊松点过程 Φ_U 建模。我们分别用 $\boldsymbol{O}=(0,0,0)$ 和 $\boldsymbol{O}'=(0,0,h)$ 表示原点和原点在无人机基站平面上的投影。我们分析的重点将放在 $\boldsymbol{O}$ 位置的标准用户设备。对于在时间 t 处位于 $x(t) \in \Phi_D(t)$ 的无人机基站，其与 $\boldsymbol{O}'$ 和 $\boldsymbol{O}$ 的距离分别由 $u_x(t) = \|x(t) - \boldsymbol{O}'\|$ 和 $r_x(t) = \sqrt{u_x(t)^2 + h^2}$ 表示。在本章中，我们使用下标 0 表示与 $\boldsymbol{O}$ 最近的无人机基站对应的项。

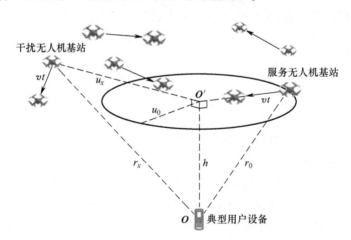

图 9.1 第三代合作伙伴计划的直线移动模型的系统模型示意图

因此，我们在时间 t 分别用 $u_0(t)$ 通过 $u_0(t)$ 和 $r_0(t) = \sqrt{u_0(t)^2 + h^2}$ 和离 $\boldsymbol{O}'$ 和 $\boldsymbol{O}$ 的距离分别表示离无人机基站到 $\boldsymbol{O}$ 最近的距离。为便于注释，我们删除了定义为 $t=0$ 的 $u_0(t)$ 和 $r_0(t)$ 的时间索引，即 $u_0 \triangleq u_0(0)$ 和 $r_0 \triangleq r_0(0)$，并且每当从上下文理解时间索引时，我们删除了 $u_x(t)$ 和 $r_x(t)$ 的时间索引。

9.2.2 第三代合作伙伴计划的移动性模型

最近,第三代合作伙伴计划已经考虑了无人机基站布局和航迹的模拟模型[2],其中无人机基站最初布局在距地面恒定高度的均匀随机位置。然后它们以匀速沿均匀随机方向直线开始运动。在本章中,我们将该模型称为"直线移动性模型"。我们考虑最近邻关联策略,其中典型用户设备连接到其最近的无人机基站,称为服务无人机基站,并且所有其他无人机基站被视为典型用户设备的干扰无人机基站。我们使用匀速 v 的直线移动性模型对干扰无人机基站的移动性进行建模。另外,对于服务无人机基站,我们考虑以下两种服务模型。

(1) 用户设备相关模型:服务无人机基站在无人机基站平面内以速度 v 向 O' 移动,并在此位置停止。

(2) 用户设备无关模型:服务无人机基站在无人机基站平面内以速度 v 沿随机方向的直线移动。

从我们的构造可以清楚地看出,对于典型用户设备,用户设备相关模型中的服务无人机基站不会随时间而改变,因此在该服务模型中不会发生切换。由于用户设备相关模型中的服务无人机基站的运动将到典型用户设备的链路距离最小化,因此这可以视为最佳情况服务模型。另外,在用户设备无关模型中,由于服务无人机基站的随机移动方向,距典型用户设备最近的无人机基站可能在一段时间内不保持相同,会造成切换。此外,用户设备的位置彼此独立,因此在用户设备相关模型和用户设备无关模型中无人机基站的航迹也会彼此独立。

注 9.1 在本章中,我们将无人机基站表示为"点",发生碰撞(定义为两个点同时到达同一位置时的事件)会成为零度量事件。

9.2.3 信道模型

在时间 t 的典型用户设备处的信干比定义为

$$\text{SIR}(t) = \frac{h_0(t) r_0(t)^{-\alpha}}{\sum_{x(t) \in \Phi'_D(t)} h_x(t) r_x(t)^{-\alpha}} \quad (9.1)$$

式中,$h_0(t)$ 和 $h_x(t)$ 分别表示对应于服务链路和干扰链路的小规模信道衰落增益;α 为固定路径损耗指数;$\Phi'_D(t) = \Phi_D(t)/x_0(t)$ 为干扰无人机基站位置的点过程。为了方便标记,我们将等式(9.1)的分母用 $I(t)$ 表示。由于空对地信道可能会经历各种散射场景,我们调用 Nakagami-m 衰落来捕获这些环境中衰落严重程度的差异,并将服务链路和干扰链路的 Nakagami-m 衰落参数分别表示为 m_0 和 m。因此,信道增益 $h_0(t)$ 和 $h_x(t)$ 遵循伽马分布具有以下概率密度函数(PDF):

$$f_H(h) = \frac{\beta^\beta}{\Gamma(\beta)} h^{\beta-1} e^{-\beta h} \quad (9.2)$$

式中,$\Gamma(x) = \int_0^\infty t^{x-1} e^{-t} dt$,为伽马函数,对于 $h_0(t)$ 的 PDF 为 $\beta = m_0$ 且对于 $h_x(t)$ 的 PDF 为 $\beta = m$。为了便于数学处理,我们考虑取 m_0 和 m 的整数值。

9.2.4 感兴趣的指标

我们使用以下指标描述用户设备相关模型和用户设备无关模型的网络性能。

(1) 平均速率($R(t)$),其定义为$R(t)=\mathbb{E}[\log(1+\mathrm{SIR}(t))]$,其中期望值接管泊松点过程和轨迹。请注意,这是典型用户设备在时间t时看到的不同网络和航迹实现的平均速率。

(2) 切换概率($P_H(t)$),它是在时间t之前发生切换的概率。

在本章的下两节中,我们将推导两种服务模型下这些度量的分析表达式。

9.3 平 均 速 率

本节中,我们首先描述两种服务模型的干扰无人机基站的点过程,使用该点过程我们得出典型用户设备处的平均接收速率。我们从以下引理开始讨论,该引理直接来自泊松点过程的位移定理,因此我们在没有证明的情况下陈述[29]。

引理9.1 设Φ为具有密度λ_0的齐次泊松点过程。若Φ所有点的位移彼此独立,且位移分布相同,则位移点也会形成具有相同密度的齐次泊松点过程。

从引理9.1可以推断,如果所有无人机基站都基于我们的第三代合作伙伴计划直线移动性模型在随机方向上移动,并且彼此独立,那么无人机基站的空间分布不会改变。这本质上是用户设备无关模型的移动性模型,因此该服务模型中的干扰无人机基站网络遵循以下密度的非齐次泊松点过程

$$\lambda(t;u_x,u_0) = \begin{cases} \lambda_0, & u_x > u_0(t) \\ 0, & u_x \leq u_0(t) \end{cases} \tag{9.3}$$

虽然服务距离$u_0(t)$是时间的函数,但其随时间的分布保持不变。

从我们在用户设备相关模型的构造中可以清楚地看出,最初在限制区内没有其他无人机基站$\chi = b(O',u_0)$,其中$b(O',u_0)$内是一个在以O'中心为半径u_0的磁盘。因此,用户设备相关模型中干扰无人机基站的点过程将是一个非齐次泊松点过程,在$t=0$时,初始密度由等式(9.3)给出。注意,当服务无人机基站向O'移动时,干扰无人机基站可以进入χ,从而改变干扰无人机基站的点过程。在下一个引理中,我们将描述用户设备相关模型中干扰无人机基站的点过程。

引理9.2 在用户设备相关模型中,干扰无人机基站以与服务无人机基站相同的速度遵循直线移动性模型,因此干扰无人机基站在时间t以密度分布为非齐次泊松点过程,即

$$\lambda(t;u_x,u_0) = \lambda_0 \begin{cases} 1, & u+vt \leq u_x \\ \frac{1}{\pi}\arccos\left(\frac{u_0^2-u_x^2-v^2t^2}{2u_xvt}\right), & |u_0-vt| \leq u_x \leq u_0+vt \\ \mathbf{1}(t>u_0/v), & 0 \leq u_x \leq |u_0-vt| \end{cases} \tag{9.4}$$

其中,$\mathbf{1}(\cdot)$为指示器功能。

证明:用户设备相关模型中的干扰无人机基站最初以非齐次泊松点过程的形式分布,密度由等式(9.3)给出。基于位移定理[29],并且无人机基站的位移彼此独立,因此产生的干

扰无人机基站网络在任何时间 t 也是非齐次泊松点过程。为了准确描述产生的网络密度,我们需要找到点位移位置的分布。

设 x 和 y 分别表示无人机基站的初始位置和 vt 在均匀随机方向 Θ 上位移后的位移位置。此外,设 u_x 和 u_y 分别表示从无人机基站到位移前后的距离。把余弦定律写成 $\triangle O'xy$,我们有 $u_y^2 = u_x^2 + v^2t^2 - 2u_xvt\cos(\Theta)$。现在使用随机变量的基本变换,可以将无人机基站的新位置分布写为

$$\rho(u_y;u_x) = \frac{2u_y}{\pi\sqrt{[u_y^2 - (u_x - vt)^2][(u_x + vt)^2 - u_y^2]}} \quad (9.5)$$

当 $|u_x - vt| \leq u_y \leq u_x + vt$,否则为零。注意,这些条件是三角形不等式,也可以写成 $|u_y - vt| \leq u_x \leq u_y + vt$。

考虑限制区 χ,我们还有 $u_x \geq u_0$。因此,我们获得条件 $\max\{u_0, |u_y - vt|\} \leq u_x \leq u_y + vt$ 支持等式 (9.5)。现在,我们使用极坐标系中的位移定理推导所得网络的密度 $\lambda(t;u_y,u_0)$ 如下:

$$\begin{aligned}
2\pi u_y \lambda(t;u_y,u_0) &= 2\pi \int_{u_0}^{\infty} \lambda_0(u_y;u_x) u_x du_x \\
&= \int_{\max\{u_0,|u_y-vt|\}}^{u_y+vt} \frac{4\lambda_0 u_x u_y}{\sqrt{[u_y^2 - (u_x - vt)^2][(u_x + vt)^2 - u_y^2]}} du_x \\
&= \lambda_0 u_y \arccos\left(\frac{(\max\{u_0,|u_y-vt|\})^2 - (u_y^2 + v^2t^2)}{2vtu_y}\right)
\end{aligned} \quad (9.6)$$

通过一些代数运算,得出等式 (9.4)。因此,证明是完整的。

注 9.2 以下观察结果直接来源于等式 (9.4):

(1) 等式 (9.4) 在边界处,即在 $u_x = |u_0 \pm vt|$ 处是连续的。

(2) 干扰无人机基站的点过程将变得均匀,如 $u_0 \to 0$ 或 $t \to \infty$。

(3) 等式 (9.4) 和等式 (9.3) 与 $u_0 \to 0$ 或 $t \to 0$ 相同。

引理 9.2 的结果也可以用以下参数推导出来。从引理 9.1 可以看出,当不存在 χ 时,所有无人机基站的位置分布为齐次泊松点过程,密度为 λ_0。因此,当考虑 χ 时,无人机基站的密度可被视为以下两部分的叠加:①无人机基站最初内部的密度 χ;②无人机基站最初外部的密度 χ,即干扰无人机基站的密度。因此,通过从所有无人机基站的密度中减去初始内部无人机基站的密度(λ_0)得出干扰无人机基站的点过程密度。使用此参数并基于图 9.2,我们可以了解不同区域中干扰无人机基站的密度,具体有:

(1) 区域 $R_1 = \{u_x \geq u_0 + vt\}$:在时间 t 之前没有无人机基站可以进入,因此这个区域 $\lambda(t;u_x,u_0) = \lambda_0$。

(2) 区域 $R_2 = \{0 \leq u_x \leq u_0 - vt | vt \leq u_0\}$:服务无人机基站正在向 O' 移动,并且该区域中没有干扰无人机基站,因此我们得出 $\lambda(t;u_x,u_0) = 0$。

(3) 区域 $R_3 = \{0 \leq u_x \leq vt - u_0 | vt \geq u_0\}$:为了得到干扰无人机基站的密度,我们可以首先计算 χ 内无人机基站的初始密度,然后从 λ_0 中减去它。最初位于内部的无人机基站密度在 vt 位移后为零(图 9.2(b)),从而产生 $\lambda(t;u_x,u_0) = \lambda_0$。

尽管我们已推导出了直线移动性模型的网络密度,但干扰无人机基站遵循更复杂的非

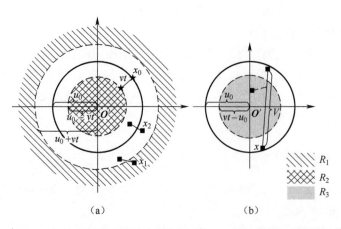

图 9.2 直线和非线性移动性模型的网络密度的说明性解释。星形和方形分别代表服务和干扰无人机基站。(a)服务无人机基站正在从 x_0 向 O' 移动,并且(b)服务无人机基站在 O' 徘徊

线性移动性模型(如随机游走或随机航路点)时,对干扰无人机基站的密度给出一些直觉则会有益[20,33]。在这些移动性模型中,无人机基站在飞行过程中改变方向,使得在给定时间 t 的结果点过程表征复杂化。尽管如此,利用我们迄今为止提供的见解,我们将直线迁移模型的性能与这些非线性模型进行比较,关系如下:

设 x 为最初位于内部的干扰无人机基站的位置。如图 9.2(b)所示,在 x 处的干扰无人机基站移动距离 vt 后,其中 $t \geq u_0/v$,不位于直线移动性模型内 R_3。然而,当我们采用其他非线性移动性模型时,情况并非如此。具体来说,x 处的干扰无人机基站在飞行过程中可以改变其方向,因此它可能在飞行 vt 一段距离后位于内部 R_3。对于这些移动性模型,初始内部无人机基站的密度不为零,因此 R_3 中干扰无人机基站的密度小于 λ_0。这意味着与直线移动性模型相比,在这些非线性移动性模型中,靠近典型用户设备的干扰无人机基站更少。因此,非线性移动性模型中典型用户设备的速率性能低于直线移动性模型的速率性能。

现在,我们分析两种服务模型的信干比(t)分布和典型用户设备的平均速率。

定理 9.1 在用户设备相关模型中,在时间 t 处典型用户设备处的平均接收速率如下:

$$R^{\mathrm{UDM}}(t) = \int_0^\infty \int_0^\infty \frac{2\pi\lambda_0 u_0 e^{-\pi\lambda_0 u_0^2}}{1+\gamma} \times \left[\sum_{k=0}^{m_0-1} \frac{(-s)^k}{k!} \frac{\partial^k}{\partial s^k} L_{I(t)}(s|\boldsymbol{x}_0(t))\right]_{s=m_0\gamma r_0^\alpha(t)} \mathrm{d}u_0 \mathrm{d}\gamma$$

其中

$$\boldsymbol{L}_{I(t)}(s|\boldsymbol{x}_0(t)) = \exp\left\{-2\pi \int_0^\infty u_x(t)\lambda(t;u_x,u_0) \times \left[1 - \left(1 + \frac{s(u_x^2(t)+h^2)^{-\alpha/2}}{m}\right)^{-m}\right]\mathrm{d}u_x(t)\right\}$$
(9.7)

证明:我们写出了信干比(t)的互补累积分布函数(CCDF),条件是服务无人机基站的位置为

$$\mathbb{P}[\mathrm{SIR}(t) \geq \gamma | x_0(t)] = \mathbb{E}[\mathbb{P}[h_0(t) \geq \gamma r_0^\alpha(t)I(t) | \boldsymbol{x}_0(t), I(t)]]$$
$$\stackrel{(a)}{=} \mathbb{E}\left[\frac{\Gamma(m_0, m_0\gamma r_0^\alpha(t)I(t))}{\Gamma(m_0)} \boldsymbol{x}_0(t)\right]$$

$$\overset{(b)}{=} \mathbb{E}\left[\sum_{k=0}^{m_0-1} \frac{(m_0\gamma r_0^\alpha(t)I(t))^k}{k!}e^{-m_0\gamma r_0^\alpha(t)I(t)} \mid \boldsymbol{x}_0(t)\right]$$

$$= \sum_{k=0}^{m_0-1}\left[\frac{(-s)^k}{k!}\frac{\partial^k}{\partial s^k}\boldsymbol{L}_{I(t)}(s\mid \boldsymbol{x}_0(t))\right]_{s=m_0\gamma r_0^\alpha(t)}$$

式中，(a)来自Nakagami-m衰落假设，(b)来自m_0整数值的不完全伽马函数的定义。

时间t处干扰条件拉普拉斯变换计算如下：

$$\boldsymbol{L}_{I(t)}(s\mid \boldsymbol{x}_0(t)) = \mathbb{E}\left[e^{-sI(t)} \mid \boldsymbol{x}_0(t)\right]$$

$$= \mathbb{E}\left[\exp\left(-s\sum_{\boldsymbol{x}(t)\in\boldsymbol{\phi}'_D(t)} h_x(t)r_x(t)^{-\alpha}\right)\bigg|u_0(t)\right]$$

$$\overset{(a)}{=} \mathbb{E}\left[\prod_{\boldsymbol{x}(t)\in\boldsymbol{\phi}'_D(t)}\left(1+\frac{sr_x(-t)^{-\alpha}}{m}\right)^{-m}\bigg|u_0(t)\right]$$

$$\overset{(b)}{=} \exp\left\{-2\pi\int_0^\infty u_x(t)\lambda(t;u_x,u_0)\left[1-\left(1+\frac{sr_x(t)^{-\alpha}}{m}\right)^{-m}\right]du_x(t)\right\}$$

式中，(a)由伽马分布的矩量母函数(mgf)得出，(b)由泊松点过程的概率母泛函(pgfl)得出。

现在，时间t的平均速率可以写成

$$R^{\text{UDM}}(t) = \mathbb{E}\left[\log(1+\text{SIR}(t))\right]$$

$$= \int_0^\infty \log(1+\gamma)f_\Gamma(\gamma;t)d\gamma$$

$$= \int_0^\infty\int_0^\infty \frac{2\pi\lambda_0 u_0 e^{-\pi\lambda_0 u_0^2}}{1+\gamma}\mathbb{P}\left[\text{SIR}(t)\geq\gamma\mid \boldsymbol{x}_0(t)\right]du_0 d\gamma$$

式中，$f_\Gamma(\gamma;t)$为信干比(t)的概率密度函数。最后一个方程来自部分和条件分解$u_0(t)$的积分。这就完成了证明。

无人机基站的点过程在用户设备无关模型中不随时间改变，因此可以通过评估在$t=0$时等式(9.6)中给出的用户设备相关模型中的平均速率表达式来计算典型用户设备处的接收速率，即$R^{\text{UIM}}=R^{\text{UDM}}(0)$。

9.4 切换概率

本节中，我们描述了两种服务模型的切换概率。在地面蜂窝网络中，根据最近邻关联策略，覆盖足迹由Voronoi小区确定[9,26]。因此，当参考用户设备跨越Voronoi小区的边界时，在这些网络中出现切换。如9.2节所述，对于用户设备相关模型，典型用户设备看到的切换概率为零。然而，用户设备无关模型切换概率的推导并不简单，这是本节的主要重点。我们从以下引理开始分析。

引理9.3 考虑用户设备无关模型，让无人机基站在时间$t=t_0$时成为服务无人机基站。假设切换发生在时间$t=t_1$，其中$t_1>t_0$，并且无人机基站成为服务无人机基站。然后，该无人机基站不能在任何$t>t_1$时再次成为服务无人机基站。

证明：图9.3所示为无人机基站和的两个样本航迹。在时间$t=t_0$时，无人机基站D_0和D_1分别位于距离O'为a_0和b_0的点A_0和B_0处。我们假设切换发生在时间$t=t_1$，其中无人

机基站 D_0 和 D_1 分别位于距离 a_1 和 O' 的点 A_1 和 B_1 处。在稍后的时间 $t=t_2$，无人机基站的位置和它们与 O' 的距离分别用 A_2、B_2 和 a_2、b_2 表示。假设 $a_0 < b_0$ 和 $a_1 > b_1$，我们需要证明 $a_2 > b_2$。

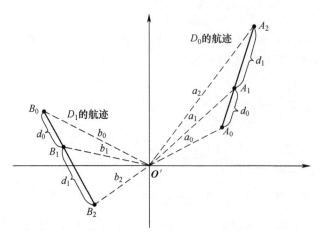

图 9.3　引理 9.3 证明中使用的无人机基站的航迹

由于 $|A_0A_1|=|B_0B_1|=d_0$ 和 $|A_1A_2|=|B_1B_2|=d_1$，我们可以通过将基底和顶部放置在一起来绘制 $\triangle O'A_0A_2$ 和 $\triangle O'B_0B_2$，如图 9.4 所示。图 9.4 中的点 O'_A 和 O'_B 是分别对应于 $\triangle O'A_0A_2$ 和 $\triangle O'B_0B_2$ 的点 O' 的虚拟表示。定义 $\theta_A = \angle O'_A A_1 A_2$、$\theta_B = \angle O'_B A_0 A_2$、$\varphi_A = \angle O'_A A_1 A_2$ 和 $\varphi_B = \angle O'_B A_1 A_2$。在不丧失一般性的情况下，我们假设 $\theta_A > \theta_B$，否则 O'_A 位于的 O'_B 右侧，并且由于对称性，将遵循相同的推理（将 θ_A 定义为 $\angle O'_A A_2 A_0$，其他角度的定义相应改变）。注意，由于对称性，我们还假设 $\theta_A < \pi$。

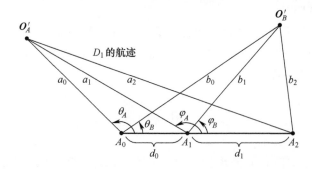

图 9.4　图 9.3 的不同表示，其中 $\triangle O'A_0A_2$ 和 $\triangle O'B_0B_2$ 通过放置基底 A_0A_2 和彼此顶部 B_0B_2 绘制

我们考虑两种情况：

（1）$\theta_B > \pi/2$。在本例中，我们首先说明 $\varphi_A > \varphi_B > \pi/2$，注意 $\varphi_B > \theta_B > \pi/2$。现在把正弦定律写成 $\triangle O'_A A_0 A_1$ 和 $\triangle O'_B A_0 A_1$，我们得

$$\begin{cases} \dfrac{a_0}{\sin(\pi-\varphi_A)} = \dfrac{a_1}{\sin(\theta_A)} \\ \dfrac{b_0}{\sin(\pi-\varphi_B)} = \dfrac{b_1}{\sin(\theta_B)} \end{cases}$$

第9章 基于随机几何的无人机蜂窝网络性能分析

由于 $\sin(\theta_A) < \sin(\theta_B)$ 和 $a_0/a_1 < b_0/b_1$,我们得出结论 $\sin(\pi - \varphi_A) < \sin(\pi - \varphi_B)$,从而 $\varphi_A > \varphi_B > \pi/2$。把余弦定律写成 $\triangle O'_A A_1 A_2$ 和 $\triangle O'_B A_1 A_2$,我们得

$$\begin{cases} a_2^2 = a_1^2 + d_1^2 - 2a_1 d_1 \cos(\varphi_A) \\ b_2^2 = b_1^2 + d_1^2 - 2b_1 d_1 \cos(\varphi_B) \end{cases}$$

因为通过假设 $a_1 > b_1$ 和 $\cos(\varphi_A) < \cos(\varphi_B) < 0$,我们得到 $a_2 > b_2$。

(2) $\theta_B < \pi/2$。在本例中,我们有 $\cos(\theta_B) > \max\{0, \cos(\theta_A)\}$。由于 $b_0 > a_0$,我们有

$$b_0 \cos(\theta_B) > a_0 \cos(\theta_A) \tag{9.8}$$

现在我们把余弦定律写成 4 个 $\triangle O'_A A_0 A_1$,$\triangle O'_A A_0 A_2$,$\triangle O'_B A_0 A_1$ 和 $\triangle O'_B A_0 A_2$ 如下:

$$\begin{cases} a_1^2 = a_0^2 + d_0^2 - 2a_0 d_0 \cos(\theta_A) \\ a_2^2 = a_0^2 + (d_0 + d_1)^2 - 2a_0(d_0 + d_1)\cos(\theta_A) \\ b_1^2 = b_0^2 + d_0^2 - 2b_0 d_0 \cos(\theta_B) \\ b_2^2 = b_0^2 + (d_0 + d_1)^2 - 2b_0(d_0 + d_1)\cos(\theta_B) \end{cases}$$

为了保持 $a_2 > b_2$,我们必须

$$a_2^2 > b_2^2 \Leftrightarrow a_0^2 - 2a_0(d_0 + d_1)\cos(\theta_A) > b_0^2 - 2b_0(d_0 + d_1)\cos(\theta_B)$$
$$\Leftrightarrow a_1^2 - 2a_0 d_1 \cos(\theta_A) > b_1^2 - 2b_0 d_1 \cos(\theta_B)$$
$$\Leftrightarrow (a_1^2 - b_1^2) + 2d_1(b_0 \cos(\theta_B) - a_0 \cos(\theta_A)) > 0$$

最后一个不等式是有效的,因为等式(9.8)以及我们的假设 $a_1 > b_1$。因此,证明是完整的。

当在用户设备无关模型中发生切换时,切换之前是服务无人机基站的无人机基站在发生切换之后充当干扰无人机基站。引理 9.3 规定,该干扰无人机基站不能再次成为用户设备无关模型中的服务无人机基站。在地面单层蜂窝网络中也观察到这种行为,其中所有基站都是静态的,并且由均匀二维泊松点过程建模,并且参考用户设备沿直线在均匀随机方向上移动。由于单层网络 Voronoi 小区的凸性,沿直线行进的参考用户设备仅进入小区一次。

出于这种行为的动机,我们陈述了以下定理,即具有静态用户设备的空中网络无人机基站的移动性与具有静态基站的地面网络中用户设备的移动性之间的对偶性。

定理 9.2 在本章的系统设置下,以下两个网络的切换概率相等:

(1) 地面模型。基站是静态的,作为齐次泊松点过程分布,并且参考用户设备基于直线移动型模型移动。

(2) 航空模型。典型用户设备是静态的,无人机基站(最初作为齐次泊松点过程分布)基于直线移动型模型(用户设备无关模型)移动。

证明:考虑定理陈述中提到的地面模型,其中参考用户设备沿直线方向 $\theta \sim U[0, 2\pi)$ 移动。我们用 $\boldsymbol{\Phi}_B - \boldsymbol{x}(t)$ 表示得到的转换点过程,其中 $\boldsymbol{\Phi}_B$ 和 $\boldsymbol{x}(t)$ 分别表示静态基站位置的点过程和用户设备的航迹。现在观察到,该网络中参考用户设备的性能分析相当于空中网络的性能分析,其中典型用户设备是静态的,并且所有无人机基站沿直线沿相同方向 $\pi + \theta$ 移动。用进程 $\widetilde{\boldsymbol{\Phi}}_D(t)$ 表示这一点,我们可以写 $\widetilde{\boldsymbol{\Phi}}_D(t) = \boldsymbol{\Phi}_B - \boldsymbol{x}(t)$。由于 $\boldsymbol{\Phi}_B$ 是齐次泊松

点过程,是平移不变的,因此 $\widetilde{\boldsymbol{\Phi}}_D(t)$ 也是具有密度 λ_0 的齐次泊松点过程。

另外,引理 9.1 指出,我们的直线流动模型下的无人机基站位置遵循具有密度 λ_0 的齐次泊松点过程。因此,从关注用户设备在任意时间 t 中看到,定理陈述中提到的地面和空中模型均基于密度 λ_0 的齐次泊松点过程分布,因此在分布上是等效的。因此,两种模型的切换概率是相同的,并且证明是完整的。

定理 9.2 建立了传统地面网络(其中基站是静态的,用户设备以恒定速度 v 移动)和无人机网络(其中无人机基站以相同速度 v 移动,用户设备是静态的)之间切换概率的对偶性。地面蜂窝网络的切换概率已经在文献中得到了很好的研究。文献[38]中的作者使用参考用户设备的直线移动模型推导了基站作为齐次泊松点过程分布的网络的切换概率。该结果也作为蜂窝网络下行联合覆盖分析[32]的一部分得出,最近作为蜂窝网络移动性感知性能表征教程[44]的一部分得出。后者还明确讨论了对原始结果的修正[38]。在下面的定理中,我们陈述了这个结果,并对文献[38]的证明进行了稍微简单的修正。

定理 9.3 考虑将基站网络分布成在地面密度为 λ_0 的齐次泊松点过程。假设用设备沿直线以恒定速度 v 在随机方向上移动并连接到最近的基站。然后,用户设备所看到的切换概率被给出为

$$P_H(t) = 1 - \frac{1}{2\pi}\int_0^{2\pi}\int_0^{\infty} 2\pi\lambda_0 r \times \exp\left\{-\lambda_0\left[r^2\left(\pi - \varphi_1 + \frac{1}{2}\sin(2\varphi_1)\right) + R^2\left(\pi - \varphi_2 + \frac{1}{2}\sin(2\varphi_2)\right)\right]\right\}\mathrm{d}r\mathrm{d}\theta \quad (9.9)$$

其中

$$R = \sqrt{r^2 + v^2t^2 - 2rvt\cos(\theta)} \quad (9.10)$$

$$\varphi_1 = \arccos\left(\frac{v^2t^2 + r^2 - R^2}{2vtr}\right) \quad (9.11)$$

$$\varphi_2 = \arccos\left(\frac{v^2t^2 + R^2 - r^2}{2vtR}\right) \quad (9.12)$$

证明:类似于文献[38]中定理 1 的证明,假设服务基站位于 O,用户设备最初位于 x_1,在距离 O 的 r 处(图 9.5)。然后,用户设备以恒定速度 v 沿均匀随机方向移动,以在时间 t 之后到达位置 x_2。设 R 为从 x_2 到 O 的距离,可使用余弦定律写成等式(9.10)。定义 $C_1 = b(x_1,r)$ 和 $C_2 = b(x_2,R)$。

根据定义,若在时间 t 之前服务基站没有改变,即若在 C_2 中没有除初始服务基站以外的基站,则不会发生切换。因为我们知道服务基站也存在于 C_1 中,所以若 $C_2 \setminus C_1$ 中没有基站,则不会发生切换(图 9.5 中的阴影区域)。因此,在 r 和 θ 的条件下,切换概率可以写成

$$\begin{aligned} P_H(t\mid r,\theta) &\stackrel{(a)}{=} 1 - P[N(C_2\setminus C_1) = 0] = 1 - \mathbb{P}[N(C_2\setminus(C_1 \cap C_2)) = 0] \\ &\stackrel{(b)}{=} 1 - e^{-\lambda_0|C_2\setminus(C_1\cap C_2)|} \\ &\stackrel{(c)}{=} 1 - e^{-\lambda_0(\pi R^2 - A_{C_1\cap C_2})} \end{aligned} \quad (9.13)$$

此处,(a)中的 $N(B)$ 表示集合 B 中的点数,(b)中我们使用了 PPP(λ_0)的零概率,而(c)中的 $A_{C_1\cap C_2}$ 是 C_1 和 C_2 之间的相交区域,由平面几何给出,即

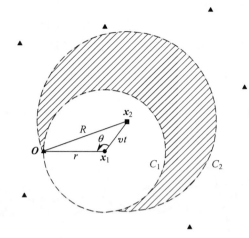

图9.5 定理9.3的证明图示(三角形、小圆和正方形分别表示基站、用户设备的初始位置和用户设备在时间t的位置)

$$A_{C_1 \cap C_2} = r^2\left(\varphi_1 - \frac{1}{2}\sin(2\varphi_1)\right) + R^2\left(\varphi_2 - \frac{1}{2}\sin(2\varphi_2)\right) \tag{9.14}$$

式中,φ_1和φ_2分别由等式(9.11)和等式(9.12)给出。

将等式(9.14)代入等式(9.13),得到服务距离r和角度θ条件下的切换概率。由于PPP(λ_0)中的服务距离是作为带参数$1/\sqrt{2\pi\lambda_0}$和$\theta \sim U[0,2\pi)$的瑞利随机变量分布的,因此对这些随机变量的解条件将给出切换概率的最终结果,即等式(9.9),并且证明是完整的。

注9.3 据我们所知,这是第一个确定具有移动无人机基站和静态用户设备的无人机蜂窝网络中的切换概率,与具有静态基站和移动用户设备的地面网络中的切换概率相等这一事实的工作。根据定理9.2和9.3,我们得出结论,用户设备无关模型的切换概率由等式(9.9)给出。

9.5 结果和讨论

在本节中,我们通过数值结果阐明了用户设备相关模型和用户设备无关模型的不同网络参数对系统级性能的影响。我们假设无人机基站最初以齐次泊松点过程的形式分布,在离地面h的高度处密度为10^{-6}。我们将典型用户设备放置在原点,并假设离原点最近的无人机基站是服务无人机基站,其可以向O'移动并在O'(UDM)处停止,或者在随机方向上遵循直线移动性模型,独立于典型用户设备(UIM)。所有干扰无人机基站在无人机基站平面内以$v=45\text{km/h}$的恒定速度遵循直线迁移率模型,并且始终在传输。服务无人机基站也以相同的速度移动,并始终进行传输。我们假设$h \in \{100,200\}\text{m}$,这是低空无人机基站的标称高度[37]。路径损耗指数的取值$\alpha \in \{2.5, 3, 3.5\}$取决于网络环境。

9.5.1 干扰无人机基站的密度

在用户设备相关模型中,图9.6绘制了干扰无人机基站密度随时间的演变。如前所述,干扰无人机基站的点过程密度有两个均匀部分(其中 $\lambda = \lambda_0$)和一个非均匀部分,当 $t\to\infty$ 时,这两个部分收缩为 λ_0。因此,干扰无人机基站的点过程最终成为具有齐次泊松点过程,密度为 λ_0。然而,用户设备无关模型的情况并非如此,干扰无人机基站的点过程始终非齐次(等式(9.3))。

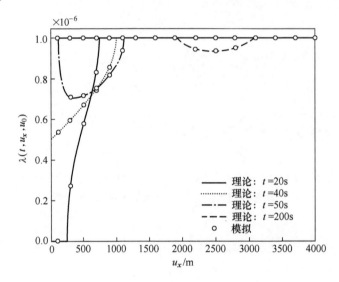

图 9.6　用户设备相关模型中干扰无人机基站网络的密度
(限制区半径为 u_0 = 500m。干扰无人机基站的点过程随时间的均质化变得明显)

9.5.2　平均速率

我们将用户设备相关模型和用户设备无关模型的网络平均速率的分析与模拟结果绘制在图 9.8 和图 9.9 中。图 9.7 所示衰落参数 m 和 m_0 对典型用户设备接收的平均速率的影响。所选参数为 $m = m_0 \in \{1,2\}$, h = 100m 和 α = 3。如图中所示,增加 m 和 m_0 降低衰落的严重性,从而提高平均接收速率。

图 9.8 给出了无人机基站在 h = 100m 高度时接收速率与各种路径损耗指数的比较。从该图我们可以看出,随着 α 的增长,平均速率也会增加。这一事实也可通过将信干比(t)改写为

$$\text{SIR}(t) = \frac{h_0(t)}{\sum_{x(t) \in \phi'_{\text{D}}(t)} h_x(t) \left(\frac{r_0(t)}{r_x(t)}\right)^\alpha} \tag{9.15}$$

现在,由于 $r_0(t)/r_x(t) \leq 1$,随着 α 的增加,等式(9.15)的分母减小,因此信干比(t)和速率增大。

为了观察高度的影响,我们用图 9.9 中相同的路径损耗指数绘制了不同高度的平均接收速率。请注意,接收速率随着高度的增加而降低,这也可以直接通过等式(9.6)理解。在图 9.8 和图 9.9 中,我们还绘制了用户设备无关模型的平均速率,突出用户设备相关模型相对于用户设备无关模型的优势。

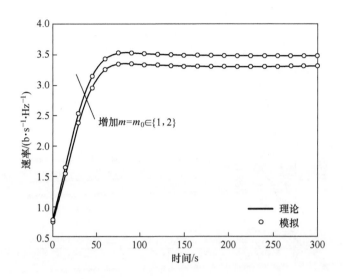

图9.7 衰落参数不同值下用户设备相关模型的网络平均速率
（即 $m = m_0 \in \{1,2\}$。其他参数为 $h=100\text{m}$ 和 $\alpha=3$）

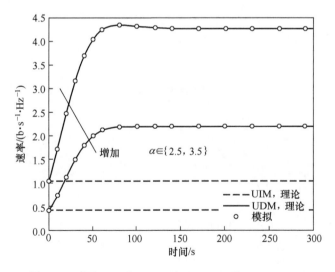

图9.8 对于 $\alpha \in \{2.5, 3.5\}$，$h=100\text{m}$ 和 $m = m_0 = 1$，
用户设备相关模型和用户设备无关模型的网络平均速率

9.5.3 切换概率

在图9.10中，我们将用户设备无关模型的切换概率绘制为不同无人机基站速度下的时间函数。显然，切换概率随着无人机基站速度的增加而增加。在图9.11中，我们还提供了

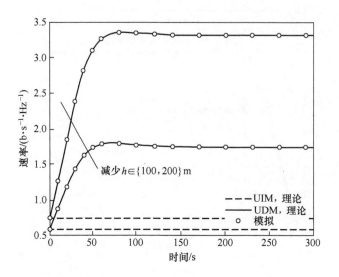

图 9.9　$h \in \{100,200\}$ m, $\alpha=3$ 和 $m = m_0 =1$ 的用户设备相关模型和用户设备无关模型的网络平均速率

不同网络密度值下用户设备无关模型的切换概率。根据定义,随着 λ_0 的增加,每一单位面积的平均无人机基站数量增加,因此发生切换的概率增加。请注意,用户设备相关模型的切换概率始终为零,因此在这两个图中没有绘制。

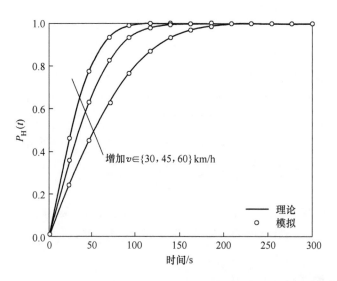

图 9.10　$v \in \{30,45,60\}$ km/h 和 $\lambda_0 =10^{-6}$ 时用户设备无关模型的网络切换概率

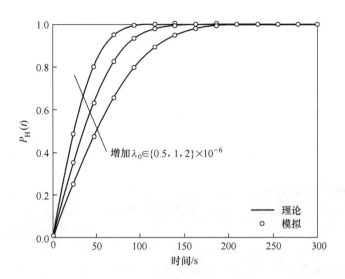

图 9.11　$\lambda_0 \in \{0.5, 1.2\} 10^{-6}$ 和 $v=45\text{km/h}$ 的用户设备无关模型网络切换概率

9.6　结　　论

受第三代合作伙伴计划模拟中考虑的移动性模型启发,我们考虑在无人机蜂窝网络中针对无人机基站采用直线移动性模型,其中无人机基站最初基于齐次泊松点过程在恒定高度上分布,服务于地面上的用户设备。我们假设服务无人机基站是基于最近邻关联策略选择,并且移动基于以下两种服务模型:①用户设备相关模型;②用户设备无关模型。在用户设备相关模型中,服务无人机基站以恒定的高度和速度向典型用户设备移动,并在典型用户设备的位置上方保持悬停。在用户设备无关模型中,服务无人机基站在随机方向上遵循第三代合作伙伴计划直线移动性模型。所有其他无人机基站(称为干扰无人机基站)也基于第三代合作伙伴计划直线移动性模型在随机方向上移动,彼此独立于服务无人机基站。对于这两种服务模型,我们通过应用置换定理描述从典型用户设备看到的干扰无人机基站的点过程,采用置换定理,我们推导了 Nakagami-m 衰落模型下的平均接收速率。

我们还将第三代合作伙伴计划直线移动性模型与其他更复杂的非线性移动性模型进行了比较,这些模型也允许方向变化。我们证明了直线移动性模型可被认为是这些非线性移动性模型的系统性能下限。然后,我们对两种服务模型的切换概率进行了全面分析,结果表明,在本章的设置下,用户设备无关模型的切换概率与传统地面场景的切换概率相当,其中,基站是静态的,且建模为齐次泊松点过程,同时参考用户设备根据直线移动性模型移动。在多斜率路径损耗模型下分析移动无人机蜂窝网络[49]是未来一项有前途的工作。

致　　谢

感谢美国国家科学基金会(CNS-1617896 和 CNS-1923807)提供的支持。

参 考 文 献

[1] 3GPP (2018). Enhancement for unmanned aerial vehicles. 3rd Generation Partnership Project (3GPP), Tech. Rep. 22.829, Version 0.0.0.

[2] 3GPP (2018). Enhanced LTE support for aerial vehicles. 3rd Generation Partnership Project (3GPP), Tech. Rep. 36.777, Version 1.1.0.

[3] M. A. Abd-Elmagid and H. S. Dhillon (2019). Average peak age-of-information minimization in UAV-assisted IoT networks. *IEEE Trans. Veh. Technol.* 68(2):2003-2008, Feb. 2019.

[4] M. Afshang and H. S. Dhillon (2017). Fundamentals of modeling finite wireless networks using binomial point process. *IEEE Trans. Wireless Commun.* 16(5):3355-3370, May 2017.

[5] A. Al-Hourani, S. Kandeepan, and A. Jamalipour (2014). Modeling air-to-ground path loss for low altitude platforms in urban environments. *Proceedings of the IEEE Global Communications (GLOBECOM) Conference*, pages 2898-2904, Dec. 2014.

[6] A. Al-Hourani, S. Kandeepan, and S. Lardner (2014). Optimal LAP altitude for maximum coverage. *IEEE Wireless Commun. Lett.* 3(6):569-572, Dec. 2014.

[7] R. Amer, W. Saad, and N. Marchettic (2020). Mobility in the sky: Performance and mobility analysis for cellular-connected UAVs. *IEEE Trans. Commun.*, 68(5):3229-3246, May 2020.

[8] J. G. Andrews, A. K. Gupta, and H. S. Dhillon (2016). A primer on cellular network analysis using stochastic geometry. http://arxiv.org/abs/1604.03183.

[9] J. G. Andrews, F. Baccelli, and R. K. Ganti (2011). A tractable approach to coverage and rate in cellular networks. *IEEE Trans. Commun.*, 59(11):3122-3134, Nov. 2011.

[10] M. M. Azari, Y. Murillo, O. Amin et al. (2017). Coverage maximization for a Poisson field of drone cells. *Proceedings of the IEEE 28th Annual International Symposium on Personal, Indoor, and Mobile Radio Communications (PIMRC)*, pages 1-6, Oct. 2017.

[11] M. M. Azari, F. Rosas, A. Chiumento, and S. Pollin (2017). Coexistence of terrestrial and aerial users in cellular networks. *Proceedings of the IEEE Global Communications (GLOBECOM) Workshops*, pages 1-6, Dec. 2017.

[12] M. M. Azari, F. Rosas, A. Chiumento et al. (2018). Uplink performance analysis of a drone cell in a random field of ground interferers. *Proceedings of the IEEE Wireless Communications and Networking Conference (WCNC)*, pages 1-6, Apr. 2018.

[13] M. M. Azari, G. Geraci, A. Garcia-Rodriguez, and S. Pollin (2019). Cellular UAV-to-UAV communications. *Proceedings of the IEEE 30th Annual International Symposium on Personal, Indoor, and Mobile Radio Communications (PIMRC)*, pages 1-7, Sep. 2019.

[14] M. M. Azari, F. Rosas, and S. Pollin (2019). Cellular connectivity for UAVs: Network modeling, performance analysis, and design guidelines. *IEEE Trans. Wireless Commun.*, 18(7):3366-3381, July 2019.

[15] M. M. Azari, G. Geraci, A. Garcia-Rodriguez, and S. Pollin (2020). UAV-to-UAV communications in cellular networks. *IEEE Trans. Wireless Commun.*, 19(9):6130-6144, Sep. 2020.

[16] M. Banagar and H. S. Dhillon (2019). 3GPP-inspired stochastic geometry-based mobility model for a drone cellular network. *Proceedings of the IEEE Global Communications (GLOBECOM) Conference*, pages 1-6, Dec. 2019.

[17] M. Banagar and H. S. Dhillon (2019). Fundamentals of drone cellular network analysis under random

waypoint mobility model. *Proceedings of the IEEE Global Communications (GLOBECOM) Conference*, pages 1 −6, Dec. 2019.

[18] M. Banagar and H. S. Dhillon(2020). Performance characterization of canonical mobility models in drone cellular networks. *IEEE Trans. Wireless Commun.*, 19(7):4994−5009, July 2020.

[19] M. Banagar, V. V. Chetlur, and H. S. Dhillon(2020). Handover probability in drone cellular networks. *IEEE Wireless Commun. Lett.* 9(7):933−937, July 2020.

[20] C. Bettstetter, G. Resta, and P. Santi(2003). The node distribution of the random waypoint mobility model for wireless ad hoc networks. *IEEE Trans. Mobile Comput.*, 2(3):257−269, July 2003.

[21] I. Bor-Yaliniz and H. Yanikomeroglu(2016). The new frontier in RAN heterogeneity: Multi-tier drone-cells. *IEEE Commun. Mag.*, 54(11):48−55, Nov. 2016.

[22] S. Chandrasekharan, K. Gomez, A. Al-Hourani et al. (2016). Designing and implementing future aerial communication networks. *IEEE Commun. Mag.* 54(5):26−34, May 2016.

[23] N. Cherif, M. Alzenad, H. Yanikomeroglu, and A. Yongacoglu(2020). Downlink coverage and rate analysis of an aerial user in vertical heterogeneous networks(VHetNets). https://arxiv.org/abs/1905.11934.

[24] V. V. Chetlur and H. S. Dhillon(2016). Downlink coverage probability in a finite network of unmanned aerial vehicle(UAV) base stations. *Proceedings of the IEEE 17th International Workshop on Signal Processing Advances in Wireless Communications(SPAWC)*, pages 1−5, July 2016.

[25] V. V. Chetlur and H. S. Dhillon(2017). Downlink coverage analysis for a finite 3−D wireless network of unmanned aerial vehicles. *IEEE Trans. Commun.*, 65(10):4543−4558, Oct. 2017.

[26] H. S. Dhillon, R. K. Ganti, F. Baccelli, and J. G. Andrews(2012). Modeling and analysis of K-tier downlink heterogeneous cellular networks. *IEEE J. Sel. Areas Commun.*, 30(3):550−560, Apr. 2012.

[27] S. Enayati, H. Saeedi, H. Pishro-Nik, and H. Yanikomeroglu(2019). Moving aerial base station networks: A stochastic geometry analysis and design perspective. *IEEE Trans. Wireless Commun.*, 18(6):2977−2988, June 2019.

[28] A. Fotouhi, M. Ding, and M. Hassan(2016). Dynamic base station repositioning to improve performance of drone small cells. *Proceedings of the IEEE Global Communications (GLOBECOM) Workshops*, pages 1−6, Dec. 2016.

[29] M. Haenggi(2012). *Stochastic Geometry for Wireless Networks*. Cambridge University Press.

[30] F. Jiang and A. L. Swindlehurst(2012). Optimization of UAV heading for the ground-to-air uplink. *IEEE J. Sel. Areas Commun.*, 30(5):993−1005, June 2012.

[31] M. G. Khoshkholgh, K. Navaie, H. Yanikomeroglu et al. (2019). Coverage performance of aerial-terrestrial HetNets. *Proceedings of the IEEE 89th Vehicular Technology Conference (VTC)*, Spring, pages 1−5, Apr. 2019.

[32] S. Krishnan and H. S. Dhillon(2017). Spatio-temporal interference correlation and joint coverage in cellular networks. *IEEE Trans. Wireless Commun.*, 16(9):5659−5672, Sep. 2017.

[33] X. Lin, R. K. Ganti, P. J. Fleming, and J. G. Andrews (2013). Towards understanding the fundamentals of mobility in cellular networks. *IEEE Trans. Wireless Commun.*, 12(4):1686−1698, Apr. 2013.

[34] C. H. Liu, Z. Chen, J. Tang et al. (2018). Energy-efficient UAV control for effective and fair communication coverage: A deep reinforcement learning approach. *IEEE J. Sel. Areas Commun.*, 36(9):2059−2070, Sep. 2018.

[35] D. W. Matolak and R. Sun(2017). Air-ground channel characterization for unmanned aircraft systems − Part I: Methods, measurements, and models for over-water settings. *IEEE Trans. Veh. Technol.*, 66(1):26−44, Jan. 2017.

[36] D. W. Matolak and R. Sun(2017). Air-ground channel characterization for unmanned aircraft systems – Part III: The suburban and near-urban environments. *IEEE Trans. Veh. Technol.*, 66(8): 6607–6618, Aug. 2017.

[37] A. Merwaday, A. Tuncer, A. Kumbhar, and I. Guvenc (2016). Improved throughput coverage in natural disasters: Unmanned aerial base stations for public-safety communications. *IEEE Veh. Technol. Mag.*, 11(4): 53–60, Dec. 2016.

[38] S. Sadr and R. S. Adve (2015). Handoff rate and coverage analysis in multi-tier heterogeneous networks. *IEEE Trans. Wireless Commun.*, 14(5): 2626–2638, May 2015.

[39] C. Saha, M. Afshang, and H. S. Dhillon (2018). 3GPP-inspired HetNet model using Poisson cluster process: Sum-product functionals and downlink coverage. *IEEE Trans. Commun.*, 66(5): 2219–2234, May 2018.

[40] S. Sekander, H. Tabassum, and E. Hossain (2018). Multi-tier drone architecture for 5G/B5G cellular networks: Challenges, trends, and prospects. *IEEE Commun. Mag.*, 56(3): 96–103, Mar. 2018.

[41] P. K. Sharma and D. I. Kim (2019). Coverage probability of 3-D mobile UAV networks. *IEEE Wireless Commun. Lett.*, 8(1): 97–100, Feb. 2019.

[42] P. K. Sharma and D. I. Kim (2019). Random 3D mobile UAV networks: Mobility modeling and coverage probability. *IEEE Trans. Wireless Commun.*, 18(5): 2527–2538, May 2019.

[43] R. Sun and D. W. Matolak (2017). Air-ground channel characterization for unmanned aircraft systems – Part II: Hilly and mountainous settings. *IEEE Trans. Veh. Technol.*, 66(3): 1913–1925, Mar. 2017.

[44] H. Tabassum, M. Salehi, and E. Hossain (2019). Fundamentals of mobility-aware performance characterization of cellular networks: A tutorial. *IEEE Commun. Surveys Tuts.*, 21(3): 2288–2308, 3rd Quart. 2019.

[45] E. Turgut and M. C. Gursoy (2018). Downlink analysis in unmanned aerial vehicle (UAV) assisted cellular networks with clustered users. *IEEE Access*, 6: 36313–36324, May 2018.

[46] Q. Wu, Y. Zeng, and R. Zhang (2018). Joint trajectory and communication design for multi-UAV enabled wireless networks. *IEEE Trans. Wireless Commun.*, 17(3): 2109–2121, Mar. 2018.

[47] S. Yan, M. Peng, and X. Cao (2019). A game theory approach for joint access selection and resource allocation in UAV assisted IoT communication networks. *IEEE Internet Things J.*, 6(2): 1663–1674, Apr. 2019.

[48] Y. Zeng, R. Zhang, and T. J. Lim (2016). Throughput maximization for UAV-enabled mobile relaying systems. *IEEE Trans. Commun.*, 64(12): 4983–4996, Dec. 2016.

[49] X. Zhang and J. G. Andrews (2015). Downlink cellular network analysis with multi-slope path loss models. *IEEE Trans. Commun.*, 63(5): 1881–1894, May 2015.

[50] X. Zhou, J. Guo, S. Durrani, and H. Yanikomeroglu (2018). Uplink coverage performance of an underlay drone cell for temporary events. *Proceedings of the IEEE International Conference on Communications (ICC) Workshops*, pages 1–6, May 2018.

第 10 章 无人机位置和航空地面干扰协调

Abhaykumar Kumbhar[1], Ismail Guvenc[2]

1. 美国佛罗里达州迈阿密市佛罗里达国际大学电气与计算机工程系,邮编 33199
2. 美国北卡罗来纳州瑞利市北卡罗来纳州立大学电气与计算机工程系,邮编 27695

10.1 简　　介

空地异构蜂窝网络(AG-HetNet)被视为未来5G无线网络及其他网络的关键组件之一。它们包括地基固定宏基站(MBS)和小型小区,如地基微微基站(PBS)和无人机(UAV)[18,34]。空地异构蜂窝网络的概念如图 10.1 所示,说明了无人机基站(UABS)的部署,如配备 LTE Advanced 和 5G 新无线电(NR)功能的气球、四旋翼机和滑翔机。这些节点通过为覆盖范围不足或完全断电的地面用户设备(GUE)提供服务来补充现有的地面基础设施。此类无人机基站可以以最低的相互依赖性低价部署,几乎覆盖所有范围。一些电信服务提供商已经在考虑将无人机基站集成到现有的 LTE-Advanced 异构蜂窝网络中,增强无线连接,恢复受损的基础设施,并启用各种新的服务和应用[4,8,11,37]。

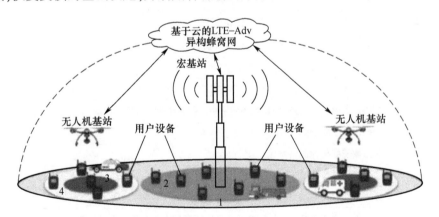

图 10.1　空地异构蜂窝网络的图示(带有宏基站、地面用户设备和无人机基站)
1—无任何功率降低宏基站;2—功率降低的宏基站;3—无范围扩展的无人机基站;4—范围扩展的无人机基站。

关于 LTE Advanced 空地异构蜂窝网络的文献中有几项最新研究,这些研究探索了诸如计算感兴趣地理区域中的最佳无人机基站部署位置和高度、路径规划、缓解小区间干扰、开发合适的信道模型等挑战,优化网络性能指标,如频谱效率(SE)和覆盖概率。本章的主要目标是共同研究和优化空地异构蜂窝网络中的无人机基站布局和干扰协调。为此,考虑使用遗传算法(GA)解决优化问题,并通过大量计算机模拟研究不同传播条件对小区边缘支持设备的影响。

本章的其余部分安排如下。10.2节回顾了文献中的无人机布局和干扰协调技术,10.3节讨论了蜂窝网络中无人机基站的几个用例,10.4节介绍了使用遗传算法的空地异构蜂窝网络中无人机基站的最优布局问题,10.5节描述了基于无人机基站的空地异构蜂窝网络模型、不同的路径损耗模型以及作为网络参数函数的第5百分位频谱效率(5pSE)的定义。在10.7节中,我们使用各种小区间干扰协调(ICIC)技术的广泛计算机模拟来分析和比较异构蜂窝网络的第5百分位频谱效率。表10.1列出了本章中使用的记号和符号。

表10.1 系统模型中使用的记号和符号

符号	描述
$\lambda_{mbs}, \lambda_{ue}$	宏基站和地面用户设备节点的密度
X_{mbs}, X_{ue}	宏基站和地面用户设备的位置
P_{mbs}, P_{uabs}	宏基站和无人机基站的最大发射功率
P'_{mbs}, P'_{uabs}	宏基站和无人机基站的有效发射功率
K, K'	宏基站和无人机基站天线几何参数引起的衰减系数
H	考虑瑞利衰落的指数分布随机变量
δ	路径损耗指数(PLE)
f_c	载波频率(长期演进频段14级)
h_{bs}	Okumura-Hata模型中的基站高度
h_{ue}	Okumura-Hata模型中用户设备的高度
d_{mn}, d_{mu}	用户设备分别与关注的宏小区和关注的无人机小区的距离
$S_{mbs}(d_{mn})$	来自关注的宏小区的参考符号接收功率
$S_{uabs}(d_{mu})$	来自关注的无人机小区的参考符号接收功率
Z	在用户设备处分别来自非协调子帧和协调子帧的总干扰
γ, γ'	在非协调子帧期间,分别来自关注的宏小区和关注的无人机小区的信干比
$\gamma_{csf}, \gamma'_{csf}$	在协调子帧期间,分别来自关注的宏小区和关注的无人机小区的信干比
α	传输协调子帧期间,宏基站的功率折减系数
β	非协调子帧传输的占空比
τ	小区范围扩展偏差
ρ, ρ'	分别针对宏基站用户设备和无人机基站用户设备的调度阈值
$N_{usf}^{mbs}, N_{csf}^{mbs}$	小区中非协调子帧宏基站用户设备和协调子帧宏基站用户设备的数量
$N_{usf}^{uabs}, N_{csf}^{uabs}$	小区非协调子帧无人机基站用户设备和协调子帧无人机基站用户设备数量
$C_{usf}^{mbs}, C_{csf}^{mbs}$	小区中分别聚集非协调子帧宏基站用户设备和协调子帧宏基站用户设备的非协调子帧
$C_{usf}^{uabs}, C_{csf}^{uabs}$	在小区中分别聚集非协调子帧无人机基站用户设备和协调子帧无人机基站用户设备
$\hat{X}_{uabs}^{(hex)}$	已部署的无人机基站的固定六边形位置
$\hat{X}_{uabs}$	基于遗传算法的优化无人机基站位置

续表

符　号	描　述
$S_{\mathrm{mbs}}^{\mathrm{ICIC}}$	宏基站的小区间干扰协调参数矩阵
$S_{\mathrm{uabs}}^{\mathrm{ICIC}}$	无人机基站的小区间干扰协调参数矩阵

宏基站可以使用LTE-Advanced中定义的小区间干扰协调技术。无人机基站可以动态地改变其位置,保持良好的无线覆盖,并且可以利用范围扩展偏差接管宏基站用户设备。

10.2　文　献　综　述

文献中已有大量研究,最近探索了适用于异构网络的第三代合作伙伴计划第10版增强型小区间干扰协调(eICIC)和第三代合作伙伴计划第11版进一步增强型小区间干扰协调(FeICIC)技术[9,21,27]。例如,文献[9]提出了联合优化增强型小区间干扰协调参数、用户设备(UE)小区关联规则以及宏小区和固定小区之间共享的频谱资源算法。然而,在文献[9]中,没有考虑第三代合作伙伴计划第11版的进一步增强型小区间干扰协调技术,其无线资源利用率更好,并且可以通过小区范围扩展(CRE)将更多的用户设备卸载到小小区;而在文献[21]中研究了第三代合作伙伴计划第10版和第11版的小区间干扰协调技术与小区间干扰协调参数优化的有效性,不考虑小小区的任何移动性。

无人机技术的最新进展可部署小小区,作为安装有通信系统的无人机基站。无人机基站(如气球、四旋翼机和配备LTE-Advanced的滑翔机)可用于进一步增强异构蜂窝网络的能力。无人机基站在异构网络环境中动态重新定位的能力可以通过填补覆盖缺口和在高流量区域卸载用户设备来改善网络的总体支持设备。因此,在基于无人机的异构蜂窝网络中优化无人机基站的位置至关重要,将支持设备收益最大化。

最近的研究[1,5,7,26,28,33]主要集中在寻找感兴趣地理区域内无人机的最佳位置,以满足交通需求。在文献[1,5,26,33]中,探讨了无人机位置优化;然而,小区间干扰协调技术并未明确考虑在内。文献[20,22]的作者探讨了无人机基站辅助的LTE-Advanced异构蜂窝网络,其中无人机基站使用小区范围扩展从宏小区卸载用户;但是,他们不考虑小区扩展区域中的任何小区间干扰协调。为了最大化异构蜂窝网络的第5百分位频谱效率,在文献[20]中使用蛮力法寻找最佳无人机位置,而在文献[22]中使用遗传算法优化无人机位置。

文献[25]研究了基于无人机网络中干扰的影响。通过计算两个干扰无人机之间的最佳距离,将每架无人机定位在固定高度,将覆盖区域最大化。然而,这种基于无人机的网络不是为LTE-Advanced异构蜂窝网络设计。文献[15]研究了基于优先级的用户设备卸载和用户设备与公共安全通信(PSC)移动小区的关联。为了提高总体系统吞吐量,考虑了第三代合作伙伴计划第10版增强型小区间干扰协调和小区范围扩展。然而,与第三代合作伙伴计划第11版中定义的降低功率进一步增强型小区间干扰协调的使用相比,在宏基站处使用几乎空白的子帧(ABS)造成无线电资源的利用不足。

文献[17-18,34]的作者研究了LTE-Advanced空地异构蜂窝网络的无人机基站部署位置、干扰协调参数和网络第5百分位频谱效率的联合优化。文献[17]中使用了硬解算技术和启发式算法,而文献[34]使用Q-学习、深度Q-学习、硬解算和顺序算法,文献[18]中仅使用硬解算技术进行优化。表 10.2 提供了无人机布局优化和干扰协调相关工作的文献综述。

表 10.2 无人机位置布局和空地异构蜂窝网络干扰协调的文献综述

参考文献	无线节点	路径损耗模型	优化技术	优化目标
[22]	MBS,UABS,GUE	对数距离	硬解算,遗传算法	位置,第 5 百分位频谱效率,覆盖范围
[33]	MBS,UABS,GUE	对数距离	神经模型	位置
[34]	MBS,UABS,GUE	对数距离	Q-学习,深度 Q-学习,蛮力,顺序算法	位置,第 5 百分位频谱效率,能效、干扰
[17]	MBS,UABS,GUE	对数距离、Okumura-Hata	固定六边形,硬解算,遗传算法	位置,第 5 百分位频谱效率,能效、干扰
[18]	MBS,PBS,UABS,GUE,AUE	Okumura－Hata,ITU－R P 1410-2,3GPP RP-170779 Okumura－Hata、ITU－R P 1410-2、3GPP RP-170779	固定六边形,硬解算	位置,第 5 百分位频谱效率,覆盖范围,能效,干扰
[31]	UABS,GUE	对数距离,在毫米波模型中接近	—	第 5 百分位频谱效率,覆盖
[36]	UABS, GUE 无人机	ITU-R P 1410-2	区域划分策略,回溯线搜索算法	位置,地面用户设备负载平衡
[12]	无人机基站群	多输入多输出信道	硬解算技术,硬解算梯度下降位置优化	位置,支持设备
[6]	MBS,GUE,UABS	ITU-R P 1410-2 3GPP TR 25 942	深度强化学习	位置,能效,无线延迟,干扰
[41]	UABS,GUE	ITU-R P 1410-2	集中式机器学习	位置,能效
[42]	MBS,UABS,GUE	ITU-R P 1410-2	小波变换机器学习	位置,地面用户设备负载平衡
[32]	MBS,GUE,UABS	ITU-R P 1410-2	贪婪法	三维定位,地面用户负载平衡
[19]	UABS,GUE	自由空间	交替优化,逐次凸规划	位置,带宽分配,能效

10.3 空地异构蜂窝网络的无人机基站用例

配有无人机基站的 LTE-Advanced 空地异构蜂窝网络如图 10.2 所示。此网络具有巨大的潜力,可以通过在任何大规模公众集会期间处理网络拥塞和高流量,并通过提供急需的高速实时数据、视频和多媒体服务来彻底改变蜂窝网络[16-17,40]。2017 年 11 月,无人机基站在波多黎各首次实际用作基站;2017 年,玛丽亚飓风摧毁地面基站后,AT&T 使用无人机临时恢复无线语音、文本、数据和多媒体服务[11]。

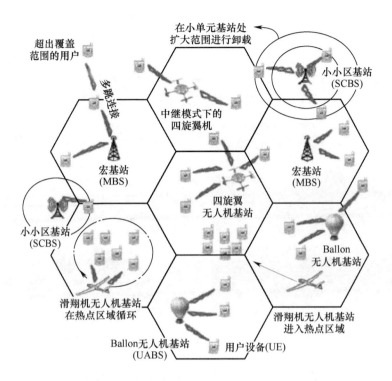

图 10.2 宏基站、小单元基站和无人机基站构成空地异构蜂窝网络基础设施
（其中无人机基站可以动态改变其位置，以实现优化覆盖和无缝宽带连接）

例如，考虑图 10.2 中的公共安全通信场景，灾后 7 个具有大覆盖区域的宏基站（MBS）中只有两个保持运行。该图还说明了几个小小区基站（SCB），它们对于在公共安全通信场景中保持连接至关重要。在这种情况下，范围扩展技术[22]可与小小区基站一起使用，扩展覆盖范围，并在不同小区之间公平分配用户。为了保持宽带连接全面覆盖，图 10.2 所示如何利用不同类型的无人机基站。特别是，在地面用户设备密集热点地区，四旋翼机可以在固定位置盘旋，而滑翔机必须沿着圆形轨道飞行。中继和多跳通信方法也可用于扩大事件现场的覆盖范围，无论是通过无人机还是其他地面用户设备。因此，通过利用无人机机动性，宽带连接可以传送到所需区域，包括拥挤区域和室内环境。

然而，LTE-Advanced 空地异构蜂窝网络的一个重大挑战是优化动态变化的无人机基站位置，并解决严重和高度动态的干扰模式。特别是，这些独特的挑战是由于：①基站基础设施可能受损，产生中断问题；②动态变化的地面用户设备位置，可能聚集到一些热点区域；③具有突发数据传输的异构蜂窝网络流量，可能会暂时使网络基础设施过载；④需要保持优质服务。下一节将进一步详细讨论无人机基站布局问题。

10.4 空地异构蜂窝网络中的无人机基站布局

作为一项模拟研究，本章考虑了一个公共安全通信场景，其中无线网络在灾后被破坏，如图 10.3 所示。特别是，图 10.3（a）显示，灾前典型公共安全通信网络中的大部分地理区域都在支持设备覆盖范围内。发生灾难时,公共安全通信网络基础设施被破坏,第一响应者和受害者用户经历中断,如图10.3(b)中的白色区域所示。在该场景中,现有宏基站因用户设备过多而过载,结果,这些用户设备得到的服务质量(QoS)较差。随后,在紧急情况现场,位于中断区域的第一响应者和受害者用户观察到支持设备非常少,或者可能完全中断。为了解决图10.3(b)所示场景的中断问题,本节设计考虑了无人机基站位置的优化。

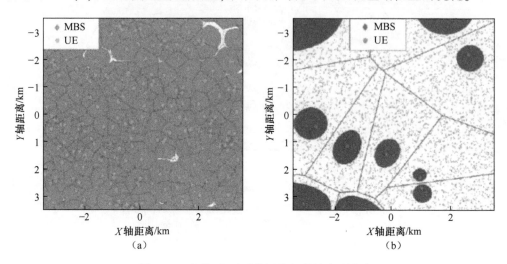

图 10.3 灾前/灾后无线网络频谱效率覆盖率
(a)灾前典型网络;(b)灾后无线网络。

考虑每个无人机基站 $i \in \{1,2,\cdots,N\}$ 部署在关注的地理区域。在本章的设计指南中,无人机基站最初部署在固定的六边形网格上,如图10.4所示,每个无人机基站将其位置及其用户的支持设备信息发送到集中式服务器。无论现有的宏基站位置如何,均将无人机基站放置在矩形模拟区域内。随后,将使用列表10.1中描述的硬解算技术来确定此固定空地异构蜂窝网络的第5百分位频谱效率。在列表10.1中,Calc5thPercentileSE(*)是计算网

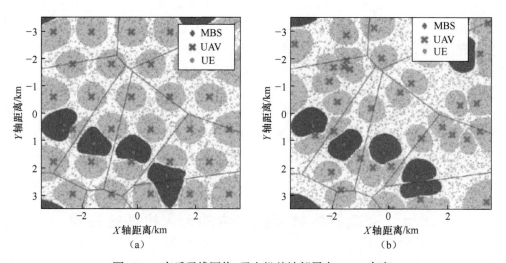

图 10.4 灾后无线网络,无人机基站部署在100m高度
(a)无人机基站部署在固定六边形网格上;(b)无人机基站位置,使用遗传算法进行优化和重组。

络第 5 百分位频谱效率的目标函数。最后,在矩阵 S_{ICIC} 中捕获优化的小区间干扰协调参数,然后将第 5 百分位频谱效率最大化的小区间干扰协调参数计算为

$$[\hat{\alpha},\hat{\beta},\hat{\tau},\hat{\rho}] = \arg\max_{\alpha,\beta,\tau,\rho'} C_{5\text{th}}(X_{\text{uabs}}^{(\text{hex})},\alpha,\beta,\tau,\rho') \tag{10.1}$$

式中,$X_{\text{uabs}}^{(\text{hex})}$ 为在模拟区域内部署的无人机基站的固定和已知的六边形位置。

列表 10.1　六边形网格部署计算第 5 百分位频谱效率的步骤

```
输入:无人机基站位置和小区间干扰协调参数集
输出:支持设备:用于网络的第 5 百分位频谱效率
方法:
    StopCondition:迭代次数 = 100
    while( ! StopCondition )
    {
    生成无人机基站位置:
      for t = 1 to ICICParms. tau [ t ] do
        {
          for a = 1 to ICICParms. alpha [ a ] do
            {
              for r = 1 to ICICParms. rho[ r ] do
                {
                  for p = 1 to ICICParms. rhoprime[ p ] do
                    {
                      SE = Calc5thPercentileSE(节点位置,节点 Tx 功率,路径损耗,tau,beta,alpha,rho,rhoprime)
                    }
                }
            }
        }
    }
```

然后,服务器可以运行任何适当的启发式算法并计算无人机基站的最佳位置。本章描述了 Holland[13] 提出的遗传算法,这是一种基于遗传科学的全局优化技术。遗传算法的一个优点是使用大量候选解而不是单个解运行。其并行搜索能力,可在整个工作环境中同时搜索,因此可以比传统的优化技术(如蛮力搜索)更快地获得最优解。最近,遗传算法已被用于解决无线传感器网络的部署问题,我们在本章中也将采用遗传算法来优化无人机基站的部署。

采用遗传算法,优化问题的候选解决方案称为染色体,其是所有无人机基站位置坐标和小区间干扰坐标的集合,如图 10.5 所示。实数编码染色体用于表示无人机基站的位置坐标和小区间干扰坐标。优化过程从随机生成的染色体初始种群开始,并运行一定数量的迭代,直至达到最佳解。在遗传算法过程的每次迭代中,执行以下步骤:

(1)所有染色体根据适应度函数进行评估。在这个空地异构蜂窝网络模型中,网络的第 5 百分位频谱效率是适应度函数。该适应度函数在列表 10.2 中被引用为 Calc5thPercentileSE(*),并在等式(10.2)中计算。

(2)选择过程用于确定群体中提供更高第 5 百分位频谱效率结果的最佳染色体。遗传

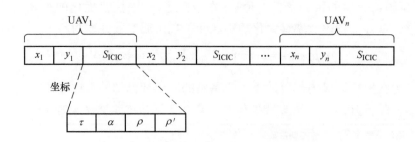

图 10.5 进一步增强型小区间干扰协调模拟染色体示例(其中无人机基站位置、小区间干扰协调参数 τ, α, ρ 和 ρ' 进行了优化。小区间干扰协调参数 β 未优化,固定为 50% 占空比)

算法中有许多不同的选择策略,如轮盘赌轮选择、锦标赛选择和排名选择。在本章中,使用轮盘赌轮选择方法,其中选择染色体 k 的概率为 $P_k = f_k / \sum_{k=1}^{K} f_k$,其中 f_k 为染色体 k 的适应值,K 为群体中的染色体数。在轮盘赌轮选择中,每条染色体的选择概率与其适应值成正比。选择染色体后,被放入配对库以产生新的染色体。

(3) 采用交叉过程,结合两条父染色体的特征生成两个后代。在这个过程中,两条染色体的基因在随机产生交叉点后交换。本章采用单点交叉算子。

(4) 通过交叉算子创建新一代后,随机选择新染色体进行变异。为了避免解收敛到局部最优,采用了变异过程。对于突变,随机选择染色体中的每个成员,并根据突变概率由另一个随机选择的成员替换。

列表 10.2 使用遗传算法优化总体的步骤

```
输入:
    群体:无人机基站位置和小区间干扰协调参数集
    适应度函数:Calc5thPercentileSE(*)
输出:
    Args:小区间干扰协调参数和最高第 5 百分位频谱效率的最佳个体
程序:
    新群体 <- 空集
    StopCondition:迭代次数 = 6
    选择:轮盘赌轮选择方法
    while(! StopCondition)
    {
      for i = 1 to Size do
      {
      Parent1 <- SELECTION(NewPopulation, FITNESS function)
      Parent2 <- SELECTION(NewPopulation, FITNESS function)
      Child <- Reproduce(Parent1, Parent2)
      if( small random probability)
      {
      child <- MUTATE(Child)
      子女 <- 突变(子)
      add child to NewPopulation
```

续表

```
    }
   }
  EVALUATE(NewPopulation,FITNESS function)
  Args <- GetBestSolution(NewPopulation)
  Population <- Replace(Population,NewPopulation)
 }
```

列表 10.2 描述了遗传算法中用于优化无人机基站位置和小区间干扰网络参数的主要步骤,以便在给定的关注地理区域上将网络的第 5 百分位频谱效率最大化。使第 5 百分位频谱效率目标函数最大化的无人机基站位置和小区间干扰协调参数可计算为

$$[\hat{X}_{\text{uabs}},\hat{\alpha},\hat{\rho},\hat{\tau},\hat{\rho}'] = \arg\max_{\hat{X}_{\text{uabs}},\hat{\alpha},\hat{\rho},\hat{\tau},\hat{\rho}'} C_{5\text{th}}(X_{\text{uabs}},\alpha,\rho,\tau,\rho') \quad (10.2)$$

使用硬解算方法搜索最优 X_{uabs} 和小区间干扰协调参数需要大量计算,因此本章考虑使用遗传算法来寻找最优无人机基站位置和最佳拟合小区间干扰协调参数 τ,α,ρ 和 ρ'。对于图 10.4(a)所示的宏基站位置,使用遗传算法的无人机基站位置的示例结果如图 10.4(b)所示。考虑到无人机基站的机动性和灵活性,使用遗传算法,无人机位置可以动态重组到优化位置,以在关注地理区域实现最佳网络性能。

10.5　空地异构蜂窝网络设计指南

为了解决图 10.3(b)所示场景的中断问题,设计考虑使用图 10.1 所示的宏基站和无人机基站进行两层空地异构蜂窝网络部署,其中所有宏基站和无人机基站位置(三维)分别以矩阵 $X_{\text{mbs}} \in \mathbb{R}^{N_{\text{mbs}} \times 3}$ 和 $X_{\text{uabs}} \in \mathbb{R}^{N_{\text{uabs}} \times 3}$ 捕获,其中 N_{mbs} 和 N_{uabs} 表示模拟区域内宏基站和无人机基站的数量。宏基站和用户设备位置分别使用密度为 λ_{mbs} 和 λ_{ue} 的二维泊松点过程(PPP)建模[10,21]。无人机基站部署在固定高度,其位置使用遗传算法优化或部署在固定六边形网格上。

该设计假设宏基站和无人机基站共享一个共同的传输带宽,在所有下行链路传输中使用循环调度,并且在每个小区中使用全缓冲流量。宏基站和无人机基站的发射功率分别为 P_{mbs} 和 P_{uabs},而 K 和 K' 分别是由于宏基站和无人机基站天线的几何参数引起的衰减系数。然后,宏基站的有效发射功率为 $P'_{\text{mbs}} = KP_{\text{mbs}}$,而无人机基站的有效发射功率为 $P'_{\text{uabs}} = KP_{\text{uabs}}$。

任意用户设备 n 始终假定连接到最近的宏基站或无人机基站,其中 $n \in \{1,2,\cdots,N_{\text{ue}}\}$。然后,对于第 n 个用户设备,关注的宏小区(MOI)的参考符号接收功率(RSRP)和无人机关注的无人机小区(UOI)由文献[21]给出

$$S_{\text{mbs}}(d_{mn}) = \frac{P'_{\text{mbs}}H}{10^{\varphi/10}}, S_{\text{uabs}}(d_{un}) = \frac{P'_{\text{uabs}}H}{10^{\varphi'/10}} \quad (10.3)$$

式中,随机变量 $H \sim \exp(1)$ 表示瑞利衰落;φ 为从宏基站观测到的路径损耗(dB);φ' 为从无人机基站观测到的路径损耗(dB);d_{mn} 为距离最近关注的宏小区的距离;d_{un} 为距离最近关注的无人机小区的距离。在介绍空地异构蜂窝网络设计指南时,考虑了瑞利衰落信道。

10.5.1 路径损耗模型

为了测量第 n 个用户设备观察到的路径损耗,我们考虑对数距离路径损耗模型(LDPLM),该模型近似于长期演进频带 14 级频率的真实传播信道和自由空间郊区 Okumura-Hata 路径损耗模型(OHPLM)[16,29]。

10.5.1.1 对数距离路径损耗模型

对数距离路径损耗模型对信号传播进行了粗略分析,是路径损耗指数和服务基站与第 n 个用户设备之间距离的函数[38]。对数距离路径损耗模型是一个自由空间模型,不考虑任何物理结构或其他可能影响实际部署中无人机基站覆盖范围的障碍。基于对数距离路径损耗模型,第 n 个用户设备从第 m 个关注的宏小区和第 u 个关注的无人机小区观测到的路径损耗(dB)如下:

$$\varphi = 10 \log_{10}(d_{mn}^{\delta}), \varphi' = 10 \log_{10}(d_{un}^{\delta}) \tag{10.4}$$

式中,δ 为路径损耗指数;d_{un} 取决于将动态优化的无人机基站位置。

当 50% 和 97.5% 的宏基站被破坏时,组合路径损耗的累积分布函数(CDF)如图 10.6 所示。图 10.6(a)所示为经验路径损耗累积分布函数,使用等式(10.4)计算基站(X_{mbs} 和 X_{uabs})和用户设备(X_{ue})之间的所有距离。图 10.6(b)的检查表明,对于部署不同数量的无人机基站和销毁不同数量的宏基站,累积分布函数的变化最小。这是因为对数距离路径损耗模型不考虑间接地面因素。然而,系统的最大允许路径损耗为 160dB。

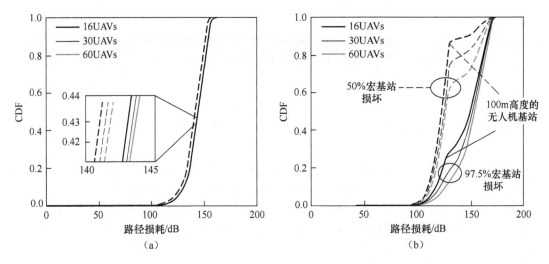

图 10.6 从所有基站观测到的组合路径损耗的累积分布函数
(虚线对应于 50%宏基站损坏的场景,实线对应于 97.5%宏基站损坏的场景)
(a)对数距离路径损耗模型的累积分布函数;(b)Okumura-Hata 模型的累积分布函数。

10.5.1.2 Okumura-Hata 路径损耗模型

Okumura-Hata 路径损耗模型更适合具有人造结构的地面环境和基站高度变化不大的环境[30,39]。该模型是载波频率、用户设备与服务小区之间的距离、基站高度和用户设备天线高度的函数[24,39]。基于 Okumura 原始结果的曲线拟合,第 n 个用户设备从关注的宏小

区和关注的无人机小区观察到的路径损耗(dB)由文献[3,23]给出

$$\varphi = A + B\log(d_{mn}) + C \tag{10.5}$$

$$\varphi' = A + B\log(d_{un}) + C \tag{10.6}$$

式中,距离 d_{mn} 和 d_{un} 单位为 km,系数 A、B 和 C 取决于载波频率和天线高度。

在郊区环境中,系数 A、B、C 由下式给出

$$A = 69.55 + 26.16\log(f_c) - 13.82\log(h_{bs}) - a(h_{ue}) \tag{10.7}$$

$$B = 44.9 - 6.55\log(h_{bs}) \tag{10.8}$$

$$C = -2\log(f_c/28)^2 - 5.4 \tag{10.9}$$

式中,f_c 是以 MHz 为单位的载波频率;h_{bs} 是以 m 为单位的基站高度,$a(h_{ue})$ 是以 m 为单位的用户设备天线高度的校正系数,其定义为

$$a(h_{ue}) = 1.1\log(f_c) - 0.7h_{ue} - 1.56\log(f_c) - 0.8 \tag{10.10}$$

此外,Okumura-Hata 路径损耗模型假设载波频率(f_c)介于 150MHz 和 1500MHz 之间,基站高度(h_{bs})介于 30m 和 200m 之间,用户设备天线高度(h_{ue})介于 1m 和 10m 之间,距离 d_{mn} 和 d_{un} 介于 1km 和 10km 之间[3,23]。

在图 10.6(b)中,我们使用等式(10.5)和等式(10.10)以及表 10.3 中的 Okumura-Hata 路径损耗模型参数绘制了经验路径损失累积分布函数。此外,我们绘制了 50% 和 97.5% 宏基站破坏情况下的 Okumura-Hata 路径损耗模型累积分布函数。图 10.6(b)的检查揭示了累积分布函数中路径损耗的逐步分布。这种行为是由于基站高度的变化,即无人机基站部署在 100m 的高度(路径损耗较大),而宏基站的高度为 30m(路径损耗较小)。在 50% 宏基站损坏的情况下,可以看出大多数用户设备都连接到宏基站;而在 97.5% 宏基站损坏的情况下,无人机基站服务于大多数用户设备。无论如何,当 50% 和 97.5% 宏基站损坏时,最大允许路径损耗为 225dB,如图 10.6(b)所示。

表 10.3 模 拟 参 数

参　数	数　值
宏基站与用户设备强度	4/km² 和 100/km²
宏基站和无人机基站传输功率	46dBm 和 30dBm
路径损耗指数	4
宏基站高度	30m
无人机基站高度	100m
用户设备高度	3m
长期演进波段 14 中心频率	下行链路 763MHz,上行链路 793MHz
$d_{mn}^{\min}, d_{mu}^{\min}$	30m,10m
模拟区	10km×10km
遗传算法种群规模和世代数	60 和 100
遗传算法的交叉和变异概率	0.7 和 0.1
小区范围扩展(τ)	0~15dB
(α)期间宏基站的功率折减系数	0~1
非协调子帧(β)的传输占空比	0.5 或 50%

续表

参　数	数　值
宏基站用户设备的调度阈值(ρ)	20~40dB
无人机基站用户设备(ρ')的调度阈值	-20~-5dB
损坏的宏基站序列	50%和97.5%

10.6　小区间干扰协调

由于传输功率低,与宏基站相比,无人机基站无法关联多个用户设备。然而,通过使用第三代合作伙伴计划第8版中定义的小区范围扩展(CRE)技术,无人机基站可以通过从宏基站卸载流量关联多个用户设备。小区范围扩展的负面影像包括小区边缘用户设备或无人机基站小区范围扩展区域中的用户设备下行链路干扰增加,这通过在长期演进和LTE-Advanced中使用小区间感染协调技术来解决[2,14,35]。

第三代合作伙伴计划第10版引入了基于时域的增强型小区间干扰协调技术来解决干扰问题。特别是,它使用基于空白的子帧,要求宏基站完全清空物理下行链路共享信道(PDSCH)资源元素上的发射功率,如图10.7(a)所示。这将无线电帧分为协调子帧(CSF)和非协调子帧(USF)。另外,第三代合作伙伴计划第11版定义了进一步增强型小区间干扰协调,其中物理下行链路共享信道上的数据仍在传输,但功率水平降低,如图10.7(b)所示。

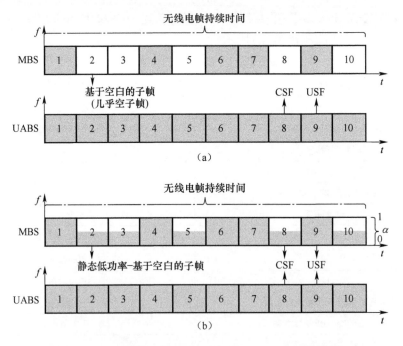

图10.7　时域小区间干扰协调的LTE-Advanced帧结构
(a)具有基于空白的子帧第三代合作伙伴计划第10版增强型小区间干扰协调;
(b)具有低功率基于空白的子帧增强型小区间干扰协调第11版进一步增强型小区间干扰协调(RP-ABS)。

宏基站可以基于调度阈值在非协调子帧或协调子帧中调度其用户设备。类似地，无人机基站可以基于调度阈值 ρ' 在非协调子帧或协调子帧中调度其用户设备。设 β 表示非协调子帧占空比，定义为非协调在子帧数量与无线电帧中子帧总数的比率，协调子帧的占空比为 $(1-\beta)$。为了便于仿真，设计考虑了所有宏基站的固定非协调子帧占空比为 0.5，如文献[21]所示，当优化 ρ 和 ρ' 时，对系统性能的影响有限。最后，设 $0 \leq \alpha \leq 1$ 表示用于进一步增强型小区间干扰协调技术的宏基站协调子帧中的功率折减系数；$\alpha=0$ 对应于第 10 版增强型小区间干扰协调，而 $\alpha=1$ 对应于无小区间干扰协调（如在第三代合作伙伴计划第 8 版中）。该设计假定基于空白的子帧和降低功率模式通过 X_2 接口共享，X_2 接口是基站之间的逻辑接口。

如图 10.7 所示，考虑到第三代合作伙伴计划 LTE-Advanced 中的增强型小区间干扰协调和进一步增强型小区间干扰协调框架，并遵循与文献[21]中针对异构蜂窝网络场景类似的方法，任意用户设备所经历的信干比（SIR）可针对关注的宏小区和关注的无人机小区的协调子帧和非协调子帧定义如下：

$$\Gamma = \frac{S_{\text{mbs}}(d_{mn})}{S_{\text{uabs}}(d_{un}) + Z} \rightarrow \text{来自 MOI 的 USF SIR} \quad (10.11)$$

$$\Gamma_{\text{csf}} = \frac{\alpha S_{\text{mbs}}(d_{mn})}{S_{\text{uabs}}(d_{un}) + Z} \rightarrow \text{来自 MOI 的 CSF SIR} \quad (10.12)$$

$$\Gamma' = \frac{S_{\text{uabs}}(d_{un})}{S_{\text{mbs}}(d_{mn}) + Z} \rightarrow \text{来自 MOI 的 USF SIR} \quad (10.13)$$

$$\Gamma'_{\text{csf}} = \frac{S_{\text{uabs}}(d_{un})}{\alpha S_{\text{mbs}}(d_{mn}) + Z} \rightarrow \text{来自 MOI 的 CSF SIR} \quad (10.14)$$

式中，Z 为来自所有宏基站和无人机基站（不包括关注的宏小区和关注的无人机小区）的非协调子帧或协调子帧期间用户设备处的总干扰功率。在六边形网格无人机基站部署模型中（以及文献[21]），无人机基站（和小区）的位置是固定的。为了将网络的第 5 百分位频谱效率最大化，建议的设计积极考虑等式（10.11）~等式（10.14）中的信干比，同时使用遗传算法优化无人机基站的位置。

10.6.1 用户设备关联与调度

小区选择过程分别取决于等式（10.11）和等式（10.13）中的 Γ 和 Γ'，适用于关注的宏小区和关注的无人机小区信干比以及小区范围扩展 τ。若 $\tau\Gamma'$ 小于 Γ，则用户设备与关注的宏小区相关联；否则与关注的无人机小区相关联。小区选择之后，宏基站用户设备（MUE）和无人机基站用户设备（UUE）可以在非协调子帧或协调子帧无线电子帧中调度为

$$\text{若 } \Gamma > \tau\Gamma', \Gamma \leq \rho \rightarrow \text{USF - MUE} \quad (10.15)$$

$$\text{若 } \Gamma > \tau\Gamma', \Gamma > \rho \rightarrow \text{CSF - MUE} \quad (10.16)$$

$$\text{若 } \Gamma \leq \tau\Gamma', \Gamma > \rho' \rightarrow \text{USF - UUE} \quad (10.17)$$

$$\text{若 } \Gamma \leq \tau\Gamma', \Gamma \leq \rho' \rightarrow \text{CSF - UUE} \quad (10.18)$$

一旦用户设备被分配到关注的宏小区/关注的无人机小区，并且在非协调子帧/协调子帧无线电帧内被调度，则该调度用户设备的支持设备可针对等式（10.15）~等式（10.18）中定义的 4 种不同场景来表示：

$$C_{\text{usf}}^{\text{mbs}} = \frac{\beta \log_2(1+\Gamma)}{N_{\text{usf}}^{\text{mbs}}} \quad (10.19)$$

$$C_{\text{csf}}^{\text{mbs}} = \frac{(1-\beta)\log_2(1+\Gamma_{\text{csf}})}{N_{\text{csf}}^{\text{mbs}}} \quad (10.20)$$

$$C_{\text{usf}}^{\text{uabs}} = \frac{\beta \log_2(1+\Gamma')}{N_{\text{usf}}^{\text{uabs}}} \quad (10.21)$$

$$C_{\text{csf}}^{\text{uabs}} = \frac{(1-\beta)\log_2(1+\Gamma'_{\text{csf}})}{N_{\text{csf}}^{\text{uabs}}} \quad (10.22)$$

式中，$N_{\text{usf}}^{\text{mbs}}$、$N_{\text{csf}}^{\text{mbs}}$、$N_{\text{usf}}^{\text{uabs}}$ 和 $N_{\text{csf}}^{\text{uabs}}$ 为非协调子帧和协调子帧无线电子帧中调度的宏基站用户设备和无人机基站用户设备的数量；Γ、Γ_{csf}、Γ' 和 Γ'_{csf} 与等式（10.11）~等式（10.14）中相同。

建议的设计考虑了第 5 百分位频谱效率的使用，其对应于所有用户设备能力中最差的第 5 百分位用户设备能力（根据等式（10.19）~等式（10.22））在模拟区域内计算。第 5 百分位频谱效率是一个关键指标，特别是对于公共安全通信场景，用于在环境中的所有用户设备保持最低服务质量水平。此外，第 5 百分位频谱效率对无人机基站位置和小区间干扰协调参数的依赖性定义为

$$C_{5\text{th}}(\boldsymbol{X}_{\text{uabs}}, \boldsymbol{S}_{\text{mbs}}^{\text{ICIC}}, \boldsymbol{S}_{\text{uabs}}^{\text{ICIC}}) \quad (10.23)$$

其中，$\boldsymbol{X}_{\text{uabs}} \in \mathbb{R}^{N_{\text{uabs}} \times 3}$ 为捕获前面定义的无人机基站位置；$\boldsymbol{S}_{\text{mbs}}^{\text{ICIC}} = [\boldsymbol{\alpha}, \boldsymbol{\rho}] \in \mathbb{R}^{N_{\text{mbs}} \times 2}$ 为捕获每个宏基站单个小区间干扰协调参数的矩阵；$\boldsymbol{S}_{\text{uabs}}^{\text{ICIC}} = [\boldsymbol{\tau}, \boldsymbol{\rho}'] \in \mathbb{R}^{N_{\text{uabs}} \times 2}$ 为捕获每个无人机基站单个小区间干扰协调参数的矩阵。特别是

$$\boldsymbol{\alpha} = [\alpha_1, \cdots, \alpha_{N_{\text{mbs}}}]^{\text{T}}, \boldsymbol{\rho} = [\rho_1, \cdots, \rho_{N_{\text{mbs}}}]^{\text{T}} \quad (10.24)$$

$N_{\text{mbs}} \times 1$ 为矢量，包括每个宏基站的功率降低系数和宏基站用户设备调度阈值参数。另外，

$$\boldsymbol{\tau} = [\tau_1, \cdots, \tau_{N_{\text{uabs}}}]^{\text{T}}, \boldsymbol{\rho}' = [\rho'_1, \cdots, \rho'_{N_{\text{uabs}}}]^{\text{T}} \quad (10.25)$$

是 $N_{\text{uabs}} \times 1$ 向量，涉及每个无人机基站的小区范围扩展偏差和无人机基站用户设备调度阈值。如 10.6 节所述，假设基于空白的子帧和降低功率子帧的占空比在所有宏基站下设置为 0.5，以减少搜索空间和复杂性。

考虑到要在多维空间中搜索向量 $\boldsymbol{\alpha}$、$\boldsymbol{\rho}$、$\boldsymbol{\rho}'$ 和 $\boldsymbol{\tau}$ 的最优值，查找最优参数的计算复杂性非常高。因此，为了显著降低系统复杂度（和模拟运行时间），我们考虑对所有宏基站和所有无人机基站使用相同的小区间干扰协调参数。特别是我们认为对于 $i = 1, 2, \cdots, N_{\text{mbs}}$，我们有 $\alpha_i = \alpha$ 和 $\rho_i = \rho$，而对于 $j = 1, 2, \cdots, N_{\text{uabs}}$，我们有 $\tau_j = \tau$ 和 $\rho'_j = \rho'$。因此，第 5 百分位频谱效率对无人机基站位置和小区间干扰协调参数的依赖性可以简化为

$$C_{5\text{th}}(\boldsymbol{X}_{\text{uabs}}, \alpha, \rho, \tau, \rho') \quad (10.26)$$

我们将通过模拟寻求最大化的方法。

10.7 模 拟 结 果

在本节中，我们将使用广泛的计算机模拟，在考虑基站覆盖的所有用户设备的不同无人机基站部署策略和路径损耗模型的同时，比较了使用和不使用小区间干扰协调技术的空地

异构蜂窝网络的第 5 百分位频谱效率。除非另有规定,模拟的系统参数设置为表 10.3 中给出的值。

10.7.1 无人机基站部署在六边形网格上的第 5 百分位频谱效率

在下文中,当无人机基站部署在六边形网格上并利用优化的小区间干扰协调参数时,讨论关键的第 5 百分位频谱效率观测值(参见等式(10.1)和列表 10.1)。在图 10.8 和图 10.9 中,我们分别绘制了使用对数距离路径损耗模型和 Okumura-Hata 路径损耗模型时第 5 百分位频谱效率相对于小区范围扩展的变化。

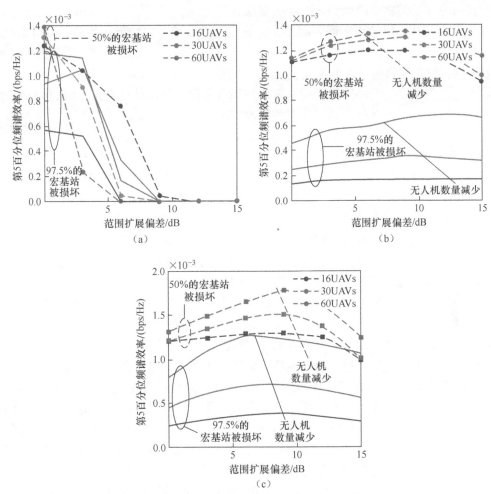

图 10.8 采用对数距离路径损耗模型(部署在六边形网格上的无人机基站)的增强型小区间干扰协调和进一步增强型小区间干扰协调技术的第 5 百分位频谱效率与小区范围扩展的对比
(a)不采用小区间干扰协调;(b)采用小区间干扰协调;(c)采用进一步增强型小区间干扰协调。(见书末彩插)

10.7.1.1 具有对数正态路径损耗模型的第 5 百分位频谱效率

图 10.8(a)绘制了非小区间干扰协调机制(NIM)下第 5 百分位频谱效率相对于小区范围扩展的变化。在非小区间干扰协调机制情况下,所有基站(宏基站和无人机基站)始终以

全功率(P'_{mbs}和P'_{uabs})进行传输。对图10.8(a)的密切评估表明,非小区间干扰协调机制的第5百分位频谱效率峰值在0dB小区范围扩展左右。这是因为,在没有小区范围扩展的情况下,与无人机基站相关联的用户设备数量和这些用户设备所经历的干扰最小。此外,随着小区范围扩展的增加,与无人机基站相关联的用户设备数量增加,并且这些用户设备所经历的干扰也增加。因此,对于非小区间干扰协调机制,第5百分位频谱效率随着小区范围扩展的增加而降低,如图10.8(a)所示。

第三代合作伙伴计划第10版和第11版小区间干扰协调技术在第5百分位频谱效率方面的性能以及小区范围扩展的变化如图10.8(b)和(c)所示。如10.6节所述,增强型小区间干扰协调在宏基站处的空白子帧期间的传输功率为0,进一步增强型小区间干扰协调在宏基站处的协调子帧功率降低为$\alpha P'_{mbs}$。根据这种理解,分析图10.8(b)和(c),小区间干扰协调技术在0dB小区范围扩展下的第5百分位频谱效率相对较低。另外,小区间干扰协调技术观察到第5百分位频谱效率性能随着小区范围扩展的增加而改善,并且当小区范围扩展在6~9dB时,观察到小区间干扰协调技术的第5百分位频谱效率峰值。图10.10(a)总结了小区范围扩展对非小区间干扰协调机制和第三代合作伙伴计划第10版和第11版小区间干扰协调技术第5百分位频谱效率的影响。

10.7.1.2　第5百分位频谱效率与Okumura-Hata路径损耗模型

图10.9绘制了非小区间干扰协调机制的第5百分位频谱效率相对于小区范围扩展的变化。在非小区间干扰协调机制的情况下,所有基站(宏基站和无人机基站)始终以全功率(P'_{mbs}和P'_{uabs})传输:当50%的宏基站被损坏时,非小区间干扰协调机制的第5百分位频谱效率峰值约为3dB小区范围扩展。另外,当97.5%的宏基站被损坏时,即使现有宏基站数量很小并且干扰最小,路径损耗越高,表示小区边缘用户设备脱离覆盖区域的概率越高。此外,在没有任何小区间干扰协调的情况下,使用小区范围扩展可以放大干扰的影响。因此,非小区间干扰协调机制的第5百分位频谱效率增益接近于零。

图10.9(b)和(c)绘制了第三代合作伙伴计划第10/11版小区间干扰协调技术第5百分位频谱效率相对于小区范围扩展的变化,即第5百分位频谱效率性能随着小区范围扩展的增加而改善。当50%的宏基站被损坏时,小区范围扩展分别在6~9dB和3~6dB时,观察到增强型小区间干扰协调和进一步增强型小区间干扰协调的第5百分位频谱效率峰值。当97.5%的宏基站被损坏时,即使小区边缘用户设备观察到路径损耗较高,使用第三代合作伙伴计划第10/11版小区间干扰协调技术以及小区范围扩展可以降低小区边缘用户设备超出覆盖范围的概率,从而维持网络的第5百分位频谱效率,如图10.9(b)和(c)所示。进一步的分析表明,与非小区间干扰协调机制和增强型小区间干扰协调相比,进一步增强型小区间干扰协调技术在支持设备性能方面有显著的改进。图10.10(b)总结了小区范围扩展对非小区间干扰协调机制和第三代合作伙伴计划第10/11版小区间干扰协调技术第5百分位频谱效率的影响。

通过比较图10.10(a)和(b),我们观察到非小区间干扰协调机制、增强型小区间干扰协调和进一步增强型小区间干扰协调与对数距离路径损耗模型之间第5百分位频谱效率峰值存在适度偏差。这是因为用户设备的信干比更好,路径损耗更低。另外,在Okumura-Hata路径损耗模型中,由于路径损耗较高,观察到第5百分位频谱效率峰值存在显著偏差。然而,Okumura-Hata路径损耗模型中较高的路径损耗可以通过使用适度/较高的小区范围扩

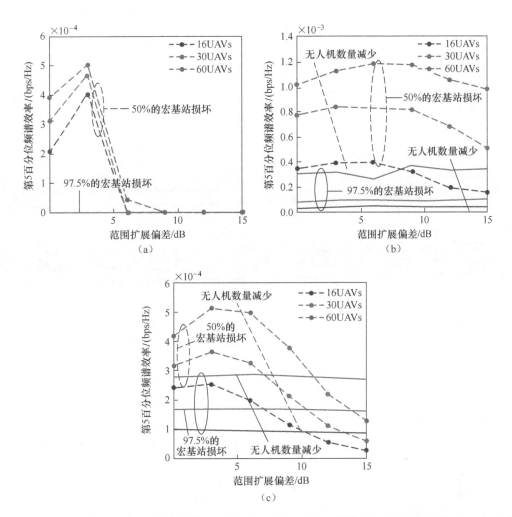

图 10.9 采用 Okumura-Hata 路径损耗模型(部署在六边形网格上的无人机基站)的增强型小区间干扰协调和进一步增强型小区间干扰协调技术的第 5 百分位频谱效率与小区范围扩展的对比
(a)不采用小区间干扰协调;(b)采用小区间干扰协调;(c)采用进一步增强型小区间干扰协调。(见书末彩插)

展值和第三代合作伙伴计划第 10/11 版小区间干扰协调技术来补偿。

10.7.2 第 5 百分位频谱效率与基于遗传算法的无人机基站部署优化

在下文中,当无人机基站位置和小区间干扰协调参数通过遗传算法优化时,给出了关键第 5 百分位频谱效率观测值,定义见等式(10.2)和列表 10.2。图 10.11 和图 10.12 分别绘制了使用遗传算法的网络第 5 百分位频谱效率峰值与使用对数距离路径损耗模型和 Okumura-Hata 路径损耗模型时的优化小区范围扩展值。在基于遗传算法的仿真中,最佳小区范围扩展值与无人机基站相对于宏基站的位置、卸载到无人机基站的用户设备数量以及用户设备观察到的干扰量直接相关。

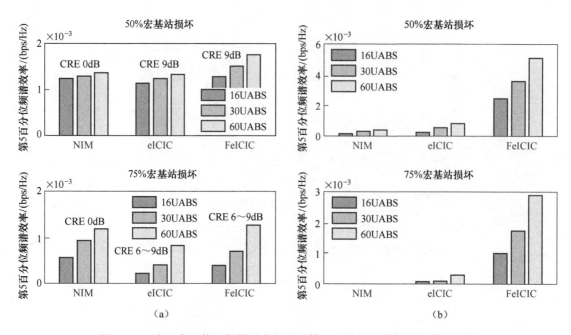

图 10.10 在六角网格上部署无人机基站第 5 百分位频谱效率峰值观测值
(a) 对数距离路径损耗模型;(b) Okumura-Hata 路径损耗模型。

10.7.2.1 具有对数正态路径损耗模型的第 5 百分位频谱效率

图 10.11(a)和(b)分别绘制了关于 SPLM 的增强型小区间干扰协调和进一步增强型小区间干扰协调优化小区范围扩展值的第 5 百分位频谱效率峰值。对图 10.11(a)和(b)的检查表明,当 50% 的宏基站被破坏时,小区范围扩展值较高,这意味着大量宏基站存在严重干

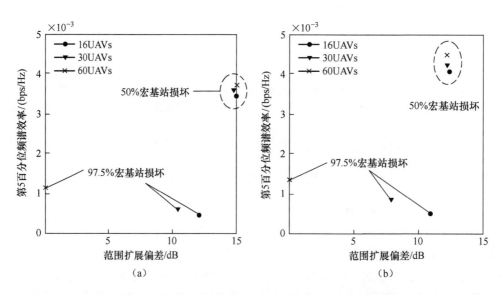

图 10.11 当使用遗传算法优化无人机基站位置和小区间干扰协调参数时,增强型小区间干扰协调和进一步增强型小区间干扰协调技术与对数距离路径损耗模型的第 5 百分位频谱效率峰值与优化的小区范围扩展
(a) 增强型小区间干扰协调的第 5 百分位频谱效率;(b) 进一步增强型小区间干扰协调的第 5 百分位频谱效率。

扰。因此,为了获得更好的第5百分位频谱效率增益,需要将大量用户设备从宏基站卸载到小区范围扩展值更高的无人机基站。

一方面,当大部分基础设施被破坏时(即当97.5%的宏基站被破坏时),从宏基站观察到的干扰是有限的,并且更多的用户设备需要由无人机基站服务。因此,在部署更少无人机基站的情况下,需要更高的小区范围扩展来服务更多的用户设备并实现更好的第5百分位频谱效率。另一方面,当部署更多无人机基站时,小区范围扩展值越小,第5百分位频谱效率增益越好。增强型小区间干扰协调和进一步增强型小区间干扰协调的该行为分别记录在图10.11(a)和(b)中。

10.7.2.2 第5百分位频谱效率与Okumura-Hata路径损耗模型

使用等式(10.11)~等式(10.14),第三代合作伙伴计划第10/11版小区间干扰协调技术的信干比观察结果如图10.13所示。如图10.6(a)所示,路径损耗较高造成信干比值较低,如图10.13所示。根据这一理解,我们分别根据图10.12(a)和(b)所示的增强型小区间干扰协调和进一步增强型小区间干扰协调的优化小区范围扩展检查第5百分位频谱效率峰值。

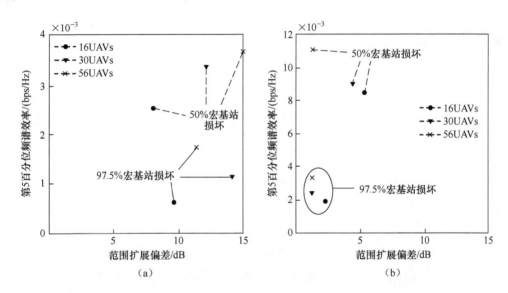

图10.12 当使用遗传算法优化无人机基站位置和小区间干扰协调参数时,增强型小区间干扰协调和进一步增强型小区间干扰协调技术与Okumura-Hata路径损耗模型的
第5百分位频谱效率峰值与优化的小区范围扩展
(a)增强型小区间干扰协调的第5百分位频谱效率;(b)进一步增强型小区间干扰协调的第5百分位频谱效率。

对于第三代合作伙伴计划第10版基于空白的子帧,无人机基站需要更高的小区范围扩展值来补偿协调子帧无线电子帧中宏基站的高路径损耗和对无线电资源利用的不足。当50%和97.5%的宏基站被破坏时,采用最小信干比值实现增强型小区间干扰协调的第5百分位频谱效率峰值,并通过将大量用户设备从宏基站卸载到无人机基站,如图10.12(a)所示。

另外,通过第三代合作伙伴计划第11版减少功率子帧(FeICIC),宏基站可以建立并保持与足够数量的小区边缘宏基站用户设备的连接,同时将覆盖范围外的用户设备卸载到无

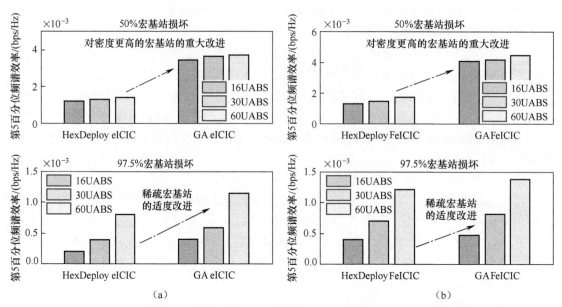

图 10.13 当使用遗传算法优化无人机基站位置时,使用 Okumura-Hata 路径损耗模型对增强型小区间干扰协调和进一步增强型小区间干扰协调进行信干比观测

(a)增强型小区间干扰协调的信干比观测;(b)进一步增强型小区间干扰协调的信干比观测。

人机基站以获得更好的服务质量。当 50%和 97.5%的宏基站被破坏时,进一步增强型小区间干扰协调的第 5 百分位频谱效率峰值达到最小信干比和中等小区范围扩展值,如图 10.12(b)所示。

综上所述,在两种路径损耗模型中使用遗传算法,可以看出第 11 版中的进一步增强型小区间干扰协调在网络整体第 5 百分位频谱效率方面优于第 10 版增强型小区间干扰协调。当部署更多的无人机基站且破坏的宏基站较少时,网络第 5 百分位频谱效率更高。另外,第 5 百分位频谱效率随着被破坏宏基站数量的增加而减少,如图 10.12 所示。

10.7.3 使用增强型小区间干扰协调和进一步增强型小区间干扰协调的固定(六边形)和优化无人机基站部署的性能比较

我们在图 10.14 和图 10.15 中总结了两种路径损耗模型早期模拟的关键结果,并比较了固定(六边形)部署和基于遗传算法的无人机基站部署之间的关键权衡。

10.7.3.1 对数距离路径损耗模型对第 5 百分位频谱效率的影响

在图 10.14 中,将第 5 百分位频谱效率观测值与图 10.8 和图 10.11 所示的对数距离路径损耗模型进行比较。对比分析表明,与部署在固定六边形网格上的无人机基站相比,采用优化小区范围扩展和优化位置的无人机基站部署提供的第 5 百分位频谱效率更好。此外,图 10.14 显示,当 50%宏基站被破坏时,无人机基站位置优化带来的第 5 百分位频谱效率收益更为显著,而当 97.5%宏基站被破坏时,第 5 百分位频谱效率收益不太显著。

当 50%的宏基站被破坏时,仍然存在大量宏基站,这会造成大量干扰。因此,在这种干扰驱动的场景中,优化无人机基站位置,并使用更多的无人机基站对第 5 百分位频谱效率提供显著增益。另外,当 97.5%宏基站被破坏时,来自宏基站的干扰很小,在六边形网格上部

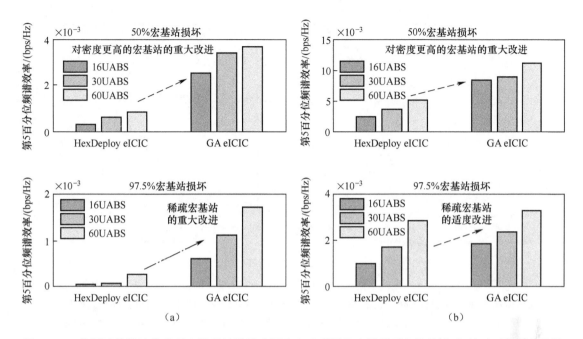

图 10.14 使用遗传算法优化无人机基站以及在固定六边形网格中部署无人机基站时,针对对数距离路径损耗模型增强型小区间干扰协调和进一步增强型小区间干扰协调第 5 百分位频谱效率比较
(a)增强型小区间干扰协调的第 5 百分位频谱效率;(b)进一步增强型小区间干扰协调的第 5 百分位频谱效率。

署无人机基站接近最佳无人机基站部署。

10.7.3.2 Okumura-Hata 路径损耗模型对第 5 百分位频谱效率的影响

在图 10.15 中,我们将第 5 百分位频谱效率观测值与图 10.9 和图 10.12 所示的 Okumura-Hata 路径损耗模型进行比较。对比分析表明,与部署在固定六边形网格上的无人机基站相比,采用优化小区范围扩展和优化位置的无人机基站部署提供的第 5 百分位频谱效率更好。

在增强型小区间干扰协调第 10 版中,当 50% 和 97.5% 的宏基站被破坏时,优化无人机基站位置的第 5 百分位频谱效率收益显著,如图 10.15(a)所示。另外,使用进一步增强型小区间干扰协调第 11 版时,当 50% 宏基站被破坏时,优化无人机基站位置的第 5 百分位频谱效率收益更为显著,如图 10.15(b)所示。然而,六边形部署和优化部署之间的差异尤其小,因为宏基站协调子帧中的功率降低系数 α 为改进第 5 百分位频谱效率提供了额外的优化维度。当 97.5% 宏基站被破坏时,使用更多的无人机基站可以在第 5 百分位频谱效率中提供适度的收益,而当 50% 宏基站被破坏时,第 5 百分位频谱效率中的收益显著。

10.7.4 不同无人机基站部署算法的计算时间比较

在本小节中,比较遗传算法和六角网格部署技术与小区间干扰协调优化的计算时间。使用在 2.8GHz、24GB 随机存取内存下运行的 Intel Core i7-4810 中央处理器,以及蒙特卡洛实验方法,计算平均运行时间,以进行 Matlab 仿真。图 10.16(a)绘制了使用等式(10.2)、列表和表 10.3 定义的模拟值计算最佳小区间干扰协调网络参数和优化无人机基站位置所

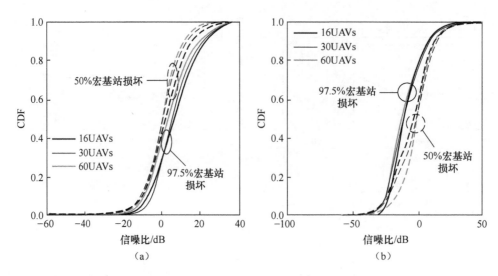

图 10.15 使用遗传算法优化无人机基站以及在固定六边形网格中部署无人机基站时,针对 Okumura-Hata 路径损耗模型增强型小区间干扰协调和进一步增强型小区间干扰协调第 5 百分位频谱效率比较
(a)增强型小区间干扰协调的第 5 百分位频谱效率;(b)进一步增强型小区间干扰协调的第 5 百分位频谱效率。

需的平均运行时间。对图 10.16(a)的检查表明,与增强型小区间干扰协调技术相比,进一步增强型小区间干扰协调技术需要相似的计算时间,用于基于遗传算法的优化。其主要原因是,与优化小区间干扰协调参数相比,基于进一步增强型小区间干扰协调和增强型小区间干扰协调的方法中普遍存在的对无人机基站位置的大搜索空间控制了计算时间。

一方面,图 10.16(b)使用等式(10.1)、表 10.3 中定义的模拟值以及小区间干扰协调参数的固定步长,绘制了在六边形网格上部署无人机所需的平均运行时。对图 10.16(b)的检

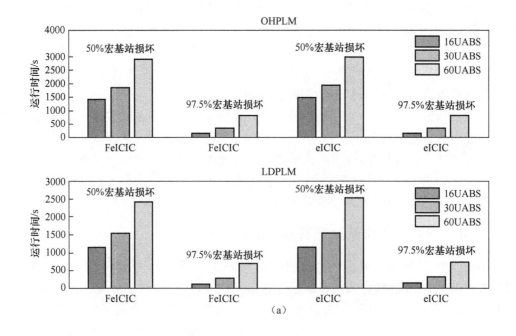

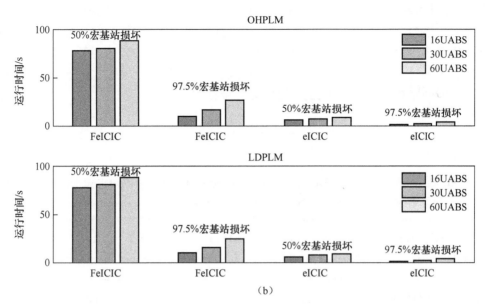

图 10.16 使用进一步增强型小区间干扰协调和增强型小区间干扰协调技术以及 Okumura-Hata 路径损耗模型和对数距离路径损耗模型的模拟运行
(a)固定六边形网格;(b)遗传算法。

查表明,与增强型小区间干扰协调技术相比,进一步增强型小区间干扰协调技术需要更高的计算时间。这种行为的主要原因是优化进一步增强型小区间干扰协调方法的功率折减系数 α 所需的额外计算。一般来说,对于遗传算法和六边形网格部署,当部署更多无人机基站且存在更多宏基站时,平均运行时间最大。另一方面,平均运行时间随着部署的无人机基站数量的减少以及宏基站数量的减少而减少。此外,图 10.16(a)和(b)的对比分析表明,与在六边形网格上部署无人机基站相比,使用遗传算法进行优化(小区间干扰协调参数和无人机基站位置)需要更多的计算时间。

10.8 结 束 语

本章探讨了元启发式遗传算法在无人机布局中寻找最优或接近最优位置的适用性。然而,使用遗传算法技术在现实世界中优化所考虑的无人机部署优化问题所需的计算复杂性需要进一步研究。我们的仿真表明,与固定六边形网格上的无人机基站部署相比,使用遗传算法优化无人机基站的位置和小区间干扰协调参数可以获得显著改进。

使用所提出的设计,具有降低功率子帧的空地异构蜂窝网络比具有几乎空白子帧的空地异构蜂窝网络产生更好的第 5 百分位频谱效率。在具有 SPLM 的模拟网络中,当使用遗传算法优化 60 个无人机基站位置时,进一步增强型小区间干扰协调观察到与增强型小区间干扰协调相比的适度改进:当 50% 和 97.5% 宏基站被破坏时,分别约为 17% 和 15%。另外,使用 Okumura-Hata 路径损耗模型和使用遗传算法优化 60 个无人机基站位置时,进一步增强型小区间干扰协调比增强型小区间干扰协调的改善显著:当 50% 和 97.5% 宏基站被破坏时,进一步增强型小区间干扰协调分别约为 66% 和 51%。

最后,通过仿真,比较分析了不同路径损耗模型和无人机基站部署策略下网络的第 5 百分位频谱效率性能。通过 SPLM,分析表明,当观测到的干扰受到限制时,在六边形网格上部署无人机系统接近最优。在存在大量干扰的情况下,遗传算法方法对于部署无人机系统更为有效。另外,使用 Okumura-Hata 路径损耗模型时,与 SPLM 相比,网络的路径损耗较高。为了抑制高路径损耗的影响,遗传算法方法被证明更有效。

参 考 文 献

[1] Akram Al-Hourani, Sithamparanathan Kandeepan, and Simon Lardner. Optimal LAP altitude for maximum coverage. *IEEE Wireless Commun. Lett.* ,3(6):569-572,2014.

[2] Md Shipon Ali. An Overview on Interference Management in 3GPP LTE-Advanced Heterogeneous Networks. *Int. J. Future Generation Commun. Netw.* ,8(1):55-68,June 2015.

[3] Yazan A Alqudah, Belal Sababha, Ayman Elnashar, and Sohaib H Sababha. On the validation of path loss models based on field measurements using 800MHz LTE network. In *Proc. IEEE Annual Sys. Conf. (SysCon)* , pages 1-5,Orlando,FL,2016.

[4] AT&T. Flying COW Connects Puerto Rico. Nov. 2017. URL https://about. att. com/ inside_connections_blog/flying_cow_puertori.

[5] R Irem Bor-Yaliniz, Amr El-Keyi, and Halim Yanikomeroglu. Efficient 3-D placement of an aerial base station in next generation cellular networks. In *Proc. IEEE Intl. Conf. Commun. (ICC)* , pages 1-5, Kuala Lumpur,Malaysia,2016.

[6] Ursula Challita, Walid Saad, and Christian Bettstetter. Interference Management for Cellular-Connected UAVs:A Deep Reinforcement Learning Approach. *IEEE Trans. Wireless Commun.* ,2019.

[7] Evander Christy, Rina Pudji Astuti, Budi Syihabuddin, Bhaskara Narottama, Obed Rhesa, and Furry Rachmawati. Optimum UAV flying path for Device-to-Device communications in disaster area. In *Proc. IEEE Int. Conf. Sig Sys. (ICSigSys)* ,pages 318-322,Bali,Indonesia,2017.

[8] CNBC. AT&T and Verizon drones provide cell service in natural disasters. Aug. 2018. URL https://www. cnbc. com/2018/06/22/att-and-verizon-drones-provide-cell-service-in- natural-disasters. html.

[9] Supratim Deb, Pantelis Monogioudis, Jerzy Miernik, and James P Seymour. Algorithms for enhanced inter-cell interference coordination(eICIC) in LTE hetnets. *IEEE/ACM Trans. Nwk.* ,22(1):137-150,2014.

[10] Radha Krishna Ganti, François Baccelli, and Jeffrey G Andrews. A new way of computing rate in cellular networks. In *Proc. IEEE Int. Conf. Commun. (ICC)* ,pages 1-5,Kyoto,Japan,June 2011.

[11] Claudia Geib. An ATT Drone Is Connecting Puerto Ricans to Wireless Service. Nov. 2017. URL https://futurism. com/att-drone-connecting-puerto-ricans-wireless-service/.

[12] Samer Hanna, Han Yan, and Danijela Cabric. Distributed UAV Placement Optimization for Cooperative Line-of-sight MIMO Communications. In *Proc. IEEE Intl. Conf. Acoustics , Speech , Signal Process. (ICASSP)* , pages 4619-4623,2019.

[13] John Holland. Holland,adaptation in natural and artificial systems,1992.

[14] Harri Holma, Antti Toskala, and Jussi Reunanen. *LTE Small Cell Optimization:3GPP Evolution to Release 13*. John Wiley & Sons,Jan. 2016.

[15] Zeeshan Kaleem and Kyunghi Chang. Public Safety Priority-Based User Association for Load Balancing and Interference Reduction in PS-LTE Systems. *IEEE Access* ,4:9775-9785,2016.

[16] Abhaykumar Kumbhar, Farshad Koohifar, Ismail Guvenc, and Bruce Mueller. A survey on legacy and

emerging technologies for public safety communications. *IEEE Commun. Survery Tuts.*, 18: 97 – 124, Sep. 2016.

[17] Abhaykumar Kumbhar, Ismail Güvenç, Simran Singh, and Adem Tuncer. Exploiting LTE-Advanced HetNets and FeICIC for UAV-assisted public safety communications. *IEEE Access*, 6:783–796, 2018.

[18] Abhaykumar Kumbhar, Hamidullah Binol, Ismail Guvenc, and Kemal Akkaya. Interference Coordination for Aerial and Terrestrial Nodes in Three–Tier LTE–Advanced HetNet. In *Proc. IEEE Radio and Wireless Symposium(RWS)*, pages 1–4, 2019.

[19] Peiming Li and Jie Xu. Placement Optimization for UAV–Enabled Wireless Networks with Multi–Hop Backhauls. *J. Commun. Information Netw.*, 3(4):64–73, 2018.

[20] Arvind Merwaday and Ismail Guvenc. UAV assisted heterogeneous networks for public safety communications. In *Proc. IEEE Wireless Commun. Nwk. Conf. Workshops (WCNCW)*, pages 329–334, New Orleans, LA, 2015.

[21] Arvind Merwaday, Sayandev Mukherjee, and Ismail Güvenç. Capacity analysis of LTE-Advanced HetNets with reduced power subframes and range expansion. *EURASIP J. Wireless Commun. Netw.*, (1):1–19, Nov. 2014.

[22] Arvind Merwaday, Adem Tuncer, Abhaykumar Kumbhar, and Ismail Guvenc. Improved Throughput Coverage in Natural Disasters: Unmanned Aerial Base Stations for Public–Safety Communications. *IEEE Vehic. Technol. Mag.*, 11(4):53–60, Dec. 2016.

[23] Andreas F Molisch. *Wireless communications*, volume 34. John Wiley & Sons, 2012.

[24] Michael S Mollel and Michael Kisangiri. Comparison of Empirical Propagation Path Loss Models for Mobile Communication. *Comp. Eng. Intelligent Sys.*, 5:1–10, 2014.

[25] Mohammad Mozaffari, Walid Saad, Mehdi Bennis, and Merouane Debbah. Drone small cells in the clouds: Design, deployment and performance analysis. In *Proc. IEEE Global Commun. Conf. (GLOBECOM)*, pages 1–6, San Diego, CA, 2015.

[26] Mohammad Mozaffari, Walid Saad, Mehdi Bennis, and Mérouane Debbah. Optimal transport theory for power-efficient deployment of unmanned aerial vehicles. In *Proc. IEEE Intl. Conf. Commun. (ICC)*, pages 1–6, Kuala Lumpur, Malaysia, 2016.

[27] Sayandev Mukherjee and Ismail Güvenç. Effects of range expansion and interference coordination on capacity and fairness in heterogeneous networks. In *Proc. IEEE Asilomar Conf. on Signals, Systems and Computers*, pages 1855–1859, 2011.

[28] Mamta Narang, Simon Xiang, William Liu, Jairo Gutierrez, Luca Chiaraviglio, Arjuna Sathiaseelan, and Arvind Merwaday. UAV-assisted edge infrastructure for challenged networks. In *Proc. IEEE Conf. Computer Commun. Workshops(INFOCOM WKSHPS)*, pages 60–65, 2017.

[29] Stagg Newman, Jon M Peha, and Jennifer A Manner. The FCC plan for a public safety broadband wireless network. 2010.

[30] Sylvain Ranvier. Path loss models. Technical report, Helsinki University of Technology, Nov. 2004.

[31] Nadisanka Rupasinghe, Yavuz Yapici, Ismail Güvenç, and Yuichi Kakishima. Non-orthogonal multiple access for mmwave drone networks with limited feedback. *IEEE Trans. Commun.*, 67(1):762–777, 2019.

[32] Sanaa Sharafeddine and Rania Islambouli. On-demand deployment of multiple aerial base stations for traffic offloading and network recovery. *Computer Networks*, 2019.

[33] Vishal Sharma, Mehdi Bennis, and Rajesh Kumar. UAV–assisted heterogeneous networks for capacity enhancement. *IEEE Commun. Lett.*, 20(6):1207–1210, 2016.

[34] Simran Singh, Abhaykumar Kumbhar, Ismail Güvenç, and Mihail L Sichitiu. Distributed Approaches for Inter

[35] Beatriz Soret and Klaus I Pedersen. Macro transmission power reduction for hetnet co - channel deployments. In *Proc. IEEE Global Commun. Conf. (GLOBECOM)*, pages 4126 – 4130, Anaheim, CA, Dec. 2012.

[36] Yang Sun, Tianyu Wang, and Shaowei Wang. Location Optimization for Unmanned Aerial Vehicles Assisted Mobile Networks. In *Proc. IEEE Intl. Conf. Commun. (ICC)*, pages 1-6, 2018.

[37] The Drive. AT&T and Verizon Test 4G LTE Drones in New Jersey. Jun. 2018. URL https://www.thedrive.com/tech/21756/att-and-verizon-test-4g-lte-drones-in-new-jersey.

[38] Michael Tsai. Path - loss and Shadowing (Large - scale Fading). Technical report, National Taiwan University, Oct. 2011.

[39] Xiro Online. Okumura–Hata, 2017. URL https://www.xirio-online.com/help/en/okumurahata.html.

[40] Murat Yuksel, Ismail Guvenc, Walid Saad, and Naim Kapucu. Pervasive spectrum sharing for public safety communications. *IEEE Commun. Mag.*, 54(3): 22–29, 2016.

[41] Qianqian Zhang, Mohammad Mozaffari, Walid Saad, Mehdi Bennis, and Merouane Debbah. Machine learning for predictive on - demand deployment of UAVs for wireless communications. In *Proc. IEEE Global Commun. Conf. (GLOBECOM)*, pages 1-6, 2018.

[42] Qianqian Zhang, Walid Saad, Mehdi Bennis, Xing Lu, Merouane Debbah, and Wangda Zuo. Predictive Deployment of UAV Base Stations in Wireless Networks: Machine Learning Meets Contract Theory. *arXiv preprint arXiv*: 1811.01149, 2018.

第 11 章　节点航迹与资源优化

Yong Zeng[1,2], Qingqing Wu[3], Rui Zhang[4]

1. 中国东南大学国家移动通信研究实验室
2. 中国江苏紫金山实验室
3. 澳门大学智能城市物联网国家重点实验室
4. 新加坡国立大学电气与计算机工程系

11.1　一般问题公式

与地面基站（BS）、接入点（AP）和中继等传统地面通信基础设施不同，支持无人机（UAV）的通信平台能够动态移动，以很好地适合通信需求。这提供了一种新的设计自由度（DoF），除了传统的通信资源分配，即无人机航迹优化，以提高通信性能。本章旨在讨论利用完全可控的无人机机动性进行无人机辅助无线通信的主要技术。

我们考虑一个通用的无人机辅助无线通信系统，如图 11.1 所示，其中一架无人机被派遣为多个地面用户服务。用 $q(t) \in \mathbb{R}^{3 \times 1}$ 表示无人机航迹，通常是包含无人机位置时变坐标的三维（3D）矢量。设 $r(t)$ 表示相关的通信资源分配，其可发射功率、带宽、信道分配、波束形成等。然后，联合无人机航迹和通信资源优化的一般数学问题可表述如下[1]：

$$\max_{\{q(t)\},\{r(t)\}} U(\{q(t)\},\{r(t)\}) \tag{11.1}$$

$$\text{s.t.} f_i(\{q(t)\}) \geq 0, i=1,2,\cdots,I_1 \tag{11.2}$$

$$g_i(\{r(t)\}) \geq 0, i=1,2,\cdots,I_2 \tag{11.3}$$

$$h_i(\{q(t)\},\{r(t)\}) \geq 0, i=1,2,\cdots,I_3 \tag{11.4}$$

式中，$U(\cdot,\cdot)$ 表示要最大化的效用函数，可以是通信吞吐量、能源效率、覆盖概率、能源消耗的负值等；$f_i(\cdot)$ 表示无人机机动性约束，其中一些在下文中讨论；$g_i(\cdot)$ 表示通信资源约束，如最大发射功率、总可用带宽等；$h_i(\cdot,\cdot)$ 指定涉及无人机航迹和通信资源分配的耦合约束。此类耦合约束的一个典型示例是共道干扰约束，该约束限制每个无人机的发射功率和航迹，从而使其对任何其他共道接收机的干扰低于某个阈值。

无人机航迹约束的一些典型示例包括以下内容。

（1）最低/最高高度：

$$H_{\min} \leq [q(t)]_3 \leq H_{\max}, \forall t \tag{11.5}$$

式中，$[q]_3$ 表示向量 q 的第三个元素。

（2）初始/最终位置：在许多场景中，当无人机只能在特定位置发射或着陆，或其任务指

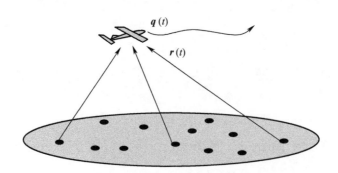

图 11.1 无人机辅助无线通信,具有节点航迹和通信资源优化

定初始和最终位置(如包裹交付)时,无人机在感兴趣的时间范围$[0, T]$的初始和/或最终位置是预先确定的。从数学上讲,我们有

$$q(0) = q_I, q(T) = q_F \tag{11.6}$$

式中,$q_I, q_F \in \mathbb{R}^{3 \times 1}$ 为给定的初始/最终位置。

(3) 无人机最大/最小速度:

$$V_{\min} \leq \| v(t) \| \leq V_{\max}, \forall t \tag{11.7}$$

式中,$v(t) \triangleq \dot{q}(t)$ 表示无人机速度。请注意,旋转翼无人机通常为 $V_{\min} = 0$,而固定翼无人机则为 $V_{\min} > 0$。

(4) 最大加速度约束:

$$\| a(t) \| \leq a_{\max}, \forall t \tag{11.8}$$

式中,$a(t) \triangleq \ddot{q}(t)$ 表示无人机加速度。注意,如参考文献[2]所示,对于倾斜水平转弯的固定翼无人机,等式(11.8)中的最大加速度约束表示对无人机最大转弯角度的限制。

(5) 避障:为了确保无人机避开已知位置 $r \in \mathbb{R}^{3 \times 1}$ 的给定障碍物,我们可以施加约束

$$\| q(t) - r \| \geq D_1, \forall t \tag{11.9}$$

式中,D_1 为离障碍物的安全距离。

(6) 避碰:对于多无人机系统,无人机之间的避碰约束可以表示为

$$\| q_m(t) - q_j(t) \| \geq \Delta_{\min}, \forall m > j, \forall t \tag{11.10}$$

式中,m 和 j 表示无人机指数;$\Delta_{\min}$ 为避免碰撞的安全距离。

(7) 禁飞区:给定禁飞区的数学约束取决于其形状。例如,若禁飞区为球形,则约束以等式(11.9)进行。另外,若是立方体积,则需要满足以下约束条件:

$$\bigcup_{i=1}^{6} a_i^T q(t) \geq b_i, \forall t \tag{11.11}$$

式中,$\{a_i, b_i\}_{i=1}^{6}$ 表示与立方体积面相对应的6个超平面,对于两个条件 C_1 和 C_2,$C_1 \cup C_2$ 表示需要满足的 C_1 或 C_2。

优化问题(11.1)~(11.4)通常很难解决,主要原因有两个。首先,优化变量是连续时间 t 的函数,因此本质上涉及无限变量,难以直接优化。其次,效用函数和约束函数对于 $q(t)$ 和 $r(t)$ 通常是非凹的,这使得优化问题非凸。在下文中,我们将介绍几种解决问题(11.1)~(11.4)的有用技术,以获得无人机航迹和通信资源分配的有效解决方案。

11.2 通过旅行推销员进行初始路径规划及装卸货问题

直观地说,一个有效的节点无人机航迹设计和通信资源分配方案应在地面用户计划通信时,让无人机充分靠近地面用户。这有助于提高通信链路质量,不仅是因为缩短了链路距离,而且增加了与地面用户建立视线(LoS)通信链路的可能性,尤其是在城市环境中。从这个角度来看,无人机航迹优化问题类似于经典的旅行商问题(TSP)[3-6]。标准旅行商问题描述如下:旅行者希望访问 K 个城市,每对城市之间的距离已知。目标是找到旅行路线或访问顺序,使总旅行距离最小化,同时每个城市只访问一次,旅行者会返回开始旅行的原始城市。旅行商问题被认为是 NP 难问题,但是已经提出了各种有效的算法来寻找高质量的解决方案[4-6],如通过解决二元整数问题。通过求解旅行商问题获得的闭合路径示例如图 11.2(a)所示。

请注意,上述标准旅行商问题涉及旅行者/无人机必须返回其开始旅行的初始城市/位置的场景。然而,无人机通信可能并非如此。例如,完成任务后,无人机可能不一定返回原始位置,在某些情况下,初始和/或最终位置可能是预先指定的[2,7],如由无人机起飞/着陆的指定位置确定。为了适应这种情况,我们需要对标准旅行商问题解决方案应用一些变化。

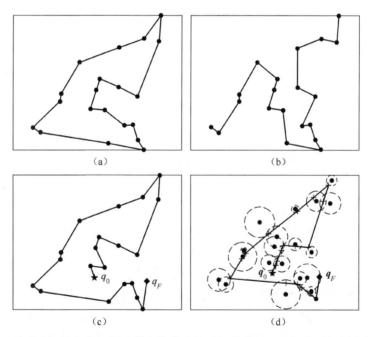

图 11.2 通过求解旅行商问题及其变体获得的无人机路径。黑点表示地面用户的位置
(a)标准旅行商问题;(b)没有返回的旅行商问题;(c)具有给定初始和最终位置的旅行商问题;
(d)具有给定初始和最终位置的含邻域旅行商问题。

11.2.1 没有返回的旅行商问题

在旅行商问题的第一个变体中,我们假设旅行者在完成任务后不需要返回原始城市。

在这种情况下，我们需要获得一条连接所有城市的开放路径，而不是封闭路径。一种简单的方法可能是首先将标准旅行商问题算法应用于给定的 K 个城市以获得闭合路径，然后移除最长的边以获得开放路径。然而，对于没有返回的旅行商问题，这种简单的方法严格上讲为次优。为了获得最佳解决方案，我们可以采用添加虚拟城市[8]的简单技巧，如图 11.3(a) 所示。具体地说，我们可以首先添加一个虚拟城市，将其与所有现有 K 个城市的距离设置为 0。显然，这样一个虚拟城市在物理上并不存在，但可以用数字来表示。其次对这 $K+1$ 个城市求解标准旅行商问题，得到一条封闭路径。最后去除与虚拟城市相关的两条边。矛盾的是，这样的解对于旅行商问题最优，不会返回。图 11.2(b) 所示为未返回的旅行商问题获得的无人机初始路径示例。通过将其与图 11.2(a) 进行比较，可以观察到，地面用户的访问顺序通常与标准旅行商问题中的不同，这是因为无人机不必返回原始位置的宽松约束。

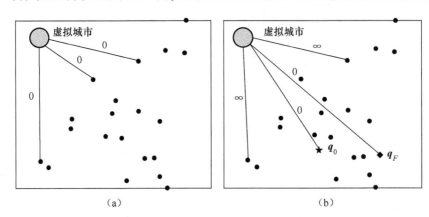

图 11.3 通过添加虚拟城市解决旅行商问题变化
(a) 未返回的旅行商问题；(b) 具有给定初始和最终位置的旅行商问题。

11.2.2 给定初始和最终位置的旅行商问题

在旅行商问题的第二个变化中，无人机飞行路径的初始和最终位置是预先确定的，而不是像第一个变化中那样是自由设计变量。分别用 $\boldsymbol{q}_0$ 和 $\boldsymbol{q}_F$ 表示给定的初始和最终位置。为了解决具有给定初始和最终位置的旅行商问题，如图 11.3(b) 所示，我们可以类似地添加一个虚拟城市[8]，其 $\boldsymbol{q}_0$ 与 $\boldsymbol{q}_F$ 这两个城市的距离都设置为 0，其中所有给定 K 个城市的距离都设置为足够大的值（以避免沿着虚拟城市的边缘移动到这 K 个城市）。通过求解这 $K+3$ 个城市的标准旅行商问题，然后去除与虚拟城市相关的两条边，我们就可得到具有预先指定初始和最终位置的旅行商问题的最优解。图 11.2(c) 显示了具有给定初始和最终位置的无人机路径示例。类似的技术可应用于旅行商的其他变化，如当仅预定一个初始或最终位置（并非两者）时[8]。

11.2.3 含邻域旅行商问题

上面讨论的基于旅行商问题要求旅行者/无人机到达每个城市/地面用户的准确位置。然而，只有当无人机的续航时间足够长，能够访问所有地面用户时，这才是可行的。此外，对于无人机通信，无人机通常不需要到达每个地面用户正上方的位置，如在无人机启用的数据采集中,只需要从地面用户收集很少的数据。在这种情况下,我们可以应用旅行商问题技术的推广,即含邻域旅行商问题(TSPN)。如图 11.4 所示,通过含邻域旅行商问题,每个城市/地面用户与给定的邻域区域相关联,旅行者只需访问每个邻域,将总旅行距离最小化。含邻域旅行商问题也是 NP 难,但已经提出了各种算法来获得其近似解[8-10]。对于盘形邻域的特殊情况,含邻域旅行商问题可以表示为

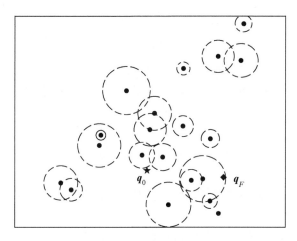

图 11.4　含邻域旅行商问题(TSPN)

$$\min_{\{q_k\},\{\pi(k)\}} \sum_k \| q_{\pi(k+1)} - q_{\pi(k)} \| \tag{11.12}$$

$$\text{s.t.} \ [\pi(1),\cdots,\pi(k)] \in \mathcal{P} \tag{11.13}$$

$$\| q_k - w_k \| \leqslant r_k, \forall k \tag{11.14}$$

式中,w_k 为地面用户 k 的位置;q_k 给出了位于用户 k 附近的无人机路径的航路点;$\mathcal{P}$ 为 k 用户所有可能排列的集合。

值得注意的是,求解优化问题(11.12)~(11.14)的主要困难在于寻找最优访问顺序 $\{\pi(k)\}$,对于该顺序,穷举搜索方法的复杂性为 K 阶!事实上,对于无人机通信,由此产生的问题比含邻域旅行商问题更难解决,因为每个邻域的形状和/或大小也可能是一个设计变量,取决于通信需求。求解含邻域旅行商问题的一个有用方法是解耦航路点 $\{q_k\}$ 和排序 $\{\pi(k)\}$[8]的优化。具体来说,我们可以通过忽略邻域区域,首先根据 K 个用户的位置求解旅行商问题,以获得访问顺序。其次用得到的顺序代入等式(11.12)~等式(11.14)中,航路点优化的剩余问题是凸的,可通过使用标准凸优化技术或软件工具箱(如 CVX)有效解决[11]。可重复上述过程,交替更新航路点和访问顺序,直至收敛。图 11.2(d)显示了通过含邻域旅行商问题获得的无人机路径示例。

11.2.4　装卸货问题

只要相应的无人机飞行距离最小化,上述旅行商问题/含邻域旅行商问题及其变化不会对用户之间的服务顺序施加任何偏好。这仅适用于无人机启用的上行链路或下行链路通信。相比之下,对于如图 11.5 所示的无人机支持的多对中继,我们有额外的信息因果关系约束[7,12],即无人机只能将已从相应源节点接收到的数据转发给目标节点。因此,上文讨

论的旅行商/含邻域旅行商问题技术(未考虑此类限制)不能用于确定无人机的初始飞行路径。

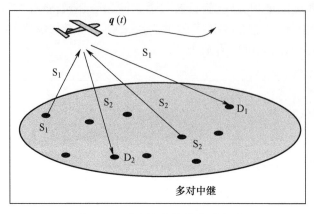

图 11.5　无人机支持的多对中继

幸运的是,我们可以通过解决装卸货问题(PDP)应用另一种有用的技术。装卸货问题可被视为旅行商问题的另一种推广,具有额外的优先约束,即对于每对源-目的节点,无人机需要先访问源节点,再访问目的节点,以满足上述信息因果约束。装卸货问题也是 NP 难,但是已经提出了各种算法产生高质量的近似解。此外,在无人机不必到达每个地面用户的准确位置的一般场景中,可以应用更通用的含邻域装卸货问题(PDPN)获得地面用户的服务顺序。图 11.6 所示为通过含邻域装卸货问题获得的无人机路径示例,与对应的含邻域旅行商问题进行了比较。

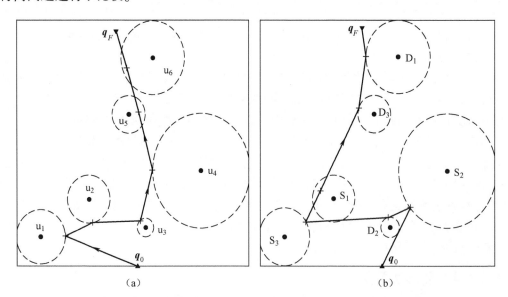

图 11.6　含邻域装卸货问题和含邻域装卸货问题获得的无人机路径[1]
(a)用于上行链路/下行链路的含邻域旅行商问题;(b)用于多对中继的含邻域装卸货问题。

注意,尽管旅行商问题和装卸货问题是确定地面用户初始无人机飞行路径或服务顺序的有用方法,但对于一般优化问题(11.1)~(11.4),严格上讲,它们通常是次优,甚至不可行。一方面,无人机飞行航迹需要更明确地考虑通信性能,这也取决于各种因素,如通信环境、用户调度设计和资源分配。另一方面,如前一节所示,在无人机受到各种机动约束的实际场景中,忽略此类约束的简单旅行商问题和装卸货问题解决方案可能会导致不可行的无人机路径解决方案。例如,图11.2所示的路径主要由连接不同航路点的线段组成,这些线段有时需要急转弯,因此不适用于固定翼无人机。

为了解决这些问题,我们需要解决节点航迹和通信资源优化问题(11.1)~(11.4)。然而,优化问题(11.1)~(11.4)很难直接求解,因为优化变量是连续时间 t 的函数,它通常是关于 $q(t)$ 和 $r(t)$ 的非凸问题。在下文中,我们首先介绍两种航迹离散化技术,将优化问题(11.1)~(11.4)转化为具有有限个优化变量的更易于处理的形式,其次介绍块坐标下降(BCD)和连续凸逼近(SCA)技术来处理非凸性。

11.3 航迹离散化

航迹离散化的基本思想是用分段线性航迹近似连续的无人机航迹,该航迹可以由有限数量的线段和无人机在每个线段上所需的持续时间表示。为了确保足够的离散准确度,每个线段的长度不应超过某个阈值,如 Δ_{max},其值可以根据实际要求预先指定。对于任何给定 Δ_{max},通常有两种离散化方法,即时间离散化[2, 7]和路径离散化[13],如图11.7所示,并解释如下。

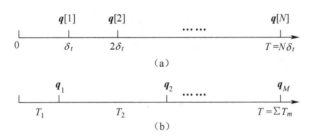

图 11.7 时间离散化与路径离散化
(a)时间离散化;(b)路径离散化。

11.3.1 时间离散化

通过时间离散化,将给定的时间范围 $[0, T]$ 划分为 N 个相等的时隙,时隙长度 δ_t 足够小[2, 7],其中 $T = N\delta_t$。设 V_{max} 表示无人机的最大飞行速度。然后,必须确保每个航段的长度不超过 Δ_{max} 甚至最大飞行速度,为此,应选择 δ_t 作为 $\delta_t \leq \Delta_{max}/V_{max}$。因此,时间离散化所需的最小分段数为 $N = \lceil TV_{max}/\Delta_{max} \rceil$。无人机的连续航迹 $q(t), 0 \leq t \leq T$,可以用 N 长度序列 $\{q[n]\}_{n=1}^{N}$ 来近似,这需要满足无人机的最大速度和加速度约束。

通过时间离散化,对无人机航迹应用简单的一阶和二阶泰勒展开式,无人机运动可以通过线性状态空间模型来近似无人机位置、速度和加速度[2]。因此,无人机位置、速度和加速度方面的无人机机动性约束可轻松纳入问题(11.1)~(11.4)。

虽然时间离散化理解起来非常直观,应用起来也很简单,但当无人机缓慢飞行,甚至大部分时间悬停时,可能会导致大量不必要的采样点。例如,考虑无人机需要在特定位置悬停1000s的场景。若使用时间离散化(如时间间隔为1s),则需要1000个时隙或变量$q[1], q[2], \cdots, q[1000]$(均相等)来表示这种简单的状态,这不可取。这种问题可以通过使用另一种离散化技术,即路径离散化来解决。

11.3.2 路径离散化

路径离散化的主要思想[13]是将无人机路径(不是时间)划分为M个长度通常不等的连续线段,如图11.7(b)所示。在这种情况下,无人机航迹由沿路径的开始/结束位置$\{q_m\}$指定的一系列段表示,同时时间序列$\{T_m\}$表示无人机在每条线段上花费的时间。路径离散化可以解释为时间离散化的更一般形式,可灵活选择不同线段的时隙长度。

具体地说,通过路径离散化,时隙长度由实际飞行速度动态确定,而不是将时隙长度固定为$\delta_t = \Delta_{\max}/V_{\max}$,这是最大飞行速度的瓶颈。在这种情况下,所有的$m$为$T_m V_m \leq \Delta_{\max}$。请注意,因为$V_m \leq V_{\max}$,所以所有的$m$为$T_m \geq \delta_t$。换句话说,给定相同的最大段长度值$\Delta_{\max}$,路径离散化通常需要更长的时隙长度。因此,假设要以总运行持续时间$T = N\delta_t = \sum_{m=1}^{M} T_m$离散的航迹相同,我们通常有$M \leq N$,即路径离散比时间离散需要更少的线段,特别是当无人机在大部分运行持续时间内以低于最大速度的速度飞行时。对于前面讨论的无人机悬停示例,仅需要三个变量来表示悬停状态,即q_1和q_2($q_1 = q_2$)表示悬停位置,$T_1 = 1000s$表示悬停持续时间。

然而,值得注意的是,为了表示每个采样段,时间离散化只需要一个变量,即q_m,而路径离散化需要两个变量q_m和T_m。因此,若$N = M$,则路径离散化需要的变量是时间离散化的两倍,选择使用哪种离散化技术取决于实际情况。

11.4 块坐标下降

通过上述航迹离散化技术,可以将节点航迹和通信资源优化问题(11.1)~(11.4)转化为以下具有有限数量变量的更易于处理的形式:

$$\max_{\{q[n]\},\{r[n]\}} U(\{q[n]\},\{r[n]\}) \tag{11.15}$$

$$\text{s.t.} f_i(\{q[n]\}) \geq 0, i = 1,2,\cdots,I_1 \tag{11.16}$$

$$g_i(\{r[n]\}) \geq 0, i = 1,2,\cdots,I_2 \tag{11.17}$$

$$h_i(\{q[n]\},\{r[n]\}) \geq 0, i = 1,2,\cdots,I_3 \tag{11.18}$$

式中,$\{q[n]\}$和$\{r[n]\}$分别表示离散化的无人机航迹和通信资源分配变量。

上述问题涉及无人机航迹和通信资源分配的联合优化,通常是非凸的,难以最优求解。虽然有多种方法可以解决非凸问题,但获得一般局部最优解的一种有效方法是交替更新一个变量块和另一个固定块,这就是块坐标下降(BCD)方法[14-15]。解决问题(11.15)~(11.18)的块坐标下降的主要思想如图11.8所示。在第l次迭代中,将当前获得的无人机航迹表示为$\{q^{(l)}[n]\}$。通过将问题(11.15)~(11.18)中的$q[n]$固定到$\{q^{(l)}[n]\}$,我们求解子问题以获得优化的资源分配,表示为$\{r^{(l+1)}[n]\}$。当问题(11.15)~(11.18)中的 $r[n]$ 固定到$\{r^{(l+1)}[n]\}$时,无人机航迹优化以获得$\{q^{(l+1)}[n]\}$。迭代过程一直持续到收敛。

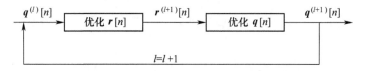

图 11.8　无人机航迹和通信资源优化的块坐标下降

请注意,对于任何固定的无人机轨道,由此产生的通信资源优化问题已被广泛研究用于常规地面通信系统,现有开发的技术可直接应用于此。然而,对于任何固定的通信资源分配,无人机轨道优化问题相对较新,并且由于无人机轨道$\{q[n]\}$的一般非凹目标函数和非凹约束,通常也是非凸的。接下来,我们将讨论一种解决非凸无人机航迹优化问题的有效方法,即连续凸逼近。

11.5　逐次凸逼近

对于问题(11.15)~(11.18)中的任何固定通信资源分配,生成的无人机航迹优化子问题可以简洁地写成

$$\max_{\{q[n]\}} f_0(\{q[n]\}) \tag{11.19}$$

$$\text{s.t.} f_i(\{q[n]\}) \geq 0, i = 1,2,\cdots,I \tag{11.20}$$

其中,$f_0(\cdot)$ 表示要最大化的效用;$f_i(\cdot)$ 为等式中相应的约束。等式(11.16)和等式(11.18)涉及 $I = I_1 + I_3$ 的无人机航迹。若至少有一个函数 $f_i(\cdot)$ 关于$\{q[n]\}$,$i = 0,1,\cdots,I,i$ 是非凹的,则上述问题非凸。通常是这样,因为大多数效用函数和约束函数都是$\{q[n]\}$上的非凹函数,因此标准的凸优化技术无法直接应用。幸运的是,最近的工作表明,连续凸逼近是一种将非凸优化问题转化为一系列凸优化问题的有用技术,在一些温和的条件下,可以保证单调收敛到至少一个卡罗需-库恩-塔克(KKT)解[16-17]。

连续凸逼近是一种迭代优化技术。具体地说,在迭代 l 中,将当前获得的无人机航迹表示为$\{q^{(l)}[n]\}$,在此基础上,我们需要首先找到等式(11.19)和等式(11.20)中非凹函数($\{q[n]\}$)的全局凹下界,以便

$$f_i(\{q[n]\}) \geq f_{i,\text{lb}}^{(l)}(\{q[n]\}), \forall q[n] \tag{11.21}$$

然后,通过将等式(11.19)和等式(11.20)中的非凹函数$f_i(\{q[n]\})$替换为相应的凹下界($\{q[n]\}$),我们有以下优化问题:

$$\max_{\{q[n]\}} f_{0,\text{lb}}^{(l)}(\{q[n]\}) \tag{11.22}$$

$$\text{s.t.} f_{i,\text{lb}}^{(l)}(\{q[n]\}) \geq 0, i = 1,2,\cdots,I \tag{11.23}$$

等式(11.22)和等式(11.23)中的所有函数都是凹函数,因此上述问题是凸的,可以通过标准凸优化技术或现成的软件工具(如 CVX[11])有效地获得。将等式(11.22)和等式(11.23)的最优解表示为$\{q^{(l)}[n]\}$。由于等式(11.21)的全局下界,不难看出$[n]\}$),对

于非凸问题(11.19)和(11.20)也是可行的,相应的最优值至少提供了问题(11.19)和(11.20)的下界。

此外,如果下界等式(11.21)在第 l 次迭代的局部点 $\{q^{(l-1)}[n]\}$ 处是紧的,即
$$f_{i,\mathrm{lb}}^{(l)}(\{q^{l-1}[n]\}) = f_i(\{q^{(l-1)}[n]\}) \tag{11.24}$$
序列 $f_0(\{q^{(l)}[n]\})$ 单调增加并收敛到有限极限[17]。附加条件是局部点处的梯度也很紧,即
$$\nabla f_{i,\mathrm{lb}}^{(l)}(\{q^{l-1}[n]\}) = \nabla f_i(\{q^{(l-1)}[n]\}) \tag{11.25}$$

在一些轻度约束条件下,$\{q^{(l)}[n]\}$ 收敛到满足问题(11.19)和(11.20)[17]的卡罗需-库恩-塔克条件的解。因此,通过迭代更新局部点 $\{q^{(l)}[n]\}$ 并求解一系列凸优化问题(11.22)和(11.23),可以获得非凸航迹优化问题(11.19)和(11.20)的卡罗需-库恩-塔克解。连续凸逼近用于航迹优化的主要思想如图 11.9 所示。

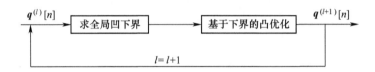

图 11.9 航迹优化的逐次凸近似

剩下的任务是找到满足上述性质的非凹效用函数和约束函数的全局凹下界。幸运的是,对于典型的效用/约束函数可以找到这样的界限。

例如,对于等式(11.10)中的碰撞避免约束,左侧是无人机航迹的凸函数,因此产生的约束(11.10)是非凸的。幸运的是,对于凸可微函数,一阶泰勒近似提供了一个全局下界[18],对于任何给定的局部无人机航迹 $\{q_m^{(l)}[n]\}$ 和 $\{q_j^{(l)}[n]\}$,在第 l 个迭代中,以下下界全局适用:
$$\|q_m[n] - q_j[n]\|^2 \geqslant -\|q_m^{(l)}[n] - q_j^{(l)}[n]\|^2 + 2(q_m^{(l)}[n] - q_j^{(l)}[n])^{\mathrm{T}}(q_m[n] - q_j[n]), \forall q_m[n], q_j[n]$$
$$\tag{11.26}$$

请注意,$\{q_m^{(l)}[n]\}$ 和 $\{q_j^{(l)}[n]\}$ 是给定的局部点,因此等式(11.26)的右侧(RHS)是关于优化变量 $q_m[n]$ 和 $q_j[n]$ 的仿射函数,并且是凹函数。因此,只要等式(11.26)的右侧不小于 $\Delta_{\min}^2$,满足碰撞避免约束(11.10)的航迹离散化对应,则为凸约束。对于 11.1 节中给出的大多数其他无人机机动性约束,可以获得类似的边界。

此外,对于平均通信速率表达式
$$R_k[n] = \log_2\left(1 + \frac{\gamma_k}{\|q[n] - w_k\|^{\alpha}}\right)$$
式中,w_k 为用户 k 的位置;α 为路径损耗指数;γ_k 为参考距离 1m 处的接收信噪比(SNR),可获得以下凹下界[1]:
$$\log_2\left(1 + \frac{\gamma_k}{\|q[n] - w_k\|^{\alpha}}\right) \geqslant A_k[n] - B_k[n](\|q[n] - w_k\| - \|q^{(l)}[n] - w_k\|)$$
$$\tag{11.27}$$

其中

$$A_k[n] = \log_2\left(1 + \frac{\gamma_k}{\|\boldsymbol{q}^{(l)}[n] - \boldsymbol{w}_k\|^\alpha}\right) \quad (11.28)$$

$$B_k[n] = \frac{\gamma_k \alpha (\log_2 e)}{\|\boldsymbol{q}^{(l)}[n] - \boldsymbol{w}_k\|(\|\boldsymbol{q}^{(l)}[n] - \boldsymbol{w}_k\|^\alpha + \gamma_k)} \quad (11.29)$$

请注意,等式(11.27)的右侧由无人机用户距离的负数表示,该负数为凹。事实上,一个满足等式(11.24)和等式(11.25)的全局凹下界可能不是唯一的。参考文献[2,7,19-20]中广泛使用了根据无人机用户距离平方给出的另一个凹下界。图11.10所示为通信速率的全局凹下界图示。

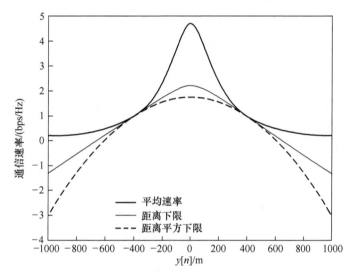

图 11.10 通信速率的全局凹下界图示

11.6 统一算法

基于上述讨论,算法1总结了联合无人机航迹和通信资源优化的统一算法。

算法1 用于解决问题(11.15)~(11.18)的节点航迹和通信资源优化。

1:初始化:获得可行的无人机初始航迹$\{\boldsymbol{q}^{(l)}[n]\}$。
2:重复。
3:将无人机航迹固定为$\{\boldsymbol{q}^{(l)}[n]\}$,优化通信资源分配,并将解表示为$\boldsymbol{r}^{(l)}[n]$。
4:将通信资源分配修复为$\boldsymbol{r}^{(l)}[n]$。
5:重复。
6:利用当前的局部航迹$\{\boldsymbol{q}^{(l)}[n]\}$,得到问题(11.19)和(11.20)中非凹函数的全局凹下界,并建立凸问题(11.22)和(11.23)。
7:求解凸问题(11.22)和(11.23),并将最优解表示为$\{\boldsymbol{q}^\star[n]\}$。

8：更新局部航迹$\{q^{(l)}[n]\}$ $q^{\star}[n]$。
9：直到收敛或达到规定的内部迭代次数。
10：直到收敛或达到规定的外部迭代次数。

注意，如11.1节所述，由于各种无人机机动性约束，为算法1找到可行的初始无人机航迹并非易事。一种有效的方法是，我们首先忽略特定的无人机机动性约束，以便通过应用11.2节中讨论的旅行商问题和装卸货问题技术确定地面用户的服务顺序，其次在固定的服务顺序下，通过应用全局下界获得满足机动性约束的可行路径上讨论。还需要注意的是，算法1包括外部迭代和内部迭代，外部迭代对应于块坐标下降，内部迭代对应于连续凸逼近。一般来说，内部迭代不必持续到收敛，因为性能在外部迭代中进一步优化。

11.7 总　　结

在本章中，我们介绍了无人机辅助无线通信中的节点航迹设计和通信资源优化的主要技术。对于多用户无人机通信系统，经典的旅行商问题/装卸货问题及其变体是确定无人机初始飞行路径和地面用户服务顺序的有效技术。为了将联合优化问题转化为具有有限个优化变量的更易于处理的形式，引入了时间和路径离散化技术。为了解决相关问题的非凸性，块坐标下降可用于交替更新通信资源分配和无人机航迹。特别地，对于非凸航迹优化子问题，连续凸逼近通常可以有效地获得卡罗需-库恩-塔克次优解。请注意，基于块坐标下降和连续凸逼近的优化需要迭代程序，因此需要指定可行的无人机初始航迹。基于旅行商问题/装卸货问题的路径规划是获得无人机初始航迹的有效方法。

请注意，交替更新无人机航迹和通信资源分配的块坐标下降技术的一个限制是，如果初始化设计不当，就可能陷入不需要的局部最优。因此，最近通过开发新的凹下界函数[13,21]，研究了某些设置下这两个变量块的同时更新。在各种设置和更复杂的信道模型下，寻找联合无人机轨迹和通信资源分配的有效算法值得进一步研究。

参 考 文 献

[1] Y. Zeng, Q. Wu, and R. Zhang, "Accessing from the sky: a tutorial on UAV communications for 5G and beyond," *Proc. of the IEEE*, vol. 107, no. 12, pp. 2327-2375, Dec. 2019.

[2] Y. Zeng and R. Zhang, "Energy-efficient UAV communication with trajectory optimization," *IEEE Trans. Wireless Commun.*, vol. 16, no. 6, pp. 3747-3760, Jun. 2017.

[3] E.L. Lawler, J.K. Lenstra, A.H.G.R. Kan, and D.B. Shmoys, *The Traveling Salesman Problem: A Guided Tour of Combinatorial Optimization*, 1st ed. Wiley, 1985.

[4] G. Laporte, "The traveling salesman problem: an overview of exact and approximate algorithms," *EUR. J. Oper. Res.*, vol. 59, no. 2, pp. 231-247, Jun. 1992.

[5] "Travelling Salesman Problem: Solver-Based". [Online]. Available https://www.mathworks.com/help/optim/ug/travelling-salesman-problem.html, accessed on May 18, 2019.

[6] C. Rego, D. Gamboa, F. Glover, and C. Osterman, "Traveling salesman problem heuristics: leading methods, implementations and latest advances," *European Journal of Operational Research*, vol. 211, no. 3,

pp. 427-441, 2011.

[7] Y. Zeng, R. Zhang, and T. J. Lim, "Throughput maximization for UAV-enabled mobile relaying systems," *IEEE Trans. Commun.*, vol. 64, no. 12, pp. 4983-4996, Dec. 2016.

[8] Y. Zeng, X. Xu, and R. Zhang, "Trajectory design for completion time minimization in UAV-enabled multicasting," *IEEE Trans. Wireless Commun.*, vol. 17, no. 4, pp. 2233-2246, Apr. 2018.

[9] A. Dumitrscu and J. Mitchell, "Approximation algorithms for TSP with neighborhoods in the plane," *J. Algorithms*, vol. 48, no. 1, pp. 135-159, 2003.

[10] B. Yuan, M. Orlowska, and S. Sadiq, "On the optimal robot routing problem in wireless sensor networks," *IEEE Trans. Knowledge and Data Eng.*, vol. 19, no. 9, pp. 1252-1261, Sep. 2007.

[11] M. Grant and S. Boyd, CVX: Matlab software for disciplined convex programming, version 2.1, available online at http://cvxr.com/cvx.

[12] J. Zhang, Y. Zeng, and R. Zhang, "UAV-enabled radio access network: multi-mode communication and trajectory design," *IEEE Trans. Signal Process.*, vol. 66, no. 20, pp. 5269-5284, Oct. 2018.

[13] Y. Zeng, J. Xu, and R. Zhang, "Energy minimization for wireless communication with rotary-wing UAV," *IEEE Trans. Wireless Commun.*, vol. 18, no. 4, pp. 2329-2345, Apr. 2019.

[14] M. Hong, M. Razaviyayn, Z.-Q. Luo, and J.-S. Pang, "A unified algorithmic framework for block-structured optimization involving big data: with applications in machine learning and signal processing," *IEEE Signal Process. Mag.*, vol. 33, no. 1, pp. 57-77, Jan. 2016.

[15] Y. Xu and W. Yin, "A block coordinate descent method for regularized multiconvex optimization with applications to nonnegative tensor factorization and completion," *SIAM J. imaging Sci.*, vol. 6, no. 3, pp. 1758-1789, Sep. 2013.

[16] B. R. Marks and G. P. Wright, "A general inner approximation algorithm for non-convex mathematical programs," *Oper. Res.*, vol. 26, no. 4, pp. 681-683, 1978.

[17] A. Zappone, E. Bjornson, L. Sanguinetti, and E. Jorswieck, "Globally optimal energy-efficient power control and receiver design in wireless networks," *IEEE Trans. Signal Process.*, vol. 65, no. 11, pp. 2844-2859, Jun. 2017.

[18] S. Boyd and L. Vandenberghe, *Convex Optimization*. Cambridge, U.K.: Cambridge Univ. Press, 2004.

[19] C. Zhan, Y. Zeng, and R. Zhang, "Energy-efficient data collection in UAV enabled wireless sensor network," *IEEE Wireless Commun. Lett.*, vol. 7, no. 3, pp. 328-331, Jun. 2018.

[20] Q. Wu, Y. Zeng, and R. Zhang, "Joint trajectory and communication design for multi-UAV enabled wireless networks," *IEEE Trans. Wireless Commun.*, vol. 17, no. 3, pp. 2109-2121, Mar. 2018.

[21] C. Shen, T.-H. chang, J. Gong, Y. Zeng, and R. Zhang, "Multi-UAV interference coordination via joint trajectory and power control," *IEEE Trans. Signal Process.*, vol. 68, pp. 843-858, Jan. 2020.

第 12 章 节能无人机通信

Yong Zeng[1,2], Rui Zhang[3]

1. 中国东南大学国家移动通信研究实验室
2. 中国江苏紫金山实验室
3. 新加坡国立大学电气与计算机工程系

12.1 无人机能耗模型

无人机(UAV)有限的机载能量给实际实现无人机辅助无线通信带来了严峻挑战。随着电池技术的不断进步,无人机的制造寿命比以往任何时候都要长,从运营角度来看,无人机也可以更有效地消耗能量,以提高通信性能,无论给定的能量预算是多少。这导致了无人机系统的一个重要研究方向,即节能无人机通信。请注意,除了信号处理、通信电路和信号辐射产生的常规通信相关能耗,无人机还需要额外的推进能耗才能保持在高空并自由移动。更重要的是,无人机的推进能量消耗通常比其通信相关能量更重要。因此,无人机系统的节能通信明显不同于传统地面系统,后者主要关注与通信相关的能耗。本章旨在介绍节能无人机通信的基本概念和主要设计技术。

无人机能耗的正确数学建模是无人机节能通信性能评估和优化的前提。无人机的能量消耗主要由:通信相关能量和推进能量两部分组成。对于前者,无人机与传统地面通信系统之间的收发器没有根本区别,因此从广泛研究的地面系统开发的现有模型直接适用于无人机通信。相比之下,无人机推进能耗对于无人机通信来说独一无二,其数学建模在过去很少受到关注。

一些经验或启发式能耗模型已在无人机系统的早期工作中使用。例如,在文献[1]中,进行了实验测量,以研究特定四旋翼无人机在不同速度下的能耗。然而,文献[1]中没有提出无人机能耗的数学模型,使得该结果难以推广到其他无人机。在文献[2-3]中,无人机能量(燃料)成本建模为控制力或加速度矢量的 L_1 范数,而在文献[4]中,无人机能量(燃料)成本建模为与无人机速度的平方成正比。然而,没有为这种启发式模型提供严格的数学推导。事实上,虽然移动机器人在地面上移动的用电量可以被建模为一个多项式且相对于其移动速度单调递增的函数[5],但无人机的移动机构与地面机器人根本不同,因此这些结果不适用于无人机。文献[6-7]中进行了严格的数学推导,分别获得了固定翼和旋转翼无人机的理论封闭式推进能量消耗模型。

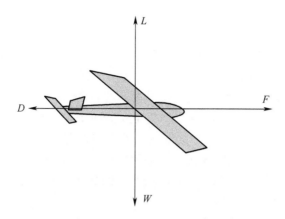

图 12.1 固定翼飞机在直线和水平飞行时的受力示意图

12.1.1 固定翼能量模型

12.1.1.1 无人机上的力

图 12.1 给出了施加在固定翼飞机上的力的示意图,包括重量、阻力、升力和推力 4 个分量[8]。

(1) 重量(W):重力,$W = mg$,m 表示飞机质量,包括所有有效载荷,g 表示重力加速度,单位为 m/s^2。

(2) 阻力(D):平行于气流方向的空气动力分量。对于零风速,D 与飞机的运动方向相反。阻力本质上是空气对飞机运动的阻力。

(3) 升力(L):垂直于阻力并指向上方的气动力分量。

(4) 推力(F):飞机发动机产生的力,克服阻力使飞机向前移动。

对于以亚声速 V 移动的固定翼飞机,阻力 D 可用简单形式表示为[8]

$$D = c_1 V^2 + \frac{c_2 \mathcal{K}^2}{V^2} \tag{12.1}$$

式中,c_1 和 c_2 为与飞机重量、机翼面积、空气密度、翼展效率和展弦比(即翼展与其气动宽度之比)等相关的两个参数[6];$\kappa \triangleq L/W$ 称为载荷系数,即飞机升力与其重量之比。等式(12.1)的第一项称为寄生阻力,它是多个阻力分量的组合,如形状阻力、表面摩擦阻力和干涉阻力等。寄生阻力随无人机速度 V 呈二次曲线增加。等式(12.1)的第二项称为升力诱导阻力,这是由于机翼改变空气方向以产生升力 L 而产生的阻力。

12.1.1.2 平直飞行

平直飞行是指保持恒定航向(或方向)和高度的飞行。这意味着:①水平加速度(如有)必须与飞机的飞行方向平行,从而不转弯;②升力和重量平衡,因此没有垂直加速度。此外,若假设恒定水平速度 V,则无人机上的净作用力等于零。根据图 12.1,我们得

$$L = W, \quad F = D \tag{12.2}$$

然后组合等式(12.1)和等式(12.2),并使用 κ 等式,可获得飞机发动机所需功率作为速度 V 的函数,即

$$P(V) = FV = DV \tag{12.3}$$

$$= c_1 V^3 + \frac{c_2}{V} \tag{12.4}$$

我们使用了飞机发动机所需功率等于其产生的推力乘以飞机速度。

从等式(12.4)观察到固定翼无人机的推进功率消耗有两个分量:克服飞机在空中运动产生的寄生阻力所需的寄生功率,以及克服升力产生的维持飞机在空中飞行的诱导阻力所需的诱导功率。当寄生功率随飞机速度 V 的立方增加时,诱导功率随 V 成反比减小。图12.2(a)给出了 $P(V)$ 与速度 V 的典型曲线图。可以观察到,对于 $V = 0$,我们有 $P(0) \to \infty$,这反映了众所周知的事实,即固定翼无人机必须保持最小前进速度才能保持在空中。

两种特别的无人机速度具有极大的实际意义,即最大续航(ME)速度和最大射程(MR)速度,分别表示为 V_{me} 和 V_{mr}。

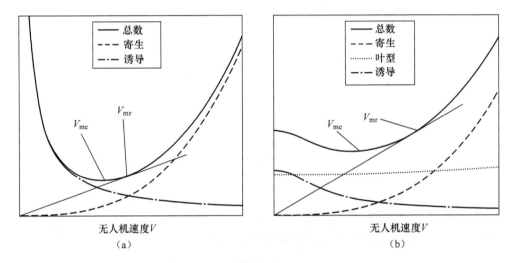

图 12.2　无人机推进功率消耗与速度的典型关系
(a)固定翼;(b)旋转翼。

(1) 最大续航速度:根据定义,最大续航速度 V_{me} 是使无人机在任何给定机载能量下的续航能力最大化的最佳无人机速度,即

$$V_{me} = \arg \min_{V \geq 0} P(V) \tag{12.5}$$

对于固定翼无人机,由于式(12.4)中的 $P(V)$ 是一个凸函数,通过将其一阶导数设为零,可以得到最大续航速度由 $V_{me} = [c_2/(3c_1)]^{1/4}$ 给定,相应的最小用电量为 $P(V_{me}) = 1.75 c_1^{1/4} c_2^{3/4}$。

(2) 最大射程速度:另外,最大射程速度是无人机的最佳速度,可在任何给定的机载能量下最大化总飞行距离。从数学上讲,它由下式给出

$$V_{mr} = \arg \min_{V \geq 0} E_0(V) \triangleq \frac{P(V)}{V} \tag{12.6}$$

注意,函数 $E_0(V)$ 具有单位焦耳/米(J/m),表示单位飞行距离的无人机能耗。对于固定翼无人机,可根据等式(12.4)获得,即 $V_{mr} = (c_2/c_1)^{1/4} = 1.32 V_{me}$,相应的最佳单位距离能耗为 $E_0(V_{mr}) = 2\sqrt{c_1 c_2}$。注意,一般 $V_{mr} > V_{me}$。

12.1.1.3 环形飞行

固定翼飞机要改变航向,必须滚动到倾斜位置,以便升力 L 产生一个横向分量支撑离心加速度,即垂直于飞行方向的加速度分量。如图 12.3 所示,ϕ 表示倾斜角度,即垂直面与飞机对称面之间的角度。施加在飞机上的力也如图 12.3 所示。对于在半径为 r、速度为 V 的某个水平面上沿圆形路径飞行的无人机,离心加速度为

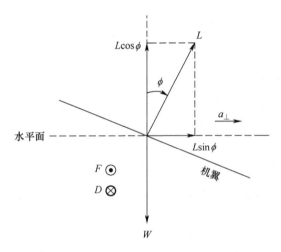

图 12.3 倾斜水平转弯时飞机受力示意图(飞机垂直于页面移动,升力的水平分量使离心加速度改变航向)[6]

$$a_\perp = \frac{V^2}{r} \tag{12.7}$$

由升降机 L 的水平分量支撑。因此,我们应有

$$L\sin\phi = ma_\perp = \frac{mV^2}{r} \tag{12.8}$$

此外,为了保持恒定的高度而不下降或上升,我们应有

$$L\cos\phi = W \tag{12.9}$$

荷载系数 κ 由下式给出:

$$\kappa = \sqrt{1 + \frac{V^4}{g^2 r^2}} \tag{12.10}$$

此外,恒定速度 V 意味着零切向加速度。因此,应有

$$F = D \tag{12.11}$$

$$= \left(c_1 + \frac{c_2}{g^2 r^2}\right)V^2 + \frac{c_2}{V^2} \tag{12.12}$$

式中,第二个等式由等式(12.1)和等式(12.10)得出。因此,环形飞行所需的推进功率是半径 r 和速度 V 的函数,可得

$$\overline{P}_{\text{cir}}(V, r) = FV = \left(c_1 + \frac{c_2}{g^2 r^2}\right)V^3 + \frac{c_2}{V} \tag{12.13}$$

可以观察到,由于 $r \to \infty$,表达式(12.13)减小为等式(12.4)中直线飞行。

12.1.1.4 任意水平飞行

对于具有恒定高度的任意水平飞行的固定翼飞机,设二维航迹 $q(t) \in \mathbb{R}^{2\times 1}$、$0 \leq t \leq T$。然后 $v(t) \triangleq \dot{q}(t)$ 和 $a(t) = \ddot{q}(t)$ 分别为瞬时速度和加速度。在文献[6]中推导出,推进能量消耗可建模为

$$\bar{E}(q(t)) = \underbrace{\int_0^T \left[c_1 \| v(t) \|^3 + \frac{c_2}{\| v(t) \|} \left(1 + \frac{\| a(t) \|^2 - (a^T(t) v(t))^2 / \| v(t) \|^2}{g^2} \right) \right] dt}_{\text{克服空气阻力的功率}}$$

$$+ \underbrace{\frac{1}{2} m (\| v(T) \|^2 - \| v(0) \|^2)}_{\Delta_K, \text{动能变化}} \qquad (12.14)$$

上述表达式表明,对于固定高度的水平飞行,无人机的能量消耗仅取决于其速度 $\| v(t) \|$ 和离心加速度

$$a_\perp(t) \triangleq \sqrt{\| a(t) \|^2 - \frac{(a^T(t) v(t))^2}{\| v(t) \|^2}}$$

(即垂直于无人机速度矢量并考虑航向变化但不改变无人机速度的加速度分量,如图 12.4 所示),而不是取决于其实际位置 $q(t)$ 或切向加速度 $a_\parallel(t)$(即平行于无人机速度矢量的加速度分量)。这样的结果可以根据众所周知的功能原理解释。等式(12.14)的积分项,保证为正,是飞机发动机克服空气阻力所需的功。等式(12.14)的第二项表示为 Δ_K,表示无人机动能的变化,是无人机切向加速度分量随时间的累积效应。因此,Δ_K 仅取决于初始速度和最终速度,而不是中间无人机状态。可以验证,对于直线或环形飞行的特殊情况,等式(12.14)分别减少至等式(12.4)和等式(12.13)。

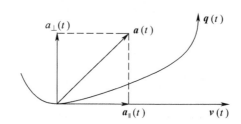

图 12.4 将加速度矢量分解为切向分量和离心分量

由于 $a_\perp(t)$ 表达式的复杂性,通常难以直接优化能量表达式(12.14)。用 $\| a(t) \|^2$ 替换 $| a_\perp(t) |^2$ 可以得到一个有用的上界,即[6]

$$\bar{E}(q(t)) \leq \bar{E}_{ub}(q(t)) \triangleq \int_0^T \left[c_1 \| v(t) \|^3 + \frac{c_2}{\| v(t) \|} \left(1 + \frac{\| a(t) \|^2}{g^2} \right) \right] dt + \Delta_K$$

(12.15)

注意,等式(12.15)中的上限对于匀速飞行很紧,在这种情况下,对于所有 t 为 $a^T(t) v(t)$。

12.1.1.5 任意三维飞行

固定翼无人机沿着任意三维轨迹(即上升和下降)的能耗模型的推导是一个相当具有

挑战性的问题。虽然飞机设计文献[8]中有丰富的结果,但据我们所知,还没有关于无人机三维飞行速度和加速度的封闭式表达式的报告。另外,无人机上升/下降主要导致其势能发生变化,因此可能需要一种启发式模型

$$E_{3D}(\boldsymbol{q}(t)) = E(\boldsymbol{q}(t)) + mg([\boldsymbol{q}(T)]_3 - [\boldsymbol{q}(0)]_3) \tag{12.16}$$

式中,$\boldsymbol{q}(t) \in \mathbb{R}^{3\times1}$,表示是三维航迹,$[\boldsymbol{q}(t)]_3$ 表示其在时间 t 时的高度。注意,等式(12.16)中的第一项通过直接应用等式(12.14)到三维航迹的能耗模型获得,第二项是无人机势能的变化。然而,在使用等式(12.16)时应注意,因为它忽略了无人机垂直移动时附加升力和阻力的影响,因此,需要更多的研究工作来严格推导具有任意三维航迹的固定翼无人机的推进能量消耗。

12.1.2 旋转翼能量模型

由于飞行机构的根本不同,上述固定翼无人机的能耗模型不再适用于旋转翼无人机。在文献[7]中,对于速度为 V 的直线和水平飞行的旋翼无人机,其功耗可以表示为

$$P(V) = \underbrace{P_0\left(1 + \frac{3V^2}{U_{\text{tip}}^2}\right)}_{\text{叶型}} + \underbrace{P_i\left(\sqrt{1 + \frac{V^4}{4v_0^4}} - \frac{V^2}{2v_0^2}\right)^{1/2}}_{\text{诱导}} + \underbrace{\frac{1}{2}d_0\rho sAV^3}_{\text{寄生}} \tag{12.17}$$

式中,P_0 和 P_i 分别表示悬停状态下的叶型功率和诱导功率,这取决于飞机的重量、空气密度 ρ、转子盘面积 A 等;U_{tip} 表示旋翼桨叶的叶尖速度;v_0 表示悬停时的平均旋翼诱导速度;d_0 和 s 分别表示机身阻力比和旋翼坚固度。

由等式(12.17)可以看出,与固定翼无人机相似,旋转翼无人机的推进功率消耗既包含寄生功率,也包含诱导功率,随速度 V 的增大而增大,随速度 V 的减小而减小。此外,等式(12.17)中的 $P(V)$ 包含一个新分量,即叶型功率,该功率是克服叶片旋转引起的剖面阻力所必需的,并随 V 二次增加。与固定翼无人机模型的另一个区别是,当 $V = 0$ 时,等式(12.17)中的功耗是一个有限值,这证实了一个众所周知的事实,即旋转翼无人机具有悬停能力。随着 V 的增加,可以验证等式(12.17)中的 $P(V)$ 先随 V 减小,然后随 V 增大,即悬停通常不是最节能的状态。可以验证等式(12.17)中的功率函数 $P(V)$ 相对于 V 既不是凸函数,也不是凹函数,这比等式(12.4)中固定翼无人机的功率函数更复杂。

图 12.2(b) 显示了 $P(V)$ 与无人机速度 V 的典型曲线图。针对 $V \gg v_0$ 的场景,通过对 $|x| \ll 1$ 应用泰勒近似 $(1+x)^{1/2} \approx 1 + \frac{1}{2}x$ 时,可以用凸函数近似为

$$P(V) \approx P_0\left(1 + \frac{3V^2}{U_{\text{tip}}^2}\right) + \frac{P_i v_0}{V} + \frac{1}{2}d_0\rho sAV^3 \tag{12.18}$$

与固定翼无人机类似,旋转翼无人机的最大续航和最大射程速度可根据等式(12.17)获得。虽然因等式(12.17)中的表达式复杂而难以获得 V_{me} 和 V_{mr} 的闭合形式表达式,但它们的数值很容易获得。或者,V_{me} 和 V_{mr} 也可以基于功率-速度曲线 $P(V)$ 以图形方式获得。具体而言,虽然 V_{me} 对应于 $P(V)$ 的最小值,但可通过从原点到对应于最小斜率的功率曲线绘制切线获得 V_{mr},如图 12.2(b) 所示。

对于沿二维航迹 $\boldsymbol{q}(t) \in \mathbb{R}^{2\times1}$ 进行任意水平飞行的旋转翼飞机,可应用与固定翼无人机相似的加速度分解技术来获得一般的能量消耗模型,该模型产生

$$E(\boldsymbol{q}(t)) = \underbrace{\int_0^T P_i \sqrt{1 + \frac{a_\perp^2(t)}{g^2}} \left(\sqrt{1 + \frac{a_\perp^2(t)}{g^2} + \frac{\|\boldsymbol{v}(t)\|^4}{4v_0^4}} - \frac{\|\boldsymbol{v}(t)\|^2}{2v_0^2} \right)^{1/2} \mathrm{d}t}_{\text{诱导}} +$$

$$\underbrace{\int_0^T P_0 \left(1 + \frac{3\|\boldsymbol{v}(t)\|^2}{U_{tip}^2} \right) \mathrm{d}t}_{\text{叶型}} + \underbrace{\int_0^T \frac{1}{2} d_0 \rho s A \|\boldsymbol{v}(t)\|^3 \mathrm{d}t}_{\text{寄生}} + \Delta_K \quad (12.19)$$

其中

$$a_\perp^2(t) = \|\boldsymbol{a}(t)\|^2 - \frac{(\boldsymbol{a}^\mathrm{T}(t)\boldsymbol{v}(t))^2}{\|\boldsymbol{v}(t)\|^2}$$

是离心加速度的平方,即

$$\Delta_K \triangleq \frac{1}{2} m (\|\boldsymbol{v}(T)\|^2 - \|\boldsymbol{v}(0)\|^2)$$

是动能的变化。对于任意三维航迹轨迹,采用与等式(12.16)类似的启发式模型也可获得。

随着无人机能耗数学模型的建立,有各种方法制定优化问题,以实现节能无人机通信。典型示例包括在给定的有限时间范围内将能源效率最大化,根据通信需求将无人机能源消耗最小化,以及在给定的能源预算下将通信性能最大化。下面,分别讨论上面提到的前两个问题。

12.2 能效最大化

能量效率是无线通信系统最重要的性能指标之一。它是通过每单位能耗在发射器和接收器之间能够成功通信的信息比特数测量。对于无人机通信系统,无人机推进能耗的新考虑使得无人机通信的节能研究与传统地面通信系统的节能研究有着显著的不同。特别是,无人机能耗和通信速率都取决于无人机的航迹 $\boldsymbol{q}(t)$ 和通信资源分配 $\boldsymbol{r}(t)$,因此无人机能效的通用表达式可以写成

$$\mathrm{EE}(\boldsymbol{q}(t), \boldsymbol{r}(t)) = \frac{\overline{R}(\boldsymbol{q}(t), \boldsymbol{r}(t))}{E(\boldsymbol{q}(t)) + E_{\mathrm{com}}(\boldsymbol{r}(t))} \quad (12.20)$$

此处,分子是无人机在特定时间范围 T 内实现的聚合通信吞吐量,分母是无人机的总能耗,其中包括其推进能耗(取决于12.1节中讨论的航迹 $\boldsymbol{q}(t)$)和通信相关能耗,一般取决于通信资源分配 $\boldsymbol{r}(t)$。

能源效率最大化的一般问题公式可以写成

$$\max_{\{\boldsymbol{q}(t)\}, \{\boldsymbol{r}(t)\}} \mathrm{EE}(\boldsymbol{q}(t), \boldsymbol{r}(t)) \quad (12.21)$$

$$\mathrm{s.t.} \ f_i(\{\boldsymbol{q}(t)\}) \geq 0, i = 1, 2, \cdots, I_1 \quad (12.22)$$

$$g_i(\{\boldsymbol{r}(t)\}) \geq 0, i = 1, 2, \cdots, I_2 \quad (12.23)$$

$$h_i(\{\boldsymbol{q}(t)\}, \{\boldsymbol{r}(t)\}) \geq 0, i = 1, 2, \cdots, I_3 \quad (12.24)$$

式中, $f_i(\cdot)$ 包括与无人机机动性相关的所有约束; $g_i(\cdot)$ 表示通信资源约束; $h_i(\cdot, \cdot)$ 表示涉及无人机轨迹和通信变量的耦合约束。

需要注意的是,上述能效最大化问题对应于无人机节点航迹和通信资源优化的通用问

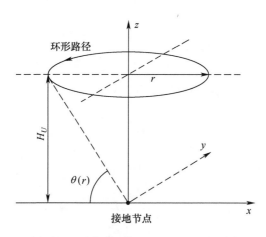

图 12.5 固定翼无人机沿着半径为 r 的圆形路径实现无线通信

题(11.1)~(11.4)的一个实例。因此,第 11 章中讨论的技术,如基于 TSP/PDP 的路径初始化(TSP=旅行商问题;PDP=装卸货问题)、块坐标下降(BCD)和逐次凸近似(SCA),也可用于解决问题(12.21)~(12.24),除此之外,如 12.1 节所述,由于涉及能耗模型,目标函数更加复杂。

为了获得节能无人机通信的有用见解,我们考虑固定翼无人机与单个地面节点通信的简单场景。为简单起见,假设无人机在恒定高度 H_U 沿圆形轨迹飞行,半径为 r,速度为 V,圆心在地面上的投影与地面节点重合,如图 12.5 所示。无人机与地面节点之间的仰角是 r 的函数,由 $\theta(r) = \arctan(H_U/r)$ 给出。我们考虑到城市环境具有挑战性,视线(LoS)连接偶尔会被建筑物阻塞。使用仰角相关概率视线信道模型[9],并根据 Jensen 不等式扩展[6]中给出的结果,无人机与地面节点之间的预期通信速率可近似为

$$\overline{R}(r) = \log_2\left(1 + \frac{\hat{P}_{\text{LoS}}(r)\gamma_0}{(H_U^2 + r^2)^{\alpha/2}}\right) \quad (12.25)$$

式中,$\gamma_0 = P_t\beta_0/\sigma^2$ 为参考距离 1m 处的接收信噪比(SNR);P_t 为恒定的发射功率;α 为路径损耗指数;$\hat{P}_{\text{LoS}}(r)$ 为 r 的递减函数,可以解释为正则化的视距概率,它考虑了视线概率和非视线(NLoS)概率以及附加信号衰减。

利用等式(12.13)中的能量模型,圆形航迹的能量效率可写为

$$\text{EE}(r,V) = \frac{\overline{R}(r)}{\overline{P}_{\text{cir}}(V,r) + P_{\text{com}}} = \frac{\log_2\left(1 + \frac{\hat{P}_{\text{LoS}}(r)\gamma_0}{(H_U^2 + r^2)^{\alpha/2}}\right)}{\left(c_1 + \frac{c_2}{g^2r^2}\right)V^3 + \frac{c_2}{V} + P_{\text{com}}} \quad (12.26)$$

其中,P_{com} 为无人机的通信相关功耗,在所考虑的场景中假设为常数。注意,由于等式(12.26)的分子与无人机速度 V 无关,对于任何给定半径 r,最佳速度 V 应使分母中的能量消耗最小化。

通过将一阶导数设置为零,可以很容易地获得任意给定 r 的最佳无人机速度

$V_{\text{cir}}^*(r)$,即

$$V_{\text{cir}}^*(r) = \left(\frac{c_2}{3(c_1 + c_2/(g^2 r^2))}\right)^{1/4} \quad (12.27)$$

相应的最小无人机推进功耗降为 r 的单变量函数,即

$$P_{\text{cir}}^*(r) = A\left(c_1 + \frac{c_2}{g^2 r^2}\right)^{1/4} \quad (12.28)$$

式中,$A \triangleq (3^{-3/4} + 3^{1/4}) c_2^{3/4}$,因此无人机的能效降低为半径 r 的单变量函数,即

$$\text{EE}(r) = \frac{\log_2\left(1 + \frac{\hat{P}_{\text{LoS}}(r)\gamma_0}{(H_U^2 + r^2)^{\alpha/2}}\right)}{A\left(c_1 + \frac{c_2}{g^2 r^2}\right)^{1/4} + P_{\text{com}}} \quad (12.29)$$

由此观察到,随着 r 的增加,等式(12.29)的分母和分子减少。因此,在最小化无人机的能耗和最大化通信吞吐量之间存在权衡;并且必须存在一个非平凡的最佳值 r^* 将等式(12.29)中的 $\text{EE}(r)$ 最大化。图12.6验证了这一点,图中显示了 $\text{EE}(r)$ 与 r 的典型曲线。

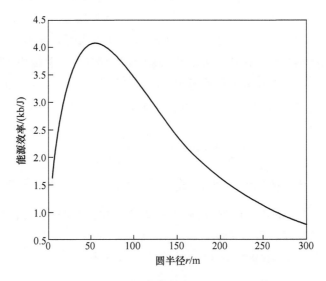

图12.6 能源效率与圆半径 r 的典型曲线

一般来说,圆形轨迹可能不是能源效率最大化的最佳轨迹。在文献[6]中,通过应用连续凸逼近技术,获得了固定翼无人机能效最大化的通解。图12.7显示了一个示例设置的获得航迹。据观察,固定翼无人机的节能无人机轨迹遵循有趣的"数字8"形状,形状的水平中心与地面用户的位置一致。预计因为这样的航迹使无人机能够在地面用户周围平稳悬停,从而在不消耗过多推进力的情况下保持良好的通信链路。

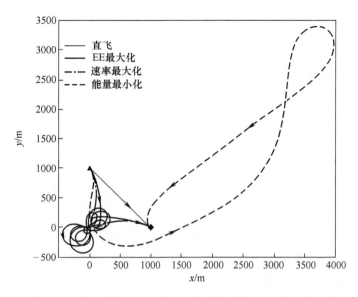

图 12.7 固定翼无人机的节能航迹（三角形和菱形分别表示无人机的初始和最终位置）

12.3 具有通信需求的能量最小化

节能无人机通信的另一个重要公式是，在满足目标通信性能的同时，将无人机能耗降至最低。这种公式适用于无人机发送/接收的数据量固定的特定场景，如无人机数据收集或信息传播。从数学上讲，这些问题可以表述为

$$\min_{\{q(t)\},\{r(t)\},T} = E(q(t)) + E_{\text{com}}(r(t)) \tag{12.30}$$

$$\text{s.t.} \underset{\text{等式(12.22)~等式(12.24)}}{\overline{R}(q(t),r(t))} \geq Q \tag{12.31}$$

式中，Q 表示目标通信吞吐量要求。注意，与给定任务完成时间 T 的能效最大化问题 (12.21)~(12.24) 不同，在上述能量最小化问题中，T 也是优化变量之一。这使得能量最小化问题通常更难解决，因为 T 出现在能量和通信吞吐量表达式的积分上界中，并且 T 上的有效搜索（如对分搜索）没有单调关系，除了禁止的穷举搜索。在文献 [10] 中，通过应用 11.3 节中讨论的路径离散化技术，提出了一种基于连续凸逼近的旋转翼无人机能量最小化算法。

为了进一步降低复杂性并获得有用的见解，旋转翼无人机可采用飞行悬停通信协议。考虑一个有 K 个地面用户的无人机辅助通信系统。使用飞行悬停通信协议，无人机不与地面用户持续通信，而是连续访问 K 个优化悬停位置，并且仅在其处于相应悬停位置时与地面用户通信，如图 12.8 所示。因此，轨迹优化问题归结为为每个 K 地面用户找到最佳悬停位置和悬停时间分配，以及这些悬停位置之间的最佳飞行路径和速度。

假设无人机在恒定高度 H_U 飞行。$\boldsymbol{w}_k \in \mathbb{R}^{2 \times 1}$ 表示用户 k 的水平坐标，$\tilde{\boldsymbol{q}}_k$ 表示无人机与用户 k 通信时悬停位置的水平坐标。进一步用 Q_k 表示为用户 k 的带宽归一化数据需求。

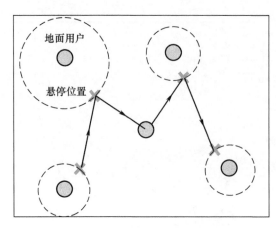

图 12.8 飞行悬停通信协议的图示

然后,满足通信要求所需的总通信时间(或 $\widetilde{\boldsymbol{q}}_k$ 位置处的悬停时间)为

$$T_k(\widetilde{\boldsymbol{q}}_k) = \frac{Q_k}{\log_2\left(1 + \frac{\gamma_k}{(H_U^2 + \|\bar{\boldsymbol{q}}_k - \boldsymbol{w}_k\|^2)^{\bar{\alpha}}}\right)} \tag{12.32}$$

式中,γ_k 为参考距离 1m 处的接收信噪比;$\widetilde{\alpha}$ 等于路径损耗指数的一半。因此,在 K 个位置所需的总悬停和通信能量是 $\{\widetilde{\boldsymbol{q}}_k\}$ 的函数,可以表示为

$$\begin{aligned}E_{\mathrm{hc}}(\{\widetilde{\boldsymbol{q}}_k\}) &= (P_h + P_{\mathrm{com}})\sum_{k=1}^{K} T_k(\widetilde{\boldsymbol{q}}_k)\\ &= \sum_{k=1}^{K}\frac{(P_h + P_{\mathrm{com}})Q_k}{\log_2\left(1 + \frac{\gamma_k}{(H_U^2 + \|\bar{\boldsymbol{q}}_k - \boldsymbol{w}_k\|^2)^{\bar{\alpha}}}\right)}\end{aligned} \tag{12.33}$$

其中,$P_h = P(0) = P_0 + P_i$ 是旋翼无人机在悬停状态下的推进功率消耗,可以通过等式 (12.17) 获得;P_{com} 是与通信有关的功耗。

另外,所需的总飞行能量取决于访问所有 K 个悬停位置 $\{\widetilde{\boldsymbol{q}}_k\}$ 的总移动距离 D_{tr},以及其中的移动速度 $V(t)$。可以看出,使用飞行-悬停-通信协议,无人机应始终以等式 (12.6) 中定义的最大射程速度飞行。此外,对于任意给定的一组悬停位置 $\{\widetilde{\boldsymbol{q}}_k\}$ 和初始/最终位置 $\boldsymbol{q}_I$ 以及 $\boldsymbol{q}_F$,总移动距离取决于所有 K 个位置的访问顺序,其可以由排列变量 $\pi(k) \in \{1,2,\cdots,K\}$ 表示。具体而言,给出了无人机服务的第 k 个地面用户的指数。因此,我们有

$$D_{\mathrm{tr}}(\{\widetilde{\boldsymbol{q}}_k\},\{\pi(k)\}) = \sum_{k=0}^{K}\|\widetilde{\boldsymbol{q}}_{\pi(k+1)} - \widetilde{\boldsymbol{q}}_{\pi(k)}\| \tag{12.34}$$

式中,$\widetilde{\boldsymbol{q}}_{\pi(0)} = \boldsymbol{q}_I$ 和 $\widetilde{\boldsymbol{q}}_{\pi(K+1)} = \boldsymbol{q}_F$。

第12章 节能无人机通信

因此,具有最佳移动速度 V_{mr} 的无人机移动所需的总能耗可以写为

$$E_{\mathrm{tr}}(\{\widetilde{\boldsymbol{q}}_k\},\{\pi(k)\}) = E_0^* D_{\mathrm{tr}}(\{\widetilde{\boldsymbol{q}}_k\},\{\pi(k)\}) \tag{12.35}$$

式中, $E_0^* = E_0(V_{\mathrm{mr}})$ 为每单位行驶距离的最小能耗,如等式(12.6)中所定义。因此,无人机的总能耗由下式给出:

$$E_{\mathrm{tot}}(\{\widetilde{\boldsymbol{q}}_k\},\{\pi(k)\}) = E_{\mathrm{hc}}(\{\widetilde{\boldsymbol{q}}_k\}) + E_{\mathrm{tr}}(\{\widetilde{\boldsymbol{q}}_k\},\{\pi(k)\}) \tag{12.36}$$

因此,使用飞行-悬停-通信协议的能量最小化问题减少到

$$\begin{aligned} & \min_{\{\widetilde{\boldsymbol{q}}_k\},\{\pi(k)\}} \quad E_{\mathrm{tot}}(\{\widetilde{\boldsymbol{q}}_k\},\{\pi(k)\}) \\ & \mathrm{s.t.} \quad [\pi(1),\cdots,\pi(K)] \in \mathcal{P} \end{aligned} \tag{12.37}$$

式中, $\mathcal{P}$ 表示所有 K! 的集合 K 地面用户的可能排列。上述公式大大简化了一般的能量最小化问题,但它仍然是一个非凸优化问题。幸运的是,通过应用第11章讨论的含邻域旅行商问题(带邻域的旅行商问题)和连续凸逼近技术,在文献[10]中提出了一个有效的解决方案。

12.4 无人机地面能量权衡

虽然大多数现有工作研究地面用户或无人机的能耗,但无人机辅助无线通信的这两种节点之间存在一个有趣的能耗权衡。以无人机辅助数据采集为例[11-12]。直观地说,无人机离地面节点越近,地面节点完成给定数据量传输所需的能量就越少。然而,这通常是以更多无人机能耗为代价的。在文献[11]中,通过联合优化地面用户的发射功率、任务完成时间和无人机飞行速度,对固定翼无人机系统进行了严格的权衡。

例如,对于图12.5中所示的特定圆形路径,给定要收集的信息比特的目标数量 Q,地面节点所需的能量消耗(表示为 E_1)可以用无人机能量消耗的闭合形式表示为 E_2[11]:

$$E_1 = T\left[\left(H_U^2 + \frac{1}{g^2}\frac{c_2}{\dfrac{E_2^4}{T^4(3^{-3/4}+3^{1/3})^4 c_2^3} - c_1}\right)\frac{2^{Q/BT}-1}{\widetilde{\gamma}_0} + P_c\right] \tag{12.38}$$

式中, T 为任务完成时间; B 为带宽; $\widetilde{\gamma}_0 = \beta_0/\sigma^2$ 表示参考距离1m处的信道功率噪声比; P_c 表示接地节点的恒定电路功率。注意,为了简单起见,等式(12.38)假设自由空间传播环境,忽略无人机的通信相关能耗。

对于任何固定的任务完成时间 T,等式(12.38)中的函数 E_1 随着 E_2 单调减少,这清楚地表明了 E_1 和 E_2 之间的权衡。可以进一步优化时间 T 以改进这种权衡。图12.9给出了 E_1 与 E_2 的示例图。请注意,虽然无人机和地面用户的绝对能耗是不同的,但沿权衡曲线的能耗百分比变化水平相似。这验证了利用这种权衡来节省一个实体的能源,同时牺牲另一个实体的能源。

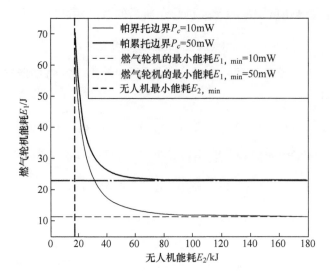

图 12.9　无人机和地面用户之间的能量权衡

12.5　章节摘要

在本章中,我们考虑无人机支持的无线系统的节能通信,这是无人机辅助通信的一个新的重要研究方向。

一方面,无人机的车载能量非常有限,因此有必要有效地消耗其可用能量。另一方面,与传统的地面通信系统不同,无人机有一个额外的能量消耗分量,即推进能量,用于维持其机载状态并支持其机动性。这使得为地面系统开发的现有节能通信技术不再适用。为了填补这一空白,本章介绍了固定翼和旋转翼无人机推进能耗的严格数学模型,然后给出了在给定时间范围内最大化能效的问题公式和解决方案,在满足通信性能要求的同时,使总能耗最小化。

注意,节能无人机通信的研究仍处于起步阶段,许多问题尚未解决,包括使用三维航迹推导更通用的能耗模型,开发低复杂性节能航迹设计技术,需要放松对渠道和能源信息的完全了解等假设。

参 考 文 献

[1] C. D. Franco and G. Buttazzo, "Energy-aware coverage path planning of UAVs," in Proc. *IEEE International Conference on Autonomous Robot Systems and Competitions*, Apr. 2015.

[2] A. Richards and J. P. How, "Aircraft trajectory planning with collision avoidance using mixed integer linear programming," in Proc. *IEEE American Control Conference*, May 2002.

[3] C. S. Ma and R. H. Miller, "MILP optimal path planning for real-time applications," in Proc. *IEEE American Control Conference*, Jun. 2006.

[4] E. I. Grotli and T. A. Johansen, "Path planning for UAVs under communication constraints using SPLAT!

and MILP," *J. Intell. Robot Syst*, vol. 65, pp. 265-282, 2012.

[5] Y. Mei, Y.-H. Lu, Y. C. Hu, and C. S. G. Lee, "Energy-efficient motion planning for mobile robots," in *Proc. IEEE International Conference on Robotics and Automation*, Apr. 2004.

[6] Y. Zeng and R. Zhang, "Energy-efficient UAV communication with trajectory optimization," *IEEE Trans. Wireless Commun.*, vol. 16, no. 6, pp. 3747-3760, Jun. 2017.

[7] Y. Zeng, J. Xu, and R. Zhang, "Energy minimization for wireless communication with rotary-wing UAV," *IEEE Trans. Wireless Commun.*, vol. 18, no. 4, pp. 2329-2345, Apr. 2019.

[8] A. Filippone, *Flight performance of fixed and rotary wing aircraft*. American Institute of Aeronautics & Ast (AIAA), 2006.

[9] Y. Zeng, Q. Wu, and R. Zhang, "Accessing from the sky: a tutorial on UAV communications for 5G and beyond," *Proc. of the IEEE*, vol. 107, no. 12, pp. 2327-2375, Dec. 2019.

[10] Y. Zeng, J. Xu, and R. Zhang, "Rotary-wing UAV enabled wireless network: trajectory design and resource allocation," in *IEEE Global Communications Conference (GLOBE-COM)*, 2018.

[11] D. Yang, Q. Wu, Y. Zeng, and R. Zhang, "Energy trade-off in ground-to-UAV communication via trajectory design," *IEEE Trans. Veh. Technol.*, vol. 67, no. 7, pp. 6721-6726, Jul. 2018.

[12] C. Zhan, Y. Zeng, and R. Zhang, "Energy-efficient data collection in UAV enabled wireless sensor network," *IEEE Wireless Commun. Lett.*, vol. 7, no. 3, pp. 328-331, Jun. 2018.

第 13 章 无人机通信的基本权衡

Qingqing Wu[1], Liang Liu[2], Yong Zeng[3], Rui Zhang[4]

1. 澳门大学智能城市物联网国家重点实验室
2. 香港理工大学电子及信息工程系,香港
3. 中国东南大学国家移动通信研究实验室和江苏紫金山实验室
4. 新加坡国立大学电气与计算机工程系

13.1 简 介

由于其高机动性和灵活部署的突出特点,无人机(UAV)将在未来的第五代(5G)网络和更高的网络中找到许多有希望的用途,如图 13.1 所示。特别是,无人机可以经济高效地用作按需空中平台,在多种应用中为地面终端提供或增强通信服务,包括在没有地面蜂窝覆盖的情况下的空中基站(BS)/中继[1-2],用于为地面基站/用户提供数据回程/卸载、缓存内容多播和边缘计算等新服务的空中助手,以及用于低功耗物联网(IoT)设备(如传感器和标签)的节能数据收集[3]和无线功率传输[4]的移动集线器。另外,许多民用应用中的无人机,如货运和空中视频监控,可能成为蜂窝网络中的新空中用户,这需要与地面基站进行高性能双向通信,以接收控制信号并实时上传应用数据。

图 13.1　5G 及以上的典型无人机应用[5]

尽管上述无人机应用前景广阔,但其未来的成功关键取决于新型有效的无人机对地通信技术的发展。与传统地面通信相比,无人机对地通信具有以下两个主要优势:可用于提高吞吐量,即视线(LoS)主导的无人机对地信道和无人机在三维(3D)空间的可控高机动性。

一方面,无人机的高度较高,无人机与地面用户/基站之间的视线通道概率通常也相当高,因此与地面通信相比,无人机对地通信明显较少受到阴影和衰落等信道损伤的影响。另一方面,机动性高,无人机的快速三维部署甚至动态移动变得可行,因此无人机可以根据地面基站/用户的位置和/或移动调整其位置/航迹,以保持良好的视线通道。值得注意的是,与地面通信中的基站/用户相比,视线信道使无人机能够在更多的地面用户或基站上进行信号覆盖。因此,为了实现最佳通信和轨迹设计,每架无人机不仅应通过在其服务用户或连接的基站附近飞行来保持与它们的强信道,还应控制其对其他无人机以及地面用户/基站的干扰,以实现最大网络吞吐量。

在无人机通信和航迹设计中,除了吞吐量,还需要考虑时延和能量两个重要因素。首先,为了最大化吞吐量,每架无人机在飞行距离足够近时应与地面用户/基站通信,以缩短距离,从而提高链路容量。然而,无人机的移动不可避免地会导致更多的通信延迟。因此,无人机对地通信中存在一个有趣的吞吐量延迟权衡,如图13.2(a)所示。

其次,在无人机通信中,吞吐量和能量之间也存在一种新的权衡,如图13.2(b)所示,因为无人机通常需要消耗更多的推进能量才能靠近地面用户/基站以获得更高的吞吐量。由于商用无人机通常车载能量有限,更多的推进能耗会导致无人机的续航时间缩短,从而对其实际应用造成严重限制。最后,上述两种权衡自然意味着延迟能量权衡,如图13.2(c)所示,如果无人机消耗更多的推进能量以更快地移动到指定与之通信的地面用户/基站,那么无人机对地通信的延迟可以减少。

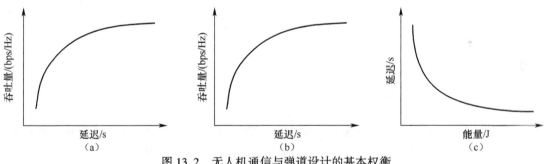

图 13.2 无人机通信与弹道设计的基本权衡
(a)吞吐量延迟权衡;(b)吞吐量能量权衡;(c)延迟能量权衡。

基于上述无人机通信和弹道设计中吞吐量、延迟和(推进)能耗之间的新的和有趣的权衡,本章旨在概述这些方面的最新成果。特别是,我们将重点关注无人机作为通信平台(如空中基站/中继站)为地面用户提供服务,尽管在其他范例中,无人机作为新的空中用户将由蜂窝网络中的地面基站提供服务时,也存在类似的基本权衡[1]。

13.2 基本权衡形式

在本节中,我们将讨论无人机通信中的上述基本权衡,并强调其与传统地面通信中的主要区别。

13.2.1　吞吐量延迟权衡

在地面无线通信中,吞吐量延迟权衡已被广泛研究。对于基本的点对点无线通信链路,衰落信道上可达到的最大速率(定义为遍历容量)是通过在足够多的信道相干间隔上编码实现的,以充分利用衰落信道的遍历性[6]。然而,这是以长传输延迟为代价,这对于具有严格延迟要求的应用程序来说可能不可容忍。另外,可以在每个相干间隔上执行信道编码以减少延迟,从而产生延迟限制容量[6]。然而,对于给定的衰落信道,延迟限制容量通常小于遍历容量,并且在深度衰落中中断通常不可避免[6]。对于一般的多用户通信,多用户分集增益可以通过调度所有用户中具有最佳信道的用户在每个一致性间隔内进行通信来提高网络吞吐量,而这不可避免地导致每个用户随着用户数量的增加而产生更大的延迟[6]。

上述结果表明,衰落信道上的通信存在一个总体吞吐量延迟权衡。此外,如文献[7]所示,移动自组织网络(MANET)的总吞吐量与由于随机用户移动而在网络中的用户可容忍的平均延迟之间存在另一权衡,因为每个用户需要在彼此通信之前等待,直到它们变得足够近。

相比之下,在无人机通信中,由于服务水平占主导地位的信道,信道衰落不再是导致吞吐量延迟权衡的关键因素。相反,无人机的机动性在这种权衡中起着决定性的作用,因为无人机到地面的服务水平通道完全由无人机与地面用户之间的距离决定,而无人机与地面用户之间的距离在很大程度上取决于无人机的位置。然而,与移动自组织网络中的随机用户移动形成鲜明对比的是,在移动自组织网络中,延迟随机且难以预测[7],无人机通信中的延迟可以通过联合无人机航迹和通信调度设计进行适当控制。此外,另一个关键区别在于地面通信和无人机对地通信之间的延迟时间尺度:在前一种情况下,延迟是根据信道相干时间来测量的,如毫秒;而在后一种情况下,延迟主要是由于无人机的飞行时间(距离除以速度),如在几秒或几分钟内。因此,为了在无人机通信中通过轨迹设计充分利用吞吐量延迟权衡,与地面通信相比,应用程序需要具有更大的延迟容忍度[8]。

13.2.2　吞吐量能量权衡

传统无线通信中的吞吐量能量权衡基本上植根于香农容量公式,该公式明确表明可实现速率随发射功率单调增加[6]。从这一权衡中得出的一个有用的性能指标是"能源效率",它衡量的是每单位能耗中可以成功传输的信息比特数。若仅考虑发射能量,则众所周知,能量效率随发射速率/功率的降低而单调增加[6],而若同时考虑发射机处的电路功率,则在文献[9]中显示,能量效率随着发射速率/功率先增加后降低。

在无人机通信中,维持无人机在空中飞行并支持其高机动性所需的推进能量(通常以千瓦(kW)为单位)通常比用于通信的发射和电路能量(通常以瓦特(W)为单位或更小)高出几个数量级。因此,推进能量对无人机航迹的影响是决定无人机通信吞吐量能量权衡的主要因素。例如,为了提高吞吐量,每架无人机需要以更快的速度飞行更长的距离,以便在有限的飞行持续时间内,尽可能接近其服务的地面用户,并尽可能长地停留在他们附近,以便与他们一起利用更好的服务水平通道。此外,每架无人机可能还需要调整其高度和/或急转弯,以避免在其服务地面用户的方向上发生阻塞。所有这些都会导致更大的推进能耗。

因此,对于支持无人机的通信,能量效率更适合根据推进能量的每焦耳(J)信息比特来定义,而不是传统无线通信中的发射/电路能量。这样一个新的指标具有很高的实际意义,因为它指示了无人机车载能量有限时可通信的最大信息比特数。

13.2.3 延迟能量权衡

如上两小节所述,与地面通信中的传统通信相比,无人机通信中的吞吐量延迟和吞吐量能量权衡显示出有趣的新方面。由于新的无人机弹道设计和高无人机推进能耗,它们相应的延迟能量权衡也有很大不同。例如,为了减少移动和传输延迟,每架无人机应以其最大速度在其服务地面用户之间飞行,但在其附近服务时保持其最低速度(如悬停),这两种情况通常都会导致更多的推进能量消耗。

在接下来的两个部分中,我们将分别重点研究吞吐量延迟权衡和吞吐量能量权衡。鉴于上述两种权衡,延迟能量权衡变得简单明了,因此为了简洁起见,省略了它。我们提供具体的示例更清楚地说明,概述它们的最新成果,并为未来的研究指出有希望的方向。

13.3 吞吐量延迟权衡

在本节中,我们将研究联合无人机弹道和通信设计,以描述吞吐量延迟权衡。具体来说,我们首先考虑一个简单的设置,一架无人机为两个地面用户(GU)提供服务,以得出有用的见解。其次,我们将研究扩展到多无人机为多个地面用户服务的一般情况。最后,进一步讨论相关/未来的工作。

13.3.1 单无人机无线网络

如图13.3(a)所示,我们考虑了无人机支持的下行链路通信系统,在该系统中无人机在有限的T秒时间内为两个地面用户提供服务。假设无人机在$H(m)$的恒定高度飞行,以最大允许速度V_{max}(m/s)表示。从无人机到地面用户的空对地通道假定由视线链路控制。因此,最好让无人机飞得尽可能低,以减少地面用户的信号路径损耗。然而,对于地形或建筑物避让,H的最小值实际上是有限的。假设两个地面用户处于准静止状态,其标称位置之间的距离为D米,如图13.3(a)所示,其中我们假设,与D和无人机高度H相比,它们在给定周期T内从各自标称位置的最大移动距离可以忽略不计;因此,可以忽略地面用户对相应视线通道增益的影响。我们认为,无人机通过时分多址(TDMA)与地面用户通信,即在任何时刻只计划采用一个地面用户进行通信。为了以周期性的方式持续服务于地面用户,假设无人机需要在每个飞行周期T结束时返回其初始位置,而初始位置可以优化,以最大化吞吐量。为了确保地面用户之间的公平性,我们的目标是通过联合优化无人机航迹和通信调度,最大化地面用户之间的公共(最小)吞吐量。

在图13.3(b)中,我们展示了无人机在不同飞行周期T下投射到地面的最佳航迹。可以看出,随着T的增加,无人机倾向于飞得更靠近两个地面用户,而当T足够大(如$T=100s$)时,无人机以最大速度在两个地面用户之间飞行,以节省更多的时间在每个地面用户上方悬停,以保持最佳通信信道。

此外,在任何时刻,为了最大化吞吐量,靠近无人机的地面用户(因此具有更佳信道)被

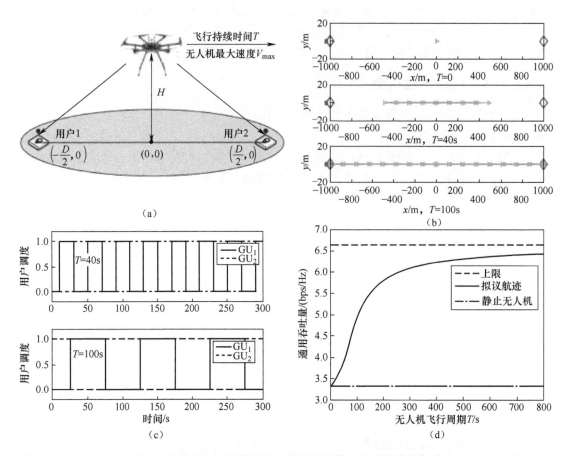

图 13.3 具有两个地面用户的单无人机网络的吞吐量延迟权衡。地面用户的标称位置用"◇"标记,航迹用"▷"标记。最大发射功率和接收器噪声功率分别设置为20dBm(0.1W)和 -110dBm,参考距离 1m处的信道功率增益设置为 -50dBm。其他所需参数设置如下:$V_{max} = 50\text{m/s}, H = 100\text{m}, D = 2000\text{m}$

(a)无人机双用户无线系统;(b)无人机在不同 T 的水平航迹;
(c)地面用户的周期时分多址;(d)通用吞吐量与无人机飞行周期

调度进行通信,而另一个地面用户必须等待,直到无人机再次靠近。因此,每个地面用户将经历 $T/2$ 的等待时间,以便定期与无人机通信,如图 13.3(c)所示,其中绘制了随时间变化的用户调度。可以看出,T 越大,每个地面用户的等待时间越长。

最后,图 13.3(d)显示了可实现的通用吞吐量(单位为 bps/Hz 与 T 的关系。请注意,吞吐量上限是通过忽略在两个地面用户之间移动所花费的时间获得的,当 T 变为无穷大时,该时间保持不变。此外,通过将无人机始终固定在两个地面用户之间的中间位置,可以获得静态无人机的吞吐量。可以观察到,与静态无人机相比,随着移动无人机 T 的增加,通用吞吐量显著提高。然而,这样的吞吐量增益是以增加用户延迟(或更大的 T)为代价的,这揭示了无人机无线网络中新的吞吐量延迟权衡。

13.3.2 多无人机无线网络

使用多个无人机协同为地面用户提供服务是有效的解决方案,通过将地面用户划分为更小的组,每个组由一个无人机提供服务,可以改善单个无人机网络的吞吐量延迟权衡。

为了证明这一点,考虑多无人机支持的下行传输系统,如图13.4(a)所示,其中两架无人机用于在有限的持续周期 T 内为一组 K 个地面用户提供服务。为了实现高频谱效率,考虑频谱共享系统,其中无人机共享相同的通信频带,并且每架无人机通过周期性时分多址为其相关地面用户提供服务。由于视线通道,每个地面用户都受到来自其他非关联无人机的严重干扰,这需要通过联合设计无人机航迹、发射功率和用户关联,采用无人机间干扰协调(IUIC)来有效缓解。

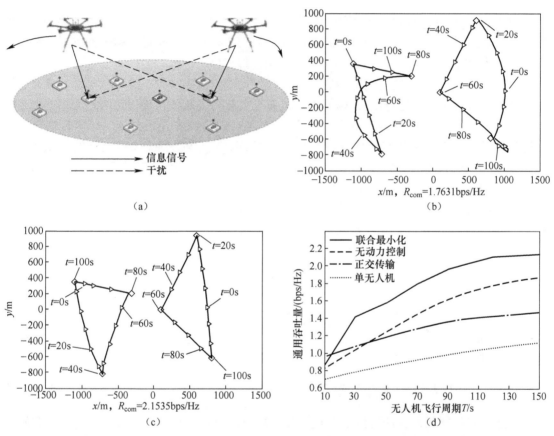

图13.4 使用无人机间干扰协调的多无人机无线系统的吞吐量延迟权衡。地面用户标称位置用"◇"标记,无人机航迹用"▷"标记。模拟参数设置为与图13.3中的相同。用户通用吞吐量用 bps/Hz 表示
(a)使用无人机间干扰协调的多无人机无线系统;(b)无动力控制的无人机水平航迹;
(c)使用动力控制的无人机水平航迹;(d)通用吞吐量与无人机飞行周期。

与13.3.1节类似,目标是通过优化设计的无人机间干扰协调最大化所有地面用户的通用吞吐量。然而,由于无人机的连续飞行航迹,该问题成为涉及无穷多变量的非凸优化问题。为了解决这个问题,我们首先应用时间离散化将无人机飞行周期划分为有限个相等的时间段,每个时间段都有无人机的标称位置。然后,应用第11章的块坐标下降(BCD)法和连续凸逼近(SCA)法优化技术,以获得无人机间干扰协调设计的次佳解[10]。我们的算法需要初始无人机航迹,因此我们采用简单但实用的圆形无人机航迹进行初始化[10]。

为了便于说明,考虑 $K=6$ 个地面用户的设置。具体而言,我们在图 13.4(b)和(c)中分别显示了 $T=120s$ 时无人机无功率控制和有功率控制的优化航迹。在前一种情况下,两种无人机始终以最大功率传输信号。从图 13.4(b)中可以看出,优化的无人机航迹不仅有助于缩短无人机与其相关地面用户之间的通信距离(如从 $t=0s$ 到 $t=20s$),而且有助于在没有电源控制的情况下,扩大两个无人机的间隔,以帮助缓解同频干扰(如从 $t=40s$ 到 $t=60s$)。然而,在某些成对的无人机位置,特别是当无人机在飞行途中为两个彼此靠近的地面用户(如图 13.4(b)中中心附近的两个地面用户)提供服务时,扩大无人机的间隔将以牺牲直接链路增益为代价。

相比之下,在动力控制的情况下,从图 13.4(c)中可以看出,经优化的无人机航迹不会损害直接链路增益,以换取远距离分离。这是因为功率控制有助于避免强干扰,即使两架无人机必须彼此靠近(如在中心附近为两个地面用户提供服务时)。

因此,与没有动力控制的情况相比,通用吞吐量显著提高,如图 13.4(d)所示。此外,采用正交无人机传输方案进行比较,两架无人机在正交时隙上轮流传输信息为地面用户服务,此时系统无干扰。可以观察到,对于较短飞行时间 T,即意味着无人机的飞行范围有限,正交传输甚至比非正交方案能够实现更高的吞吐量,因为后者受到无人机之间的严重干扰。然而,随着 T 增加,所提出的联合设计明显优于正交传输,因为可以更灵活地设计无人机航迹,以扩大无人机之间的距离,使得频谱可以更好地重用于两架无人机,干扰较小。最后,还观察到在相同延迟下,多无人机网络中的用户吞吐量比单无人机网络中的用户吞吐量显著提高,从而验证了通过优化无人机间干扰协调的有效多无人机合作改进了吞吐量延迟权衡。

13.4 吞吐量能量权衡

本节中,我们将进一步研究无人机通信和航迹设计中的吞吐量能源权衡。首先,我们讨论无人机的能耗模型。其次,考虑到无人机的推进能耗,我们重新审视了 13.3.1 节中描述的单无人机系统,随后讨论其他相关工作和未来研究方向。

13.4.1 无人机推进能耗模型

固定翼和旋翼无人机是两种主要的无人机类型,在实践中得到了广泛应用。两者都有各自独特的优势和局限性,使它们或多或少适合于不同应用。

为了研究无人机通信中的吞吐量能源权衡,需要首先对无人机的推进能量消耗进行适当建模。为此,在文献[10-11]中分别介绍了固定翼和旋翼无人机的两种分析推进功率模型。一般来说,无人机所需的推进功率取决于其速度(包括飞行速度和方向)以及加速度。图 13.5 显示了固定翼和旋翼无人机的典型推进功率消耗与无人机飞行速度的关系。在这两种情况下,可以看出,随着无人机飞行速度的增加,所需的相应推进功率先减小后增大,这意味着以过高或过低的速度飞行是不节能的。此外,对于固定翼无人机来说,以极低速度飞行非常消耗能量,甚至在实践中是不可能的,这使得它们很难悬停在一个小的地理区域上为地面用户服务,而对于旋翼无人机来说,这不是一个问题。然而,当无人机的飞行速度极高时,旋翼无人机会消耗过多的推进力,这使得它们在广阔的地理区域执行任务时效率低下。在实践中,固定翼和旋翼无人机可以同时使用,以提高通信效率。例如,有前景的无人机网络架构是部署旋翼无人机基站,在精心选择的位置悬停,以建立信号热点,同时派遣固定翼无人机基站定期飞行,以实现更大的覆盖范围和更高的吞吐量。

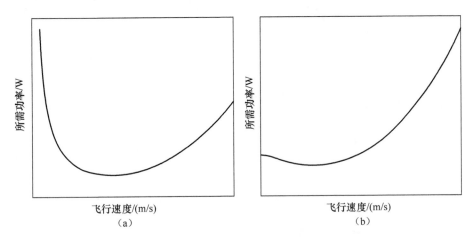

图 13.5　一般推进功率消耗与无人机的飞行速度
(a)固定翼无人机;(b)旋翼无人机

13.4.2　能源约束型航迹优化

如图 13.6(a)所示,对于给定的无人机飞行周期 T,我们考虑与 13.3.1 节中相同的无人机双用户系统,其中无人机具有有限的机载能源,因此该周期内可消耗的最大推进能量表示为 E_{max}。为了便于说明,我们考虑了一种固定翼无人机,其最小速度和最大加速度分别用 V_{min}(m/s)和 a_{max}(m/s^2)表示。与 13.3.1 节类似,我们通过联合优化无人机航迹和用户调度,并受新无人机总能源约束和机动性约束(速度和加速度),考虑两个地面用户的共同吞吐量最大化。

在图 13.6(b)中,我们绘制了无人机在不同推进能量约束下的优化航迹。可以看出,当 $E_{max}=13$kJ 时,无人机沿着具有相对较大转弯半径的平滑航迹靠近两个地面用户飞行;而当 E_{max} 增加到 23kJ 时,无人机航迹趋向于接近无推进能量约束的航迹,如图 13.3(b)所示。这是因为,在后一种情况下,为了快速缩短无人机-地面用户距离,在飞行方向上急转需要消耗更多的推进能量。

此外,在上述两种情况下,无人机随时间的飞行速度如图 13.6(c)所示。可以看出,在第一种情况下,由于推进能量有限,无人机的飞行速度在整个周期内的 30m/s 左右变化不大;而在后一种情况下,可用能量更多,无人机首先以最大速度(50m/s)飞行以接近每个地面用户,然后以最小速度(5m/s)在地面用户周围盘旋,以最大化吞吐量。

最后,可实现的吞吐量与推进能量的关系如图 13.6(d)所示。通过忽略推进能量约束获得吞吐量上限,其与图 13.3(d)中相同 T 下的吞吐量相同。吞吐量下限由初始圆形航迹[12]实现,无人机速度等于 30m/s。可以看出,以消耗更多的推进能量为代价,可以显著提高通用吞吐量。特别是,随着推进能量的增加,通用吞吐量首先快速增加,然后接近严格低于吞吐量上限的常数。这是因为,除了推进能量约束,实际可实现的吞吐量还受到无人机在最小速度和最大加速度上的机动性约束。

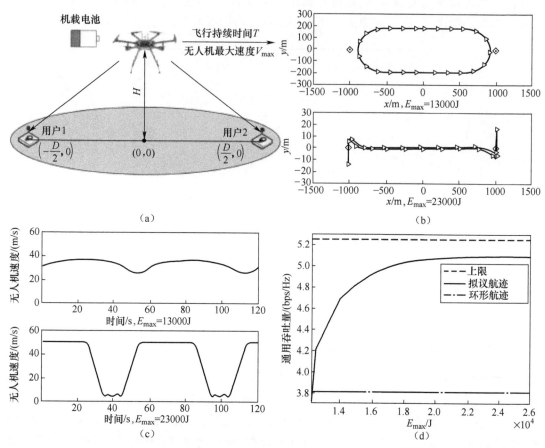

图 13.6 具有两个地面用户的单无人机网络的吞吐量能量权衡。地面用户的标称位置用"◇"标记,无人机的航迹用"▷"标记。对于文献[10]中的推进功率消耗模型,常数 c_1 和 c_2 分别设置为 9.26×10^{-4} 和 2250。模拟参数设置如下:$V_{max} = 50 \text{m/s}$,$V_{min} = 5 \text{m/s}$,$a_{max} = 5 \text{m/s}^2$ 和 $T = 120 \text{s}$。其他参数设置与 13.3.1 节中相同
(a)使用有限机载能源的无人机双用户无线系统;(b)不同推进能量的无人机水平航迹;
(c)无人机的速度随时间变化;(d)通用吞吐量与推进能量 E_{max}

13.5 进一步讨论和今后的工作

除了考虑用于多用户通信的 TDMA 等正交多址方案外,基于叠加编码(SC)或脏纸编码[6]的非正交多址接入方案可与无人机航迹联合设计,以进一步改善吞吐量延迟权衡,并实现无人机无线网络的容量限制[13]。例如,在文献[13]中研究了一个双用户广播信道(BC),其中显示了达到容量区域的简单实用且采用叠加编码的"悬停-飞行-悬停"(HFH)航迹。然而,对于具有两个以上用户的无人机广播信道或其他多用户信道模型,类似结果是否成立仍然是值得在未来工作中研究的开放问题。

此外,在我们的上述研究中,用户延迟根据无人机飞行周期粗略测量。然而,5G 网络中的延迟要求在时间尺度上可能会有很大差异,从毫秒(如在线游戏/视频流)到秒甚至

分钟(如大型文件共享/传感器数据收集)。因此,如何对这种异构延迟需求进行建模,并设计联合无人机航迹和通信资源分配,以有效地满足这些需求,也是未来研究的一个重要问题。

对于多无人机网络,我们提出无人机间干扰协调作为一种有效的技术,通过利用多无人机协调航迹设计来缓解强视线干扰。或者,在无线回程技术快速发展的推动下,无人机可以共享消息并执行协作波束成形(一种称为空中坐标多点(CoMP)的技术[14]),以更有效地抑制干扰。值得注意的是,坐标多点的最优无人机航迹设计方法通常不同于无人机间干扰协调。例如,为了最大化坐标多点中的协作波束成形增益,可能需要将一些无人机组成一个机队沿相同航迹为地面用户提供服务,而在无人机间干扰协调的情况下,由于无人机间干扰,这显然是不希望存在的。另一个值得进一步研究的重要问题是如何根据地面用户运动动态地调整无人机航迹,以提高其吞吐量和/或延迟性能[14]。

通过考虑地面用户的能量消耗,可以进一步扩展吞吐量能量权衡,如在物联网中应用无人机数据采集[15]。物联网设备通常功率低,电池寿命有限,因此如何延长其寿命对于未来物联网生态系统的可持续性和扩散至关重要。由于可控的移动性,无人机移动数据采集器可以移动到足够靠近物联网设备(如传感器或标签)的位置,以最小的传输能量收集数据。然而,这将导致无人机的推进能耗增加,这是无人机通信中吞吐量能量权衡的有趣新视角[15]。

另外,无人机的能源供应也可以通过其他技术提供,如太阳能收集和地面充电器的激光无线能量传输。然而,这些技术通常会带来新的设计考虑,需要进一步研究。例如,对于太阳能驱动的无人机,虽然增加飞行高度会导致更高的路径损耗,但有助于获取更多的太阳能,以支持更灵活的航迹设计,以适应地面用户的动态位置和通信要求。因此,无人机通信中的吞吐量能量权衡需要通过精心设计的高度控制进行修正。此外,在多无人机协同服务于地面用户的情况下,除了通过无人机间干扰协调或坐标多点进行通信协作,多无人机航迹的设计还需要考虑其各自的能量可用性。例如,不同无人机的推进能耗应通过协同航迹设计进行平衡,以从无人机网络寿命最大化的角度最大化其续航能力。

值得指出的是,除了本章中考虑的三个权衡,无人机通信中还存在其他重要的设计考虑因素,这些因素尚未得到充分探讨,因此需要进一步研究。例如,这些可能包括移动无人机的部署成本、其无线回程限制,以及由于视线主导信道而产生的严重空对地干扰问题。又如,使用多架协作无人机(每架无人机配置多个天线/全双工功能)可以极大地提高系统吞吐量和/或减少用户延迟,同时系统复杂性和成本也不可避免地增加,从而导致复杂性/成本吞吐量/延迟权衡。

另外,无人机对地视线通道模型仅适用于农村或郊区,或无人机高度足够高时。然而,对于其他情况,如在城市环境中,概率视线模型和莱斯衰落模型等其他空对地信道模型则更适合。值得注意的是,这种非视线通道模型可能会对无人机无线网络中的最优无人机航迹设计产生重大影响。例如,在概率视线通道模型下,降低无人机的飞行高度通常会降低与地面用户建立视线链路的概率,而在视线模型下这是有益的。因此,需要研究更复杂的三维航迹优化问题(与我们之前在视线模型下的二维设计相比)。此外,尽管视线链路的存在使无人机很好地适用于毫米波(mmWave)和大规模多输入多输出(M-MIMO)通信等5G技术,但严重的空对地干扰问题和三维移动性引起的多普勒效应值得进一步研究。

13.6 章节摘要

在本章中,我们重新讨论了无人机无线通信中的基本吞吐量、延迟和能量权衡。特别是,对于单无人机和多无人机网络,通过明智地优化无人机航迹和通信资源分配,通信吞吐量、延迟和无人机的推进能量可以在彼此之间进行最佳权衡。本章重点介绍了无人机作为空中基站的应用,讨论的新权衡是通用的,也适用于其他无人机安装平台[16]或蜂窝连接的无人机用户[1]。最后,还强调了一些相关主题,以推动未来的研究。希望本章介绍的新设计权衡和相关见解有助于未来无人机通信系统的实际设计。

参 考 文 献

[1] Y. Zeng, Q. Wu, and R. Zhang, "Accessing from the sky: a tutorial on UAV communications for 5G and beyond," *Proc. of the IEEE*, vol. 107, no. 12, pp. 2327-2375, Dec. 2019.

[2] J. Chen and D. Gesbert, "Optimal positioning of flying relays for wireless networks: a LOS map approach," in *Proc. IEEE International Conference on Communications (ICC)*, May 2017.

[3] M. Mozaffari, W. Saad, M. Bennis, and M. Debbah, "Mobile unmanned aerial vehicles (UAVs) for energy-efficient Internet of things communications," *IEEE Trans. Wireless Commun.*, vol. 16, no. 11, pp. 7574-7589, Nov. 2017.

[4] J. Xu, Y. Zeng, and R. Zhang, "UAV-enabled wireless power transfer: trajectory design and energy optimization," *IEEE Trans. Wireless Commun.*, vol. 17, no. 8, pp. 5092-5106, Aug. 2018.

[5] Q. Wu, L. Liu, and R. Zhang, "Fundamental tradeoffs in communication and trajectory design for UAV-enabled wireless network," *IEEE Wireless Commun.*, vol. 26, no. 1, pp. 36-44, Feb. 2019.

[6] D. Tse and P. Viswanath, *Fundamentals of Wireless Communication*. Cambridge University Press, 2005.

[7] M. Grossglauser and D. N. C. Tse, "Mobility increases the capacity of ad hoc wireless networks," *IEEE/ACM Trans. Networking*, vol. 10, no. 4, pp. 477-486, Aug. 2002.

[8] Q. Wu and R. Zhang, "Common throughput maximization in UAV-enabled OFDMA systems with delay consideration," *IEEE Trans. Commun.*, vol. 66, no. 12, pp. 6614-6627, Dec. 2018.

[9] Q. Wu, G. Y. Li, W. Chen, D. W. K. Ng, and R. Schober, "An overview of sustainable green 5G networks," *IEEE Wireless Commun.*, vol. 24, no. 4, pp. 72-80, Aug. 2017.

[10] Y. Zeng, J. Xu, and R. Zhang, "Energy minimization for wireless communication with rotary-wing UAV," *IEEE Transactions on Wireless Communications*, vol. 18, no. 4, pp. 2329-2345, Apr. 2019.

[11] Y. Zeng and R. Zhang, "Energy-efficient UAV communication with trajectory optimization," *IEEE Trans. Wireless Commun.*, vol. 16, no. 6, pp. 3747-3760, Jun. 2017.

[12] Q. Wu, Y. Zeng, and R. Zhang, "Joint trajectory and communication design for multi-UAV enabled wireless networks," *IEEE Trans. Wireless Commun.*, vol. 17, no. 3, pp. 2109-2121, Mar. 2018.

[13] Q. Wu, J. Xu, and R. Zhang, "Capacity characterization of UAV-enabled two-user broadcast channel," *IEEE J. Sel. Areas Commun.*, vol. 36, no. 9, pp. 1955-1971, Sep. 2018.

[14] S. Z. L. Liu and R. Zhang, "CoMP in the sky: UAV placement and movement optimization for multi-user communications," to appear in *IEEE Trans. Commun.*, arXiv preprint arXiv:1802.10371, 2019.

[15] D. Yang, Q. Wu, Y. Zeng, and R. Zhang, "Energy trade-off in ground-to-UAV communication via trajectory design," *IEEE Trans. Veh. Technol.*, vol. 67, no. 7, pp. 6721-6726, Jul. 2018.

[16] Y. Zeng, R. Zhang, and T. J. Lim, "Wireless communications with unmanned aerial vehicles: opportunities and challenges," *IEEE Commun. Mag.*, vol. 54, no. 5, pp. 36-42, May 2016.

第14章 无人机蜂窝频谱共享

Chiya Zhang[1,2], Wei Zhang[3]

1. 中国深圳哈尔滨工业大学电子与信息工程学院
2. 中国深圳鹏城实验室(PCL)
3. 澳大利亚悉尼新南威尔士大学电气工程与电信学院

14.1 简　　介

14.1.1 认知无线电

日益增长的海量数据流量和对更好更快的宽带服务的需求需要额外的无线电频谱。无线电频谱已成为政府和机构管理的重要但有限资源。认知无线电是使移动设备能够访问和共享频带的技术,而其他服务目前不使用它们。认知无线电的概念在文献[1-3]中提出。在典型的认知无线电网络中有主用户(PU)和次用户(SU)两类。主用户是特定频段的授权用户,具有访问频谱的优先权。次用户是具有有限权的未经许可用户,无法以机会主义的方式重用未使用的许可频带。认知无线电技术使次用户能够自适应地获得对主用户频谱的动态访问。这是一种智能无线电和网络技术,使更多的通信能够同时运行,并具有更高效的整体无线电运行行为。在特定区域的一段时间内未使用的许可主用户频段称为频谱空洞或空白频谱。

14.1.1.1 Overlay 频谱共享

在 Overlay 频谱共享[4-6]中,次用户了解来自主用户的码本和消息,然后通过协助主传输和消除主用户到次用户的干扰来减少干扰。它有以下优点:

(1) 传输是互利的,因为主用户和次用户都发送当前消息。
(2) 网络不一定需要存在频谱空洞。
(3) 次用户的吞吐量由干扰消除保证。

缺点如下:

(1) 假设全局信道状态信息(CSI)在次用户处可用(可能行不通)。
(2) 网络需要先进的传输和编码方案来激活一定程度的协调。
(3) 主用户和次用户都需要考虑安全问题。

14.1.1.2 Underlay 频谱共享

在 Underlay 频谱共享[7-12]中,主用户和次用户同时在同一频带上传输信号。Underlay 频谱共享通过限制主接收器(PR)的次用户干扰来探索空间频谱空洞。它有以下优点:

(1) 频谱利用率高。
(2) 在传输阶段,网络不需要频谱空洞。
(3) 可以直接应用现有的干扰抑制技术,如波束成形、基于扩频的技术和功率控制技术。

其缺点如下:
(1) 假设信道状态信息和干扰阈值在次用户处可用(可能行不通)。
(2) 很难将干扰限制在监管范围内。
(3) 不适用于高干扰区域。

文献[13]设计了以每个主接收器为中心的主专属区域(PER)。主专属区域是以每个主接收器为中心的固定区域,其中不允许二级发射器发射信号。应用主专属区域为网络性能提供了额外的控制级别。它通常用于进一步保证主要性能,如当主用户需要非常小的停机时。文献[14]进一步分析了阴影与路径损耗指数和主专属区域之间的关系。主专属区域有效地保证了有限频谱资源下的主要业务,因此研究人员致力于将主专属区域应用于优化不同频谱共享方案[15-16]。假设所有发射器均为二维泊松分布节点,且本地接收器对信道质量信息的反馈有限,则文献[15]中提出了两种基于有限反馈的 underlay 频谱共享方案,分别采用和不采用主专属区域。

14.1.2 无人机通信

无人机,又称为无人驾驶飞机,是一种无人类飞行员的飞机。无人机已被应用于许多领域,如警务和监视以及科学研究。如图 14.1 所示,无人机空中基站可以在地面节点 *A* 和 *B* 之间建立通信连接。无人机还可以充当空中传感器,收集数据并将数据传输至控制站。无人机可以充当空中基站或中继站,即无人机小型蜂窝(DSC),在自然灾害发生后为地区提供通信服务。无人机小型蜂窝可以部署在高度超过 10km 的高空平台(HAP)上,或者部署在高度低于 10km 的低空平台(LAP)上[17]。

无人机小型蜂窝网络与传统蜂窝网络相比有几个优点。利用毫米波信号的第五代(5G)通信存在许多与传播相关的缺点,如相对较短的距离和易受阻塞。无人机可以利用其机动性来避免阻塞并提供无缝覆盖。此外,空中基站对环境变化具有鲁棒性。无人机网络的另一个优势是重构的灵活性。例如,可以部署无人机在无线拥塞事件中提供帮助,以低成本卸载蜂窝网络。文献[18]讨论了提供最大覆盖范围的无人机最佳部署高度。文献[19]进一步研究了低空平台上无人机小型蜂窝的部署设计和性能分析,其中推导了单个无人机小型蜂窝在最佳高度的最大化地面覆盖和最小所需发射功率。结果表明,最佳部署高度随环境变化而变化。

通过扩大网络覆盖范围,同时提供额外的容量在远程位置部署蜂窝网络,无人机在分发信息方面发挥着重要作用。最近对无人机通信的各个方面进行了许多研究。最终目标是开发高容量、低延迟和具有鲁棒性的无人机通信系统。我们可以预期,未来无人机通信和联网的研究领域将不断扩大,无人机将在空中得到越来越广泛的应用。

14.1.2.1 无人机频谱共享

第三代合作伙伴计划(3GPP)最近提出使用无人机作为空中用户设备(UE),协助传统蜂窝网络[20]。调查表明,空对地链路改善了所需连接的性能,但也增加了干扰。因此,干

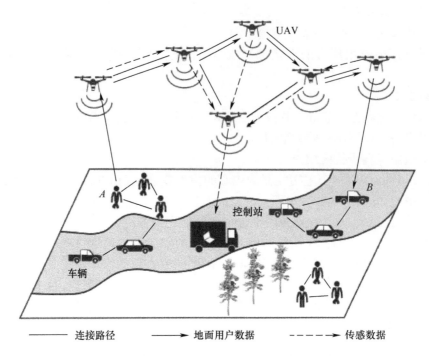

图 14.1 无人机网络的应用场景

扰管理和控制是构建无人机蜂网络的关键问题之一。如图 14.1 所示,在无人机网络中有一个控制站,主要负责无人机的调度、协调、充电和回收[21]。当无人机充当空中传感器时,无人机中产生的通信量通过多跳传输传输到控制站。当无人机充当基站时,通信量从地面节点生成,并通过多个无人机转发到其他地面节点。

在这两种情况下,以多跳传输方式重复数据传输将消耗无线资源并降低网络容量。因此,提出了环境认知,以提高无人机网络的容量。此外,还需要构建宽带无人机网络,以支持海量数据传输。根据 Shannon-Hartley 定理[22],容量随发射功率呈对数增加。然而,容量随频谱带宽呈线性增加。在无人机网络中,无人机承载能力和能量供应有限,其发射功率不可能很大。因此,开发更多频谱是提高无人机网络容量的一种切实可行方法。通过在无人机上安装雷达、全球定位系统(GPS)和摄像头等多个传感器,可实现包括传统频谱感知在内的环境认知,以进一步提高无人机网络的容量和适应性。

14.1.2.2 具有专属区域的无人机频谱共享

众所周知,主专属区域中存在时间频谱机会,并已经提出了黑色、灰色和白色区域三个架构[23]。黑色区域被灰色区域包围,而灰色区域又被白色区域包围[23]。在黑色区域,不允许次用户传输。在灰色区域,次用户可以利用时间频谱机会。也就是说,次用户可以使用主用户未使用的频谱。在白色区域,由于次用户远离主用户,次用户可以始终以最大功率传输。

当主接收器密集部署时,所有主接收器的主专属区域联合形成一个层。当无人机位于该层下方时,不允许发射。此外,这三个区域的架构可以应用于无人机网络。如图 14.2 所示,第 1 层和第 2 层将三维空间划分为三个区域。在区域 1,无人机靠近地面用户,因此不允许其发射信号。在区域 2,无人机远离地面用户,因此其可以利用时间频谱机会。在区域 3,由于无人机离地足够高,其可以一直发射信号。区域 1、2 和 3 分别类似于文献[24]中的黑色、灰色和白色区域,该文献中也验证了具有三个区域的二级网络的容量大于具有主专属区域的二级网络的容量。因此,三个区域的架构也可以应用于认知无人机网络。

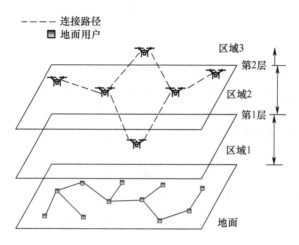

图 14.2 无人机网络的主专属区域层

传统的认知无线电技术主要集中在频谱感知、频谱决策和频谱共享等方面。然而,可以通过控制无人机的机动性提高网络容量。此外,无人机多传感器采集的环境信息可用于确定最优资源分配方案。

14.1.3 章节概述

本章的目的是提出一种有效的传输方案,并在无人机网络和蜂窝网络之间的 underlay 频谱共享中优化分配资源。14.2 节旨在研究高架基站的独特特性对无人机网络分布的影响。利用随机几何,通过随机形状理论确定三维阻塞效应。在体积阻塞模型下,推导了信噪比元分布的精确表达式。结果放宽了传统二维泊松网络研究的假设。

在 14.3 节中,重点是研究在无人机小型蜂窝中部署空中基站,同时与蜂窝网络共享频谱。具体而言,在两种场景中研究了优化下行链路吞吐量的最佳无人机小型蜂窝基站密度:三维网络中单层无人机小型蜂窝的频谱共享,以及无人机小型蜂窝网络与传统二维蜂窝网络之间的频谱共享。通过最大化无人机小型蜂窝网络吞吐量,得出了最佳无人机小型蜂窝基站密度。然后,分析了三维无人机小型蜂窝网络与传统二维蜂窝网络之间的 Underlay 频谱共享,推导出了在满足蜂窝网络效率约束的同时,使无人机小型蜂窝网络吞吐量最大化的无人机小型蜂窝空中基站的最佳密度。

14.2 无人机网络的信噪比元分布

14.2.1 随机几何分析

无线网络中节点位置的随机性和不规则性使得人们越来越关注使用随机几何和泊松点

过程(PPP)进行精确、灵活和易处理的空间建模与分析。我们利用了 Slivnyak 定理[25]，该定理指出，对于泊松点过程，原始进程的分布等于其约化巴尔姆分布。通过考虑典型的用户性能指标来进行总体网络性能分析。最具代表性的性能指标是信噪比(SINR)和信干比(SIR)，定义如下：

$$\text{SIN} = \frac{S}{I+N} \tag{14.1}$$

$$\text{SIR} = \frac{S}{I} \tag{14.2}$$

式中，S 为接收器处的接收功率，即来自期望发射机的输入信号；I 为网络中所有其他(干扰)发射机的组合功率；N 为来自某个热噪声项的功率。

随机几何无线网络模型的目的是推导确定成功概率的信噪比或信干比的解析表达式，其定义为

$$P_c = \mathbb{P}(\text{SIR} > \theta)$$

式中，θ 为预定义的中断约束。在瑞利衰落假设下，计算典型接收机处的信干比和信噪比分布，或者等效地计算泊松双极网络和蜂窝网络中典型链路上传输的成功概率，相对简单[26]。

然而，基于成功概率的相关研究仅提供了关于单个链路成功概率的有限信息。由随机几何导出的典型成功概率通过取一组概率的平均值得到。实际上，网络运营商更感兴趣的是研究这组概率的分布。信干比元分布[27]定义为给定点过程的条件成功概率分布。元分布提供有关信干比的精细信息。它回答了这样的问题："在给定所需信干比阈值的情况下，网络中有多少用户可以实现所需的链路可靠性？"

形式上，下行链路信干比分布定义为

$$F(\theta, x) = \mathbb{P}^0(P_s(\theta) > x), \theta \in R^+, x \in [0,1]$$

式中，$P_s(\theta) = \mathbb{P}(\text{SIR} > \theta | \Phi)$ 为以基站点过程 Φ 的实现为条件的成功概率，在给定原点处的活动接收机并且在该接收机处测量信干比的条件下，$\mathbb{P}^0$ 为点过程的巴尔姆测量。由于无法直接推导出可处理的精确表达式，研究人员研究了这种分布的第 n 个矩[27]，其定义如下：

$$M_n(\theta) = \mathbb{E}(P_s(\theta)^n)$$

一阶矩正是随机几何中的典型成功概率。已经证明[27]，使用一阶矩和二阶矩通过贝塔分布近似会产生较好匹配。

本节旨在研究高架基站的独特特性对分布的影响，如无人机小型蜂窝网络[28]。我们需要通过随机形状理论[29]考虑 3D 阻塞效应，以确定接收功率的视线概率。本节中的结果为以下问题提供了答案："如果城市地区的空中基站离地 150m，在所需的信噪比阈值下，网络中有多少用户可以实现所需的链路可靠性？"

14.2.2 信噪比元分布的特征函数

如图 14.3 所示，考虑了无人机下行链路模型。活动高架基站的模型为二维平面上的泊松点过程 Φ，离地高度为 H_a，密度为 λ_a。用户将连接到最近的基站。基站以单位功率发射信号。阻塞模型为具有相同高度 H_b 和半径 R 的圆柱体。地面阻塞中心的模型为另一个

泊松点过程 Φ_b。

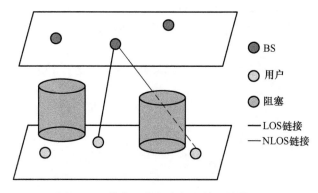

图 14.3 带有阻塞的高架基站系统模型

对于视线链路,可忽略小尺度衰落。α 表示路径损耗指数,η 表示非视线连接引起的衰减系数。假设噪声 N_0 是一个常数。在远离相关发射机的原点 x 处,典型接收机的接收信噪比如下:

$$\mathrm{SNR}_L = \frac{x^{-\alpha}}{N_0}$$

对于非视线链路,小尺度衰落信道的模型为单位均值的指数分布变量,$h \sim \exp(1)$。如果链路为非视线

$$\mathrm{SNR}_N = \frac{|h| x^{-\alpha_N}}{N_0}$$

将 $\alpha \in \{L, N\}$ 表示为视线或非视线链路的下标,以及

$$P_a(\theta) = \mathbb{P}(\mathrm{SNR} > \theta \mid \Phi, \Phi_b)$$

由于 $\mathbb{P}(P_a > \tau) = \mathbb{P}(\log(P_a) > \log(\tau))$,可以看出 $\log(P_a)$ 的特征函数:

$$\begin{aligned}
\phi(t) &= \mathbb{E}(\exp(jt\log(P_a))) \\
&= \mathbb{E}^{\Lambda_a}(\mathbb{E}^{\Lambda_b}(P_a^{it})) \\
&= \mathbb{E}^{\Lambda_a}(\mathbb{E}^N \int_{\mathbb{R}^2} \cdots \int_{\mathbb{R}^2} \lambda_b(P_a^{it}) \, db_1 \cdots db_N)
\end{aligned} \quad (14.3)$$

典型链路是视线还是非视线的事件相互排斥。我们定义了表示无人机和阻塞模式的空间 $\mathbb{L}, \mathbb{N} \in \mathbb{R}^{2N}$,产生了视线或非视线链路。

然后,我们可以进一步将等式(14.3)推导为

$$\begin{aligned}
\phi(t) &= \mathbb{E}^{\Lambda_a}(\mathbb{E}^N(\int_{\mathbb{L}} \lambda_b(P_L^{it}) \, db_1 \cdots db_N + \int_{\mathbb{N}} \lambda_b(P_N^{it}) \, db_1 \cdots db_N)) \\
&= \mathbb{E}^{\Lambda_a}(\mathbb{E}^{\Lambda_b, \mathbb{L}}(P_L^{it}) + \mathbb{E}^{\Lambda_b, \mathbb{N}}(P_N^{it})) \\
&= \mathbb{E}^{\Lambda_a}(\mathbb{E}^{\Lambda_b, \mathbb{L}}(P_L^{it})) + \mathbb{E}^{\Lambda_a}(\mathbb{E}^{\Lambda_b, \mathbb{N}}(P_N^{it})) \\
&= \mathbb{E}^{\Lambda_a}(\mathbb{E}^{\Lambda_b, \mathbb{L}}(1)(\mathbb{P}(\mathrm{SNR}_L > \theta \mid \Phi)^{it})) + \mathbb{E}^{\Lambda_a}(\mathbb{E}^{\Lambda_b, \mathbb{N}}(1)(\mathbb{P}(\mathrm{SNR}_N > \theta \mid \Phi)^{it}))
\end{aligned}$$
(14.4)

式中,$\mathbb{E}^{\Lambda_b, \mathbb{L}}(1)$ 为概率视线概率,将在下一小节进行推导:

$$\mathbb{E}^{\Lambda_b, \mathbb{L}}(1) = 1 - \mathbb{E}^{\Lambda_b, \mathbb{N}}(1) = \exp\left(-\lambda_b\left(\pi R^2 + 2R\frac{H_b}{H_a}x\right)\right) \quad (14.5)$$

得

$$\mathbb{P}(\mathrm{SNR}_L > \theta \mid \Phi) = \mathbb{1}_{\mathrm{SNR}_L > \theta} = \mathbb{1}_{x < (\theta N_0)^{-1/\alpha}} \quad (14.6)$$

为了在节点分布上求平均值,在下一节中导出从原点到最近基站的距离分布的概率密度函数(PDF) $f(x)$,得

$$\mathbb{E}^{\Lambda_a}(\mathbb{E}^{\Lambda_b,\mathbb{L}}(1)(\mathbb{P}(\mathrm{SNR}_L > \theta \mid \Phi)^{it}))$$

$$= \int_{H_a}^{\infty} \mathbb{1}_{x < (\theta N_0)^{-1/\alpha}}^{it} \left(\exp\left(-\lambda_b \left(\pi R^2 + 2R \frac{H_b}{H_a} x \right) \right) \right) f(x) \mathrm{d}x$$

$$= \int_{H_a}^{(\theta N_0)^{-1/\alpha}} \left(\exp\left(-\lambda_b \left(\pi R^2 + 2R \frac{H_b}{H_a} x \right) \right) \right) f(x) \mathrm{d}x \quad (14.7)$$

其中

$$f(x) = 2\pi \lambda_a x \exp(-\pi \lambda_a (x^2 - H_a^2)) \quad (14.8)$$

式中,$\alpha = 2$,等式(14.7)可进一步评估为

$$\mathbb{E}^{\Lambda_a}(\mathbb{E}^{\Lambda_b,\mathbb{L}}(1)(\mathbb{P}(\mathrm{SNR}_L > \theta \mid \Phi)^{it}) = \left(\frac{L_1(L_2 + L_3 + L_4)}{L_5} \right) \Bigg|_{x=H_a}^{x=(\theta N_0)^{-1/\alpha}} \quad (14.9)$$

其中

$$L_1 = \exp\left(\frac{H_a^4 \lambda_a \pi^2 + H_b^2 R^2 \lambda_b^2 - \pi^2 R^2 H_a^2 \lambda_a \lambda_b}{\pi H_a^2 \lambda_a} \right) \quad (14.10)$$

$$L_2 = \Gamma\left(1, \frac{\pi^2 H_a^2 \lambda_a^2 x^2 + 2\pi H_b H_a \lambda_a \lambda_b x + H_b^2 R^2 \lambda_b^2}{\pi H_a^2 \lambda_a} \right) H_a \sqrt{\pi \lambda_a} \mid 2\pi H_a \lambda_a x + 2H_b \lambda_b R \mid \quad (14.11)$$

$$L_3 = -2\Gamma\left(\frac{1}{2}, \frac{\pi^2 H_a^2 \lambda_a^2 x^2 + 2\pi H_b H_a \lambda_a \lambda_b x + H_b^2 R^2 \lambda_b^2}{\pi H_a^2 \lambda_a} \right) \pi H_a H_b R \lambda_a \lambda_b x \quad (14.12)$$

$$L_4 = -2\Gamma\left(\frac{1}{2}, \frac{\pi^2 H_a^2 \lambda_a^2 x^2 + 2\pi H_b H_a \lambda_a \lambda_b x + H_b^2 R^2 \lambda_b^2}{\pi H_a^2 \lambda_a} \right) H_b^2 R^2 \lambda_b^2 \quad (14.13)$$

$$L_5 = H_a \sqrt{\pi \lambda_a} \mid 2H_a \lambda_a \pi x + 2H_b R \lambda_b \mid \quad (14.14)$$

同样,对于非视线部分,得

$$\mathbb{E}^{\Lambda_a}(\mathbb{E}^{\Lambda_b,\mathbb{N}}(1)(\mathbb{P}(\mathrm{SNR}_N > \theta \mid \Phi)^{it}))$$

$$= \int_{H_a}^{\infty} \exp(-\theta N_0 x^{\alpha_N})^{it} \left[1 - \left(\exp\left(-\lambda_b \left(\pi R^2 + 2R \frac{H_b}{H_a} x \right) \right) \right) \right] f(x) \mathrm{d}x \quad (14.15)$$

等式(14.15)中的积分没有解析表达式。近似分布的一种方法是从特征函数中找到矩,并形成贝塔分布近似(由于视线部分与 t 上式无关,因此分布的矩取决于非视线部分):

$$\mathbb{E}(\log(P_a)^n) = i^{(-n)} \phi^{(n)}(0) \quad (14.16)$$

一阶矩计算如下:

$$\mathbb{P}(\mathrm{SNR}_N > \theta) = \int_{H_a}^{\infty} \theta N_0 x^{\alpha_N} \left[1 - \left(\exp\left(-\lambda_b \left(\pi R^2 + 2R \frac{H_b}{H_\alpha} x \right) \right) \right) \right] f(x) \mathrm{d}x \quad (14.17)$$

对于一阶矩 M_1 和二阶矩 M_2,贝塔分布概率密度函数由下式给出

$$f_B(X) = \frac{X^{[\mu(\beta+1)-1]/(1-\mu)}(1-X)^{\beta-1}}{B(\mu\beta/(1-\mu),\beta)} \tag{14.18}$$

其中

$$\mu = M_1 \tag{14.19}$$

$$\beta = \frac{(\mu - M_2)(1-\mu)}{M_2 - \mu^2} \tag{14.20}$$

图 14.4 显示了上述积分近似值的数值计算。积分采用梯形法计算。未来有趣的工作之一是随机化堵塞物的形状。

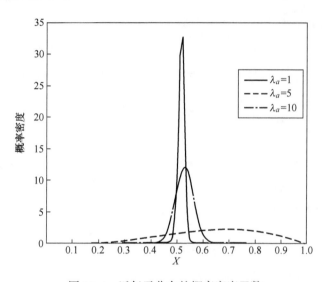

图 14.4 近似元分布的概率密度函数

14.2.3 视线概率

在二维随机几何中,阻塞模型通常为给定随机方向和宽度的线段[29]。此时,我们将三维阻塞建模为半径为 R、高度为 H_b 的圆柱体,其中地面阻塞中心分布为二维泊松点过程 Φ_b,并带有 λ_b。对于阻塞半径和高度固定的最简单情况,无阻塞的概率为图 14.5 所示区域 S 内无阻塞中心的泊松零概率。因此,视线概率由下式给出

$$p_{\text{LOS}} = \exp(-S\lambda_b) = \exp\left(-\lambda_b\left(\pi R^2 + 2R\frac{H_b}{H_a}x\right)\right)$$

请注意,此模型不考虑信号的反射。假设用户连接到其最近的基站;即无论阻塞情况如何,每个基站都有一个服务区域。在二维网络中,最近邻的距离分布为[30]

$$f_{2D}(r) = 2\pi\lambda_a r \exp(-\pi\lambda_a r^2) \tag{14.21}$$

对应于到其投影 $g(x)$ 的二维距离,从原点处的接收器到地面基站 H_a 的距离为

$$g(x) = \sqrt{x^2 - H_a^2} \tag{14.22}$$

从原点到地面最近邻 H_a 的距离分布如下:

$$f(x) = f_{2D}(g(x))\,|\,g^{-1}(x)\,|' = 2\pi\lambda_a x \exp(-\pi\lambda_a(x^2 - H_a^2)) \tag{14.23}$$

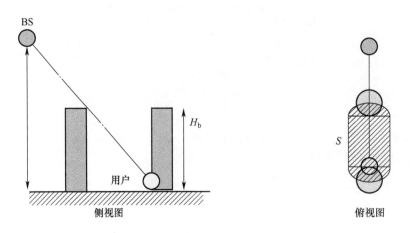

图14.5 表示阻塞位于链路连接边缘(视线概率是指阴影地面区域 S 内无阻塞中心的泊松零概率)

14.3 无人机网络的频谱共享

二维蜂窝无线网络的频谱共享问题近年来得到了广泛研究,已经开发了二维泊松认知无线电网络中的不同干扰管理策略[31-34]。本节的重点是研究无人机小型蜂窝中的空中基站部署,同时与蜂窝网络共享频谱。具体而言,在两种场景中研究了优化下行链路吞吐量的最佳无人机小型蜂窝基站密度:三维网络中单层无人机小型蜂窝的频谱共享,以及无人机小型蜂窝网络与传统二维蜂窝网络之间的频谱共享。通过最大化无人机小型蜂窝网络吞吐量,得出了最佳无人机小型蜂窝基站密度。然后,分析了三维无人机小型蜂窝网络与传统二维蜂窝网络之间的 underlay 频谱共享,推导出了在满足蜂窝网络效率约束的同时,使无人机小型蜂窝网络吞吐量最大化的无人机小型蜂窝空中基站的最佳密度。

14.3.1 单层无人机小型蜂窝中的频谱共享

如图14.6所示,我们考虑三维空间中的无人机小型蜂窝网络,假设无人机小型蜂窝空中基站在无限三维空间 $\mathbb{V}$ 中遵循密度为 λ_d 的三维泊松点过程 $\{X_i \in \Phi_d\}$,但高度限制为 L,即 $\mathbb{V} = \{(x,y,z): x,y \in \mathbb{R}, z \in [0,L]\}$。假设任何一对无人机小型蜂窝空中基站与此处的用户之间的信道经历路径损耗和小尺度衰落。路径损耗与 $x^{-\alpha}$ 成正比,其中 x 是发射天线基站与典型用户之间的距离,α 是平均路径损耗指数。小尺度衰落信道的功率增益按单位平均数呈指数分布,噪声为符合 $N_0 \sim N(0,N)$ 分布的加性高斯白噪声。我们假设无人机小型蜂窝仅在静态时进行传输,即移动的无人机小型蜂窝将在某些"停止点"上执行传输。

我们假设所有空中基站以相同的功率电平发射。因此,对于典型链路,接收信号功率为 $h_0 D^{-\alpha}$,其中 D 是典型用户和典型空中基站之间的距离。我们假设用户与其服务基站之间的距离与基站密度无关。

若接收器处接收到的信噪比大于某个阈值,则传输成功。我们将无人机小型蜂窝用户的信噪比阈值设置为 θ。原点 O 处的典型无人机小型蜂窝用户将在接收所需信号的同时接收来自其他发射无人机小型蜂窝基站的干扰。在原点 O 处典型用户的接收信噪比为

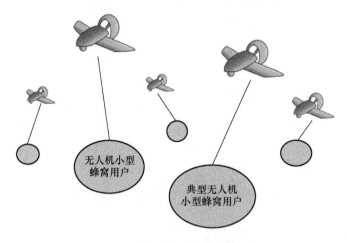

图 14.6　无人机小型蜂窝网络

$$\text{SLNR}_d = \frac{P_d h_0 D^{-\alpha}}{N + \sum_{x_i \in \Phi_d \setminus \{0\}} P_d h_i x_i^{-\alpha}} \tag{14.24}$$

网络的传输速率定义为[26]

$$T_d = \lambda_d P(\text{SINR}_d > \theta) \log(1 + \theta) \tag{14.25}$$

首先,传输速率随 λ_d 的增加而增大。然而,随着无人机小型蜂窝基站 λ_d 密度的增加,将产生更多的干扰,从而导致较小的成功概率 $P(\text{SINR}_d > \theta)$。

我们的首要目标是找到使网络吞吐量最大化的最佳无人机小型蜂窝基站密度 λ_d^*,假设无人机小型蜂窝网络具有中断概率约束 $\varepsilon_d \ll 1$。然后,通过解决以下优化问题,可以获得最佳无人机小型蜂窝基站密度:

$$\begin{cases} \max_{\lambda_d} T_d \\ \text{s.t. } P(\text{SINR}_d > \theta) > 1 - \varepsilon_d \end{cases} \tag{G1}$$

其次,我们推导了三维空间中单层无人机小型蜂窝下行链路网络的最佳无人机小型蜂窝基站密度。干扰 $I = \sum_{x_i \in \Phi_d \setminus \{0\}} h_i x_i^{-\alpha}$。根据等式(14.24),我们得出覆盖概率为

$$P(\text{SINR}_d > \theta) = P\left(\frac{h_0 D^{-\alpha}}{N/P_d + I} > \theta\right) \tag{14.26}$$

$$= \mathbb{E}_I\left[\left(P\left(h_0 > \theta D^\alpha \left(\frac{N}{P_d} + I\right)\right) \mid I\right)\right]$$

$$= \mathbb{E}_I\left[\exp\left(-\theta D^\alpha \frac{N}{P_d}\right) \exp(-\theta D^\alpha I)\right] \tag{14.27}$$

$$= \exp\left(-\theta D^\alpha \frac{N}{P_d}\right) L_I(\theta D^\alpha)$$

式中,$L_I(\theta D^\alpha)$ 是 I 的拉普拉斯变换,可以进一步导出为

$$L_I(\theta D^\alpha) = \mathbb{E}_I[\exp(-\theta D^\alpha)]$$

$$= \mathbb{E}_{\Phi_d, h_i} \Big[\prod_{x_i \in \Phi_d \setminus \{0\}} \exp(-\theta D^\alpha h_i x_i^{-\alpha}) \Big]$$

$$= \mathbb{E}_{\Phi_d} \Big[\prod_{x_i \in \Phi_d \setminus \{0\}} \mathbb{E}_{h_i} [\exp(-\theta D^\alpha h_i x_i^{-\alpha})] \Big] \tag{14.28}$$

$$= \mathbb{E}_{\Phi_d} \Big[\sum_{x_i \in \Phi_d \setminus \{0\}} \frac{1}{1+\theta D^\alpha x^{-\alpha}} \Big] \tag{14.29}$$

由于独立且相同分布(i.i.d.)的 h_i 及其进一步独立于点过程 Φ_d，得出等式(14.28)。因为 h_i 与单位平均值呈指数分布，得出等式(14.29)。

集合 $\mathbb{V}$ 的概率母泛函由参考文献[35]得出

$$\mathbb{E}\Big(\prod_{x_i \in \Phi} f(x)\Big) = \exp\Big(-\lambda_d \int_V [1-f(x)] dx\Big) \tag{14.30}$$

应用等式(14.30)~等式(14.29)，得

$$L_1(\theta D^\alpha) = \exp\Big(-\lambda_d \int_V \Big(1 - \frac{1}{1+\theta D^\alpha x^{-\alpha}}\Big) dx\Big)$$

$$= \exp\Big(-\lambda_d \int_0^L \int_0^{2\pi} \int_0^\infty \Big(1 - \frac{1}{1+\theta D^\alpha (\sqrt{(r^2+z^2)})^{-\alpha}}\Big) r \, dr d\phi dz\Big) \tag{14.31}$$

$$= \exp\Big(-2\pi\lambda_d \int_0^L \int_0^\infty \frac{\theta D^\alpha r(\sqrt{(r^2+z^2)})^{-\alpha}}{1+\theta D^\alpha (\sqrt{(r^2+z^2)})^{-\alpha}} dr dz\Big)$$

$$= \exp(-\lambda_d H(L, \theta, D, \alpha))$$

其中

$$H(L, \theta, D, \alpha) = \int_0^L \int_0^\infty \frac{\theta D^\alpha r(\sqrt{(r^2+z^2)})^{-\alpha}}{1+\theta D^\alpha (\sqrt{(r^2+z^2)})^{-\alpha}} dr dz \tag{14.32}$$

通过等式(14.27)~等式(14.31)，可以解决优化问题(G1)。因为依据 λ_d 在等式(14.25)中的 T_d 是单峰的，且 $P(\mathrm{SINR}_d > \theta)$ 是 λ_d 的递减函数，卡罗需-库恩-塔克(KKT)条件[32]适用。上述优化问题的拉格朗日函数如下：

$$L(\lambda_d) = T_d + \mu(P(\mathrm{SINR}_d > \theta) - 1 + \varepsilon_d) \tag{14.33}$$

式中，μ 为拉格朗日乘数，那么 KKT 条件如下：

$$\frac{dL(\lambda_d)}{d\lambda_d} = \frac{dT_d}{d\lambda_d} + \mu \frac{dP(\mathrm{SINR}_d > \theta)}{d\lambda_d} \tag{14.34}$$

$$\mu(P(\mathrm{SINR}_d > \theta) - 1 + \varepsilon_d) = 0 \tag{14.35}$$

$$P(\mathrm{SINR}_d > \theta) - 1 + \varepsilon_d \geq 0 \tag{14.36}$$

$$\mu \geq 0, \lambda_d \geq 0 \tag{14.37}$$

解等式(14.34)~等式(14.37)得出最佳无人机小型蜂窝空中基站如下：

$$\lambda_d^* = \frac{\Big[-\ln\Big(\frac{1-\varepsilon_d}{\exp(-\theta D^\alpha N/P_d)}\Big)\Big]}{H(L, \theta, D, \alpha)} \tag{14.38}$$

式中，$[\cdot]^+$ 表示最大值 $(\cdot, 0)$。最大无人机小型蜂窝网络吞吐量由下式给出：

$$T_d^* = \frac{\left[-\ln\left(\dfrac{1-\varepsilon_d}{\exp(-\theta D^\alpha N/P_d)}\right)\right]^+}{H(L,\theta,D,\alpha)}(1-\varepsilon_d)\log(1+\theta) \qquad (14.39)$$

从等式(14.38)中可以看出,当成功概率刚好满足中断约束时,获得最佳一次密度。因为 $\varepsilon_d \ll 1$,得出 $\ln(1-\varepsilon_d) \approx -\varepsilon_d$。

因此,最佳无人机小型蜂窝密度和潜在吞吐量都与无人机小型蜂窝网络中断约束 ε_d 呈线性关系。

图 14.7 绘制了 L 函数的最佳 λ_d^*。从图中可以看出,随着高度极限 L 的增加,最佳无人机小型蜂窝密度增加至极限。这是因为,随着高度限制的增加,允许更多的空中基站进行信号传输。此外,最佳 λ_d^* 随传输阈 θ 增加。随着 θ 的增加,成功概率降低,需要更大的节点密度才能达到最大吞吐量。

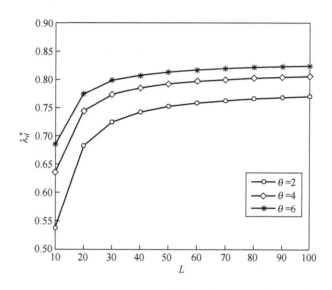

图 14.7　高度限制为 $\alpha = 4$ 时的最佳 λ_d^* 定标行为

14.3.2　蜂窝网络的频谱共享

在本小节中,分析了三维无人机小型蜂窝网络与二维下行链路蜂窝网络在 Underlay 频谱共享中共存的场景,并研究了无人机小型蜂窝的最佳部署密度。

如图 14.8 所示,蜂窝基站以密度为 λ_c 的二维泊松点过程 $\{Y_j \in \boldsymbol{\Phi}_c\}$ 分布在地面上。典型蜂窝基站与其相关用户之间的距离为 d。与无人机小型蜂窝网络类似,我们假设所有蜂窝基站都以功率 P_c 进行传输。任何基站和用户之间的信道都会经历路径损耗和小尺度衰落。小尺度衰落信道 h_j 的功率增益按单位平均数呈指数分布,噪声为 $N_0 \sim N(0,N)$。若接收到的信噪比大于某个阈值,则每个蜂窝发射器利用来自蜂窝式接收器的一位反馈来决定发射。

考虑在原点 O 处的典型无人机小型蜂窝用户,它不仅接收来自发射无人机小型蜂窝基站的干扰,还接收来自发射蜂窝基站的干扰。典型无人机小型蜂窝用户的信噪比如下:

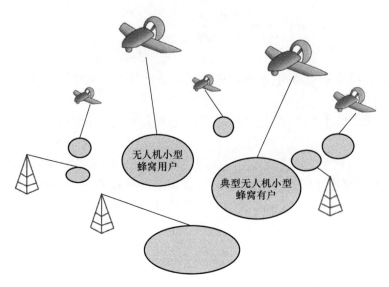

图14.8 无人机小型蜂窝网络和蜂窝网络之间的频谱共享

$$\text{SINR}_{dc} = \frac{P_d h_0 D^{-\alpha}}{N + P_d \sum_{i \in \Phi_d \setminus \{0\}} h_i x_i^{-\alpha} + P_c \sum_{j \in \Phi_c} h_j y_j^{-\alpha}} \quad (14.40)$$

类似地,具有和不具有无人机小型蜂窝网络的典型蜂窝用户的信噪比表达式如下:

$$\text{SINR}_c = \frac{P_c h_0 d^{-\alpha}}{N + P_d \sum_{i \in \Phi_d \setminus \{0\}} h_i x_i^{-\alpha} + P_c \sum_{j \in \Phi_c \setminus \{0\}} h_j y_j^{-\alpha}} \quad (14.41)$$

$$\text{SINR}_c' = \frac{P_c h_0 d^{-\alpha}}{N + P_c \sum_{j \in \Phi_c \setminus \{0\}} h_j y_j^{-\alpha}} \quad (14.42)$$

无人机小型蜂窝和蜂窝网络的吞吐量为

$$T_{dc} = \lambda_{dc} P(\text{SINR}_{dc} > \theta) \log(1 + \theta) \quad (14.43)$$

$$T_c = \lambda_c P(\text{SINR}_c > \theta_c) \log(1 + \theta_c) \quad (14.44)$$

$$T_c' = \lambda_c P(\text{SINR}_c' > \theta_c) \log(1 + \theta_c) \quad (14.45)$$

式中,T_c 和 T_c' 分别为具有和不具有无人机小型蜂窝网络的蜂窝网络吞吐量。将 δ 定义为蜂窝效率损失率 $\delta = (T_c - T_c')/T_c$,$r_{th}$ 定义为蜂窝效率损失约束[15]。通过解决以下优化问题,可以获得与蜂窝网络 λ_{dc} 共存的最佳无人机小型蜂窝基站密度:

$$\begin{cases} \max_{\lambda_{dc}} T_{dc} \\ \text{s.t. } P(\text{SINR}_{dc} > \theta) > 1 - \varepsilon_{dc} \\ \delta \leq r_{th} \end{cases} \quad (\text{G2})$$

接下来,我们推导了与蜂窝网络共存时的最佳无人机小型蜂窝基站密度。

考虑与二维蜂窝网络共存的无人机小型蜂窝网络。指定 $I_c = \sum_{j \in \Phi_c} h_j y_j^{-\alpha}$。典型无人机小型蜂窝用户的成功概率如下:

$$P(\mathrm{SINR}_{dc} > \theta) = P\left(\frac{h_0 D^{-\alpha}}{\frac{N}{P_d} + I + \frac{P_c}{P_d} I_c} > \theta\right)$$

$$= \exp\left(-\theta D^\alpha \frac{N}{P_d}\right) \mathbb{E}_I\left[\exp(-\theta D^\alpha I)\right] \mathbb{E}_{I_c}\left[\exp\left(-\theta D^\alpha \frac{N}{P_d} I_c\right)\right] \tag{14.46}$$

其中，等式（14.26）、等式（14.46）已通过等式（14.27）~等式（14.31）进行计算。等式（14.46）中的第三项是二维泊松点过程之后来自其他蜂窝基站的干扰，可推导为[15]

$$\mathbb{E}_{I_c}\left[\exp\left(-\theta D^\alpha \frac{N}{P_d}\right)\right] = \exp\left(-\lambda_c C D^2 \left(\frac{P_d}{P_c}\right)^{2/\alpha} \exp\left(-d^\alpha \frac{N}{P_c}\theta_c\right)\right) \tag{14.47}$$

其中

$$C = \frac{2\pi^2}{\alpha \sin(2\pi/\alpha)}$$

典型无人机小型蜂窝用户的成功概率为

$$P(\mathrm{SINR}_{dc} > \theta) = A_1 \exp(-A_2 \lambda_d) \exp(-A_3 \lambda_c) \tag{14.48}$$

其中

$$\begin{aligned} A_1 &= \exp\left(-\theta D^\alpha \frac{N}{P_d}\right) \\ A_2 &= H(L, \theta, D, \alpha) \\ A_3 &= C D^2 \left(\frac{P_d}{P_c}\theta\right)^{2/\alpha} \exp\left(-d^\alpha \frac{N}{P_c}\theta_c\right) \end{aligned} \tag{14.49}$$

利用成功概率表达式，可以解决优化问题(G2)。同样，为了推导典型蜂窝用户的成功概率，以及等式(14.44)和等式(14.45)，首先计算蜂窝效率损失率：

$$\begin{aligned} \delta &= \frac{T_c - T_c'}{T_c} \\ &= 1 - \exp\left(-H\left(L, \theta_c \frac{P_c}{P_d}, d, \alpha\right) \lambda_{dc}\right) \end{aligned} \tag{14.50}$$

因此，优化问题(G2)的拉格朗日函数如下：

$$L(\lambda_{dc}) = T_{dc} + \mu_1(P(\mathrm{SINR}_{dc} > \theta)) - \mu_2(\delta - r_{\mathrm{th}}) \tag{14.51}$$

卡罗需-库恩-塔克条件如下：

$$\frac{\mathrm{d}L(\lambda_{dc})}{\mathrm{d}\lambda_{dc}} = \frac{\mathrm{d}T_{dc}}{\mathrm{d}\lambda_{dc}} + \mu_1 \frac{\mathrm{d}P(\mathrm{SINR}_{dc} > \theta)}{\mathrm{d}\lambda_{dc}} - \mu_2 \frac{\mathrm{d}\delta}{\mathrm{d}\lambda_{dc}} \tag{14.52}$$

$$\mu_1(P(\mathrm{SINR}_{dc} > \theta) - 1 + \varepsilon_{dc}) = 0 \tag{14.53}$$

$$\mu_2(\delta - r_{\mathrm{th}}) = 0 \tag{14.54}$$

$$(-1 + \varepsilon_{dc}) < P(\mathrm{SINR}_{dc} > \theta) \tag{14.55}$$

$$\delta \leq r_{\mathrm{th}} \tag{14.56}$$

$$\mu_1 \geq 0, \mu_2 \geq 0, \lambda_{dc} \geq 0 \tag{14.57}$$

求解上式得

$$\lambda_{dc}^* = \frac{[-\ln(1-\varepsilon_{dc}) - D^\alpha(N/P_d)\theta - A_3\lambda_3]^+}{A_2}, \varepsilon_{dc} < \eta \quad (14.58)$$

$$\lambda_{dc}^* = \frac{\ln(1-r_{th})}{H(L,\theta_c,(P_c/P_d),d,\alpha)}, \varepsilon_{dc} \geq \eta \quad (14.59)$$

其中

$$\eta = 1 - \exp(-A_3\lambda_c)A_1(1-r_{th})^{H(L,\theta,d,\alpha)/(L,\theta_c,(P_c/P_d),d,\alpha)}$$

如果 $\varepsilon_{dc} < \eta$，我们将获得最大的潜在吞吐量：

$$T_{dc}^* = \lambda_{dc}^* P(\mathrm{SINR}_{dc*} > \theta)\log(1+\theta) \quad (14.60)$$

其中，可通过将 λ_{dc}^* 代入等式（14.48）计算 $P(\mathrm{SINR}_{dc*} > \theta)$。

对于 $\varepsilon_{dc} < \eta$，由于 $1 - \varepsilon_{dc} \approx 1, \ln(1-\varepsilon_{dc}) \approx -\varepsilon_{dc}$。近似的最佳无人机小型蜂窝密度和潜在吞吐量均与无人机小型蜂窝网络中断约束 ε_{dc} 呈线性关系。例如，最佳无人机小型蜂窝密度和潜在吞吐量均为常数，与 ε_{dc} 无关。

14.4 总　　结

频谱共享是一种很有前景的技术，它可以提高频谱利用率，为构建未来的无人机蜂窝网络奠定基础。本章阐述了无人机网络性能的分析框架。还阐述了一种高效传输方案的设计，以在主要蜂窝吞吐量保护下，在无人机网络和蜂窝网络之间的 Underlay 频谱共享中优化分配资源，并最大化无人机网络吞吐量和频谱利用效率。

14.2 节旨在研究高架基站的独特特性对无人机网络分布的影响。利用随机几何，通过随机形状理论分析了三维阻塞效应。在体积阻塞模型下，给出了信噪比元分布的精确表达式。14.3 节的重点是研究在无人机小型蜂窝中部署空中基站，同时与蜂窝网络共享频谱。从考虑三维网络中单层无人机小型蜂窝的频谱共享开始，通过最大化无人机小型蜂窝网络吞吐量得出最佳无人机小型蜂窝基站密度。然后，研究了三维无人机小型蜂窝网络与传统二维蜂窝网络的 underlay 频谱共享问题。

参 考 文 献

[1] J. Mitola and G. Q. Maguire, "Cognitive radio: An integrated agent architecture for software defined radio," in *IEEE Personal Commun.*, vol. 6, pp. 13–18, Aug 1999.

[2] S. Haykin, "Cognitve radio: brain-empowered wireless communications," in *J. Sel. Areas Commun.*, vol. 23, pp. 201–220, Feb. 2005.

[3] I. F. Akyildiz, W.-Y. Lee, M. C. Vuran, and S. Mohanty, "Next generation/dynamic spectrum access/cognitive radio wireless networks: a survey," in *Computer Networks*, vol. 50, pp. 2127–2159, Sep. 2006.

[4] S. Srinivasa and S. A. Jafar, "The throughput potential of cognitive radio: a theoretical perspective," in *IEEE Commun. Mag.*, pp. 73–79, May 2007.

[5] Y. Han, A. Pandharipande, and S. H. Ting, "Cooperative decode-and forward relaying for secondary spectrum access," in *IEEE Trans. Wireless Commun.*, vol. 9, pp. 2914–2923, Sep. 2010.

[6] C. Zhai, W. Zhang, and P. C. Ching, "Cooperative spectrum sharing based on two-path successive

relaying," in IEEE Trans. *Wireless Commun.*, vol. 61, pp. 2260-2270, Jun. 2013.

[7] L. Gao, R. Zhang, C. Yin, and S. Cui, "Throughput and delay scaling in supportive two-tier networks," in *IEEE J. Sel. Areas Commun.*, vol. 30, pp. 415-424, Feb. 2012.

[8] S. W. Jeon, N. Devroye, M. Vu, S.-Y. Chung, and V. Tarokh, "Cognitive networks achieve throughput scaling of a homogeneous network," in *IEEE Trans. Inf. Theory*, vol. 57, pp. 5103-5115, Nov. 2011.

[9] X. Song, C. Yin, D. Liu, and R. Zhang, "Spatial throughput characterization in cognitive radio networks with threshold-based opportunistic spectrum access," in *IEEE J. Sel. Areas Commun.*, vol. 32, no. 11, pp. 2190-2204, November 2014.

[10] C. Lee and M. Haenggi, "Interference and outage Poisson cognitive networks," in *IEEE Trans. Wireless Commun.*, vol. 11, pp. 1392-1401, Apr. 2012.

[11] L. Wang and V. Fodor, "On the gain of primary exclusion region and vertical cooperation in spectrum sharing wireless networks," in *IEEE Trans. Veh. Technol.*, vol. 61, pp. 3746-3758, Oct. 2012.

[12] M. Vu and V. Tarokh, "Scaling laws of single-hop cognitive networks," in *IEEE Trans. Wireless Commun.*, vol. 8, pp. 4089-4097, Aug. 2009.

[13] M. Vu, N. Devroye, and V. Tarokh, "On the primary exclusive region of cognitive networks," *IEEE Trans. Wireless Commun.*, vol. 8, pp. 3380-3385, Jul. 2009.

[14] A. Bagayoko, P. Tortelier and I. Fijalkow, "Impact of shadowing on the primary exclusive region in cognitive networks," in *Wireless Conf. (EW)*, European, Lucca, 2010, pp. 105-110.

[15] Z. Wang and W. Zhang, "Opportunistic spectrum sharing with limited feedback in Poisson cognitive radio networks," *IEEE Trans. Commun.*, vol. 13, no. 12, pp. 7098-7109, Dec. 2014.

[16] R. Dahama, K. W. Sowerby and G. B. Rowe, "Estimating protection distances in spectrum sharing systems," *IEEE Trans. on Signal Process.*, vol. 61, no. 17, pp. 4284-4295, Sep. 2013.

[17] A. Al-Hourani, S. Kandeepan and A. Jamalipour, "Modeling air-to-ground path loss for low altitude platforms in urban environments," in *IEEE Global Commun. Conf. (GLOBECOM)*, Austin, TX, 2014, pp. 2898-2904.

[18] A. Al-Hourani, S. Kandeepan, and S. Lardner (2014). Optimal LAP altitude for maximum coverage. *IEEE Wireless Communications Letters*, vol. 3, no. 6, pp. 569-572, Dec. 2014. doi: 10.1109/LWC. 2014. 2342736.

[19] M. Mozaffari, W. Saad, M. Bennis and M. Debbah, "Drone small cells in the clouds: design, deployment and performance analysis," in *IEEE Global Commun. Conf. (GLOBE-COM)*, San Diego, CA, 2015, pp. 1-6.

[20] 3GPP Technical Report 36. 777. Technical specification group radioaccess network. Study on enhanced LTE support for aerial vehicles(Release 15). Dec. 2017.

[21] Z. Wei, H. Wu, S. Huang and Z. Feng (2017). Scaling Laws of Unmanned Aerial Vehicle Network with Mobility Pattern Information, *IEEE Communications Letters*, vol. 21, no. 6, pp. 1389-1392, Jun. 2017. doi: 10. 1109/LCOMM. 2017. 2671861.

[22] T. Cover and J. Thomas(2012). *Elements of Informantion Theory*, John Wiley and Sons.

[23] Z. Wei, Z. Feng, Q. Zhang and W. Li, Three Regions for Space-Time Spectrum Sensing and Access in Cognitive Radio Networks, *IEEE Transactions on Vehicular Technology*, vol. 64, no. 6, pp. 2448-2462, Jun. 2015. doi: 10. 1109/GLOCOM. 2012. 6503290.

[24] Z. Wei, Z. Feng, Q. Zhang and W. Li (2015). Three Regions for Space-Time Spectrum Sensing and Access in Cognitive Radio Networks. *IEEE Transactions on Vehicular Technology*, vol. 64, no. 6, pp. 2448-2462, June 2015. doi: 10. 1109/TVT. 2014. 2342612.

[25] Coeurjolly J. F., Moller J., Waagepetersen R., "A tutorial on Palm distributions for spatial point processes", *International Statistical Review*, 2017, vol. 85, no. 3, pp. 404–420.

[26] J. G. Andrews, F. Baccelli and R. K. Ganti, "A tractable approach to coverage and rate in cellular networks," *IEEE Trans. Commun.*, vol. 59, no. 11, pp. 3122–3134, Nov. 2011.

[27] M. Haenggi, "The meta distribution of the SIR in Poisson bipolar and cellular networks," *IEEE Trans. Wireless Commun.*, vol. 15, no. 44, pp. 2577C2589, Apr. 2016.

[28] L. Yang and W. Zhang, "Hierarchical codebook and beam alignment for UAV communications", in Proc. *IEEE Global Communications Conference (GLOBECOM 2018) Workshop on Wireless Networking and Control for UAV*, Abu Dhabi, UAE, Dec. 9–13, 2018.

[29] T. Bai, R. Vaze and R. W. Heath, "Analysis of Blockage Effects on Urban Cellular Networks," in *IEEE Transactions on Wireless Communications*, vol. 13, no. 9, pp. 5070–5083, Sept. 2014.

[30] D. Moltchanov, "Survey paper: Distance distributions in random networks," *Ad Hoc Networks*, vol. 10, no. 6, pp. 1146–1166, August 2012

[31] A. K. Gupta, X. Zhang and J. G. Andrews, "SINR and throughput scaling in ultradense urban cellular networks," *IEEE Wireless Commun. Lett.*, vol. 4, no. 6, pp. 605–608.

[32] Z. Wang and W. Zhang, "Spectrum sharing with limited feedback in Poisson cognitive network." in *IEEE Int. Conf. Commun. (ICC)*, Sydney, NSW, 2014, pp. 1441–1446.

[33] Z. Wang and W. Zhang, "Exploiting Multiuser Diversity with 1-bit Feedback for Spectrum Sharing," *IEEE Trans. on Commun.*, vol. 62, no. 1, pp. 29–40, Jan. 2014.

[34] C. Zhang and W. Zhang, "Spectrum sharing for drone networks," *IEEE J. Sel. Areas Commun.*, vol. 35, no. 1, Jan. 2017.

[35] R. L. Streit, "Probability generating functional," in *Poisson point processes: imaging, tracking, and sensing*, Springer Science & Business Media, 2010, pp. 27.

第四部分 无人机通信的其他先进技术

第 15 章 无人机通信中的非正交多址接入

Tianwei Hou[1], Yuanwei Liu[2], Xin Sun[1]

1. 中国北京交通大学电子与信息工程学院
2. 英国伦敦玛丽女王大学电子工程与计算机科学学院

15.1 简 介

在过去的几十年中,许多研究工作都致力于开发远程操作的无人机,它是空中基站(BS)向地面[1]或空中[2]无线设备提供接入服务的潜在候选者。文献[3]的空对空信道特性研究了与高度相关的莱斯 K 系数的影响。这项工作表明,地面反射多径衰落的影响随着无人机高度的增加而减小。文献[4]研究了无人机辅助地对空网络,其中莱斯信道用于评估无人机与地面用户之间的强视线链路。结果表明,瑞利衰落信道是散射环境中的著名模型,它也可用于模拟混合城市环境中大仰角情况下的无人机信道特性。文献[2]提出了一种具有概率视线信道的无人机辅助嵌入式设备到设备(D2D)网络,该网络取决于无人机的高度、无人机与用户之间的水平距离、载波频率及环境类型。在存在视线链路的情况下,固定视线系数(如额外的 20 dB 衰减)是小尺度衰落信道的主要组成部分。

为了提供易于处理的分析结果,文献[5]评估了 Nakagami-m 衰落信道下行链路无人机网络的性能,其中无人机分布在有限的三维网络中。采用统一的二项式点过程来对所提出的网络进行建模。文献[6]研究了无人机辅助的蜂窝热点场景,其中无人机沿蜂窝边缘周期性飞行以进行卸载操作。利用多波束技术研究了一种多输入多输出(MIMO)辅助的无人机,该无人机用于具有空地干扰的蜂窝网络中的上行链路传输[7]。为了提高无人机网络的频谱效率和能量效率,需要对新一代网络架构下的无人机进行新研究。

在无人机无线通信中,无人机的总能量是有限的,包括推进能量和通信相关能量[8]。因此,我们认为将无人机和非正交多址接入(NOMA)集成到蜂窝网络中是一种很有前景的技术,可以显著提高下一代无线系统和其他系统中地面用户的性能,其中,可以在下行链路传输中大大提高能量效率和频谱效率,以使通信相关能量最小[9]。文献[10]概述了无人机通信。为了更好地理解支持非正交多址接入的无人机网络,进行了三个案例研究,即性能评估、联合航迹设计和机器学习辅助无人机部署[11]。文献[12]考虑了固定数量的无人机作为飞行中继来支持无线回程网络。文献[13]中提出了 MIMO NOMA 辅助无人机网络对系统性能的影响,其中评估了下行链路场景中中断性能和遍历率的解析表达式。文献[14]研究了无人机辅助蜂窝通信的非正交多址接入辅助上行链路场景,其中考虑了两种特殊策略,即利己和利他传输策略,以得出优化的解决方案。

15.1.1 动机

上述两个通信概念,即无人机和非正交多址接入,可以作为一种新的频谱和节能无线传输技术自然地联系在一起,这是本章的重点。在非正交多址接入辅助蜂窝网络中,自然会出现一个问题:"如何为多个随机漫游用户实现非正交多址接入技术?"本章通过提出两种潜在的关联策略,即以用户为中心的策略和以无人机为中心的策略,评估了非正交多址接入辅助无人机网络的效果。非正交多址接入受同信道干扰的限制,因此使用传统的正交多址接入(OMA)技术实现非正交多址接入是可行的。例如,我们可以首先安排成对用户执行非正交多址接入,然后使用传统的时间/频率/码分多址为不同的用户对提供服务。

本章中,用户和无人机分别通过齐次泊松点过程(HPPP)在地面和空中进行空间随机部署。此时,基于执行非正交多址接入的服务目的,提出了两种用户选择策略:①以用户为中心的策略是在偏远地区发生灾难后提供接入服务的一种很有前景的解决方案,其中 Voronoi 单元的所有地面用户都可以由无人机服务;②以无人机为中心的策略可以完美地部署在密集网络中,如音乐会或足球比赛,为卸载操作提供补充访问服务,其中地面用户位于常规磁盘中。请注意,一个不可忽略的区别是,用户关联分别由单个用户或无人机决定是否采用以用户为中心的策略或无人机为中心的策略。

15.2 以用户为中心的应急通信策略

我们首先关注的场景是,所有地面用户都需要平等地进行应急通信,如在灾害发生后的偏远地区或农村地区[15]。基于此目的,我们提出了以用户为中心的策略,为所有地面用户提供应急接入服务。

以下行链路传输场景为重点,我们考虑以用户为中心的策略,如图 15.1(a)所示。在本章中,配备单天线的无人机与配备单天线的多个用户进行通信。在以用户为中心的策略中,地面用户的位置对于应急服务来说是随机的,无人机没有进一步的信息来正确规划其航迹。为了平等地服务于所有地面用户,多架无人机应均匀分布,这符合齐次泊松点过程的定义。因此,无人机根据具有密度 λ 的齐次泊松点过程 Ψ 进行分布。

为了简化理论分析,如图 15.1(b)所示,用户位于以用户为中心的策略的原点,成为典型用户。以用户为中心的策略对于大范围网络(即农村地区)而言是一种有用模型,在农村地区,用户根据具有密度 λ_u 的齐次泊松点过程 Φ_u 均匀地分布在 Voronoi 单元中。值得一提的是,在用户密度较低的情况下,以用户为中心的策略表现得比以无人机为中心的策略更好。

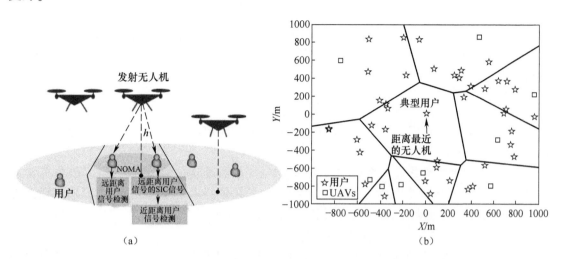

图 15.1 非正交多址接入辅助的以用户为中心的策略模型示意
(a)系统模型的示意图;(b)以用户为中心的蜂窝网络策略示例。

在不丧失一般性的情况下,我们认为有一个用户,即固定用户,已经在前一轮用户关联过程中连接到无人机。实际上,多个用户依次地与(无人机)发射器连接。为简单起见,我们假设固定用户与连接无人机之间的水平距离为 r_k,可以是任意值,而典型用户与连接无人机之间的水平距离为随机距离,用 r 表示。在以用户为中心的策略中,我们考虑两个用户(固定用户和典型用户)成对执行非正交多址接入技术,其中成对的非正交多址接入用户共享相同的频率、时间和代码资源块。

考虑使用包含大尺度衰落和小尺度衰落两部分的复合信道模型,假设水平距离 r 独立且相同地分布。在本章中,大尺度衰落表示无人机与用户之间的路径损耗。文献[16]考虑了对数正态分布随机变量对期望信号和干扰信号进行跟踪,但在不改变主要趋势的情况下,数学上难以解决,即分集阶数和高信噪比斜率相同。因此,为了简单起见,我们在本章中忽略了它。

15.2.1 系统模型

为了说明无人机与用户之间的视线链路,小尺度衰落由 Nakagami 衰落定义,概率密度函数可以表示为

$$f(x) = \frac{m^m x^{m-1}}{\Gamma(m)} e^{-mx} \tag{15.1}$$

式中,m 表示衰减参数;$\Gamma(m)$ 表示伽马函数。注意,当 m 为整数时,$\Gamma(m)=(m-1)!$。连接的无人机与典型用户之间的服务距离可以写为

$$r_t = \sqrt{h^2 + r^2} \tag{15.2}$$

式中,r 为典型用户与其连接的无人机之间允许的最近水平距离;h 为无人机的高度。

因此,大尺度衰落可以表示为

$$L_t = r_t^{-\alpha} \tag{15.3}$$

式中,α 表示典型用户与其连接的无人机之间的路径损耗指数。因此,用户在原点从相关

无人机接收到的功率由以下公式给出：

$$P_t = P_u L_t |h_t|^2 \tag{15.4}$$

式中，P_u 表示无人机的发射功率；h_t 表示典型用户及其相关无人机的信道系数。

在下行链路传输中，成对非正交多址接入用户还检测到来自相邻无人机的干扰。因此，共信道干扰 I 可以进一步表示如下：

$$I \triangleq \sum_{j \in \Psi, d_j > r_t} |g_j|^2 P_u d_j^{-\alpha_I} \tag{15.5}$$

式中，d_j 和 $|g_j|^2$ 表示用户与第 j 个干扰无人机之间的距离和小尺度衰落；α_I 表示干扰无人机与典型用户之间的路径损耗指数。

此外，在实际的无线通信系统中，在发射器或接收器处获取信道状态信息（CSI）非常重要，这需要经典的基于导频的训练过程。因此，为了提供更多的工程见解，假设典型用户部分了解无人机的信道状态信息，其中仅需要无人机与典型用户之间的距离信息。以下小节将推导以用户为中心策略的信噪比（SINR）。

对于以用户为中心的策略，典型用户的距离不是预先确定的，因此典型用户有两种潜在情况，即远距离用户情况和近距离用户情况。然后，我们将注意力转向这两个潜在案例的信噪比进行分析。

15.2.1.1 远距离用户情况

对于远距离用户情况，其中典型用户的服务距离大于固定用户的服务距离，即 $r > r_k$，典型用户将来自固定用户的信号视为干扰，因此信噪比可以表示为

$$\text{SINR}_{t,\text{far}} = \frac{|h_t|^2 r_t^{-\alpha} P_u \alpha_v^2}{\sigma^2 + |h_t|^2 r_t^{-\alpha} P_u \alpha_w^2 + \sum_{j \in \Psi, d_j > r_t} |g_j|^2 P_u d_j^{-\alpha_I}} \tag{15.6}$$

式中，σ^2 表示加性高斯白噪声（AWGN）功率；α_v^2 和 α_w^2 分别表示远距离用户和近距离用户的功率分配系数。注意，非正交多址接入通信中 $\alpha_v^2 + \alpha_w^2 = 1$。

对于远距离用户情况，在固定用户处部署串行干扰消除（SIC）技术。因此，固定用户需要使用以下信噪比解码来自典型用户的信息：

$$\text{SINR}_{f \to t,\text{far}} = \frac{|h_f|^2 R_k^{-\alpha} P_u \alpha_v^2}{\sigma^2 + |h_f|^2 R_k^{-\alpha} P_u \alpha_w^2 + \sum_{j \in \Psi, d_j > r_t} |g_j|^2 P_u d_j^{-\alpha_I}} \tag{15.7}$$

式中，$R_k = \sqrt{r_k^2 + h^2}$；h_f 表示固定用户的信道系数。

一旦解码成功，固定用户将解码其自身具有不完全串行干扰消除系数的信号，并且信噪比可以表示为

$$\text{SINR}_{t,\text{far}} = \frac{|h_f|^2 R_k^{-\alpha} P_u \alpha_w^2}{\sigma^2 + \beta |h_f|^2 R_k^{-\alpha} P_u \alpha_v^2 + \sum_{j \in \Psi, d_j > r_t} |g_j|^2 P_u d_j^{-\alpha_I}} \tag{15.8}$$

式中，β 表示不完全串行干扰消除系数。在实践中串行干扰消除并不完全，因此在我们的模型中，对于具有更好信道增益的用户，考虑了分数 $0 < \beta < 1$。一方面，假设串行干扰消除完全时，$\beta = 0$，并且近距离用户可以完全解码针对远距离用户的信号。另一方面，当串行干扰消除失效或没有相应的串行干扰消除时，$\beta = 1$。

15.2.1.2 近距离用户情况

对于近距离用户情况，当典型用户与无人机的服务距离小于固定用户时，即 $r < r_k$，典型

用户的信号可被视为固定用户处的干扰，因此固定用户的信噪比可表示为

$$\text{SINR}_{t,\text{near}} = \frac{|h_f|^2 R_k^{-\alpha} P_u \alpha_v^2}{\sigma^2 + |h_f|^2 R_k^{-\alpha} P_u \alpha_w^2 + \sum_{j \in \Psi, d_j > r_t} |g_j|^2 P_u d_j^{-\alpha_I}} \quad (15.9)$$

串行干扰消除技术可以部署在典型用户处，用于解码来自固定用户的信号，并且在近距离用户情况下典型用户处的信噪比可以表示为

$$\text{SINR}_{t \to f,\text{near}} = \frac{|h_t|^2 r_t^{-\alpha} P_u \alpha_v^2}{\sigma^2 + |h_f|^2 r_t^{-\alpha} P_u \alpha_w^2 + \sum_{j \in \Psi, d_j > r_t} |g_j|^2 P_u d_j^{-\alpha_I}} \quad (15.10)$$

一旦典型用户成功解码来自固定用户的信息，它就可以使用信噪比解码自己的信号，即

$$\text{SINR}_{t,\text{near}} = \frac{|h_t|^2 r_t^{-\alpha} P_u \alpha_w^2}{\sigma^2 + \beta|h_t|^2 r_t^{-\alpha} P_u \alpha_v^2 + \sum_{j \in \Psi, d_j > r_t} |g_j|^2 P_u d_j^{-\alpha_I}} \quad (15.11)$$

15.2.2　以用户为中心策略的覆盖概率

在所考虑的网络中，我们首先重点分析成对 NOMA 用户的用户距离分布概率密度函数，该概率密度函数将用于以用户为中心的策略和以无人机为中心的策略。

引理 15.1　我们假设无人机按照齐次泊松点过程分布，在以用户为中心的策略中，额外的用户位于磁盘原点，或者在以无人机为中心的策略中，额外的无人机位于磁盘原点，这低于齐次泊松点过程的预期。因此，在以用户为中心的策略中，典型用户和无人机之间的水平距离 r 遵循分布：

$$f_r(r) = 2\pi\lambda r e^{-\pi\lambda r^2}, r \geq 0 \quad (15.12)$$

然后，我们重点分析了该网络以用户为中心的策略，以提高系统的公平性。在以用户为中心的策略中，用户关联基于将最近的无人机连接到典型用户。因此，第一步是推导典型用户干扰的拉普拉斯变换。

引理 15.2　对于以用户为中心的策略，基于随机几何特性，在典型用户和固定用户处接收到的干扰可以识别为相同的。因此，基于文献[17]，成对非正交多址接入用户的干扰分布的拉普拉斯变换如下：

$$L_t(s) = \exp\left(-\frac{2\pi\lambda}{\alpha_I} \sum_{i=1}^{m_I} \binom{m_I}{i} \left(\frac{sP_u}{m_I}\right)^{\delta_I} (-1)^{\delta_I - i} B\left(\frac{-sP_u}{m_I r_t^{\alpha_I}}; i - \delta_I, 1 - m_I\right)\right) \quad (15.13)$$

式中，$\delta_I = 2/\alpha_I$；m_I 表示典型用户和干扰无人机之间的衰落参数，$B(\cdot;\cdot,\cdot)$ 表示不完整的贝塔函数。

证明：请参阅文献[18]附录 A。

在大范围网络的情况下，在无限远处的干扰无人机和用户之间不可能存在视线链路。因此，当地面用户和干扰无人机之间的衰落参数等于 1 时，值得估计蜂窝无人机网络的蜂窝间干扰最小接收功率。同时假设路径损耗指数 $\alpha_I = 4$，因为路径损耗指数通常在 2～4 的范围内，其中 2 表示自由空间中的传播，4 表示相对有损环境和地球表面的全镜面反射。

推论 15.1　对于干扰源和用户之间的小尺度衰落信道遵循瑞利衰落的特殊情况，以用户为中心的策略 $m_I = 1$ 和 $\alpha_I = 4$，可以将两个成对非正交多址接入用户的干扰分布的拉普拉斯变换变换为

$$L_t(s) \stackrel{(a)}{=} \exp\left(-\frac{2\pi\lambda P_u r_t^{2-\alpha_I}}{a_I(1-\delta_I)} F_1(1, 1-\delta_I; 2-\delta_I; -sP_u r_t^{-\alpha_I})\right)$$
$$\stackrel{(b)}{=} \exp\left(-\pi\lambda\sqrt{sP_u}\arctan\left(\frac{\sqrt{sP_u}}{r_t^2}\right)\right) \tag{15.14}$$

其中,(a)通过应用 $m_I = 1$ 获得,(b)通过代入 $\alpha_I = 4$ 获得,$_2F_1(\cdot,\cdot;\cdot,\cdot)$ 表示超几何函数。

然后,我们重点研究了以用户为中心的策略的覆盖行为。固定功率分配策略部署在无人机上,其中功率分配系数 a_w^2 和 a_v^2 在传输过程中保持不变。假设典型用户和固定用户的目标速率分别为 R_t 和 R_f。基于等式(15.6)、等式(15.10)和等式(15.11)中的信噪比分析,典型用户的覆盖概率可以表示为

$$P_t(r) = P_{t,\text{near}}(r) + P_{t,\text{far}}(r)$$
$$= \Pr(\text{SINR}_{t\to f,\text{near}} > \varepsilon_f, \text{SINR}_{t,\text{near}} > \varepsilon_t) + \Pr(\text{SINR}_{t,\text{far}} > \varepsilon_t) \tag{15.15}$$

其中,$\varepsilon_t = 2^{R_t} - 1$,$\varepsilon_f = 2^{R_f} - 1$,$P_{t,\text{near}}(t)$ 和 $P_{t,\text{far}}(t)$ 分别表示近距离用户情况和远距离用户情况下典型用户的覆盖概率。因此,以下两个引理给出了近距离用户情况和远距离用户情况下典型用户的覆盖概率。

引理 15.3 对于以用户为中心的策略中的近距离用户情况,以典型用户的服务距离为条件的覆盖概率以闭合形式表示为

$$P_{t,\text{near}}(r) = \sum_{n=0}^{m-1}\sum_{p=0}^{n}\binom{n}{p}\frac{(-1)^n}{n!}\Lambda_4^n\Lambda_5^n\exp(-mM_{t*}\sigma^2 r_t^\alpha - \Lambda_3 r_t^{2+(\alpha-\alpha_I)(i+a)}) \times$$
$$r_t^{\alpha(1-j)q_j+(2+(\alpha-\alpha_I)(i+a)-\alpha b)q_b+\alpha n} \tag{15.16}$$

其中

$$M_t^n = \frac{\varepsilon_t}{P_u(\alpha_w^2 - \beta\varepsilon_t\alpha_v^2)}, M_{t\to f} = \frac{\varepsilon_f}{P_u(\alpha_v^2 - \varepsilon_f\alpha_w^2)}, M_{t*} = \max\{M_t^n, M_{t\to f}\}$$

$$\Lambda_3 = \frac{2\pi m\lambda}{\alpha_I}\sum_{a=0}^{\infty}\frac{(m_I)_a}{a!(i-\delta_I+a)}\sum_{i=1}^{m_I}\binom{m_I}{i}\left(\frac{M_{t*}P_u}{m_I}\right)^{i+a}(-1)^a$$

$$\Lambda_4^n = \sum p!\prod_{j=1}^{p}\frac{[(-mM_{t*}\sigma^2)\prod_{k=0}^{j-1}(1-k)]^{q_j}}{q_j!\,(j!)^{q_j}}$$

及

$$\Lambda_n^5 = \sum(n-p)!\prod_{b=1}^{n-p}\frac{[(-\Lambda_3)\prod_{k=0}^{b-1}(\delta_I-k)]^{q_b}}{q_b!\,(b!)^{q_b}}$$

证明:请参阅文献[18]附录 B。

对于远距离用户情况,请注意,若典型用户可以通过将来自固定用户的信号视为干扰来解码其自己的消息,则解码成功。以下引理计算了在远距离用户情况下,以典型用户的服务距离为条件的覆盖概率。

引理 15.4 对于以用户为中心的策略中的近距离用户情况,以典型用户的服务距离为条件的覆盖概率以闭合形式表示为

$$P_{t,\text{far}}(r) = \sum_{n=0}^{m-1}\sum_{p=0}^{n}\binom{n}{p}\frac{(-1)^n}{n!}\Lambda_4^f \Lambda_5^f \exp\left(-mM_t^f\sigma^2 r_t^\alpha - \Lambda_3 r_t^{2+(\alpha-\alpha_I)(i+a)}\right) \times$$
$$r_t^{\alpha(1-j)q_j + (2+(\alpha-\alpha_I)(i+a) - \alpha b)q_b + \alpha n}$$
(15.17)

其中

$$M_t^f = \frac{\varepsilon_t}{P_u(\alpha_v^2 - \varepsilon_t \alpha_w^2)}$$

$$\Lambda_3^f = \frac{2\pi m \lambda}{\alpha_I} \sum_{a=0}^{\infty} \frac{(m_I)_a}{a!(i-\delta_I+a)} \sum_{i=1}^{m_I}\binom{m_I}{i}\left(\frac{M_t^f P_u}{m_I}\right)^{i+a}(-1)^a$$

$$\Lambda_4^f = \sum p! \prod_{j=1}^{p} \frac{\left[(-mM_t^f \sigma^2)\prod_{k=0}^{j-1}(1-k)\right]^{q_j}}{q_j!(j!)^{q_j}}$$

和

$$\Lambda_5^f = \sum (n-p)! \prod_{b=1}^{n-p} \frac{\left[(-\Lambda_3^f)\prod_{k=0}^{b-1}(\delta-k)\right]^{q_b}}{q_b!(b!)^{q_b}}$$

证明：基于等式(15.6)中的信噪比分析，并遵循与文献[18]附录 B 中类似的程序，通过交换 M_{t*} 与 M_t^f，我们可以等式(15.17)中获得预期结果。

注 15.1 等式(15.16)和等式(15.17)的结果表明，典型用户的覆盖概率由不完全串行干扰消除系数、其自身目标速率、小尺度衰落信道的衰落参数 m 以及同一无人机服务的固定用户的距离决定。

注 15.2 不适当的功率分配，如 $\alpha_v^2 - \varepsilon_t \alpha_w^2 < 0$ 和 $\alpha_w^2 - \beta \varepsilon_t \alpha_v^2 < 0$，将导致覆盖概率始终为零。

基于引理 15.3 和 15.4，以用户为中心策略中典型用户的覆盖概率可以通过以下定理计算。

定理 15.1 典型用户覆盖概率的精确表达式表示为

$$P_t = \int_0^{r_k} P_{t,\text{near}}(r) f_r(r) \mathrm{d}r + \int_{r_k}^{\infty} P_{t,\text{far}}(r) f_r(r) \mathrm{d}r \tag{15.18}$$

其中，等式(15.16)给出了 $P_{t,\text{near}}(r)$，等式(15.17)给出了 $P_{t,\text{far}}(r)$，等式(15.12)给出了 $f_r(r)$。

证明：根据文献[19-20]中覆盖概率的定义，考虑到在水平服务距离 r_k（即前一轮固定用户的水平距离）下，与无人机相关的典型用户在原点的距离分布，我们可以很容易地在等式(15.18)中获得预期结果。

注 15.3 基于等式(15.18)中的结果，在以用户为中心的策略中，典型用户的覆盖概率取决于固定用户的距离。

为了对无人机辅助的蜂窝网络提供更多的了解，还针对正交多址接入辅助的无人机蜂窝网络，即时分多址，推导了典型用户的覆盖概率。在正交多址接入辅助的蜂窝无人机网络中，典型用户和固定用户遵循相同的距离分布与小尺度衰落信道。本章采用的正交多址接入基准是将两个用户划分为相等的时间/频隙。

推论 15.2 在以用户为中心的策略中，正交多址接入辅助无人机蜂窝网络中，以典型用户的服务距离为条件的覆盖概率以闭合形式表示为

$$P_{\text{cov},t,o}(x) = \sum_{n=0}^{m-1}\sum_{p=0}^{n}\binom{n}{p}\frac{(-1)^n}{n!}\Lambda_4^o\Lambda_5^o\exp(-mM_t^o\sigma^2 r_t^\alpha - \Lambda_3 r_t^{2+(\alpha-\alpha_I)(i+a)}) \times$$
$$r_t^{\alpha(1-j)q_j+(2+(\alpha-\alpha_I)(i+a)-\alpha b)q_b+\alpha n} \quad (15.19)$$

其中

$$M_t^o = \frac{\varepsilon_t^o}{P_u}, \varepsilon_t^o = 2^{2R_t}-1$$

$$\Lambda_3^o = \frac{2\pi m\lambda}{a_I}\sum_{a=0}^{\infty}\frac{(m_I)_a}{a!(i-\delta_I+a)}\sum_{i=1}^{m_I}\binom{m_I}{i}\left(\frac{M_t^o P_u}{m_I}\right)^{i+a}(-1)^a$$

$$\Lambda_4^o = \sum p!\prod_{j=1}^{p}\frac{[(-mM_t^o\sigma^2)\prod_{k=0}^{j-1}(1-k)]^{q_j}}{q_j!(j!)^{q_j}}$$

和

$$\Lambda_5^o = \sum (n-p)!\prod_{b=1}^{n-p}\frac{[(-\Lambda_3)\prod_{k=0}^{b-1}(\delta-k)]^{q_b}}{q_b!(b!)^{q_b}}$$

证明：按照与文献[18]附录 B 中类似的程序，通过交换 M_t^f 与 M_t^o，我们可以在等式 (15.19) 中获得预期结果。

15.3 以无人机为中心的卸载操作策略

在传统的基站通信系统中，基站是分布式的，以覆盖所有地面，而无人机通信主要侧重于在密集网络的热点区域（即机场或度假村）为支持基站提供接入服务，其中大多数用户位于休息室[6]。根据文献[21]的见解，服务区域可视为常规磁盘，本章考虑的另一个策略是以无人机为中心的策略，成对的非正交多址接入用户位于覆盖磁盘内，如图 15.2 所示。还值得注意的是，根据以无人机为中心的策略中的用户密度，正确选择无人机的位置，以服务热点地区的地面用户。基于泊松簇过程（PCP）的分析，在实际应用中，用户被定位在多个小簇中。

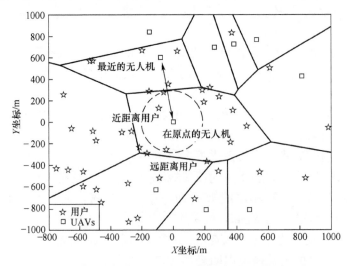

图 15.2 以无人机为中心的蜂窝网络策略示例

对于以无人机为中心的策略,无人机位于原点,成为典型蜂窝中服务用户的典型无人机。因此,假设在原点的无人机与最近无人机之间的距离为 R,且可能配对的非正交多址接入用户位于半径 R/2 范围内的覆盖区域内。在以无人机为中心的策略中,用户配对策略由连接的无人机确定,其中覆盖磁盘中的所有用户都连接到无人机。在用户关联中,为简单起见,我们假设有两个用户,近距离用户 w 和远距离用户 v,可以在原点接入以执行非正交多址接入。假设用户均匀分布(根据齐次泊松点过程,表示为 Ψ_u)在半径分别为 R/2 和 R/4 的大环和小磁盘内,这与密度 λ_u 有关。如此,可以在没有精确信道状态信息的情况下执行非正交多址接入技术。

15.3.1 信噪比分析

对于以无人机为中心的策略,干扰无人机与用户之间的距离更加复杂。为便于说明,第 j 架干扰无人机的位置用 y_j 表示,其中 $y_j \in \Psi$。用户的位置取决于其簇首(无人机)的位置。因此,远距离用户 v 的信噪比可以导出为

$$\text{SINR}_v = \frac{|h_v|^2 d_v^{-\alpha} P_u \alpha_v^2}{\sigma^2 + |h_v|^2 d_v^{-\alpha} P_u \alpha_w^2 + \sum_{j \in \Psi} |g_j|^2 P_u d_j^{-\alpha_I}} \tag{15.20}$$

式中,$|h_v|^2$ 和 d_v 表示小尺度信道增益和远距离用户与无人机之间的距离,$|g_i|^2$ 和 d_j 表示小规模信道增益和距离分别在第 j 个干扰无人机和用户之间。

附近的用户 w 将首先解码远端用户的信号 v,具有以下 SINR:

$$\text{SINR}_{w \to v} = \frac{|h_w|^2 d_w^{-\alpha} P_u \alpha_v^2}{\sigma^2 + |h_w|^2 d_w^{-\alpha} P_u \alpha_w^2 + \sum_{j \in \Psi} |g_j|^2 P_u d_j^{-\alpha_I}} \tag{15.21}$$

式中,$|h_w|^2$ 和 d_w 表示小尺度信道增益和近距离用户与无人机之间的距离。若第 v 个用户的信号能够成功解码,则第 w 个用户随后解码其自己的信号。因此,第 w 个用户处的信噪比可以表示为

$$\text{SINR}_w = \frac{|h_w|^2 d_w^{-\alpha} P_u \alpha_w^2}{\sigma^2 + \beta |h_w|^2 d_w^{-\alpha} P_u \alpha_v^2 + \sum_{j \in \Psi} |g_j|^2 P_u d_j^{-\alpha_I}} \tag{15.22}$$

15.3.2 以无人机为中心策略的覆盖概率

考虑以半径为 R/2 的原点为中心的磁盘,如图 15.2 所示。为了实现非正交多址接入协议,我们将磁盘平均分为两个功率区:一个半径为 R/4 的小磁盘和一个半径为 R/4~R/2 的环,以服务成对的非正交多址接入用户。假设近距离用户和远距离用户分别位于小磁盘和大环中。

以位于原点的典型蜂窝为中心,以服务距离 R 为条件的近距离用户距离的概率密度函数如下:

$$f_w(r \mid R) = \frac{32r}{R^2}, 0 \leq r \leq l_1 \tag{15.23}$$

其中,$l_1 = R/4$。

远距离用户的概率密度函数可通过以下方式获得:

$$f_v(r \mid R) = \frac{32r}{3R^2}, l_1 \leqslant r \leqslant l_2 \tag{15.24}$$

其中，$l_2 = R/2$。

为了推导系统性能，需要推导干扰无人机的拉普拉斯变换。下文引理计算了成对用户蜂窝间干扰的拉普拉斯变换。

引理 15.5 对于以无人机为中心的策略，成对非正交多址接入用户在服务距离 R 条件下的干扰分布的拉普拉斯变换如下：

$$\begin{aligned}L_U(s \mid R) = &\exp\left(-\frac{l_I}{R}\left(1 - \left(1 + \frac{SP_u}{m_I l_I^{\alpha_I}}\right)^{-m_I}\right)\right) \times \\ &\exp\left(-\frac{2\pi\lambda}{\alpha_I}\sum_{i=1}^{m_I}\binom{m_I}{i}\left(\frac{sP_u}{m_I}\right)^{\delta_I}(-1)^{(\delta_I - i)} \times \mathrm{B}\left(\frac{-sP_u l_I^{-\alpha I}}{m_I}; i - \delta_I, 1 - m_I\right)\right)\end{aligned} \tag{15.25}$$

其中，$l_I = \sqrt{R^2 + h^2}$。

证明：请参阅文献[18]附录 C。

还值得注意的是，对于非视距情况，用户与干扰无人机之间的小尺度衰落可被视为瑞利衰落。因此，可以在下文的推论中进一步得到拉普拉斯变换。

推论 15.3 对于非视线链路，干扰分布的拉普拉斯变换取决于服务距离 R

$$\begin{aligned}L_U(s \mid R) = &\exp\left(-\frac{l_I}{R}\left(\frac{SP_u}{l_I^{\alpha_I} + SP_u}\right)\right) \times \\ &\exp\left(-\frac{2\pi\lambda P_u l_I^{2-\alpha_I}}{\alpha_I(1 - \delta_I)}\mathrm{F}_1(1, 1 - \delta_I; 2 - \delta_I; -sP_u l_I^{-\alpha_I})\right)\end{aligned} \tag{15.26}$$

然后，我们重点研究了以无人机为中心的策略中成对非正交多址接入用户的覆盖行为。在以无人机为中心的策略中，覆盖概率比以用户为中心的策略更复杂，因为有必要单独评估距离 R 处的干扰无人机。假设用户 w 和用户 v 的目标速率分别为 R_w 和 R_v。因此，通过下文引理得到第 w 用户的覆盖概率。

引理 15.6 对于近距离用户，以服务距离为条件的覆盖概率的解析表达式表示为

$$P_{\mathrm{cov},w}(x) = \sum_{n=0}^{m-1}\sum_{p=0}^{n}\sum_{l=0}^{k}\frac{(-1)^n r_w^{\alpha n}}{l!\,(k-l)!\,(n-k)!}\Theta_3\Theta_4\Theta_5 \times$$
$$\exp\left(-mM_{w*}\sigma^2 r_w^\alpha - \Theta_1 r_w^{\alpha(i+a)} - \frac{ml_I}{R} + \Theta_2 r_w^{\alpha U}\right) \times r_w^{\alpha(1-j)q_j + a(i+a-g)q_g + \alpha n + \alpha(U-b)q_u} \tag{15.27}$$

其中

$$M_w = \frac{\varepsilon_w}{P_u(\alpha_w^2 - \beta\varepsilon_w\alpha_v^2)}, M_v = \frac{\varepsilon_v}{P_u(\alpha_v^2 - \varepsilon_v\alpha_w^2)}$$

$$\varepsilon_w = 2^{R_w} - 1, \varepsilon_v = 2^{R_v} - 1$$

$$M_{w*} = \max\{M_w, M_v\}, r_w = \sqrt{r^2 + h^2}$$

$$\Theta_1 = \pi m \delta_I \lambda \sum_{i=1}^{m_I}\binom{m_I}{i}(-1)\delta_I - 1\sum_{a=0}^{\infty}\frac{(m_I)a}{a!\,(i - \delta_I + a)}\left(\frac{M_{w*}P_u}{m_I}\right)^{i+a}l_I^{-\alpha_I(i-\delta_I+a)}$$

$$\Theta_2 = \frac{ml_I}{R} \sum_{U=0}^{\infty} (-1)^U C_{m_I+U+1}^U \left(\frac{M_{w*}P_u}{l_I^{\alpha_I} m_I}\right)^U$$

$$\Theta_3 = \sum (n-k)! \prod_{j=1}^{n-k} \frac{\left[(-nM_{w*}\sigma^2)\prod_{p=0}^{j-1}(1-p)\right]^{q_j}}{q_j!\,(j!)^{q_j}}$$

$$\Theta_4 = \sum (k-l)! \prod_{b=1}^{k-l} \frac{\left[(-\Theta_2)\prod_{p=0}^{b-1}(U-p)\right]^{q_u}}{q_u!\,(j!)^{q_u}}$$

$$\Theta_5 = \sum l! \prod_{g=1}^{l} \frac{\left[(-\Theta_1)\prod_{p=0}^{g-1}(i+a-g)\right]^{q_g}}{q_g!\,(j!)^{q_g}}$$

证明:请参阅文献[18]附录 D。

与引理 15.6 类似,远距离用户的覆盖概率可以在以下引理中推导出来。

引理 15.7 对于远距离用户,以服务距离为条件的覆盖概率的解析表达式表示为

$$P_{\text{cov},v}(r\mid R) = \sum_{n=0}^{m-1}\sum_{p=0}^{n}\sum_{l=0}^{k} \frac{(-1)^n r_v^{\alpha n}}{l!\,(k-l)!\,(n-k)!} \Theta_{3,v}\Theta_{4,v}\Theta_{5,v} \times$$

$$\exp\left(-mM_v\sigma^2 r_v^\alpha - \Theta_1 r_v^{\alpha(i+a)} - \frac{ml_I}{R} + \Theta_2 r_v^{\alpha U}\right) \times \quad (15.28)$$

$$r_v^{\alpha(1-j)q_j + \alpha(i+a-g)q_g + \alpha n + \alpha(U-b)q_u}$$

其中

$$r_v = \sqrt{r^2 + h^2}$$

$$\Theta_{1,v} = \pi m \delta_I \lambda \sum_{i=1}^{m_I} \binom{m_I}{i}(-1)\delta_I - 1 \sum_{a=0}^{\infty} \frac{(m_I)a}{a!\,(i-\delta_I+a)}\left(\frac{M_v P_u}{m_I}\right)^{i+\alpha} l_I^{-\alpha_I(i-\delta_I+a)}$$

$$\Theta_{2,v} = \frac{ml_I}{R} \sum_{u=0}^{\infty}(-1)^U C_{m_I+U+1}^U \left(\frac{M_v P_u}{l_I^{\alpha_I} m_I}\right)^U$$

$$\Theta_{3,v} = \sum(n-k)! \prod_{j=1}^{n-k} \frac{\left[(-nM_v\sigma^2)\prod_{p=0}^{j-1}(1-p)\right]^{q_j}}{q_j!\,(j!)^{q_j}}$$

$$\Theta_{4,v} = \sum(k-l)! \prod_{b=1}^{n-k} \frac{\left[(-\Theta_{2,v})\prod_{p=0}^{b-1}(U-p)\right]^{q_u}}{q_u!\,(j!)^{q_u}}$$

$$\Theta_5 = \sum l! \prod_{g=1}^{l} \frac{\left[(-\Theta_{1,v})\prod_{p=0}^{g-1}(i+a-g)\right]^{q_g}}{q_g!\,(j!)^{q_g}}$$

证明:基于文献[22],可以很容易地证明等式(15.28)中的推导。

然后,在以无人机为中心的策略中,成对非正交多址接入用户的覆盖概率可以通过以下定理推导得出。

定理 15.2 基于引理 15.6 和 15.7,成对非正交多址接入用户覆盖概率的精确表达式可以表示为

$$P_{\text{cov},w} = \int_0^\infty \int_0^{l_1} P_{\text{cov},w}(r \mid R) f_w(r \mid R) \mathrm{d}r f_r(R) \mathrm{d}R \quad (15.29)$$

和

$$P_{\text{cov},v} = \int_0^\infty \int_{l_2}^{l_2} P_{\text{cov},v}(r \mid R) f_v(r \mid R) \mathrm{d}r f_r(R) \mathrm{d}R \quad (15.30)$$

式中，$l_1 = R/4$，$l_2 = R/2$，等式(15.27)给出了 $P_{\text{cov},w}(r \mid R)$，等式(15.28)给出了 $P_{\text{cov},w}(r \mid R)$，等式(15.23)给出了 $f_w(r \mid R)$，等式(15.24)给出了 $f_v(r \mid R)$，等式(15.12)给出了 $f_r(R)$。

证明：根据服务距离，利用等式(15.23)中的概率密度函数，可获得近距离用户的覆盖概率，即

$$P_{\text{cov},w}(R) = \int_0^{l_1} P_{\text{cov},w}(r \mid R) f_w(r \mid R) \mathrm{d}r \quad (15.31)$$

总体覆盖概率可由无人机辅助蜂窝网络的服务距离得出，其可表示为

$$P_{\text{cov},w} = \int_0^\infty P_{\text{cov},w}(R) f_r(R) \mathrm{d}R \quad (15.32)$$

将等式(15.12)代入等式(15.32)，并且经过一些数学运算，可以获得近距离用户的覆盖概率。因此，证明是完整的。

15.4 数值结果

本节提供了数值结果，以便于对非正交多址接入辅助的无人机蜂窝网络进行性能评估。蒙特卡洛模拟验证了我们的分析结果。在所考虑的网络中，假设远距离用户的功率分配系数 $\alpha_v^2 = 0.6$，近距离用户的功率分配系数 $\alpha_w^2 = 0.4$。干扰 α_I 的路径损耗指数设置为4，并且所需传输的路径损耗指数小于4。无人机的高度固定为100m。在蒙特卡洛模拟中，不可能模拟无人机的真实无限分布。因此，无人机分布在一个磁盘中，磁盘半径为10000m。下行链路传输带宽设置为 BW=300kHz，加性高斯白噪声率设置为 $-174+10\log_{10}(\text{BW})$ dBm。无人机密度 $\lambda = 1/(500^2\pi)$。还值得注意的是，视线和非视线场景由 Nakagami 衰落参数 m 表示，其中，对于非视线场景（瑞利衰落），$m=1$，对于视线场景，$m>1$。在不丧失一般性的情况下，我们在15.4节中使用 $m=2$ 表示视线情景。

15.4.1 以用户为中心的策略

首先，我们评估了以用户为中心的策略中下行链路非正交多址接入用户的覆盖性能。在图 15.3(a) 中，对于一组给定的固定用户距离，实线和虚线分别是典型用户和固定用户的覆盖概率。可以看出，随着无人机功率的增加，出现了典型和固定非正交多址接入用户的覆盖上限，这是拟议网络的最大覆盖概率。因为随着部署更高功率电平的干扰无人机，接收到的信干比急剧降低。研究发现，随着不完全串行干扰消除系数 β 的增加，典型用户的覆盖概率降低，这表明降低不完全串行干扰消除系数可以有效地提高非正交多址接入辅助无人机通信的性能。例如，在 $\beta = 2/3$ 的情况下，不完全串行干扰消除的剩余功率高于近距离用户的功率，即 $\alpha_w^2 < \alpha_v^2 \beta$。

我们还可以看到，在 $\beta = 0$、0.1 和 0.3 的情况下，固定用户的覆盖概率是相同的。这是

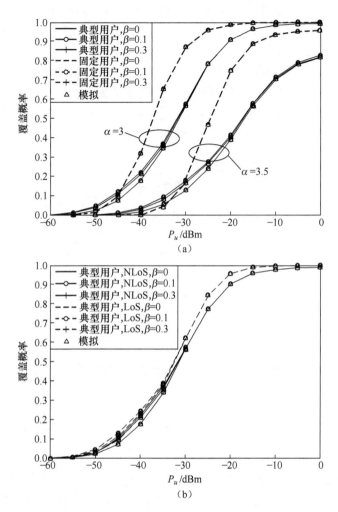

图 15.3 在以用户为中心的策略中,成对非正交多址接入用户的覆盖概率与无人机的功率,目标速率 $R_t=1$BPCU 和 $R_f=0.5$BPCU。固定用户的水平距离为 300m。非正交多址接入的准确结果通过等式(15.18)计算得出。(a) 具有不同路径损耗指数的非视线场景中的覆盖概率,其中衰落参数设置为 $m=1$ 和 $m_1=1$。(b) 非视线和视线情况下的覆盖概率,其中衰落参数分别为 $m=2$ 和 $m_1=1$。所需链路的路径损耗指数设置为 $\alpha=3$

因为不完全串行干扰消除是典型用户的关键组件,而不完全串行干扰消除在 $R_f=0.5$BPCU(每个信道使用位数)的情况下对固定用户没有影响。从图中可以看出,典型用户的中断比固定用户的中断更频繁。这是由于功率分配系数的选择和固定用户的距离。请注意,模拟结果和分析结果在图 15.3(a)中完全匹配,这表明了分析结果的准确性。

图 15.3(b)显示了非视线和视线场景中典型用户实现的覆盖概率。为了说明视线传输对性能的影响,图中还显示了作为比较基准的非视线情况。在图 15.3(b)中,可以看出,较高的衰落参数 m 将导致不同无人机功率电平和不同的串行干扰消除系数的中断概率降低。这是因为无人机和用户之间的视线链路提供了更高的接收功率电平。还值得注意的是,覆盖上限出现在高信噪比情况下,因此拟议网络不需要大的发射功率来增加覆盖概率。

图 15.4 研究了无人机密度和固定用户距离的不同选择的影响。从图中可以看出,增加固定用户的距离会降低固定用户的覆盖概率,而典型用户的覆盖概率会增加。这是因为固定用户的距离对典型用户的用户关联有影响。对于固定用户,随着距离的增加,接收功率会显著降低。另外,对于虚线和星形曲线,无人机密度是实线和虚线曲线的 10 倍,高无人机密度情况下典型非正交多址接入用户的覆盖概率远高于低无人机密度情况下的覆盖概率。这是因为无人机数量增加,导致连接无人机的距离缩短。还值得注意的是,固定用户有两个交叉口,这意味着对于给定的无人机密度,存在固定用户的最佳距离。

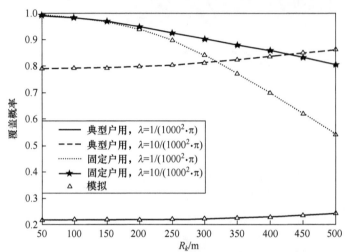

图 15.4　以用户为中心的策略相对于固定用户距离的覆盖概率,目标率
$R_t = 1\text{BPCU}$ 和 $R_f = 0.5\text{BPCU}$。路径损耗指数固定为 $\alpha = 3$,无人机功率设置为 -30dBm

图 15.5 绘制了以用户为中心的策略中成对非正交多址接入用户的覆盖概率与目标速率 R 和功率分配系数 α_v 的关系。可以看出,在目标速率和功率分配系数不适当的情况下,覆盖概率为零,这验证了注 15.2 中的观点。还绘制了正交多址接入中典型用户的覆盖概率图,这表明在适当的功率分配因子和成对非正交多址接入用户的目标速率下,非正交多址接入优于正交多址接入。还可以看出,对于以用户为中心的策略,在 $\beta = 0.15$ 的情况下,非正交多址接入的性能无法胜出。这表明,在串行干扰消除质量较差的情况下,非正交多址接入/正交多址接入混合辅助无人机网络可能是一个更佳解决方案。无人机可以智能地选择接入技术,以提高系统覆盖概率。

15.4.2　以无人机为中心的策略

在以无人机为中心的策略中,$\varepsilon = 0.1\text{m}$ 用于评估距离 R 处无人机接收到的干扰。然后,我们评估了以无人机为中心的策略中下行链路用户的性能。在图 15.6(a) 和 (b) 中,研究了非正交多址接入辅助无人机中心策略对覆盖概率的影响。近距离用户和远距离用户的目标速率分别设置为 $R_w = 1.5\text{BPCU}$ 和 $R_v = 1\text{BPCU}$。实线和虚线分别是近距离用户和远距离用户的覆盖概率。以无人机为中心的策略中出现了一个有趣的现象,即在 $\beta = 0.5$ 的情况下,近距离用户的覆盖概率都为零,这表明传输失败。这又是因为 $\alpha_w^2 - \beta\alpha_v^2 \varepsilon_w < 0$,这验证了我们在注 15.2 中获得的见解。

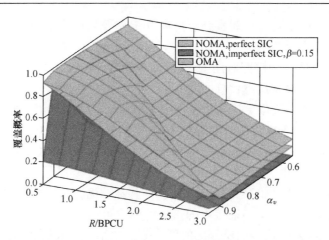

图 15.5 典型用户的覆盖概率与目标速率 R 和功率分配系数 α_v 的关系，其中不完全串行干扰消除系数 $\beta=0$ 与 0.15。固定用户目标速率为 $R_f=0.5$ BPCU，固定用户水平距离为 300m。无人机发射功率固定为 -30dBm，路径损耗指数 $\alpha=3$。衰落参数设置为 $m=3$ 和 $m_I=2$（见书末彩插）

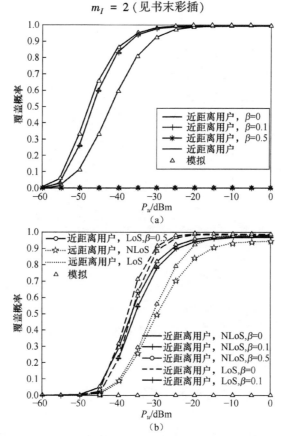

图 15.6 以无人机为中心的策略中成对非正交多址接入用户的覆盖概率与发射功率，目标速率分别为 $R_w=1.5$BPCU 和 $R_U=1$BPCU。非正交多址接入的精确结果由等式（15.29）计算得出。(a) 非视线场景中的覆盖概率，其中衰落参数设置为 $m=1$ 和 $m_I=1$。路径损耗指数设置为 $\alpha=3$。(b) 非视线和视线情况下的覆盖概率，路径损耗指数 $\alpha=3.5$，其中衰落参数设置为 $m=2$ 和 $m_I=1$

对比图 15.6(a)和(b)，可以观察到衰落参数 m 对覆盖概率的影响也很显著，这是因为在 m 较大的情况下接收功率电平更大。同样可以看出，在 $\beta=0.5$ 的情况下，近距离用户的覆盖概率也是 1，这表明视线链路对注 15.2 没有影响。还值得注意的是，在 $\beta=0.5$ 的情况下，以用户为中心的策略的覆盖概率远大于以无人机为中心的策略，这表明以无人机为中心的策略比以用户为中心的策略更容易受到不完全串行干扰消除因素的影响。

图 15.7 绘制了以无人机为中心的策略中，$\beta=0$、$\beta=0.1$ 和 $\beta=0.5$ 时，近距离用户的覆盖概率。可以得出，一方面，不适当的功率分配将导致覆盖概率始终为零，这也验证了注 15.2。另一方面，可以看出，在 $\beta>0$ 的情况下，随着目标速率的增加，覆盖概率显著降低，这验证了串行干扰消除残差是非正交多址接入中的主要干扰。为了提供更多见解，还提供了以无人机为中心的策略中正交多址接入的覆盖性能。可以看出，$\beta=0$ 时，非正交多址接入的性能优于正交多址接入，这表明所提出的网络分析适用于无人机通信。还可以看出，$\beta=0.15$ 时，非正交多址接入和正交多址接入辅助无人机蜂窝网络的覆盖性能表现出密切的一致性，这也表明混合非正交多址接入/正交多址接入辅助无人机网络可能是以无人机为中心策略的良好解决方案。

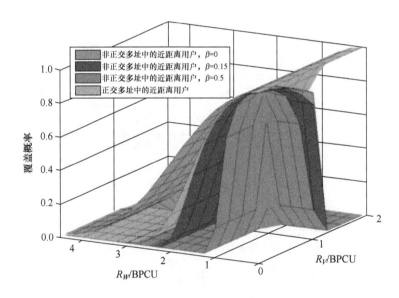

图 15.7　近距离用户的覆盖概率与目标速率
（无人机的发射功率固定在-40dBm。衰落参数设置为 $m=3$ 和 $m_I=2$）（见书末彩插）

15.5　结　论

本章讨论了非正交多址接入在无人机辅助蜂窝通信中的应用。提出了一对关联策略，即以用户为中心的策略和以无人机为中心的策略。当位于 Voronoi 单元的所有用户都需要无人机同时服务时，以用户为中心的策略适用。所得结果为非正交多址接入辅助无人机蜂窝网络提供了基准。以无人机为中心的策略的动机是，在实践中，它更适用于密集网络中的用户。以无人机为中心的策略的关键仅为热点地区，即机场或度假村提供服务。然后，对所提出的网络的性能进行了评估,其中多个无人机部署在空中,为多个地面用户提供服务。此外,还推导了新的干扰和覆盖概率解析表达式,用于表征非正交多址接入辅助无人机蜂窝网络的性能。

参 考 文 献

[1] Y. Zeng, R. Zhang and T. J. Lim, "Wireless communications with unmanned aerial vehicles: opportunities and challenges", *IEEE Commun. Mag.*, vol. 54, no. 5, pp. 36-42, May 2016.

[2] M. Mozaffari, W. Saad, M. Bennis and M. Debbah, "Unmanned aerial vehicle with underlaid device-to-device communications: Performance and tradeoffs", *IEEE Trans. Wireless Commun.*, vol. 15, no. 6, pp. 3949-3963, Jun. 2016.

[3] N. Goddemeier and C. Wietfeld, "Investigation of air-to-air channel characteristics and a UAV specific extension to the Rice model," *2015 IEEE Globecom Workshops (GC Wkshps)*, pp. 1-5, Dec. 2015.

[4] F. Jiang and A. L. Swindlehurst, "Optimization of UAV heading for the ground-to-air uplink," *IEEE J. Sel. Areas Commun.*, vol. 30, no. 5, pp. 993-1005, Jun. 2012.

[5] V. V. Chetlur and H. S. Dhillon, "Downlink coverage analysis for a finite 3-D wireless network of unmanned aerial vehicles," *IEEE Trans. Commun.*, vol. 65, no. 10, pp. 4543-4558, Oct. 2017.

[6] J. Lyu, Y. Zeng and R. Zhang, "UAV-aided offloading for cellular hotspot," *IEEE Trans. Wireless Commun.*, vol. 17, no. 6, pp. 3988-4001, Jun. 2018.

[7] L. Liu and S. Zhang and R. Zhang, "Multi-beam UAV communication in cellular uplink: Cooperative interference cancellation and sum-rate maximization," *IEEE Trans. Wireless Commun.*, vol. 18, no. 10, pp. 4679-4691, Oct. 2019.

[8] Y. Zeng, J. Xu and R. Zhang, "Energy minimization for wireless communication with rotary-wing UAV", *IEEE Trans. Wireless Commun.*, vol. 18, no. 4, pp. 2329-2345, Apr. 2019.

[9] Y. Zeng, J. Lyu and R. Zhang, "Cellular-connected UAV: Potential, challenges, and promising technologies," *IEEE Wireless Commun.*, vol. 26, no. 1, pp. 120-127, Feb. 2019.

[10] Y. Liu, Z. Qin, Y. Cai, Y. Gao, G. Y. Li and A. Nallanathan, "UAV communications based on non-orthogonal multiple access," *IEEE Wireless Commun.*, vol. 26, no. 1, pp. 52-57, Feb. 2019.

[11] X. Liu, Y. Liu, Y. Chen and L. Hanzo, "Trajectory design and power control for multi-UAV assisted wireless networks: A machine learning approach," *IEEE Trans. Veh. Technol.*, vol. 68, no. 8, pp. 7957-7969, Aug. 2019.

[12] T. M. Nguyen, W. Ajib and C. Assi, "A novel cooperative NOMA for designing UAV-assisted wireless backhaul networks," *IEEE J. Sel. Areas Commun.*, vol. 36, no. 11, pp. 2497-2507, Nov. 2018.

[13] T. Hou, Y. Liu, Z. Song, X. Sun and Y. Chen, "Multiple antenna aided NOMA in UAV networks: A stochastic geometry approach," *IEEE Trans. Commun.*, vol. 67, no. 2, pp. 1031-1044, Feb. 2019.

[14] W. Mei and R. Zhang, "Uplink cooperative NOMA for cellular-connected UAV," *IEEE Journal of Selected Topics in Signal Processing*, vol. 13, no. 3, pp. 644-656, Jun. 2019.

[15] N. Zhao, W. Lu, M. Sheng, Y. Chen, J. Tang, F. R. Yu and K. Wong, "UAV-assisted emergency networks in disasters," *IEEE Wireless Commun.*, vol. 26, no. 1, pp. 45-51, Feb. 2019.

[16] J. G. Andrews, F. Baccelli and R. K. Ganti, "A tractable approach to coverage and rate in cellular networks," *IEEE Trans. Commun.*, vol. 59, no. 11, pp. 3122-3134, Nov. 2011.

[17] I. S. Gradshteyn and I. M. Ryzhik, "Table of integrals, series and products", 6th ed. New York, NY,

USA: Academic Press, 2000.

[18] T. Hou, Y. Liu, Z. Song, X. Sun and Y. Chen, "Exploiting NOMA for UAV communications in large-scale cellular networks," *IEEE Trans. Commun.*, vol. 67, no. 10, pp. 6897-6911, Oct. 2019.

[19] T. M. Cover and J. A. Thomas, "Elements of information theory," 6th ed, Wiley and Sons, New York, 1991.

[20] E. Hildebrand, "Introduction to numerical analysis," New York, USA: Dover, 1987.

[21] K. S. Ali, M. Haenggi, H. ElSawy, A. Chaaban and M. Alouini, "Downlink non-orthogonal multiple access (NOMA) in poisson networks," in *IEEE Trans. Commun.*, vol. 67, no. 2, pp. 1613-1628, Feb. 2019.

[22] N. Bourbaki, "Elements of the history of mathematics paperback", 22nd ed. Berlin, Germany: Springer Berlin Heidelberg, 2008.

第 16 章 无人机通信的物理层安全

Nadisanka Rupasinghe[1,3], Yavuz Yapici[1], Ismail Guvenc[1],
Huaiyu Dai[1], Arupjyoti Bhuyan[2]

1. 美国北卡罗来纳州瑞利市北卡罗来纳州立大学电气与计算机工程系
2. 美国爱达荷州爱达荷福尔斯爱达荷国家实验室
3. 美国加利福尼亚州帕洛阿尔托 DOCOMO 创新公司

16.1 简　　介

  基于无人机的无线网络中的安全通信对于绝大多数实际应用具有重要意义。除了用户消息的保密性，还需要先进的传输技术来提高安全数据速率（即保密率）。尽管网络堆栈的每一层都有各种方法使底层通信更加安全，但是物理层技术通过提供鲁棒且不可破解的保密率而脱颖而出。

  在本章中，我们将研究如何增强无人机通信网络的物理层安全（PLS）。为此，我们首先简要介绍无线网络可能遭受的安全攻击，然后介绍无线网络安全要求。随后，我们讨论了物理层安全在无线网络中的重要性，并从现有文献中介绍了一些有趣的物理层安全技术。在描述了实现安全无线通信的一般方法之后，我们重点介绍了基于无人机的无线网络。同时，我们详细研究了为提高安全性而提出的一些有趣的物理层安全技术。此外，我们还讨论了案例研究，其中部署了配备基站的无人机，以在密集用户区提供宽带连接，这很好地代表了大多数临时事件（如体育场中的足球比赛）。

  本章的其余部分组织如下：16.2 节讨论了无线网络中可能存在的安全攻击；16.3 节讨论了无线网络的安全要求；16.4 节详细讨论了物理层安全如何增强无线网络中的安全通信；16.5 节详细研究了增强无人机通信网络安全性的不同物理层安全技术；16.6 节进行了有趣的案例研究。

16.2 无线网络中的安全漏洞

  无线网络极易受到各种攻击。与传统有线网络的情况不同，无线媒体的广播性质使得非法用户更容易产生违规行为。随着新无线技术的部署，依赖无线服务的人数与日俱增。例如，如今，通过智能移动设备的网上银行非常受欢迎。然而，在这种通信期间，需要通过无线连接传输重要/敏感信息。因此，在无线网络中，尤其是在存在对手的情况下，可靠地共享数据并保持机密性的能力极其重要。考虑到无线网络在这个信息时代的日益普及，因此，必须小心处理无线通信中安全漏洞的威胁。

无线网络中的安全漏洞是主动或被动攻击的结果[38-39]。主动攻击会对无线网络中的信息交换产生重大影响,因为攻击者常试图改变网络数据。最常见的主动攻击形式包括拒绝服务(DoS)攻击、伪装和重放攻击以及信息泄露和消息修改攻击。另外,被动攻击不会中断网络运行,其目的是窃取通过无线网络传输的信息。通常会遇到窃听入侵和流量分析两种类型的被动攻击[39]。下文将简要介绍其中一些网络攻击,以及无线网络需要考虑的安全要求。

16.2.1 拒绝服务攻击

在拒绝服务攻击中,攻击者试图中断网络内的通信。这可以通过禁用网络或耗尽合法用户可用的资源来实现[30,39]。射频(RF)干扰是一种广为人知的拒绝服务攻击类型[38]。在这一类型中,敌方可以利用干扰信号中断正在进行的通信,从而使网络在特定区域遭受拒绝服务攻击。

16.2.2 伪装攻击

在伪装攻击中,攻击者伪装成合法用户,通过伪造网络身份验证系统入侵网络。伪装攻击通常包括另一种形式的主动攻击。例如,攻击者可以捕获通过网络进行通信的身份验证序列,该序列随后被用于获取以非法方式访问某些信息的权限[38]。

16.2.3 消息修改攻击

在消息修改攻击中,攻击者更改属于网络合法用户的部分消息。修改可以是添加、删除或重新排序属于网络中合法用户的原始消息的一部分[28]。

16.2.4 窃听入侵者

窃听是一种众所周知的被动攻击,目标是通信网络中的机密数据交换[52]。在这种安全漏洞中,被称为窃听者的恶意接收者非法截获消息。假设移动通信会话与机密数据交换,网络设计的最终目标是防止窃听者检测消息和/或学习内容。加密是屏蔽重要内容最常用的技术。在这种策略中,窃听者可截获用户消息,但由于底层加密,无法透露任何关键信息。应注意,应尽可能消除非法接收者的任何入侵。

16.2.5 流量分析

被动恶意接收者还可以分析网络流量,以确定通信方的位置和/或身份。为此,攻击者会截获传输的消息,并尝试揭露尽可能多的信息。流量信息本身可能对攻击者有用,从而能够跟踪任何双方的通信模式。即使消息被加密,也可能发生这种类型的攻击,因此恶意接收者可以将从这种类型的攻击中收集到的信息用于其他形式的攻击。物理层安全在这种被动攻击中也非常有用,因为它可以防止攻击者拦截机密数据。

16.3 无线网络安全要求

无线网络需要特别注意其安全措施,这些措施与有线网络相关的安全措施不完全一致。

特别是,与有线网络中遇到的攻击相比,无线网络的媒体接入控制(MAC)和物理(PHY)层容易受到不同类型攻击[60]。因此,规定了无线网络的安全要求,重点是保护无线传输不受涉及窃听攻击、干扰攻击、拒绝服务攻击、数据篡改攻击和节点泄露攻击的特殊攻击类型的影响。为了防止恶意接收者拦截机密消息并泄露相关内容,整个网络应满足真实性、保密性、完整性和可用性的要求[38],下文将简要讨论这些要求。

16.3.1 真实性

真实性有助于确认授权用户的身份,以便网络能够区分授权用户和未授权用户。具体而言,无线网络中的通信节点应在开始数据传输之前首先执行相互认证[18]。通常,网络节点配备有无线网络接口卡,并且具有唯一的媒体接入控制地址,可用于认证目的。此外,在协议堆栈的上层还有其他无线认证方法(即网络层认证、传输层认证和应用层认证)。

16.3.2 保密性

保密性确保只有预期节点才能访问数据,因此其他未经授权方无法访问保密数据[39]。例如,在对称密钥加密技术中,源节点首先在秘钥的帮助下使用加密算法对原始数据进行加密,该密钥仅与预期目的地共享。其次将经加密的数据传输到目标节点,在该节点中,使用先前共享的密钥对接收到的数据进行解密。由于恶意接收方不知道密钥,无法对加密数据进行解密。传统上,经典的迪菲-赫尔曼密钥协议用于实现源和目标之间的密钥交换,并需要可信的密钥管理中心[46]。最近,物理层安全已成为保护无线传输机密性免受窃听攻击的手段[5,33]。

16.3.3 完整性

无线网络中信息流的完整性是另一个重要的安全要求。特别是,为了确保信息的完整性,信息在其整个生命周期中都应该是准确可靠的,而不会被未经授权的用户伪造和修改。内部攻击(如节点泄露攻击)可能会破坏数据的完整性[9,22]。此时,被敌方改变和破坏的合法节点称为被捕获节点。被捕获节点可能通过发起恶意攻击(包括消息注入、错误报告和数据修改)来破坏数据的完整性。一般来说,检测被捕获节点的攻击非常具有挑战性,因为这些运行恶意代码的被捕获节点仍然具有有效身份。

16.3.4 可用性

可用性保证授权用户能够在需要时随时随地访问无线网络。如16.2.1节所述,拒绝服务攻击使授权用户无法使用无线网络,从而导致用户体验不如意[17,47]。例如,任何未经授权的节点都可以通过恶意产生干扰在物理层发起拒绝服务攻击,干扰会破坏合法用户之间所需的通信,也称为干扰攻击。

16.4 物理层安全

被动攻击者或统称为窃听者是在无线网络中实现安全数据传输的主要障碍。由于无线传输的广播性质,任何窃听者都很可能截获合法用户交换的足量机密信息。网络要达到预期的安全水平(即真实性、保密性、完整性和可用性),就需要采取充分的安全措施,特别是对发射机传输范围内的窃听者(即下行链路中的基站和上行链路中的合法用户)。

16.4.1 物理层与上层

为了保证通信安全,在协议堆栈的上层广泛采用了加密技术。然而,随着移动连接的增长,这些技术变得不充分,甚至不适用。其中一个特殊的原因是,在加密过程中需要安全通道来交换私钥。例如,对称加密技术,如数据加密标准(DES),要求在源节点和目标节点之间共享公共私钥[38]。即使加密本身也应该有安全通道,这对于移动无线连接来说并不容易。

另外,物理层安全技术作为一种自给自足的通信安全策略脱颖而出。这些技术基本上利用无线通信信道的特性(如衰落、噪声、干扰),以避免使用额外的频谱资源,并减少信令开销[37]。因此,工业界和学术界最近都将注意力转向物理层安全技术[15, 24, 31-32, 38, 56]。需要注意的是,物理层安全技术既可用于提高整个网络传输的安全性,也可用于安全分发所需加密策略的私钥。

物理层安全技术甚至被证明可以提供完美的保密性,只要信道状态信息对未经授权的用户不可用,或者对未经授权用户的传输链路比授权用户的传输链路噪声更大[50]。从这个角度来看,物理层安全策略实际上试图通过利用无线信道的物理特性来增加合法用户和窃听者之间链路质量的性能差距[15]。这两种技术在大多数情况下都是节能且不复杂的,这使得它们适用于处理能力低且功率资源有限的物联网(IoT)设备和无人机系统。

16.4.2 物理层安全技术

文献[15,24,31-32,56]中提出了各种技术来提高网络堆栈的物理层安全性。这些技术中的大多数侧重于增强保密能力,即在未经授权接收者可获得的信息受到限制的情况下,传输合法端之间可达到最大数据速率[4,37-38]。Wyner[50]的开创性工作(构成了物理层安全研究的基础和起点)结果表明,对于离散无记忆信道,若窃听者的信道是预期用户信道的降级(噪声更大)版本,则合法用户之间的保密通信不需要共享密钥。因此,通过使用产生随机保密码的信道相关随机编码器,可利用信道而不使用共享密钥来实现保密性。在文献[14]中,类似的结果也被推广到高斯信道。因此,在开发和/或测量物理层安全技术的有效性时,通常会考虑保密能力(或等效的可实现保密率)。下文将简要概述文献中广泛使用的各种物理层安全技术。

16.4.2.1 人工噪声

人工噪声(AN)是提高保密能力的有效方法,即使窃听者的信道条件比合法用户的好[13,40]。该方法是为了有目的地在窃听者处仅产生不可分辨干扰,从而降低各自的信道质量[13]。值得一提的是,这种方法不会影响合法用户的信道质量,因为人工噪声被故意转向窃听者[12,38]。

例如,文献[56]提出了一种多天线传输策略,以及一种基于波束成形和扇区划分的技术。考虑到收发信机两端具有完全和不完全信道状态信息的场景,文献[58]使用了一种人工噪声传输方案来增强保密能力。特别研究了信息信号与人工噪声之间的发射功率分配,以最大化可实现的保密率。研究还表明,只要信道状态信息不完全,制造更多的人工噪声

(迷惑窃听者)优于为信息传输分配更多的功率(增加信噪比)。

文献[49]考虑了大规模多输入多输出设置中时分双工传输的有趣安全漏洞。主动窃听器攻击上行链路训练阶段,在发射机处造成导频污染,这将导致更多信号传输到窃听者(由于下行链路预编码器不足)。结果表明,在发射天线数目足够大的情况下,匹配滤波器(MF)预编码和传输是提高渐近可实现保密率的有效方法。文献[27]已经研究了最大化分配给传输的功率(对潜在窃听者隐藏信息)和为所需链路质量保持预定义的信噪比之间的权衡。

16.4.2.2 协同干扰

协同干扰是另一种旨在通过产生有意干扰降低窃听者信道质量的技术[16,43]。在这一类别中,文献[11]为人工噪声的产生研究了协同中继。具体而言,涉及消息传递中继的秘密传输协议(其协助发送器和合法用户之间的数据交换)和一组将干扰中继用于生成针对窃听者的人工噪声。还定量分析了在支持一定数量合法用户的无线网络中,在不影响通信保密性的情况下可以容忍多少窃听者。

16.4.2.3 保护区

除了传输和协同干扰,保护区是另一种增强物理层安全性的有趣技术。文献[31]围绕发射机定义了保护区,同时还定义了波束成形和传输,以增强多天线通信系统中的物理层安全。在此实现中,受保护区域保证指定(即受保护)区域内不存在窃听者。文献[24]的研究工作在混合物理层安全策略的背景下考虑了单天线和多天线场景以及非正交多址接入传输。这项研究工作提出了窃听者排除区,以提高单天线设置中的保密率,并考虑了在可能使用多个天线时,向不希望的方向生成窃听者排除区,以增强物理层安全。

16.5 无人机的物理层安全

无人机在搜救、检查和监视、货物运输等领域吸引了人们的大量关注,这主要是由于其可控的机动性、低成本和按需快速部署。最近,无人机在无线通信中的应用越来越广泛[53],有望在下一代通信网络中发挥重要作用[48,55]。特别是,基于无人机的通信网络因其在临时事件期间快速部署无线网络基础设施的灵活性而备受关注[1-3,26,35,53]。此类临时事件包括自然灾害、现有网络基础设施遭到破坏[2,26],或者体育场内的体育赛事(此时可能有成千上万的移动用户在使用可用的通信资源)[3,35]。另外,无人机在蜂窝网络中充当型"空中"用户的另一种模式使得无人机用户甚至可以在其操作员的视线范围之外实现通信。事实上,下一代通信系统特别关注增强与无人机的远程实时通信[23,42]。

事实上,确保无人机通信网络中的安全通信比固定基础设施通信网络更为重要。这是因为,如前所述,这些网络是在临时事件期间部署的,且合法用户可能被剥夺了实现其通信的任何其他手段,因此这些网络可能携带一些敏感信息。此外,这些网络的快速部署,可能较少关注网络内正在进行的通信安全。因此,这些通信网络极易受到窃听者的攻击,如图16.1所示。

如16.4节所述,物理层安全是一种智能解决方案,可确保资源有限的无线通信系统的安全,并在最先进的加密技术之上提供额外的安全性。随后,我们讨论了为基于无人机的通信网络提出的一些物理层安全技术及其案例研究[33]。

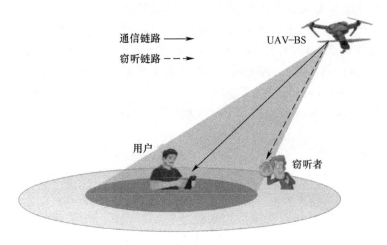

图 16.1 窃听者破坏合法用户与无人机基站之间正在进行通信的场景

16.5.1 增强物理层安全的无人机航迹设计

本节讨论了如何有效利用无人机的机动性来增强基于无人机的通信网络中的物理层安全。如图 16.2 所示,此处的核心目标是设计无人机航迹,以便与窃听者相比,为合法用户建立更强的通道。事实上,通过适当的航迹设计,让无人机飞得离合法用户更近(离窃听者更远),就可以实现这一目标[54]。

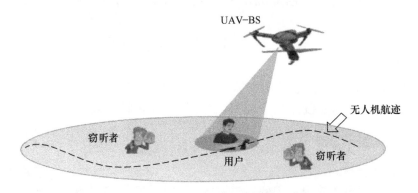

图 16.2 经优化的无人机航迹最大限度地提高保密率

为了通过该解决方案实现适宜的保密性能,无人机上合法用户和窃听者的准确位置信息非常重要。但是,若准确位置信息存在歧义,则可能无法达到预期的性能水平。文献中的一些研究在设计过程中明确考虑了这一事实[7]。

如文献[10]所述,设计无人机航迹以增强物理层安全时需要考虑的另一个重要方面是禁飞区(NFZ)。例如,美国联邦航空管理局(FAA)对机场周围的无人机运行实施了某些限制。事实上,在航迹设计问题中考虑禁飞区对于实际部署非常重要。文献[10]阐述了联合无人机航迹和功率优化问题,旨在在有限飞行周期内最大化可实现的平均保密率,同时保证无人机的最大速度、初始和最终位置、禁飞区约束以及发射功率约束。

部署无人机作为中继来连接发射机-接收机对,特别是在无视线条件下,是无人机的另一个重要应用。然而,当无人机充当中继时,可能无法采用某些先进的密码技术,因为发射机和接收机没有直接的通信链路,通信需要通过无人机进行。因此,这类网络极易受到窃听者的攻击。如前所述,无人机中继的航迹设计可以作为提高保密性能的智能解决方案。事实上,一些文献研究了如何通过设计无人机航迹来提高无人机辅助移动中继系统的保密率,该移动中继系统由源、目的地、无人机中继和窃听器组成[45]。

16.5.2 协同干扰提供物理层安全

协同干扰是在无人机通信网络中提高物理层安全的另一个有趣的解决方案[19,21,25,59]。由于存在多个窃听者,且其确切位置未知,源无人机很难确保窃听者不在合法用户附近。因此,源无人机与合法用户之间的信道很可能比源无人机与窃听者之间的信道差,这会导致更大的保密漏洞。

为了克服这一问题,可以部署协同干扰无人机,以增强基于无人机的通信系统的保密性能,如图16.3所示。特别是,可以使干扰无人机尽可能靠近地面窃听者飞行,同时向窃听者发送干扰信号,以破坏窃听信道[21]。事实上,如文献[19]所述,可以部署协同干扰无人机,通过向非计划用户发送干扰信号,支持向计划用户传输保密数据,因为这些非计划用户可能是潜在的窃听者。此外,如文献[25]中所述,当部署无人机中继以连接源节点和目标节点时,协同干扰无人机是一种方便的解决方案,可提高保密性能。

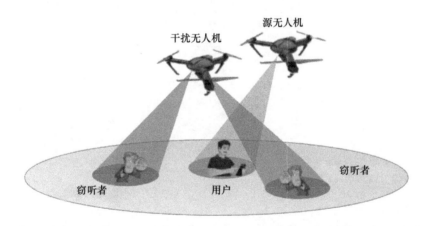

图16.3 无人机协同干扰场景示例:干扰无人机向窃听者发送干扰信号,而源无人机为合法用户服务

注意,除了部署协同干扰无人机,还可以考虑联合优化两种无人机(即源无人机和干扰无人机)的发射功率和飞行航迹,以进一步增强物理层安全[19,21]。

16.5.3 节能光谱物理层安全技术

由于无人机基站的电力资源有限,在无人机通信网络中实现节能通信,同时确保持续通信的保密性至关重要。如文献[20]所述,基于无人机的通信网络的续航时间和保密性能基本上受到车载电池电源的限制,而与推进和计算能量相比,无人机的总能量主要由无线通信部分消耗。因此,在无人机通信网络中,提高能量和频谱效率至关重要。为此,非正交多址接入已被确定为下一代无线通信系统的一项有前景的技术,用于提高能量和频谱效率[36,41]。具有多天线传输的非正交多址接入可用于进一步提高频谱效率。事实上,非正交多址接入也是一种有效的解决方案,可以提高功率有限的无人机通信网络的频谱和能量效率[34-35]。

然而,实现安全通信确实是非正交多址接入传输的关键。文献中有一些关于考虑非正交多址接入传输的情况下如何提高保密性能的研究[24,29,44,57]。特别地,文献[44]研究了多输入多输出非正交多址接入系统的总和保密速率优化问题。文献[24]考虑了单天线和多天线情况,研究了大范围网络中非正交多址接入传输的物理层安全。特别是,对于单天线场景,提出了窃听排除区域,而对于多天线场景,向不希望的方向生成窃听者排除区,以增强物理层安全。文献[29]在考虑大范围网络的情况下分析了随机部署用户和窃听者的非正交多址接入的保密性能。为了提高此类网络的保密性能,在基站周围引入了保护区,在该保护区内保证不存在窃听者。

有趣的是,非正交多址接入传输中的用户间干扰(由于非正交多址接入中用户消息的叠加)可以有效地用于混淆试图截获基站和合法非正交多址接入用户之间的通信窃听者。具体而言,如图 16.4 所示,文献[6]部署了非正交多址接入传输以及上行链路中的大规模多输入多输出技术和非正交训练。利用天线阵列,基于空间信息识别用户集群。

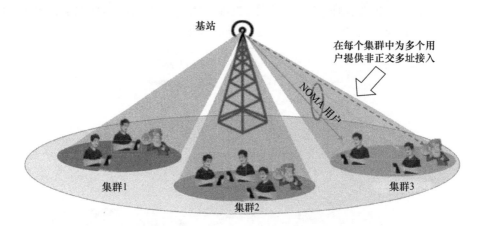

图 16.4 使用非正交多址接入在每个集群中提供多种用途

然后,由于非正交多址接入传输而在下行链路中的用户间干扰被有效地用于降低在窃听者处接收的信号。此外,借助于非正交训练,窃听者截获合法用户传输的可能性进一步降低。具体地说,这里利用了用户间干扰,并用于迷惑窃听者的信号。

通过非正交多址接入传输在无人机通信网络中增强物理层安全比在固定基础设施通信网络中更为重要。如前所述,这主要是由于此类网络的快速部署,以及用户可能被剥夺了实现其通信的任何其他手段。文献[33]提出了有趣的解决方案,以增强无人机-非正交多址接入网络中的物理层安全,该网络被部署在密集的用户区域上以提供宽带连接,这很好地代表了大多数临时事件(如体育场中的足球赛)。下一节将详细讨论文献[33]中提出的在无人机-非正交多址接入网络中增强物理层安全的解决方案(作为案例研究),以更好地为感兴趣的读者提供见解。

除了非正交多址接入中固有的用户间干扰之外,在上行链路中考虑非正交训练以进一步降低窃听者处的信号接收。

16.6 案例研究:无人机安全传输

本节讨论了有趣的案例研究,说明物理层安全技术如何有效地用于增强无人机-多输入多输出通信网络的安全性。如图 16.5 所示,部署无人机基站的目的是覆盖密集用户区域。然而,可以观察到,用户区域之外(称为窃听区域)有窃听者试图破坏合法用户和无人机基站之间的通信。注意,这里假设用户区域内没有窃听者。

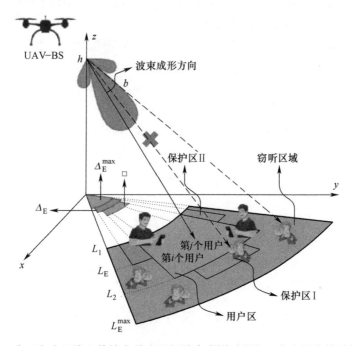

图 16.5 非正交多址接入传输在单个下行波束中同时服务于多个用户的系统场景

为了增强物理层安全,在用户区域周围引入了保护区。注意,可以保证保护区没有窃听者。例如,无人机基站可向保护区发射干扰信号,使得保护区内的窃听者无法拦截无人机基站与合法用户之间的通信。然而,由于物理限制,如无人机上的电力资源有限,保护区可能无法覆盖整个窃听区域。因此,文献[33]提出了基于无人机基站悬停高度的保护区形状的优化方法,以使可实现的非正交多址接入总和保密率最大化。下面将详细介绍拟议的解决方案。

16.6.1 系统模型

我们考虑一种毫米波非正交多址接入传输场景,其中配备 M-元素均匀线阵(ULA)的单无人机基站在下行链路中为单天线用户服务。假设所有用户都位于特定的用户区域内,如图 16.5 所示。

无人机基站生成的三维波束完全覆盖用户区域。假设共有 K 个用户，这些用户可以用集合 $\mathcal{N}_U = \{1,2,\cdots,K\}$ 来表示。用户区域由内径 L_1、外径 L_2 和角度 Δ 标识，该角度是无人机基站在 xy 平面上水平传播模式投影内的固定角度。请注意，通过修改这些控制参数，可以合理地模拟各种不同的热点场景，如体育场、音乐厅、交通堵塞和城市峡谷。

假设，尽管用户区域没有窃听者，但周围区域包括试图截获无人机基站和合法用户之间传输的窃听者。将用户区域（包括窃听者）周围的有界区域指定为窃听区域。与用户区域类似，我们通过相同的内半径 L_1、外半径 $L_E^{\max}$（大于 L_2）和角度 $\Delta_E^{\max}$（大于 Δ）来识别窃听区域，如图 16.5 所示。假设共有 K_E 个窃听者，由集合 $\mathcal{N}_E = \{1,2,\cdots,K_E\}$ 表示。请注意，无人机基站波束图的水平覆盖范围也包括窃听区域（因此任何窃听者都有到无人机基站的非零信道），但窃听区域的覆盖范围可能由旁瓣提供，具体取决于特定的辐射模式。

16.6.1.1　位置分布与毫米波信道模型

假设用户和窃听者在其指定区域内均匀随机分布，遵循密度分别为 λ 和 λ_E 的齐次泊松点过程（HPPP）。因此，用户（窃听）区域中的用户（窃听者）数量是泊松分布的，即

$$P(\text{用户区域中的 } k \text{ 个用户}) = \frac{\mu^k e^{-\mu}}{k!}, \mu = (L_2^2 - L_1^2)\frac{\Delta}{2}\lambda$$

假设所有用户都有视线路径，因为无人机基站在相对较高的高度盘旋，而且视线路径比毫米波频段的非视线路径强得多[8,35]。因此，第 k 个用户和无人机基站之间的信道如下：

$$\boldsymbol{h}_k = \sqrt{M} \frac{\alpha_k \boldsymbol{\alpha}(\theta_k)}{[\mathrm{PL}(\sqrt{d_k^2 + h^2})]^{1/2}} \tag{16.1}$$

式中，h、d_k、α_k 和 θ_k 分别表示无人机基站的悬停高度、第 k 个用户与无人机基站之间的水平距离、小尺度衰落增益（即具有 $\mathcal{CN}(0,1)$ 的复高斯增益）和出发角。此外，$\boldsymbol{\alpha}(\theta_k)$ 是与出发角 θ_k 相关联的转向矢量，$\mathrm{PL}(x)$ 表示距离 x 的路径损耗（PL）。注意，窃听区域（即 $\ell \in \mathcal{N}_E$）中的第 ℓ 个窃听者和无人机基站之间的信道也可以通过等式(16.1)给出。

16.6.2　增强物理层安全的保护区方法

图 16.5 所示的无人机基站和合法用户之间的整体传输方案极易受到窃听攻击，因此物理层安全受到威胁。本章考虑了采用保护区方法来提高网络的保密率[24,31]。在拟议方法中，通过一些措施，用户区域周围（Eve 区域内）的额外区域（即保护区）已被清除，以防窃听者，如图 16.6 所示。这个保护区实际上是整个窃听区域的一部分，我们用 q 和 $q \leq 1$ 来表示这个部分。请注意，清除保护区中的窃听者需要耗费一定的地面资源，因此我们的目标是使该区域尽可能小。此外，我们考虑优化保护区的形状，以提高保密率，同时保持其面积不变，这是我们在本章中解决的主要问题。

保护区可以用带 $\Delta_E^{\min} \leq \Delta_E \leq \Delta_E^{\max}$ 和 $L_1 \leq L_E \leq L_E^{\max}$ 的角距离（半径）对 (Δ_E, L_E) 表示。请注意，$L_E = L_E^{\max}$ 时，$\Delta_E^{\min}$ 为最小角度值。因此，可以将 $\Delta_E^{\min}$ 表示为

$$\Delta_E^{\min} = \frac{q[((L_E^{\max})-L_1^2)^2 \Delta_E^{\max} - (L_2^2 - L_1^2)\Delta]}{(L_E^{\max})^2 - L_2^2} \tag{16.2}$$

如图 16.6 所示，对于固定 q 值，保护区可能有不同形状。请注意，无论何时 $\Delta_E < \Delta$，L_E 都应比 L_2 大（如图 16.6 中的"保护区 I"）以具有非零保护区。然而，$\Delta \leq \Delta_E \leq \Delta_E^{\max}$ 时，

第 16 章 无人机通信的物理层安全

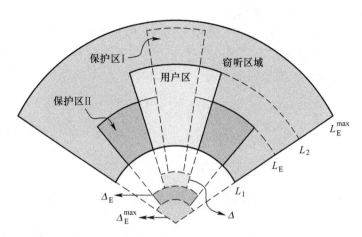

图 16.6 由角度-距离对(Δ_E, L_E)表示的保护区示意图,该保护区没有任何窃听者

L_E 可能小于(如图 16.6 中的"保护区Ⅱ")或大于 L_2,取决于用户区域的面积和特定的 q 选择。具体而言,可以将 L_E 参数化表示为

$$L_E^2 = L_2^2 + \frac{q}{\Delta_E}[((L_E^{\max})^2 - L_1^2)\Delta_E^{\max} - (L_2^2 - L_1^2)\Delta] \tag{16.3}$$

因为 $\Delta_E^{\min} \leqslant \Delta_E \leqslant \Delta$。无论何时 $\Delta \leqslant \Delta_E \leqslant \Delta_E^{\max}$,有

$$L_E^2 = L_1^2 + \frac{q}{\Delta_E}[((L_E^{\max})^2 - L_1^2)\Delta_E^{\max} - \frac{1-q}{q}(L_2^2 - L_1^2)\Delta] \tag{16.4}$$

只要 $L_E^2 \geqslant L_2^2$,且 L_E 表示为

$$L_E^2 = L_1^2 + \frac{q}{\Delta_E - \Delta}[((L_E^{\max})^2 - L_1^2)\Delta_E^{\max} - (L_2^2 - L_1^2)\Delta] \tag{16.5}$$

16.6.3 无人机基站下行链路的安全非正交多址接入

本节考虑了无人机基站下行链路中的非正交多址接入传输,以提高频谱效率,并评估存在保护区时的相关保密率。

16.6.3.1 保密中断与总和保密率

假设无人机基站生成波束 $\boldsymbol{b}$,其中方位域中的各个投影方向为 $\bar{\theta}$,其中 $\bar{\theta} \in [0, 2\pi]$[35]。假设一个临界等距阵列,通过等式(16.1),可以得出用户在波束成形方向 $\bar{\theta}$ 上的有效信道增益 $k \in \mathcal{N}_U$[35]:

$$\begin{aligned}|\boldsymbol{h}_k^H \boldsymbol{b}|^2 &\approx \frac{|a_k|^2}{M \times \mathrm{PL}(\sqrt{d_k^2 + h^2})} \left|\frac{\sin(\pi M(\bar{\theta} - \theta_k)/2)}{\sin(\pi(\bar{\theta} - \theta_k)/2)}\right|^2 \\ &= \frac{|\alpha_k|^2}{\mathrm{PL}(\sqrt{d_k^2 + h^2})} F_M(\pi[\bar{\theta} - \theta_k])\end{aligned} \tag{16.6}$$

式中,$F_M(\cdot)$ 为费耶核。类似地,最有害的窃听者的有效信道增益 g_E 如下:

$$g_E = \max_{k_E \in N_E} |\boldsymbol{h}_{k_E}^H \boldsymbol{b}|^2 \tag{16.7}$$

式中，h_{k_E} 为第 k_E 个窃听者的信道增益。

在推导非正交多址接入传输中的保密率时，假设无人机基站所需用户的有效信道增益已知，而窃听者的信道增益未知。在不损失任何通用性的情况下，还假设集合 $\mathcal{N}_U$ 中的用户已经根据其有效信道增益从最佳到最差进行索引，如等式（16.6）所示。将 β_k 定义为第 2 个用户的功率分配系数，因此使 $\beta_1 \leqslant \cdots \leqslant \beta_k$，可以得出 $\sum_{k=1}^{K} \beta_k^2 = 1$。传输信号通过叠加编码生成：

$$x = \sqrt{P_{Tx}} b \sum_{k=1}^{K} \beta_k s_k \tag{16.8}$$

式中，P_{Tx} 和 s_k 分别为总下行链路发射功率和第 k 个用户的消息。然后，给出了第 k 个用户处接收到的信号：

$$y_k = h_k^H x + v_k = \sqrt{P_{Tx}} h_k^H b \sum_{k=1}^{K} \beta_k s_k + v_k \tag{16.9}$$

式中，v_k 为具有方差 N_0 的零均值复加性高斯白噪声。

接收到的信号如等式（16.9）所示，每个用户首先在存在较强用户消息（分配较小功率）的情况下，依次解码所有较弱用户（分配较大功率）的消息。其次从等式（16.9）中的接收信号中减去这些解码消息，每个用户解码自己的消息，将较强用户的消息视为噪声。该整体解码过程称为连续干扰消除，且第 k 个用户在串行干扰消除之后使用以下信噪比解码其自己的消息：

$$\text{SINR}_k = \frac{P_{Tx} |h_{k_E}^H b|^2 \beta_k^2}{(1 - \delta_{k1}) P_{Tx} \sum_{l=1}^{k-1} |h_k^H b|^2 \beta_l^2 + N_0} \tag{16.10}$$

式中，δ_{k1} 为克罗内克函数，在 $k=1$ 时取值为 1，否则取值为 0。假设窃听者具有强大的检测能力[24,56]，最具危险性的窃听者解码第 k 个用户消息，信噪比如下：

$$\text{SINR}_k^E = \frac{P_{Tx} \beta_k^2 g_E}{(1 - \delta_{k1}) P_{Tx} \sum_{l=1}^{k-1} \beta_l^2 g_E + N_0^E} \tag{16.11}$$

式中，N_0^E 为相关的噪声方差。

考虑到等式（16.10）中的信噪比，第 k 个用户的瞬时速率为 $R_k^{NOMA} = \log_2(1 + \text{SINR}_k)$。同样地，考虑等式（16.11），用于解码第 k 个用户消息的最具危险性的窃听者的瞬时速率由 $R_{k,E}^{NOMA} = \log_2(1 + \text{SINR}_k^E)$ 给出。因此，第 k 个合法用户的保密率为[4,24]

$$C_k^{NOMA} = [R_k^{NOMA} - R_{k,E}^{NOMA}]^+ \tag{16.12}$$

式中，$[x]^+ = \max\{x, 0\}$。如等式（16.12）所示，保密率始终严格为正[51]。假设，$\overline{R}_k$ 表示用户 $k \in \mathcal{N}_U$ 期望的保密率，将保密中断事件定义为在具有相应保密中断概率 $P_k^o = P\{C_k^{NOMA} < \overline{R}_k\}$ 的任何时候 $C_k^{NOMA} < \overline{R}_k$ 发生的事件。因此，非正交多址接入传输的中断总和保密率为

$$R^{NOMA} = (1 - P_k^o) \overline{R}_k \tag{16.13}$$

为了进行性能比较，我们还考虑了正交多址接入传输的中断总和保密率。

16.6.3.2 保护区形状优化

本节将讨论保护区形状的优化,以提高保密率,同时保持其面积(即 q)不变。我们注意到,窃听区域内的任何特定分区域都不会同样损害可实现的保密率,即使分区域相同,窃听者的能力也相同。这主要是由于无人机基站和不同子区域中的窃听者之间的有效信道增益不同,这不仅是距离的函数,也是与每个窃听者相关联的相对角度(即与波束形成方向的角度偏移)的函数。

考虑等式(16.12),涉及最有害窃听者的次区域对保密率的影响最大。因此,与其任意选择子区域来形成保护区,不如包括(即保护)能够为潜在窃听者带来更好有效信道增益的子区域,从而可能涉及最有害的窃听者。

正如 16.6.3.4 节的讨论,最有害窃听者的位置分布也取决于无人机基站的悬停高度。特别是,当高度较低时,最有害的窃听者可能出现在图 16.6 中用"保护区 II"表示的 $\Delta_E \geq \Delta$ 和 $L_E \leq L_2$ 所在的次区域。相反,当高度较高时,包括最有害的窃听者在内的区域更接近图 16.6 中的"保护区 I"。因此,可以得出结论,应优化保护区的形状,以考虑无人机基站的悬停高度。因此,在特定高度和给定 q 的情况下,保护区的最佳形状可确定为

$$\begin{cases} \Delta_E^*, L_E^* = \operatorname{argmax}_{\Delta_E, L_E} R^{\text{NOMA}} \\ \text{s. t. } \Delta_E^{\min} \leq \Delta_E \leq \Delta_E^{\max} \\ L_E \text{ 由等式}(16.3) \sim \text{等式}(16.5) \text{ 计算} \end{cases} \quad (16.14)$$

式中,R^{NOMA} 由等式(16.13)给出。

16.6.3.3 数值结果

本节给出了数值结果,以显示保护区形状优化的重要性及其对无人机基站悬停高度变化时可实现的总和保密率的影响。考虑到图 16.5,假设 $L_2 = 100\text{m}$、$L_1 = 25\text{m}$、$L_E^{\max} = 1.5 L_2$ m、$\Delta = 0.02\text{rad}(1.145°)$、$\Delta_E^{\max} = 2\Delta$、$\bar{\theta} = 0°$,以及 $M = 100$。用户分布基于 $\lambda = 1$ 时的齐次泊松点过程,用户目标保密率分别为 $\bar{R}_j = 4\text{BPCU}$(每信道使用位数)和 $\bar{R}_i = 1\text{BPCU}$。功率分配比分别为 $\beta_j^2 = 0.25$ 和 $\beta_i^2 = 0.75$,而 $P_{T_x} = 10\text{dBm}$ 和 $N_0 = -35\text{dBm}$。在根据用户的有效信道增益对用户进行排序后,假设 $j = 1$ 和 $i = 20$ 的两个用户非正交多址接入传输。假设路径损耗模型为路径损耗 $\left(\sqrt{d_k^2 + h^2}\right) = 1 + \left(\sqrt{d_k^2 + h^2}\right)^\gamma$,其中 $\gamma = 2$[8],无人机基站高度为 $h \in [10, 150]m$。

16.6.3.4 最有害的窃听者位置

图 16.7 和图 16.8 分别给出了两个不同高度 $h = \{10, 100\}$ m 和齐次泊松点过程密度 $\lambda_E = \{0.1, 1\}$ 的最有害窃听者位置的角度和距离分布。从图 16.7 可以看出,在 $h = 10\text{m}$ 的较低高度,最有害的窃听者很可能具有大于 $\Delta/2$ 的相对角。特别是,对于 $\lambda_E = 1$,最有害的窃听者的相对角始终超过 $\Delta/2$,而对于 $\lambda_E = 0.1$,其下降到约 70%的时间。当高度增加(即 $h = 100\text{m}$)时,最有害的窃听者的相对角度小于 $\Delta/2$。

从图 16.8 可以看出,在较低(较高)高度,最有害的窃听者的路径损耗距离小于(大于)100m,即 $h = 10\text{m}(h = 100\text{m})$。因此,我们得出结论,与高海拔地区相比,低海拔地区最有害的窃听者往往具有更大的相对角度和更小的路径损耗距离。

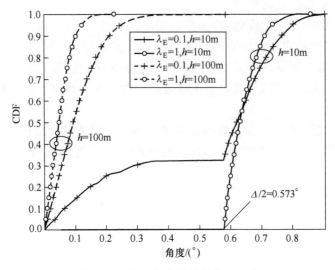

图 16.7 最有害窃听者的角度分布

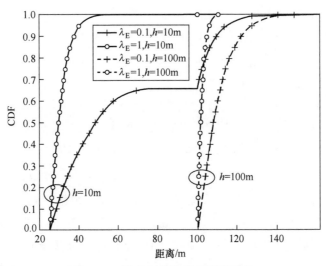

图 16.8 最有害窃听者的距离分布

16.6.3.5 保护区形状对保密率的影响

图 16.9 描述了 $h=\{10,100\}$ m 高度（假设 $q=0.2$）下的总保密率以及保护区角度（即 Δ_E）。可以看出，当 $h=10$m 时，保密率在 $\Delta_E \approx 1.7°(>\Delta)$ 处达到最大，而在 $h=100$m 时，最佳角度为 $\Delta_E \approx 0.7°(<\Delta)$。这一观察结果与 16.6.3.4 节中的讨论一致，即最有害的窃听者在低（高）海拔处的相对角度大于（小于）$\Delta/2$。

同样，图 16.10 显示了与图 16.9 相同设置下的保密率以及保护区距离（即 L_E）。可以看出，虽然最大化保密率的最佳距离在 $h=10$m 时为 $L_E \approx 110$m，但在 $h=100$m 时为 $L_E \approx 145$m。与之前一样，这一观察结果也与我们在 16.6.3.4 节中关于最有害窃听者的距离分布的讨论非常一致。这表明在不同悬停高度优化保护区形状以最大化总和保密率的重要性。

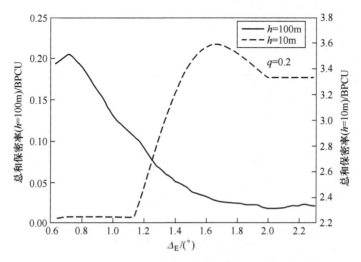

图 16.9 非正交多址接入的总保密率以及保护角度
（即 Δ_E，对于 $h=\{10,100\}$m，$q=0.2$，$\lambda_E=0.1$）

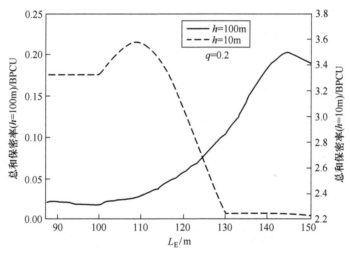

图 16.10　$h=\{10,100\}$m，$q=0.2$ 和 $\lambda_E=0.1$ 时
非正交多址接入的总和保密率以及保护区距离（即 L_E）

16.6.3.6　保密率随高度而变化

图 16.11 给出了非正交多址接入和正交多址接入传输的总和保密率，以及 $h\in[10,150]$m 的不同高度和不同保护区大小（即 $q\in\{0,0.2,0.5\}$）。对于非零保护区（即 $q\neq 0$），考虑到 16.6.3.2 节中讨论的形状优化，确定总和保密率。此外，图 16.11 还捕获了固定形状（$h=10$m 时的最佳形状）下 $q=0.2$ 的总和保密率变化。可以看出，固定保护区形状产生的总和保密率仅在 $h=10$m 左右与优化保护区形状的总和保密率相当，并且在所有其他高度上表现更差。此外，我们观察到，若窃听区域的很大一部分可以被保护区覆盖（即 q 增加），则保密率会提高。根据目标总和保密率与作战高度，还可以确定最小 q。通过这种方

式,通过指定较少的区域作为保护区,可以最佳地实现所需的保密率,这将减轻清除任何不必要区域以避免窃听者的负担。还要注意的是,非正交多址接入的保密率远远高于正交多址接入,尤其是在低海拔地区。

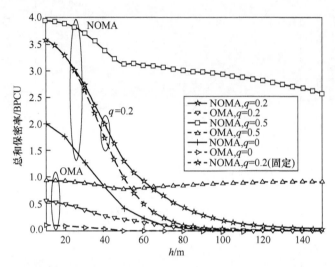

图 16.11 非正交多址接入和正交多址接入以及无人机基站悬停高度的总和保密率,其中 $q \in \{0, 0.2, 0.5\}$,$\lambda_E = 0.1$

在图 16.12 和图 16.13 中,捕获了 $q=0.2$ 和 0.5 时保护区最佳形状(角度和距离)的变化。特别是,图 16.12 显示了最佳角度 Δ_E^* 变化,而图 16.13 描绘了无人机基站悬停高度的最佳距离 L_E^* 变化。可以看出,Δ_E^* 随着高度的增加(图 16.12)而减小,而 L_E^* 随着高度的增加(图 16.13)而增大。这一观察结果与 16.6.3.4 节中的讨论很好地吻合;16.6.3.4 节讨论了在较低高度,最有害的窃听者往往具有较大的相对角度和较小的距离,而在较高高度,则相反。

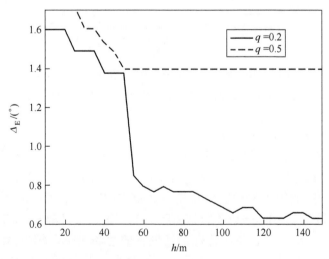

图 16.12 无人机基站悬停高度变化时的最佳角度 Δ_E^* 变化。此时,$q=0.2, 0.5$

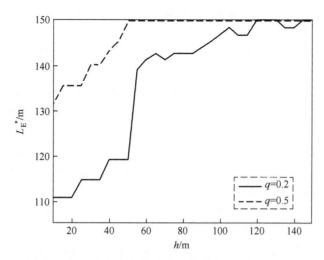

图 16.13　无人机基站悬停高度变化时的最佳距离 L_E^* 变化。此时,$q=0.2,0.5$

16.7　总　　结

无线通信网络极易受到恶意用户的安全攻击。这主要是由于用于实现发射机和合法用户之间通信为无线信道。本章首先讨论无线通信网络中可能发生的安全攻击,其次介绍最先进的物理层安全技术,以防止恶意用户进行此类攻击。特别是,本章广泛讨论了物理层安全技术如何确保无人机无线通信网络中的安全通信。为此,对无人机航迹设计、协同干扰和引入保护区的重要性进行了广泛讨论。

本章结束时介绍了有趣的案例研究,该案例研究了基于无人机的毫米波通信网络在考虑物理层安全技术和非正交多址接入传输情况下可实现的保密率。特别引入了资源受限的保护区方法来增强物理层安全。首先,在不同无人机高度研究了对保密率影响较大的最有害窃听者的位置分布。基于最有害窃听者的位置分布,针对给定的无人机悬停高度确定相关最佳保护区形状,以提高保密率。

参 考 文 献

[1] Alex Fitzpatrick. Drones are here to stay. Get used to it. *TIME*, May. 2018. URL http://time.com/longform/time-the-drone-age/.

[2] AT&T. Flying COW connects Puerto Rico, Nov. 2017. URL http://about.att.com/inside.connections.blog/flying.cow.puertori.

[3] BBC. Drones to the rescue, May 2018. URL http://www.bbc.com/news/business-43906846.

[4] M. Bloch, J. Barros, M. R. D. Rodrigues, and S. W. McLaughlin. Wireless information-theoretic security. *IEEE Trans. Inf. Theory*, 54（6）：2515－2534, June 2008. ISSN 0018-9448. doi：10.1109/TIT.2008.921908.

[5] X. Chen, K. Makki, K. Yen, and N. Pissinou. Sensor network security: a survey. IEEE *Commun. Surv.*

[6] X. Chen, Z. Zhang, C. Zhong, D. W. K. Ng, and R. Jia. Exploiting inter-user interference for secure massive non-orthogonal multiple access. *IEEE J. Sel. Areas in Communi.*, 36 (4): 788–801, Apr. 2018. doi: 10.1109/JSAC.2018.2825058.

[7] M. Cui, G. Zhang, Q. Wu, and D. W. K. Ng. Robust trajectory and transmit power design for secure UAV communications. *IEEE Trans. on Vehic. Technol.*, 67 (9): 9042–9046, Sep. 2018. doi: 10.1109/TVT.2018.2849644.

[8] Z. Ding, P. Fan, and H. V. Poor. Random beamforming in millimeter-wave NOMA networks. *IEEE Access*, (99): 1–1, 2017. ISSN 2169-3536. doi: 10.1109/AC-CESS.2017.2673248.

[9] D. Dzung, M. Naedele, T. P. Von Hoff, and M. Crevatin. Security for industrial communication systems. *Proc. of the IEEE*, 93 (6): 1152–1177, June 2005. ISSN 0018-9219. doi: 10.1109/JPROC.2005.849714.

[10] Y. Gao, H. Tang, B. Li, and X. Yuan. Joint trajectory and power design for uav-enabled secure communications with no-fly zone constraints. *IEEE Access*, 7: 44459–44470, 2019. doi: 10.1109/ACCESS.2019.2908407.

[11] D. Goeckel, S. Vasudevan, D. Towsley, S. Adams, Z. Ding, and K. Leung. Artificial noise generation from cooperative relays for everlasting secrecy in two-hop wireless networks. *IEEE J. Sel. Areas in Communi.*, 29 (10): 2067–2076, Dec. 2011. ISSN 0733-8716. doi: 10.1109/JSAC.2011.111216.

[12] S. Goel and R. Negi. Secret communication in presence of colluding eavesdroppers. In *IEEE Military Communi. Conf. (MILICOM)*, pages 1501–1506 Vol. 3, Oct 2005. doi: 10.1109/MILCOM.2005.1605889.

[13] S. Goel and R. Negi. Guaranteeing secrecy using artificial noise. *IEEE Trans. on Wireless Communi.*, 7 (6): 2180–2189, June 2008. ISSN 1536-1276. doi: 10.1109/TWC.2008.060848.

[14] P. K. Gopala, L. Lai, and H. El Gamal. On the secrecy capacity of fading channels. *IEEE Trans. on Info. Theory*, 54 (10): 4687–4698, Oct 2008. ISSN 0018-9448. doi: 10.1109/TIT.2008.928990.

[15] J. M. Hamamreh, H. M. Furqan, and H. Arslan. Classifications and applications of physical layer security techniques for confidentiality: A comprehensive survey. *IEEE Commun. Surveys Tuts*, pages 1–1, 2018. ISSN 1553-877X. doi: 10.1109/COMST.2018.2878035.

[16] X. He and A. Yener. Cooperative Jamming: *The Tale of Friendly Interference for Secrecy*. Securing Wireless Communications at the Physical Layer, Springer US, 2010.

[17] H. Huang, N. Ahmed, and P. Karthik. On a new type of denial of service attack in wireless networks: The distributed jammer network. *IEEE Trans. Wireless Communi.*, 10 (7): 2316–2324, July 2011. ISSN 1536-1276. doi: 10.1109/TWC.2011.052311.101613.

[18] Y. Jiang, C. Lin, X. Shen, and M. Shi. Mutual authentication and key exchange protocols for roaming services in wireless mobile networks. *IEEE Trans. on Wireless Commun.*, 5 (9): 2569–2577, Sep. 2006. ISSN 1536-1276. doi: 10.1109/TWC.2006.05063.

[19] H. Lee, S. Eom, J. Park, and I. Lee. UAV-aided secure communications with cooperative jamming. *IEEE Trans. on Vehic. Technol.*, 67 (10): 9385–9392, Oct. 2018. doi: 10.1109/TVT.2018.2853723.

[20] B. Li, Z. Fei, Y. Zhang, and M. Guizani. Secure UAV communication networks over 5G. *IEEE Wireless Communi.*, pages 1–7, 2019a. doi: 10.1109/MWC.2019.1800458.

[21] Y. Li, R. Zhang, J. Zhang, S. Gao, and L. Yang. Cooperative jamming for secure UAV communications with partial eavesdropper information. *IEEE Access*, 7: 94593–94603, 2019b. doi: 10.1109/ACCESS.2019.2926741.

[22] X. Lin. Cat: Building couples to early detect node compromise attack in wireless sen¬ sor networks. In *Proc. IEEE Global Telecommun. Conf.*, pages 1–6, Nov. 2009. doi: 10.1109/GLOCOM.2009.5425922.

[23] X. Lin, R. Wiren, S. Euler, A. Sadam, H. Maattanen, S. Muruganathan, S. Gao, Y. .E. Wang, J. Kauppi, Z. Zou, and V. Yajnanarayana. Mobile network-connected drones: Field trials, simulations, and design insights. *IEEE Vehic. Technol. Magazine*, 14 (3): 115–125, Sep. 2019. doi: 10.1109/MVT.2019.2917363.

[24] Y. Liu, Z. Qin, M. Elkashlan, Y. Gao, and L. Hanzo. Enhancing the physical layer security of non-orthogonal multiple access in large-scale networks. *IEEE Trans. Wireless Commun.*, 16 (3): 1656–1672, Mar. 2017. ISSN 1536-1276. doi: 10.1109/TWC.2017.2650987.

[25] R. Ma, W. Yang, Y. Zhang, J. Liu, and H. Shi. Secure mmwave communication using UAV-enabled relay and cooperative jammer. *IEEE Access*, 7: 119729–119741, 2019. doi: 10.1109/ACCESS.2019.2933231.

[26] Arvind Merwaday, Adem Tuncer, Abhaykumar Kumbhar, and Ismail Guvenc. Improved throughput coverage in natural disasters: Unmanned aerial base stations for public-safety communications. *IEEE Veh. Technol. Mag.*, 11 (4): 53–60, 2016.

[27] A. Mukherjee and A. L. Swindlehurst. Robust beamforming for security in mimo wiretap channels with imperfect csi. *IEEE Trans. on Signal Processing*, 59 (1): 351–361, Jan 2011. ISSN 1053-587X. doi: 10.1109/TSP.2010.2078810.

[28] T. Ohigashi and M. Morii. A practical message falsification attack on WPA. In *Proc. Joint Workshop Inf. Security*, pages 1–12, Aug. 2009.

[29] Z. Qin, Y. Liu, Z. Ding, Y. Gao, and M. Elkashlan. Physical layer security for 5G non-orthogonal multiple access in large-scale networks. In *IEEE Int. Conf. on Communi. (ICC)*, pages 1–6, May 2016. doi: 10.1109/ICC.2016.7510755.

[30] D. R. Raymond and S. F. Midkiff. Denial-of-service in wireless sensor networks: Attacks and defenses. *IEEE Perv. Comput.*, 7 (1): 74–81, Jan 2008. ISSN 1536-1268. doi: 10.1109/MPRV.2008.6.

[31] N. Romero-Zurita, D. McLernon, M. Ghogho, and A. Swami. Phy layer security based on protected zone and artificial noise. *IEEE Sig. Process. Lett.*, 20 (5): 487–490, May 2013. ISSN 1070-9908. doi: 10.1109/LSP.2013.2252898.

[32] N. Rupasinghe, Y. Yapici, I. Guvenc, and Y. Kakishima. Non-orthogonal multiple access for mmWave drones with multi-antenna transmission. In *Proc. IEEE Asilomar Conf. Sig., Sys. Comp.*, 2017.

[33] N. Rupasinghe, Y. Yapici, I. Guvenc, H. Dai, and A. Bhuyan. Enhancing physical layer security for NOMA transmission in mmwave drone networks. In *2018 52nd Asilomar Conf. Signal, Syst., Computers*, pages 729–733, Oct. 2018. doi: 10.1109/AC-SSC.2018.8645326.

[34] N. Rupasinghe, Y. Yapici, I. Guvenc, M. Ghosh, and Y. Kakishima. Angle feedback for NOMA transmission in mmwave drone networks. *IEEE J. Sel. Topics in Signal Process.*, 13 (3): 628–643, June 2019. doi: 10.1109/JSTSP.2019.2905226.

[35] N. Rupasinghe, Y. Yapici, I. Guvenc, and Y. Kakishima. Non-orthogonal multiple access for mmWave drone networks with limited feedback. *IEEE Trans. Commun.*, pages 1–1, Jan. 2019. ISSN 0090-6778. doi: 10.1109/TCOMM.2018.2867465.

[36] Y. Saito, Y. Kishiyama, A. Benjebbour, T. Nakamura, A. Li, and K. Higuchi. Non-orthogonal multiple access (NOMA) for cellular future radio access. In *Proc. IEEE Veh. Technol. Conf. (VTC)*, pages 1–5, Jun. 2013. doi: 10.1109/VTCSpring.2013.6692652.

[37] C. E. Shannon. Communication theory of secrecy systems. *The Bell System Technical Journal*, 28 (4):

656-715, Oct. 1949. ISSN 0005-8580. doi: 10.1002/j. 1538-7305. 1949. tb00928. x.

[38] Y. Shiu, S. Y. Chang, H. Wu, S. C. Huang, and H. Chen. Physical layer security in wireless networks: a tutorial. *IEEE Wireless Commun.*, 18 (2): 66 – 74, Apr. 2011. ISSN 1536 – 1284. doi: 10. 1109/MWC. 2011. 5751298.

[39] W. Stallings. *Cryptography and Network Security Principles and Practices*. Prentice Hall PTR, 2006.

[40] A. L. Swindlehurst. Fixed sinr solutions for the mimo wiretap channel. *In Proc. IEEE Int. Conf. on Acoustics, Speech and Signal Process.*, pages 2437 – 2440, April 2009. doi: 10.1109/ICASSP. 2009. 4960114.

[41] Technical Specification Group Radio Access Network. Study on downlink multiuser superposition transmission (MUST) for LTE. Technical Report 3GPP TR36. 859 v13. 0. 0, 3rd Generation Partnership Project (3GPP), Dec. 2015.

[42] Technical Specification Group Radio Access Network. Enhanced LTE support for aerial vehicles. Technical Report 3GPP TR36. 777, 3rd Generation Partnership Project (3GPP), Dec. 2017.

[43] E. Tekin and A. Yener. The general gaussian multiple-access and two-way wiretap chan¬ nels: Achievable rates and cooperative jamming. *IEEE Trans. on Info. Theory*,54(6): 2735-2751, June 2008. ISSN 0018-9448. doi: 10. 1109/TIT. 2008. 921680.

[44] M. Tian, Q. Zhang, S. Zhao, Q. Li, and J. Qin. Secrecy sum rate optimization for downlink MIMO nonorthogonal multiple access systems. *IEEE Signal Process. Lett.*,24(8): 1113-1117, Aug. 2017. doi: 10. 1109/LSP. 2017. 2711022.

[45] Q. Wang, Z. Chen, H. Li, and S. Li. Joint power and trajectory design for physical-layer secrecy in the uav-aided mobile relaying system. *IEEE Access*, 6: 62849 – 62855, 2018. doi: 10.1109/ACCESS. 2018. 2877210.

[46] Y. Wei, K. Zeng, and P. Mohapatra. Adaptive wireless channel probing for shared key generation. In *Proc. IEEE INFOCOM*, pages 2165-2173, Apr. 2011. doi: 10. 1109/INF- COM. 2011. 5935028.

[47] A. D. Wood and J. A. Stankovic. Denial of service in sensor networks. *IEEE Computer*, 35 (10): 54-62, Oct. 2002. ISSN 0018-9162. doi: 10. 1109/MC. 2002. 1039518.

[48] Q. Wu ,G. Y. Li, W. Chen, D. W. K. Ng, and R . Schober. An overview of sustainable green 5G networks. *IEEE Wireless Communi.*, 24 (4): 72-80, Aug. 2017. doi: 10. 1109/MWC. 2017. 1600343.

[49] Y. Wu, R. Schober, D. W. K. Ng, C. Xiao, andG. Caire. Securemassivemimotransmission with an active eavesdropper. *IEEE Trans. on Info. Theory*, 62 (7): 3880-3900, July 2016. ISSN 0018-9448. doi: 10. 1109/TIT. 2016. 2569118.

[50] A. D. Wyner. The wire-tap channel. *The Bell System Tech. J.*, 54 (8): 1355-1387, Oct. 1975. ISSN 0005-8580. doi: 10. 1002/j. 1538-7305. 1975. tb02040. x.

[51] N. Yang, H. A. Suraweera, I. B. Collings, and C. Yuen. Physical layer security of tas/mrc with antenna correlation. *IEEE Trans. Inf. Forensics Security*, 8 (1): 254-259, Jan. 2013. ISSN 1556-6013. doi: 10. 1109/TIFS. 2012. 2223681.

[52] Y. Zeng and R. Zhang. Active eavesdropping via spoofing relay attack. In Proc. *IEEE Int. Conf. on Acoust., Speech and Signal Process. (ICASSP)*, pages 2159 – 2163, Mar. 2016. doi: 10. 1109/ICASSP. 2016. 7472059.

[53] Y. Zeng, R. Zhang, and T. J. Lim. Wireless communications with unmanned aerial vehicles: opportunities and challenges. *IEEE Commun. Mag.*, 54 (5): 36-42, May 2016. ISSN 0163-6804. doi: 10. 1109/MCOM. 2016. 7470933.

[54] G. Zhang, Q. Wu, M. Cui, and R. Zhang. Securing uav communications via joint trajectory and power

control. *IEEE Trans. on Wireless Communi.*, 18 (2): 1376 - 1389, Feb 2019. doi: 10. 1109/TWC. 2019. 2892461.

[55] S. Zhang, Q. Wu, S. Xu, and G. Y. Li. Fundamental green tradeoffs: Progresses, challenges, and impacts on 5G networks. *IEEE Communi. Surveys Tuts*, 19 (1): 33 - 56, Firstquarter 2017. doi: 10. 1109/COMST. 2016. 2594120.

[56] X. Zhang, X. Zhou, and M. R. McKay. Enhancing secrecy with multi-antenna transmission in wireless ad hoc networks. *IEEE Trans. Inf. Forensics Security*, 8 (11): 1802-1814, Nov. 2013. ISSN 1556-6013. doi: 10. 1109/TIFS. 2013. 2279842.

[57] N. Zhao, D. Li, M. Liu, Y. Cao, Y. Chen, Z. Ding, and X. Wang. Secure transmission via joint precoding optimization for downlink miso noma. *IEEE Trans. on Vehic. Technol.*, 68 (8): 7603-7615, Aug. 2019. doi: 10. 1109/TVT. 2019. 2920144.

[58] X. Zhou and M. R. McKay. Secure transmission with artificial noise over fading channels: Achievable rate and optimal power allocation. *IEEE Trans. on Vehic. Technol.*, 59 (8): 3831-3842, Oct 2010. ISSN 0018-9545. doi: 10. 1109/TVT. 2010. 2059057.

[59] Y. Zhou, P. L. Yeoh, H. Chen, Y. Li, R. Schober, L. Zhuo, and B. Vucetic. Improving physical layer security via a UAV friendly jammer for unknown eavesdropper location. *IEEE Trans. on Vehic. Technol.*, 67 (11): 11280-11284, Nov. 2018. doi: 10. 1109/TVT. 2018. 2868944.

[60] Y. Zou, J. Zhu, X. Wang, and L. Hanzo. A survey on wireless security: Technical challenges, recent advances, and future trends. *Proc. of the IEEE*, 104 (9): 1727-1765, Sep. 2016. ISSN 0018-9219. doi: 10. 1109/JPROC. 2016. 2558521.

第 17 章　无人机无线能量传输

Jie Xu[1], Yong Zeng[2,4], Rui Zhang[3]

1. 中国深圳香港中文大学未来智联网络研究院(FNii)和理工学院
2. 中国东南大学信息科学与工程学院移动通信国家重点实验室
3. 新加坡国立大学电气与计算机工程系
4. 中国江苏紫金山实验室

17.1　简　介

除无线通信外,射频信号还支持另一项新兴技术,即无线能量传输(WPT),该技术有望成为未来物联网(IoT)无线网络中为低功率电子设备提供永久且经济高效的能源供应的有前景的解决方案(参见文献[1-2])。在传统无线能量传输系统中,专用能量发射器(ET)通常部署在固定位置,以向分布式能量接收器(ER)发送射频信号,如低功率传感器和物联网设备。然而,射频信号长距离传输损耗严重,实际的无线能量传输系统在宽覆盖范围内的性能受到低端到端功率传输效率的根本制约。因此,为了为分散在大面积的大规模低功率能量接收器提供无处不在的无线能源接入,能量发射器需要以超密集方式部署。然而,这将极大地增加成本,从而阻碍未来无线能量传输系统的大规模实施。在文献中,已经提出了各种方法,旨在通过提高链路级的无线能量传输效率来缓解这一问题,如通过多天线能量波束成形[3-5]。

与之前的研究不同,由于无人机无线通信的成功[6-8],本章从系统层面的全新角度解决了上述问题,提出了全新的无线能量传输系统架构,将无人机用作飞行能量发射器。图 17.1 说明了拟议无人机无线能量传输体系结构,其中一组无人机作为移动能量发射器进行调度,在服务区域上空飞行,对地面上的一组分布式能量接收器进行合作式充电。通过联合航迹设计,利用无人机的完全可控机动性,该系统有望显著提高无限能量传输性能,同时与在固定位置部署静态能量发射器的传统无限能量传输系统相比,减少所需的能量发射器数量。

无人机无线能量传输系统需要解决的基本问题如下:"如何联合优化多架无人机的航迹,以便以公平的方式最大限度地将能量传输到所有能量接收器?"即使是一架或两架无人驾驶飞机的最简单场景,这个问题依然是有待解决的重大问题。请注意,在这个基本设置中,从无人机传输到两个能量接收器的功率主要取决于无人机的飞行航迹。例如,当无人机从一个能量接收器移动到另一个能量接收器时,其接收功率将分别减少和增加,从而导致两个能量接收器之间有趣的功率权衡(示例可参见文献[9-11])。

第17章 无人机无线能量传输

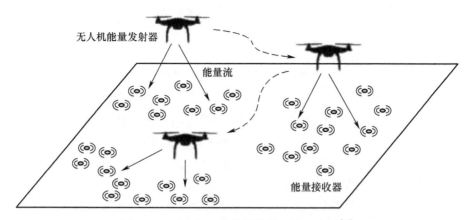

图 17.1 无人机无线能量传输系统示意图[9]

为了便于说明,本章将重点介绍无人机支持的多用户无线能量传输系统,其中一架无人机(能量发射器)在水平面上以固定的地面高度飞行,以无线方式为 $K>1$ 能量接收器充电。在所考虑的设置下,目标是在无人机的最大速度约束下,找到最佳无人机航迹,以在有限的充电周期内最大限度地将能量传递给 K 能量接收器。首先,我们考虑无人机在离地高度固定的水平面上的航迹优化,以最大化所有能量接收器的总接收能量。尽管该问题为非凸的,且涉及无限多个变量,但我们推导出了其最优解,这表明无人机在整个充电期间应停在最佳固定位置,这可以通过二维穷举搜索获得。一般而言,最佳固定悬停位置和能量最大化会产生严重的"远近"公平性问题,尤其是对于跨越大面积的网络,因为靠近无人机的近距离遥控器可以比远距离遥控器接收到更多的能量。

其次,为了解决公平性问题,我们考虑了另一个问题,即通过航迹优化最大化所有能量接收器中的最小接收能量。这个问题比以前的和能量最大化更具挑战性。为了获得有用的见解和性能上限,我们考虑一种理想情况,假设无人机的最大速度限制可以忽略,这对应于充电持续时间与无人机飞行时间相比足够大的情况。在这种情况下,问题被证明满足分时条件[12],因此可以通过拉格朗日对偶法进行优化求解。获得的最优解表明,无人机应悬停在一组最优位置上,并在这些位置之间分配最优悬停时间。

最后,在考虑无人机最大速度约束的一般情况下,考虑上述最小能量最大化问题。受理想情况下最佳多位置悬停解决方案的启发,我们提出了一种连续悬停和飞行航迹设计,其中无人机连续悬停在一组给定的悬停位置(如若充电持续时间足够长,则使用理想情况下获得的最佳悬停位置集),每个悬停位置持续一定时间并在这些悬停位置之间以最大速度飞行。通过找到访问所有悬停位置的旅行距离最短的路径,最小化总飞行时间。若充电持续时间足够大,则建议的航迹是渐近最优的,因此总飞行时间可渐近忽略不计。此外,我们还提出了基于连续凸逼近(SCA)的算法来获得最小能量最大化问题的局部最优解。基于连续凸逼近的算法采用连续飞行和悬停航迹作为初始输入,迭代细化无人机航迹,以提高所有能量接收器的最小能量,直至收敛。

本章的其余部分组织如下。17.2 节介绍了无人机无线能量传输系统模型。17.3 节给出了和能量最大化问题的最佳解决方案。17.4 节和 17.5 节分别给出了有和无无人机最大速度约束两种情况下最小能量最大化问题的最佳解决方案。17.6 节提供了数值结果,以验证我们提出的航迹设计的有效性。17.7 节对本章进行了总结,并讨论了值得未来研究的有趣研究方向。

17.2　系统模型

我们考虑无人机支持的多用户无线能量传输系统,指派无人机对地面 $K \geq 2$ 能量接收器传输无线能量。让 $\mathcal{K} \triangleq \{1,2,\cdots,K\}$ 表示能量接收器的集合。每个能量接收器 $k \in \mathcal{K}$ 在地面上有一个固定位置,在三维欧几里得坐标系中用 $(x_k, y_k, 0)$ 表示,假设无人机在其轨道设计中事先知道该位置。我们考虑持续时间为 T 的有限充电周期,表示为 $\mathcal{T} = [0, T]$。在每个时刻 $t \in \mathcal{T}$,假设无人机在地面以上的固定高度 $H > 0$ 飞行,其时变位置表示为 $(x(t), y(t), H)$。假设 $t = 0$ 和 $t = T$ 时的初始和最终无人机位置不是预先确定的,而是可以自由优化。用 V 表示无人机的最大可能速度,单位为米/秒(m/s)。然后,在每个时刻都有最大速度限制,表示为

$$\sqrt{\dot{x}^2(t) + \dot{y}^2(t)} \leq V \quad (17.1)$$

式中,$\dot{x}(t)$ 和 $\dot{y}(t)$ 分别表示 $x(t)$ 和 $y(t)$ 的时间导数。

在实践中,启用射频信号的无线能量传输在几米或几十米的距离上实施,因此无人机需要在相对较低的高度飞行,通常具有与地面能量接收器的视线链路。在这种情况下,考虑无人机和每个能量接收器之间无线信道的自由空间路径损耗模型,类似于之前关于无人机无线通信的工作[6]。在时间 $t \in \mathcal{T}$,从无人机到能量接收器 $k \in \mathcal{K}$ 的信道功率增益被建模为 $h_k(t) = \beta_0 d_k^{-2}(t)$,其中 $d_k(t) = \sqrt{(x(t) - x_k)^2 + (y(t) - y_k)^2 + H^2}$ 是它们的距离,β_0 表示在参考距离 $d_0 = 1\mathrm{m}$ 处的信道功率增益。假设无人机具有恒定的发射功率 P,则能量接收器 k 在时间 t 接收的射频功率由下式给出:

$$Q_k(x(t), y(t)) = h_k(t) P = \frac{\beta_0 P}{(x(t) - x_k)^2 + (y(t) - y_k)^2 + H^2} \quad (17.2)$$

在整个充电期间,每个能量接收器 $k \in \mathcal{K}$ 接收到的总能量是无人机航迹 $\{x(t), y(t)\}$ 的函数,可以写成

$$E_k(\{x(t), y(t)\}) = \int_0^T Q_k(x(t), y(t)) \mathrm{d}t \quad (17.3)$$

注意,每个能量接收器处,接收到的射频信号被转换为直流(DC)信号,以便通过整流器收集能量[4]。在实践中,射频-直流转换通常是非线性的,转换效率主要取决于能量接收器处接收到的射频功率和波形(参见文献[2,14-15])。一般而言,由于收集的直流功率随接收的射频功率单调增加,为简单起见,在本章中,我们考虑在射频-直流转换(作为性能矩阵)之前,在等式(17.2)中能量接收器接收的射频功率以及在等式(17.3)中的接收能量。

17.3　和能量最大化

本节考虑在充电期间,通过优化无人机的航迹 $\{x(t), y(t)\}$,使所有能量接收器的接收和能量最大化,该航迹受等式(17.1)中的速度约束。这个问题可以表示为

$$\begin{cases} \max_{\{x(t),y(t)\}} \sum_{k \in \kappa} E_k(\{x(t),y(t)\}) \\ \text{s.t. 等式}(1.1) \end{cases} \tag{P1}$$

问题(P1)涉及无限多个优化变量,即连续时间 t 上的 $x(t)$ 和 $y(t)$ 值。此外,(P1)是一个非凸优化问题,因为目标函数是关于航迹 $\{x(t),y(t)\}$ 的非凹函数。因此,问题(P1)通常很难直接得到最优解。然而,通过仔细研究(P1)的特殊结构,我们在下文中给出了(P1)的最优解。

为了便于描述,给定无人机在给定时间 t 的位置 $x(t)$ 和 $y(t)$,我们将所有 K 能量接收器的和能量定义为

$$\psi(x(t),y(t)) \triangleq \sum_{k \in \kappa} Q_k(x(t),y(t)) = \sum_{k \in \kappa} \frac{\beta_0 P}{(x(t)-x_k)^2 + (y(t)-y_k)^2 + H^2} \tag{17.4}$$

因此,在整个充电周期内由 K 能量接收器接收的和能量为

$$\sum_{k \in \kappa} E_k(x(t),y(t)) = \int_0^T \psi(x(t),y(t)) \mathrm{d}t \tag{17.5}$$

设 x^* 和 y^* 表示最大化功能 $\Psi(x,y)$ 的最佳无人机位置,即

$$(x^*,y^*) = \arg\max_{xy} \psi(x,y) \tag{17.6}$$

由于函数 $\Psi(x,y)$ 相对于 x 和 y 是非凹的,因此通常很难找到 x^* 和 y^* 的解析表达式。幸运的是,等式(17.6)中 $\Psi(x,y)$ 只有两个变量 x 和 y。此外,不难证明 x^* 和 y^* 应分别满足 x^* 和 y^*,其中

$$\underline{x} = \min_{k \in \kappa} x_k, \bar{x} = \max_{k \in \kappa} x_k, \underline{y} = \min_{k \in \kappa} y_k, \bar{y} = \max_{k \in \kappa} y_k \tag{17.7}$$

这是因为,如果 (x^*,y^*) 位于上文指定的框之外,我们总是可以通过将 (x^*,y^*) 移动到框中来增加传递到所有 K 能量接收器的能量。因此,我们可以在框区域 $[\underline{x},\bar{x}] \times [\underline{y},\bar{y}]$ 上采用二维穷举搜索来查找 (x^*,y^*)。请注意,问题(17.6)的 x^* 和 y^* 的最优解通常是非唯一的。

给定 x^* 和 y^*,我们有以下命题,其证明见文献[9]。

命题17.1 问题(P1)的最优航迹解如下:

$$x^*(t) = x^*, y^*(t) = y^* \tag{17.8}$$

命题17.1指出,在整个充电期间,无人机应在一个固定位置 (x^*,y^*,H) 悬停,称为单位置悬停。由于问题(17.6)的最优解 x^* 和 y^* 的非唯一性,这样的最优悬停位置 (x^*,y^*,H) 通常是非唯一的。然而,这种单位置悬停解决方案在多用户无线能量传输中可能会导致严重的"远近"公平性问题,因为靠近最佳悬停位置的近距离能量接收器明显可以比那些远距离能量接收器接收到更多的能量,特别是在具有许多能量接收器且彼此充分分离的大型网络中。

17.4 无限充电时间下的最小能量最大化

为了克服前面提到的和能量最大化问题中的公平性问题,我们考虑了一种替代的性能

指标,即最小能量最大化。具体地说,我们通过优化无人机的航迹$\{x(t),y(t)\}$,在等式(17.1)中最大无人机飞行速度约束下,最大化所有K能量接收器中的最小接收能量。一般来说,这个问题的表述如下:

$$\begin{cases} \max_{\{x(t),y(t)\}} \min_{k \in \mathcal{K}} E_k(\{x(t),y(t)\}) \\ \text{s.t. } 等式(1.1) \end{cases} \quad \text{P(2)}$$

问题(P2)是非凸的,比和能量最大化问题(P1)更难求解。特别是,命题17.1中给出的问题(P1)单位置悬停最优解不再适用于问题(P2)。

为了解决问题(P2),本节首先考虑一种理想情况,忽略等式(17.1)中的无人机速度限制,并以最佳方式解决松弛问题。实际上,等式(17.1)中的速度约束可以忽略,条件是充电持续时间T足够大(关于更严格的论点,参见命题17.3)。为了便于演示,我们在以下问题中无约束(17.1)地重写了问题(P2):

$$\max_{\{x(t),y(t)\}} \min_{k \in \mathcal{K}} E_k(\{x(t),y(t)\}) \quad \text{P(3)}$$

17.5节将考虑包含无人机速度约束(17.1)的问题(P2)的一般情况,并根据问题(P3)的最优解提出问题(P2)的有效解决方案。

17.4.1 多位置悬停解决方案

本小节介绍了$T \to \infty$时最小能量最大化问题(P3)的最佳解决方案。在这种情况下,通过引入辅助变量E,问题(P3)可以等价地表示为

$$\max_{\{x(t),y(t)\},E} E \quad \text{(P3.1)}$$

$$\text{s.t. } E_k(\{x(t),y(t)\}) \geq E \quad (17.9)$$

虽然问题(P3.1)是非凸的,但可以证明它满足文献[12]中的分时条件。因此,强对偶性介于问题(P3.1)及其拉格朗日对偶问题之间。因此,可以使用拉格朗日对偶方法[13]优化求解问题(P3.1)。

设$\lambda_k \geq 0$,对于第k个能量接收器,$k \in \mathcal{K}$,表示与等式(17.9)中约束相关联的对偶变量。然后,与问题(P3.1)相关的拉格朗日函数如下:

$$L(\{x(t),y(t)\},E,\{\lambda_k\}) = (1 - \sum_{k \in \mathcal{K}} \lambda_k)E + \int_0^T \sum_{k \in \mathcal{K}} \lambda_k Q_k(x(t),y(t)) \mathrm{d}t \quad (17.10)$$

相应地,问题(P3.1)的对偶函数能由下式给出:

$$f(\{\lambda_k\}) = \max_{\{x(t),y(t)\},E} L(\{x(t),y(t)\},E,\{\lambda_k\}) \quad (17.11)$$

注意,为了使对偶函数$f(\{\lambda_k\})$在(即$f(\{\lambda_k\}) < \infty$)之上有上界,它必须保持$\Sigma_{k \in \mathcal{K}}$ $\lambda_k = 1$。相应地,问题(P3.1)的对偶问题由下式给出:

$$\min_{\{\lambda_k\}} f(\{\lambda_k\}) \quad \text{(D3.1)}$$

$$\text{s.t. } \sum_{k \in \mathcal{K}} \lambda_k = 1 \quad (17.12)$$

$$\lambda_k \geq 0 \quad (17.13)$$

因此,我们可以通过等价地解决问题(P3.1)的对偶问题(D3.1)来解决问题(P3.1)。设$\{\lambda_k\}$的可行集以等式(17.12)中的约束为特征,且等式(17.13)表示为$\mathcal{X}$。接下来,我们首先求解问题等式(17.11)以获得任何给定可行对偶变量$\{\lambda_k\} \in \mathcal{X}$下的$f(\{\lambda_k\})$,然后

求解问题(D3.1)以找到最小化$f(\{\lambda_k\})$的最优$\{\lambda_k\}$,最后构造问题(P3.1)的最优原始解。

首先,通过求解问题(17.11)得到任意给定$\{\lambda_k\} \in \mathcal{X}$下的对偶函数$f(\{\lambda_k\})$。在这种情况下,问题(17.11)可分解为以下子问题:

$$\max_{E} \left(1 - \sum_{k \in \mathcal{K}} \lambda_k\right) E \tag{17.14}$$

$$\max_{x(t),y(t)} \widetilde{\psi}^{\{\lambda_k\}}(x(t),y(t)) \triangleq \sum_{k \in \mathcal{K}} \lambda_k Q_k(x(t),y(t)) \tag{17.15}$$

据上所述,等式(17.15)由无限多个子问题组成,每个子问题对应于一个时间瞬间t。对于所有$t \in \mathcal{T}$,设等式(17.14)和等式(17.15)的最优解表示为$E^{\{\lambda_k\}}$、$x^{\{\lambda_k\}}(t)$及$y^{\{\lambda_k\}}(t)$。

至于子问题(17.14),因为对任何可行的$\{\lambda_k\} \in \mathcal{X}$都成立,所以其目标值总是零。在这种情况下,为了得到对偶函数$f(\{\lambda_k\})$,可以选择任意实数作为最优解$E^{\{\lambda_k\}}$。

另外,注意,等式(17.15)中的子问题对于所有时间瞬间都是相同的。因此,可以删除时间指数t,并在等式(17.15)中重新表示每个问题:

$$\max_{x,y} \widetilde{\psi}^{\{\lambda_k\}}(x,y) \tag{17.16}$$

注意,问题(17.16)有两个优化变量,且$x^{\{\lambda_k\}}$和$y^{\{\lambda_k\}}$的最优解满足$\underline{x} \leq x^{\{\lambda_k\}} \leq \bar{x}$和$\underline{y} \leq y^{\{\lambda_k\}} \leq \bar{y}$,其中$\bar{x}$、$\underline{x}$、$\bar{y}$及$\underline{y}$由等式(17.7)给出。因此,我们可以在框区域$[\bar{x},\underline{x}] \times [\bar{y},\underline{y}]$上采用二维穷举搜索,以找到最佳$x^{\{\lambda_k\}}$和$y^{\{\lambda_k\}}$。相应地,问题(17.15)的最优解如下:

$$x^{\{\lambda_k\}}(t) = x^{\{\lambda_k\}}, y^{\{\lambda_k\}}(t) = y^{\{\lambda_k\}}, \forall t \in \mathcal{T} \tag{17.17}$$

注意,等式(17.16)中$x^{\{\lambda_k\}}$和$y^{\{\lambda_k\}}$的最优解通常是非唯一的,我们可以任意选择其中任何一个来获得对偶函数$f(\{\lambda_k\})$。通过将$E^{\{\lambda_k\}}$、$x^{\{\lambda_k\}}(t)$及$y^{\{\lambda_k\}}(t)$代入问题(17.11),得到对偶函数$f(\{\lambda_k\})$。

其次,在得到$f(\{\lambda_k\})$的情况下,求解对偶问题(D3.1),以找到最小化$f(\{\lambda_k\})$的最优对偶解$\{\lambda_k\}$。注意,对偶函数$f(\{\lambda_k\})$总是凸的,但通常是不可微分的[13]。因此,问题(D3.1)可以通过基于次梯度的方法解决,如椭球体方法[16]。注意,目标函数$f(\{\lambda_k\})$的次梯度由下式给出:

$$s_0(\lambda_1,\cdots,\lambda_\mathcal{K}) = [TQ_1(x^{(\{\lambda_k\})},y^{(\{\lambda_k\})}),\cdots,TQ_\mathcal{K}(x^{(\{\lambda_k\})},y^{(\{\lambda_k\})})]$$

其中,为简单起见,选择了$E^{\{\lambda_k\}} = 0$。此外,可将等式(17.12)中的等式约束视为两个不等式约束,$1 - \sum_{k \in \mathcal{K}} \lambda_k \leq 0$和$-1 + \sum_{k \in \mathcal{K}} \lambda_k \leq 0$,其次梯度由$s_1(\lambda_1,\cdots,\lambda_k) = -e$和$s_2(\lambda_1,\cdots,\lambda_k) = e$给出,其中$e$表示全一向量。将得到问题(D3.1)的最优对偶解表示为$\{\lambda_k^*\}$。

最后,基于问题(D3.1)的最优对偶解$\{\lambda_k^*\}$,我们需要得到问题(P3.1)的最优原解,用$\{x^*(t)\}$、$\{y^*(t)\}$和E^*表示。值得注意的是,当使用拉格朗日对偶方法通过对偶问题(D3.1)求解问题(P3.1)时,在最优对偶解$\{\lambda_k^*\}$(即$x^{\{\lambda_k^*\}}(t)$、$y^{\{\lambda_k^*\}}(t)$和$E^{\{\lambda_k^*\}}$)下的问题(17.11)的最优解是问题(P3.1)的最优原始解,如果该解是唯一的且初始可行的[13]。另外,当问题(17.11)的最优解$x^{\{\lambda_k^*\}}(t)$、$y^{\{\lambda_k^*\}}(t)$和$E^{\{\lambda_k^*\}}$是非唯一时,它们通

常可能不可行,也不可能是目标问题(P3.1)的最优解。在后一种情况下,我们需要在这些非唯一最优解之间进行时间共享,以构造问题(P3.1)的最优原始解 $\{x^*(t)\}$、$\{y^*(t)\}$ 和 E。

在最优对偶解 $\{\lambda_k^*\}$ 下,假设 $\{\lambda_k^*\}$ 下的问题(17.16)共有 1 个最优位置解要最大化 $\Psi^{\{\lambda_k^*\}}(x,y)$,表示为 $(x_1^*,y_1^*), \cdots, (x_\Gamma^*, y_\Gamma^*)$,通过在框区域 $[\underline{x},\overline{x}] \times [\underline{y},\overline{y}]$ 上的二维穷举搜索获得。无人机悬停在位置 $(x_\gamma^*, y_\gamma^*, H)$ 时,让 $Q_k(x_\gamma^*, y_\gamma^*)$ 表示每个能量接收器 $k \in \mathcal{K}$ 处的相应接收能量。由于问题(P3.1)和问题(D3.1)之间的零对偶间隙,很明显,对于任何时间 $t \in [0,t]$,必须从 Γ 悬停位置选择 $(x^*(t), y^*(t))$ 的最佳原始解。请注意,当无人机在不同时间 t 在同一位置悬停时,能量接收器将获得相同能量。因此,只需要确定各 Γ 解之间的分时比,就可以构造问题(P3.1)的最优原始解。在这里,分时意味着,无人机应该在总持续时间 T 的某一部分在不同位置悬停。τ_γ 让表示 $(x_\gamma^*, y_\gamma^*, H)$ 处的最佳悬停持续时间。然后,通过解决以下问题,可获得最优解 τ_γ^* 以及最大化的最小能量 E^*:

$$\begin{cases} \max_{\{\tau_\gamma \geq 0\}, E} \\ \text{s.t.} \sum_{\gamma=1}^{\Gamma} \tau_\gamma Q_k(x_\gamma^*, y_\gamma^*) \geq E, \forall k \in \mathcal{K} \\ \sum_{\gamma=1}^{\Gamma} \tau_\gamma = T \end{cases} \quad (17.18)$$

注意,问题(17.18)是一个线性规划(LP),可通过使用标准凸优化技术有效解决[13]。结果,找到了问题(P3.1)中 E^* 的最优解。最后,得到了问题(P3.1)(及问题(P3))中 $\{x^*(t), y^*(t)\}$ 的最优航迹解,这是基于上述分时性质在下面的命题中给出的,为了简洁起见,省略了证明。

命题 17.2 将整个充电周期分成 Γ 部分,用 $\mathcal{T}_1, \cdots, \mathcal{T}_\Gamma$ 表示,其中 $\mathcal{T}_\gamma = [\sum_{i=1}^{\gamma-1} \tau_i^*, \sum_{i=1}^{\gamma} \tau_i^*)$,持续时间为 1。然后,问题(P3.1)或问题(P3)的最优航迹解 $\{x^*(t), y^*(t)\}$ 由下式给出:

$$x^*(t) = x_\gamma^*, y^*(t) = y_\gamma^*, \forall t \in \mathcal{T}_\gamma, \gamma \in \{1, 2, \cdots, \Gamma\} \quad (17.19)$$

式中,$\mathcal{T}_\gamma \vee \mathcal{T}_\xi = \phi$,对于所有 $\gamma \neq \xi$,$U_{\gamma=1}^\Gamma \mathcal{T}_\gamma = \mathcal{T}$。

注 17.1 请注意,命题 17.2 意味着,为了最大化传输到 K 能量接收器的最小能量,无人机应在充电期间在多个固定位置上方悬停,最佳悬停位置(即 x_γ^* 和 y_γ^*)通常不同于能量接收器的位置(即 x_k 和 y_k)。我们将这种设计称为多位置悬停。与单位置悬停以获得最大和能量不同,这里的结果表明,无人机通常应悬停在不同位置,以平衡传递给所有能量接收器的能量。

17.5 有限充电时间下的最小能量最大化

本节通过将实际无人机的最大速度限制包括在等式(17.1)中,考虑了一般的最小能量最大化问题(P2)。一般来说,当 $K>2$ 时,这个问题很难得到全局最优解。为了解决这个问题,在

第 17 章 无人机无线能量传输

无人机最大速度约束的理想情况下,根据上述问题(P3)的最优解,提出了两个次优解。

17.5.1 连续悬停飞行航迹设计

本小节提出了一种连续悬停和飞行航迹设计,以在理想情况下基于问题(P3)的最优解来解决问题(P2)。回想一下,问题(P3)的最优解对应于 Γ 最优悬停位置,即 $\{(x_\gamma^*, y_\gamma^*, H)\}_{\gamma=1}^{\Gamma}$。在具有最大速度约束的拟议航迹设计中,无人机在每个位置连续悬停一定时间,并以最大速度 V 从一个位置飞到另一个位置。因此,为了找到最佳的连续悬停和飞行航迹,需要首先确定无人机的飞行路径,以访问所有具有最小飞行距离的 Γ 位置,从而最小化总飞行时间,然后在充电持续时间的剩余时间内优化这些位置的悬停时间。

17.5.1.1 访问 Γ 悬停位置的飞行距离最小化

确定无人机的飞行路径,以最小飞行距离访问所有 Γ 悬停位置。为了便于描述,让 $d_{\gamma,\zeta} \triangleq \sqrt{(x_\gamma^* - x_\zeta^*)^2 + (y_\gamma^* - y_\zeta^*)^2}$ 表示第 γ 个悬停位置和第 ζ 个悬停位置之间的距离 $(x_\zeta^*, y_\zeta^*, H)$。为任何 $\gamma, \zeta \in \{1, 2, \cdots, \Gamma\}$ 定义了二进制变量 $f_{\gamma,\zeta}$,其中,$f_{\gamma,\zeta} = 1$ 表示无人机应从第 γ 个悬停位置飞到第 ζ 个悬停位置,否则 $f_{\gamma,\zeta} = 0$。因此,航迹设计问题变成了将 $\{f_{\gamma,\zeta}\}$ 确定为最小化 $\sum_{\gamma=1}^{\Gamma} \sum_{\zeta=1,\zeta\neq\gamma}^{\Gamma} f_{\gamma,\zeta} d_{\gamma,\zeta}$,前提是每个 Γ 位置只访问一次。

这里考虑的飞行距离最小化问题让人想起著名的旅行商问题(TSP)(参见文献[17-18]),其区别如下。在标准旅行商问题中,推销员(或相当于我们感兴趣的无人机)需要在访问所有这些城市(或此处的悬停位置)后返回出发地(初始悬停位置);但飞行距离最小化问题没有这样的要求,因为初始和最终悬停位置可以优化。幸运的是,文献[19]中的飞行距离最小化问题可以转化为标准旅行商问题,如下所示。

首先,添加一个虚拟悬停位置,即第 $(\Gamma+1)$ 个悬停位置,它与所有现有 Γ 悬停位置的距离为 0,即对于所有 $\gamma \in \{1, 2, \cdots, \Gamma\}$,$d_{\Gamma+1,\gamma} = d_{\gamma,\Gamma+1} = 0$。请注意,此虚拟悬停位置是物理上不存在的虚拟节点。然后,通过求解 $\Gamma+1$ 悬停位置的标准旅行商问题,去除与虚拟位置相关的两条边,获得理想的移动路径。对于得到的移动路径,定义了集合 $\{1, 2, \cdots, \Gamma\}$ 的排列 $\pi(\cdot)$,这样无人机首先访问第 $\pi(1)$ 个悬停位置,然后访问第 $\pi(2)$ 个悬停位置,依此类推,直到最后访问第 $\pi(\Gamma)$ 个悬停位置。在这种情况下,以最大速度 V 得出的飞行距离和飞行持续时间分别作为 $D_{\text{fly}} = \sum_{\gamma=1}^{\Gamma-1} d_{\pi(\gamma),\pi(\gamma+1)}$ 和 $T_{\text{fly}} = D_{\text{fly}}/V$ 给出。将相应的航迹表示为 $\{\hat{x}(t), \hat{y}(t)\}_{t=0}^{T_{\text{fly}}}$。

值得注意的是,上述移动路径仅在充电持续时间 T 不小于 T_{fly} 时可行,即 $T \geq T_{\text{fly}}$,否则充电持续时间不足以让无人机访问所有 Γ 悬停位置。下文首先在使用 $T \geq T_{\text{fly}}$ 的情况下确定不同位置上的悬停时间分配,然后在使用 $T < T_{\text{fly}}$ 的情况下优化航迹设计。

17.5.1.2 $T \geq T_{\text{fly}}$ 时的悬停时间分配

首先考虑 $T \geq T_{\text{fly}}$ 时的情况。在上述移动路径 $\{\hat{x}(t), \hat{y}(t)\}_{t=0}^{T_{\text{fly}}}$ 下,航迹设计问题仍然是在 Γ 位置之间分配悬停持续时间 $T - T_{\text{fly}}$,以最大化传递给所有 K 能量接收器的最小能量。请注意,根据移动路径 $\{\hat{x}(t), \hat{y}(t)\}_{t=0}^{T_{\text{fly}}}$,可以获得无人机飞行时间内每个能量接收器

$k \in \mathcal{K}$ 接收到的能量作为 $E_k^{\mathrm{fly}} = \int_0^{T_{\mathrm{fly}}} Q_k(\hat{x}(t), \hat{y}(t))\,\mathrm{d}t$,其中 $Q_k(\cdot,\cdot)$ 由等式(17.2)给出。另外,回想一下,$Q_k(x_\gamma^*, y_\gamma^*)$ 表示无人机在 $(x_\zeta^*, y_\zeta^*, H)$ 位置悬停时在能量接收器 $k \in \mathcal{K}$ 处接收到的能量。然后,通过求解以下线性规划,可获得最佳悬停持续时间(表示为 τ_γ^{**}),以及相应的 K 能量接收器最大化的最小能量(表示为 E^{**}):

$$\begin{cases} \max_{\{\tau_\gamma \geqslant 0\}, E} E \\ \text{s. t.} \sum_{\gamma=1}^{\Gamma} \tau_\gamma Q_k(x_\gamma^*, y_\gamma^*) + E_k^{\mathrm{fly}} \geqslant E, \forall k \in \mathcal{K} \\ \sum_{\gamma=1}^{\Gamma} \tau_\gamma = T - T_{\mathrm{fly}} \end{cases} \quad (17.20)$$

通过获得最佳排列 $\pi(\cdot)$ 和最佳悬停持续时间 $\{\tau_\gamma^{**}\}$,最终确定连续悬停和飞行航迹,可总结如下。将充电周期划分为 $2\Gamma - 1$ 时隙;在第 $(2\gamma - 1)$ 个时隙中,持续时间为 $\tau_{\pi(r)}^{**}$,$\gamma \in \{1,2,\cdots,\Gamma\}$,无人机悬停在第 $\pi(r)$ 个位置 $(x_{\pi(\gamma)}^*, y_{\pi(\gamma)}^*, H)$;而在第 (2γ) 个时隙中,$\gamma \in \{1,2,\cdots,\Gamma-1\}$,无人机以最大速度 V 从第 $\pi(r)$ 个悬停位置飞到第 $\pi(\gamma+1)$ 个悬停位置 $(x_{\pi(\gamma+1)}^*, y_{\pi(\gamma+1)}^*, H)$。

命题 17.3 当充电持续时间 T 足够大时 ($T \gg T_{\mathrm{fly}}$),连续悬停和飞行航迹设计对于问题(P2)是渐近最优的。

证明:当 $T \gg T_{\mathrm{fly}}$ 时,飞行时间可忽略不计,因此连续悬停和飞行航迹相当于问题(P3)的最优多位置悬停解决方案。在这种情况下,问题(P2)的连续悬停和飞行航迹所获得的目标值逐渐接近问题(P3)的最优值,这实际上是问题(P2)的上限。因此,$T \gg T_{\mathrm{fly}}$ 时,拟议的航迹设计对于问题(P2)是渐近最优的。

17.5.1.3 $T < T_{\mathrm{fly}}$ 时的航迹优化

本小节将在 $T < T_{\mathrm{fly}}$ 时考虑场景。在这种情况下,基于旅行商问题解决方案的无人机移动路径 $\{\hat{x}(t), \hat{y}(t)\}_{t=0}^{T_{\mathrm{fly}}}$ 不再可行,因为充电时间不足以让无人机访问所有 Γ 悬停位置。为了解决这个问题,在 T 足够小(即 $T \to 0$),使无人机只能在单位置悬停时,首先找到问题(P2)的解决方案,然后重建修正的连续悬停和飞行航迹,以满足 $T < T_{\mathrm{fly}}$ 情况。

首先,$T \to 0$ 时,无人机应悬停在单固定位置,表示为 $(x_{\mathrm{fix}}, y_{\mathrm{fix}}, H)$,其中 x_{fix} 和 y_{fix} 可通过二维穷举搜索解决以下问题:

$$(x_{\mathrm{fix}}, y_{\mathrm{fix}}) = \arg\max_{xy} \min_{k \in \kappa} Q_k(x, y) \quad (17.21)$$

其次,我们按照如下方式重构航迹:在直线朝向中心点 $(x_{\mathrm{fix}}, y_{\mathrm{fix}}, H)$ 的情况下,通过缩小先前获得的移动路径 $\{\hat{x}(t), \hat{y}(t), H\}_{t=0}^{T_{\mathrm{fly}}}$,使得到的总飞行距离等于 VT:

$$\begin{cases} x^{**}(t) = \hat{x}(t/\kappa) + (1-\kappa)(x_{\mathrm{fix}} - \hat{x}(t/\kappa)) \\ y^{**}(t) = \hat{y}(t/\kappa) + (1-\kappa)(y_{\mathrm{fix}} - \hat{y}(t/\kappa)), \forall t \in [0, T] \end{cases} \quad (17.22)$$

式中,$\kappa = T/T_{\mathrm{fly}} < 1$ 表示线性比例因子。注意,$T \to 0$ 时,有 $\kappa \to 0$,并且上面重新设计的航迹减少到在单固定位置 $(x_{\mathrm{fix}}, y_{\mathrm{fix}}, H)$ 悬停;而 $T \to T_{\mathrm{fly}}$ 时,有 $\kappa \to 1$,上面重新设计的航迹变得与基于旅行商问题的航迹 $\{\hat{x}(t), \hat{y}(t), H\}_{t=0}^{T_{\mathrm{fly}}}$ 相同。

17.5.2 基于连续凸逼近的航迹设计

本小节开发了另一种基于连续凸逼近的算法,以找到问题(P2)的局部最优解。注意,基于连续凸逼近的航迹设计已针对无人机无线通信系统的吞吐量或能效最大化进行了研究[7-8],但结果不能直接应用于本章中考虑的无人机无线能量传输系统。

在基于连续凸逼近的航迹设计中,首先将整个充电持续时间离散为有限数量的 N 个时隙,每个时隙的持续时间 $\Delta = T/N$。注意,将持续时间 Δ 选择为足够小,因此可以假设无人机的位置在每个时隙 n 期间大致不变,表示为 $(x[n], y[n], H)$,$n \in \mathcal{N} \triangleq \{1, 2, \cdots, N\}$。在这种情况下,时隙 n 处每个能量接收器接收的能量由以下公式给出:

$$\hat{E}_k(x[n], y[n]) = \frac{\beta_0 P \Delta}{(x[n] - x_k)^2 + (y[n] - y_k)^2 + H^2} \tag{17.23}$$

因此,连续航迹 $\{x(t), y(t)\}$ 上的最小能量最大化问题(P2)可以在离散化的航迹变量 $\{x[n], y[n]\}_{n=1}^N$ 上重新表述如下:

$$\max_{\{x[n], y[n]\}} \min_{k \in \kappa} \sum_{n=1}^N \hat{E}_k(x[n], y[n]) \tag{17.24}$$

$$\begin{cases} \text{s.t.} \ (x[n] - x[n-1])^2 + (y[n] - y[n-1])^2 \leq V^2 \Delta^2 \\ \forall n \in \{2, 3, \cdots, N\} \end{cases} \tag{17.25}$$

式中,等式(17.25)中的约束对应于等式(17.1)中最大速度约束的离散化版本。请注意,等式(17.25)中的约束均为凸约束,但等式(17.24)中的目标函数为非凹的。因此,问题(17.24)是一个非凸优化问题。

对于非凸优化问题(17.24),我们通过提出一种基于 SCA 的算法来获得局部最优解,该算法以迭代方式运行,以在每次迭代中连续最大化等式(17.24)中目标函数的下界。特别地,让 $\{x^{(0)}[n], y^{(0)}[n]\}$ 表示初始航迹,$\{x^{(i)}[n], y^{(i)}[n]\}$ 表示迭代 $i \geq 1$ 后得到的航迹。我们有以下引理。

引理 17.1 对于任何给定 $\{x^{(i)}[n], y^{(i)}[n]\}$,$i \geq 0$,推出:

$$\hat{E}_k(x[n], y[n]) \geq \hat{E}_k^{(i)}(x[n], y[n]) \quad \forall k \in \kappa, n \in \mathcal{N} \tag{17.26}$$

其中

$$\hat{E}_k^{(i)}(x[n], y[n]) \triangleq \frac{2\beta_0 P \Delta}{(x^{(i)}[n] - x_k)^2 + (y^{(i)}[n] - y_k)^2 + H^2} - \frac{\beta_0 P \Delta((x[n] - x_k)^2 + (y[n] - y_k)^2 + H^2)}{((x^{(i)}[n] - x_k)^2 + (y^{(i)}[n] - y_k)^2 + H^2)^2} \tag{17.27}$$

等式(17.26)中的不均等对于 $[x[n] = x^{(i)}[n]]$ 和 $[y[n] = y^{(i)}[n]]$ 是十分接近的,即

$$\hat{E}_k(x^{(i)}[n], y^{(i)}[n]) = \hat{E}_k^{(i)}(x^{(i)}[n], y^{(i)}[n]), \forall k \in \kappa, n \in \mathcal{N} \tag{17.28}$$

证明:请参见文献[9]。

基于引理17.1,在每次迭代 $i+1$ 时,通过将问题(17.24)中的 $\hat{E}_k(x[n], y[n])$ 替换为等式(17.27)中各自的下界 $\hat{E}_k^{(i)}(x[n], y[n])$ 来优化 $\{x[n], y[n]\}$。更具体地说,将离

散化航迹更新为

$$\begin{cases} \{x^{(i+1)}[n], y^{(i+1)}[n]\} = \arg\max_{\{x[n], y[n]\}} \min_{k \in \mathcal{K}} \sum_{n=1}^{N} \hat{E}_k^{(i)}(x[n], y[n]) \\ \text{s.t 等式}(1.25) \end{cases} \quad (17.29)$$

注意,等式(17.27)中的函数 $\hat{E}_k^{(i)}(x[n], y[n])$ 对于 $x[n]$ 和 $y[n]$ 是共同凹的,因此问题(17.29)中的目标函数对于 $\{x[n], y[n]\}$ 是共同凹的。因此,问题(17.29)是一个凸优化问题,因此可以通过标准凸优化技术(如内点法)进行优化求解[13]。此外,由于引理17.1,问题(17.29)中的目标函数作为问题(17.24)中目标函数的下界。因此,在每次迭代 i 之后,$\{x^{(i)}[n], y^{(i)}[n]\}$ 单调增加问题(17.24)的目标函数[8]。由于问题(17.24)具有有限的最优值,等式(17.29)中基于连续凸逼近的算法通常会导致问题(17.24)的收敛解。

值得注意的是,基于连续凸逼近的算法性能取决于初始航迹 $\{x^{(0)}[n], y^{(0)}[n]\}$ 的选择。此时,选择拟议的连续悬停和飞行航迹的离散化版本作为 $\{x^{(0)}[n], y^{(0)}[n]\}$。在这种情况下,基于连续凸逼近的航迹设计始终可以实现至少不低于连续悬停和飞行航迹设计的性能,这将通过下一节中的数值结果进行验证。

17.6 数值结果

本节将提供数值结果,以评估我们提出的航迹设计性能。在模拟中设置 $\beta_0 = -30\text{dB}$,$H = 5\text{m}$,$P = 40\text{dBm}$。对于下文给出的所有模拟,考虑了能量接收器的平均接收能量,该能量通过充电持续时间 T 对总接收能量进行归一化得到。更具体地说,考虑一个启用无人机的无线能量传输系统,$K = 10$ 能量接收器,其位置如图17.2所示。

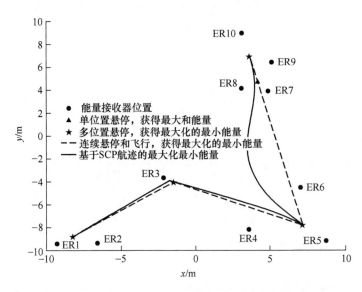

图 17.2 $K = 10$ 能量接收器的无人机无线能量传输系统的航迹设计[9]

首先,评估了和能量最大化问题(P1)的拟议最优解的性能。在图17.2中,三角形表示和能量最大化的最佳悬停位置(即等式(17.6)中给出的(x^*,y^*,H))。可以看出,该悬停位置靠近能量接收器 7~10,但远离其他能量接收器,尤其是能量接收器 1。图 17.3 显示了每个能量接收器接收到的相应平均能量。可以看出,能量接收器 7~10 比其他能量接收器接收到更多的能量,这表明该多用户无线能量传输系统在和能量最大化方面存在远近公平性问题。

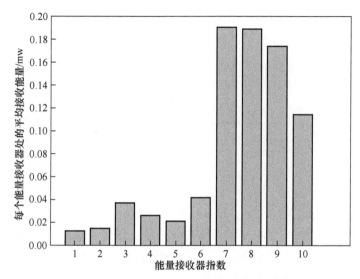

图 17.3 采用最优和能量最大化航迹设计的不同能量接收器的平均接收功率

其次,评估了针对最小能量最大化问题(P2)提出的航迹设计的性能。请注意,除了和能量最大化问题(P1)的单位置悬停解决方案,图 17.2 还显示了无人机速度约束问题(P3)的多位置悬停解决方案,以及通过假设 $T=20$s,考虑无人机速度约束的问题(P2)的拟议连续悬停和飞行航迹设计及基于连续凸逼近的航迹设计。可以看出,最小能量最大化问题(P3)有 $\varGamma=4$ 个最佳悬停位置,接近能量接收器 1~2、能量接收器 3、能量接收器 4~6 和能量接收器 7~10。这清楚地表明,当能量接收器彼此靠近(如能量接收器 7~10)时,无人机应在其上方的一个位置悬停,以更有效地为其充电。还可以看出,基于连续凸逼近的航迹设计和连续悬停与飞行航迹设计都会访问 $\varGamma$ 最佳悬停位置。此外,当从一个悬停位置飞行到另一个悬停位置时,基于连续凸逼近的航迹通常偏离连续的悬停和飞行航迹。

图 17.4 显示了针对拟议航迹设计,与以下两个基准方案相比,图 17.2 中 10 能量接收器无线能量传输系统中所有能量接收器接收的最大化最小平均能量与充电持续时间 T 的关系。

(1) 单位置悬停以实现最小能量最大化:在整个充电期间,无人机悬停在等式(17.21)中获得的固定位置 $(x_{\text{fix}},y_{\text{fix}},H)$。

(2) 连续悬停和飞越所有能量接收器:在该方案中,无人机的悬停位置不是优化,而是简单地设置为 K 能量接收器上方的 K 位置。通过将 $\{x_\gamma^*,y_\gamma^*,H\}_{\gamma=1}^{\varGamma}$ 替换为 $\{x_k,y_k,H\}_{k=1}^{K}$,该方案可以与 17.5.1 节中的方案类似地实施。

在图 17.4 中,上界对应于问题(P3)在忽略无人机最大速度约束的情况下获得的最优值。可以看出,两种拟议航迹设计,即连续悬停和飞行以及基于连续凸逼近的航迹设计,优

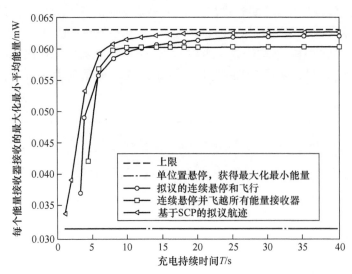

图17.4 $K=10$ 能量接收器时,每个能量接收器的最大化最小平均接收能量与充电持续时间 T 的关系

于单位置悬停设计,并且随着 T 变大,实现更高的平均最大化最小平均能量。当 $T \geq 15s$ 时,拟议的连续悬停和飞行以及基于连续凸逼近的航迹设计在所有能量接收器上也优于连续悬停和飞行航迹。此外,可以看出,基于连续凸逼近的航迹比连续悬停和飞行航迹获得更好的性能,并且当 T 变大时航迹收敛到上界。

17.7 结论与未来研究方向

本章介绍一种新型无人机多用户无线能量传输系统。利用无人机的机动性,通过在实际飞行速度约束下优化无人机的航迹,在给定的充电周期内最大限度地将能量传递给所有能量接收器。首先,考虑了所有能量接收器的和能量最大化,并获得了该问题的最优解,这表明无人机在整个充电过程中应仅在一个最优位置悬停。然而,这种单位置悬停解决方案可能会由于能量接收器与无人机的距离不同而导致其性能不公平。

为了解决这个问题,我们进一步考虑另一个问题,即最大化传输到所有能量接收器的最小能量。通过忽略无人机速度约束来考虑松弛问题,并推导出最优解,该解表明无人机应该在多个固定位置上悬停,并且在这些位置之间有最优的悬停时间分配。在此基础上,进一步提出了两种航迹设计新方法,用于在考虑无人机速度约束的一般情况下求解最小能量最大化问题。数值结果表明,与传统的具有静态能量发射器的无线能量传输系统相比,具有优化无人机航迹的无人机无线能量传输系统显著提高了无线能量传输性能,同时实现了对分布式能量接收器的公平能量传输。

希望本章能够为无人机无线能量传输和通信的未来研究铺平新的道路。下文将介绍本章中结果的一些潜在和有前景的扩展,并简要讨论本章中尚未解决的其他重要问题,以推动未来工作。

(1) 无人机无线能量传输系统中有效的航迹设计关键取决于从无人机到能量接收器的无线信道的精确建模。本章假设无人机至能量接收器通道以视线为主,因此使用自由空间路径损耗模型,类似于之前的工作[6,8]。但是,在某些应用场景中,如在森林或有高层建筑的城市环境中,无人机和能量接收器之间可能存在障碍物和大量散射体,因此应采用不同的无线信道模型。在这种情况下,可以使用仰角相关的随机信道模型,如概率视线模型和莱斯衰落模型,其中视线发生的概率和莱斯 K 因子取决于无人机的仰角[21]。然而,如何在这些新的和更复杂的信道模型下设计最优无人机航迹是一个有趣的开放问题。或者,代替使用随机无线信道模型,无线地图技术[22-23]可用于无人机获取信道传播环境的知识,以便于航迹设计。一般来说,如何基于无线电地图优化无人机航迹是一项非常有趣但具有挑战性的任务,而前期工作[24]表明,多位置悬停解决方案仍然适用于在充电持续时间较长时最大化多个能量接收器之间接收的最小能量。

(2) 本章为了揭示无人机无线能量传输最基本的设计见解,通过假设自由空间信道模型和关于能量接收器位置和信道状态信息的先验已知知识,重点介绍无人机(能量发射器)和多个能量接收器的基本系统设置。另一个有趣的方向是将支持无人机的无线能量传输扩展到一般的多无人机场景。在这种情况下,多架无人机应相互合作,以进一步提高无线能量传输性能。一方面,无人机可以根据单架无人机速度和无人机间的避碰约束协同设计其航迹;另一方面,无人机也可以基于分布式能量波束成形技术协同设计其能量信号[2]。如何联合设计多个无人机航迹及其分布式能量波束成形是一个非常有趣但非常重要的问题,值得进一步研究。此外,可以利用多无人机合作解决单架无人机有限的续航问题,以实现可持续性无线能量传输。如何在每架无人机有限续航时间的情况下,联合控制多架无人机的航迹,以优化无线能量传输性能,也是值得进一步研究的有趣问题。

(3) 值得指出的是,无人机支持的多用户无线能量传输系统中能量最大化的航迹设计原则也适用于多用户无线通信系统中的速率最大化和容量区域表征,如广播信道[25]、多址信道[26]和多播信道[27]。一般而言,在通信持续时间足够长的特殊情况下,多位置悬停航迹设计以及适当的无线资源分配已被证明是最佳的,可最大限度地提高某些支持无人机的多用户通信系统的可实现数据速率[25-27]。

(4) 最后但同样重要的是,在无人机无线能量传输的推动下,无人机无线动力通信网络(WPCN)最近也成为一个有趣的方向,其中无人机不仅用于在下行链路中向地面用户充电,还用于在上行链路中从地面用户收集信息。在文献[28]中,作者考虑了单架无人机无线动力通信网络的情况,其中时分多址协议用于分离与多个用户之间的下行链路无线能量传输和上行链路无线通信。在此设置下,无人机航迹设计与无线资源分配一起进行优化,以在有限的无人机飞行周期内最大化所有地面用户之间的上行链路公共(最小)吞吐量,同时满足其最大速度约束和一组新的用户能量中性约束。如何利用无人机实现具有统一无线信息和能量传输的自我可持续的无线网络是一个有趣的未来研究方向。

参 考 文 献

[1] S. Bi, C. K. Ho, and R. Zhang, "Wireless powered communication: Opportunities and challenges," *IEEE Commun. Mag.*, vol. 53, no. 4, pp. 117-125, Apr. 2015.

[2] Y. Zeng, B. Clerckx, and R. Zhang, "Communications and signals design for wireless power transmission," *IEEE Trans. Commun.*, vol. 65, no. 5, pp. 2264-2290, May 2017.

[3] J. Xu, L. Liu, and R. Zhang, "Multiuser MISO beamforming for simultaneous wireless information and power transfer," *IEEE Trans. Signal Process.*, vol. 62, no. 18, pp. 4798–4810, Sep. 2014.

[4] J. Xu and R. Zhang, "Energy beamforming with one-bit feedback," *IEEE Trans. Signal Process.*, vol. 62, no. 20, pp. 5370–5381, Oct. 2014.

[5] J. Xu and R. Zhang, "A general design framework for MIMO wireless energy transfer with limited feedback," *IEEE Trans. Signal Process.*, vol. 64, no. 10, pp. 2475–2488, May 2016.

[6] Y. Zeng, R. Zhang, and T. J. Lim, "Wireless communications with unmanned aerial vehicles: Opportunities and challenges," *IEEE Commun. Mag.*, vol. 54, no. 5, pp. 36–42, May 2016.

[7] Y. Zeng and R. Zhang, "Energy-efficient UAV communication with trajectory optimization," *IEEE Trans. Wireless Commun.*, vol. 16, no. 6, pp. 3747–3760, Jun., 2017.

[8] Y. Zeng, R. Zhang, and T. J. Lim, "Throughput maximization for UAV-enabled mobile relaying systems," *IEEE Trans. Commun.*, vol. 64, no. 12, pp. 4983–4996, Dec. 2016.

[9] J. Xu. Y. Zeng, and R. Zhang, "UAV-enabled wireless power transfer: Trajectory design and energy optimization," *IEEE Trans. Wireless Commun.*, vol. 17, no. 8, pp. 5092–5106, Aug. 2018.

[10] J. Xu, Y. Zeng, and R. Zhang, "UAV-enabled wireless power transfer: trajectory design and energy region characterization," in *Proc. IEEE Globecom Workshop*, Dec. 2017, pp. 1–7.

[11] Y. Hu, X. Yuan, J. Xu, and A. Schmeink, "Optimal 1D trajectory design for UAV-enabled multiuser wireless power transfer," *IEEE Trans. Commun.*, Early Access, 2019.

[12] W. Yu and R. Lui, "Dual methods for nonconvex spectrum optimization of multicarrier systems," *IEEE Trans. Commun.*, vol. 54, no. 7, pp. 1310–1322, Jul. 2006.

[13] S. Boyd and L. Vandenberghe, *Convex Optimization*. Cambridge, U. K.: Cambridge Univ. Press, 2004.

[14] B. Clerckx and E. Bayguzina, "Waveform design for wireless power transfer," *IEEE Trans. Signal Process.*, vol. 64, no. 23, pp. 6313–6328, Dec. 2016.

[15] M. R. V. Moghadam, Y. Zeng, and R. Zhang, "Waveform optimization for radio-frequency wireless power transfer," in *Proc. IEEE SPAWC*, 2017.

[16] S. Boyd. EE364b Convex Optimization II, Course Notes, accessed on Jun. 29, 2017. [Online]. Available: http://www.stanford.edu/class/ee364b/.

[17] M. Padberg and G. Rinaldi, "A branch-and-cut algorithm for the resolution of large-scale symmetric traveling salesman problems," *SIAM Rev.*, vol. 33, no. 1, pp. 60–100, 1991.

[18] C. E. Miller, A. W. Tucker, and R. A. Zemlin, "Integer programming formulation of traveling salesman problems," *J. ACM*, vol. 7, no. 4, pp. 326–329, Oct. 1960.

[19] E. L. Lawler, J. K. Lenstra, A. H. G. R. Kan, and D. B. Shmoys, *The Traveling Salesman Problem: A Guided Tour of Combinatorial Optimization*, 1st ed. Wiley, 1985.

[20] M. Grant and S. Boyd, CVX: Matlab software for disciplined convex programming, version 2.1, Mar. 2017. [Online]. Available: http://cvxr.com/cvx/.

[21] Y. Zeng, Q. Wu, and R. Zhang, "Accessing from the sky: A tutorial on UAV communications for 5G and beyond," *Proc. IEEE*, vol. 107, no. 12, pp. 2327–2375, Dec. 2019.

[22] O. Esrafilian, R. Gangula, and D. Gesbert, "Learning to communicate in UAV-aided wireless networks: Map-based approaches," *IEEE Internet Things J.*, vol. 6, no. 2, pp. 1791–1802, Apr. 2019.

[23] S. Bi, J. Lyu, Z. Ding, and R. Zhang, "Engineering radio maps for wireless resource management," *IEEE Wireless Commun.*, vol. 26, no. 2, pp. 133–141, Apr. 2019.

[24] X. Mo, Y. Huang, and J. Xu, "Radio-map-based robust positioning optimization for UAV-enabled wireless power transfer," *IEEE Wireless Commun. Letters*, vol. 9, no. 2, pp. 179–183, Feb. 2020.

[25] Q. Wu, J. Xu, and R. Zhang, "Capacity characterization of UAV-enabled two-user broadcast channel," *IEEE J. Sel. Areas Commun.*, vol. 36, no. 9, pp. 1955–1971, Sep. 2018.

[26] P. Li and J. Xu, "Fundamental rate limits of UAV-enabled multiple access channel with trajectory optimization," *IEEE Trans. Wireless Commun.*, vol. 19, no. 1, pp. 458–474, Jan. 2020.

[27] Y. Wu, J. Xu, L. Qiu, and R. Zhang, "Capacity of UAV-enabled multicast channel: Joint trajectory design and power allocation," in *Proc. IEEE ICC*, 2018.

[28] L. Xie, J. Xu, and R. Zhang, "Throughput maximization for UAV-enabled wireless powered communication networks," *IEEE Internet Things J.*, vol. 6, no. 2, pp. 1690–1703, Apr. 2019.

第 18 章 空中自组织网络

Kamesh Namuduri

美国北得克萨斯大学

自组织网络提供了一种扩展无人机无线通信范围的方法。它们为无人机之间以及无人机与地面控制站（GCS）之间的超视距无线电（BRLOS）通信提供了解决方案。虽然有几种方法可以在无人机之间扩展超视距无线电的连接，但就延迟而言，自组织网络是最有效的解决方案。然而，主要由于无人机的高机动性，在无人机之间建立和维护一个自组织网络非常具有挑战性。本章介绍了创建以无人机为节点的自组织网络的基本概念、挑战和解决方案，并讨论了无人机网状网络的移动性模型、适用标准和现有产品。

18.1 对无人机的通信支持

传统上，对无人机的通信支持来自地球静止轨道级别的卫星，如图 18.1 所示。然而，无人机的另外两种通信策略也在研究中：地面上运行的 4G/5G 蜂窝通信，如图 18.2 所示；空中网络和空中通信，如图 18.3 所示。这三种通信支持策略是相互独立、相互补充的。它们适用于有人和无人以及小型和大型飞机系统。三种通信支持模式在性能方面有所不同，如延迟和覆盖率等。卫星通信（SATCOM）提供无限覆盖率和大延迟。蜂窝通信提供中等覆盖率和中等延迟。通过空中自组织网络的直接通信提供有限覆盖率和低延迟，但它带来了高多普勒效应以及高移动性挑战。

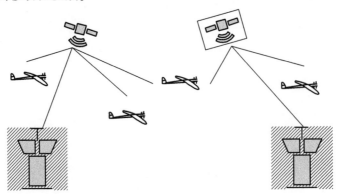

图 18.1 使用卫星通信的无人机导航和控制

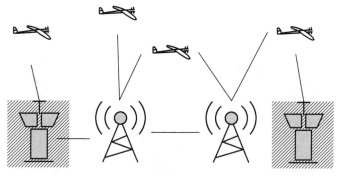

图 18.2 使用蜂窝通信的无人机导航和控制

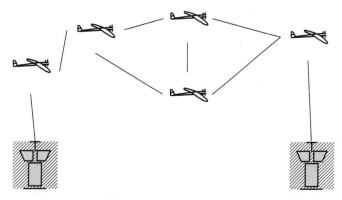

图 18.3 使用空中通信的无人机导航和控制

18.1.1 卫星连接

卫星通信是商用飞机导航最广泛使用的技术(图 18.1)。通常,地球静止卫星用于飞机导航。地球静止轨道的优点是,卫星全天保持在同一位置,天线可以指向卫星并保持在轨道上。由于地球静止轨道距离地球约 22300 英里(1 英里=1609.34m),卫星通信的延迟时间(信号从飞机到卫星的往返时间)约为 638ms。

近地轨道(LEO)卫星的定位、导航和定时(PNT)服务如今正在使用。近地轨道卫星提供的信号比全球导航卫星系统(GNSS)强得多,如中地球轨道的全球定位系统(GPS)。图 18.4 显示了 31 颗 GPS 卫星星座与 66 颗卫星铱星网络的对比[37-38]。铱信号比地面全球导航卫星系统的信号强 300~2400 倍,因此在全球导航卫星系统信号受阻的情况下,定位、导航和计时应用更具吸引力[23]。

18.1.2 蜂窝连接

卫星通信的一种替代方案是无人机系统指挥、控制和导航(C2N)服务的蜂窝网络。低空无人机的蜂窝连接最近受到了极大关注,这导致了第 15 版中对连接无人机的增强长期演进(LTE)支持的第三代合作伙伴计划研究[28]。电信业正积极致力于这一解决方案。在该策略中,无人机类似于用户设备或移动设备。就像蜂窝网络为移动设备提供连接服务一样,同一网络也可以为连接到它的无人机提供指挥、控制和导航服务。

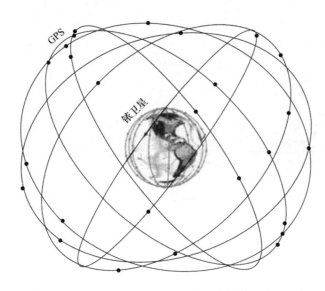

图 18.4　近地轨道上的 66 颗卫星铱星星座和中地球轨道上的 31 颗 GPS 卫星星座

18.1.3　空中连接

在提交给国际民航组织(ICAO)的报告中,作者[10]指出:"MH370 航班的事故表明需要对航空公司航班进行全球跟踪。"对于跨越海洋的飞行路径,如 MH370 航班,以及那些远离空中交通管制(ATC)监视设施的飞行路径,首先想到的是使用卫星通信。事实上,卫星通信是飞机在空中交通管制设施视线之外与空中交通管制通信的唯一解决方案,但这种方法有几个缺点。这是一个集中解决方案,要求所有飞机都配备昂贵的卫星通信设备。即使安装,它也要求所有飞机与空中交通管制通信,不允许飞机之间直接通信,这在许多情况下可能更有利,如近距离操作。

在商用航空领域,飞机对飞机的通信将有助于在空中对飞机进行全球跟踪,从而避免发生飞机失踪的事件。NextGen 和欧洲单一天空空中交通管理研究(SESAR)计划已推荐广播式自动相关监视系统(ADS-B)转发器,作为未来空中导航系统主干的强制性设备。然而,广播式自动相关监视系统在技术上无法对飞机进行全球监控。假设航空公司安装的广播式自动相关监视系统转发器无法关闭,并且其操作对于攻击(如劫机者、飞行员或机组人员)是万无一失的。飞机通过其无线电视线(RLOS)内的不可切换二次监视雷达(SSR)转发器对空中交通管制设施做出响应。配备不可切换广播式自动相关监视系统转发器的飞机也可以对来自空中交通管制广播式自动相关监视系统地面站的传入信息做出响应。然而,二次监视雷达和广播式自动相关监视系统通信仅在无线电视线内进行。在二次监视雷达和广播式自动相关监视系统框架内,超视距无线电通信无法实现。

在无人机世界中,飞机对飞机的通信将发挥更大的作用,因为它导致无人机之间的信息共享,与现有系统相比,大大增强了无人机的态势感知能力。亚马逊建议将无人机在 500 英尺(1 英尺=0.3048m)以下飞行的空域进行隔离。在这一领域,无人机预计将连接到在线网络,并相互直接通信,从而实现实时飞行的自动控制。空中连接是无人机成功融入国家领空的关键。为了实现包交付等应用,需要制定通信标准和协议。车间(V2V)通信是无人机防碰撞的关键,尤其是在近距离接触时。在地理围栏[9,24,45,48]、冲突缓解[12,21]、感知和避让[26,33]以及针对自由无人机的空域保护[35,41]等方面的创新,可以通过比目前任何其他方式更有效的空中网络进行设计。直接空中车间通信通过D2D通信在长期演进中实现,称为"长期演进侧链"。长期演进侧链是核心长期演进标准的一种改编,它允许使用演进的UMTS陆地无线接入网(E-UTRAN)技术在两个或多个附近设备之间进行通信,而无需基站[27]。

18.2 机动性挑战

机动性给飞机间通信带来了巨大挑战。为了理解这个问题,想象在一群无人机之间建立空中网络。该空中网络可以表示为图形,其中每个顶点表示一个空中节点,每条边表示一对空中节点之间的连接。当无人机高速移动时,节点之间的连接可能会频繁变化。在某一时刻拍摄的网络快照可能与在前一时刻拍摄的快照有很大不同。在任何时候,一些现有节点可能会退出网络,而一些新节点也可能会加入网络。网络中的节点数和连接数经常根据无人机的速度以及所用无线电的通信范围而变化。因此,可以将表示空中网络的图视为随机图。由于无人机不断移动而产生的拓扑变化导致无人机之间频繁失去连接。节点之间连接丢失反过来又导致在空中网络中建立的路由频繁变化,最终导致数据包丢失。将创建额外的开销通信量,以建立节点间共享信息所需的新路由。虽然可以制定策略来缓解这种影响,但移动性对整体网络性能的影响将非常显著,不能完全消除或忽略。

18.2.1 无人机系统间通信

无人机的高机动性导致接收信号和无人机间时变通信信道的多普勒频散较大。多普勒频移(f_d),是发射机和接收机的载波频率(f_c)与相对速度(V_r)的函数,随着无人机的机动性增加而增加

$$f_d = \frac{f_c V_r}{c}\cos(\theta) \tag{18.1}$$

式中,c为光速;θ表示相对速度矢量的角度。要量化机动性引起的频率偏移,考虑一个简单场景,其中两架无人机在同一高度飞行,并在它们之间保持一条视线。如果载波频率假设为5.9GHz,如专用短程通信(DSRC)无线电中的载波频率,即使相对速度为30m/s(相当于108km/h),多普勒频移也约为590Hz。文献[22]中报道的用专用短程通信无线电在车辆上进行的实验结果表明,在汽车车间通信中,多普勒频移显著地减小了有效通信范围,并增加了数据包丢弃。

在通过蜂窝网络等基础设施支持的车间通信的情况下,设计阶段的网络规划有助于对抗多普勒频移的影响。一些可用的解决方案包括配置循环前缀的长度和子载波间隔。然而,无人机高机动性导致的快速时变信道的精确跟踪是一个非常重要的问题[11]。

18.2.2 机动性模型

机载网络连接取决于物理、介质访问和网络层参数,包括:①天线类型及其在飞机上的

位置;②用于通信的无线电类型;③传输范围;④网络中存在的飞行器和地面车辆数量;⑤节点的机动性;⑥网络和安全协议等。

为了分析不同情况下的网络连接,需要考虑各种飞行试验场景,包括:①两个或多个机载节点;②地面车辆和飞行器;③一个或多个中继节点;④具有不同速度的飞行器;⑤具有不同传输范围能力的飞行器。测试场景反映了机载网络的任务和应用特定特征。

机动性模型是网络连接研究、网络性能评估以及最终可靠网络协议设计的分析框架的基础[13]。特别是,机动性模型捕获节点的移动模式,从中可以估计网络的时变特征,如节点分布以及链路和路径寿命的统计信息。为了提供有助于增强机载网络连接的准确预测,为机载网络开发现实且易于处理的机动性模型至关重要。一些机动性模型,如随机方向(RD)和随机航路点(RWP)[6-7,19,51]已在文献中得到广泛研究。随机航路点模型假设一个代理选择随机目的地(航路点)和飞行速度;到达后,它会在前往下一个目的地之前暂停。随机方向模型的扩展版本假设代理在随机选择的旅行时间之后随机选择速度和方向[14-15]。这些常见模型的随机特性,如空间分布,可以在文献[6-7,19,30]中找到。

广泛使用的随机航路点和随机方向模型非常适合描述移动自组织网络(MANET)中移动用户的随机活动;但是,它们缺乏描述飞行器特有功能的能力。例如,移动用户/地面车辆很容易减速、急转弯和朝相反方向行驶(参见捕获此类移动的增强随机机动性模型[5])。然而,飞行器,尤其是固定翼飞机,倾向于保持相同的航向和速度,并通过大半径转弯来改变方向。旋翼飞机也需要时间和空间来改变航向与方向。这一独特特征源于飞行器的机械和空气动力学约束,并反映在沿空间和时间维度的加速度相关性中。捕获这种独特的时空相关性并将其纳入机动性模型可以显著改进机载网络的路径估计和连接性分析,进而促进稳健机载网络的设计。我们建议对真实的理论模型进行彻底研究,这些模型捕捉了机载网络特有的特征,但足够简单和易于处理,以便于连接性分析和网络设计。

文献[31,49-50]中介绍了基本的平稳转弯(ST)机动性模型,该模型反映了飞行器对平滑航迹(如直线航迹或大半径转弯)而非急转弯的偏好。平稳转弯随机机动性模型背后的概念很简单。飞行器沿垂直于其航向的直线在空间中选择一个点,并围绕该点旋转,直到飞行器选择另一个圆心。这种垂直度是确保飞行航迹平滑的关键。此外,飞行器通常倾向于直线航迹和轻微转弯,而不是急转,因此我们使用高斯分布对圆半径的反向长度进行建模。此外,假设下一个圆心变化的等待时间是无记忆的,即圆心变化的时间不取决于无人机保持其当前圆心的持续时间。等待时间的无记忆特征通常用于对随机事件的发生进行建模,并将可再生过程的良好特征引入可处理分析[34]。例如,可以在任何时刻进行连接性分析,而无须事先了解飞行器保持向心加速度的持续时间。

平稳转弯机动性模型自然捕捉了无人机平稳转弯的运动,并且倾向于轻微转弯和直线航迹,而不是急转弯。它建立在丰富的机动目标跟踪文献[18,25,29,40]的基础上;这些作者深入研究了动力学,以捕获跨时间和空间坐标的运动相关性。然而,这些模型是为目标跟踪目的而建立的,它们侧重于对单个飞机的加速度和路径进行高精度预测,因此,它们的运动动力学过于复杂,无法直接用于我们的目的。由于需要在考虑组统计的情况下对飞行器的运动进行建模,平稳转弯模型通过简单的随机选择半径捕获空间坐标之间的相关性。

对机动性模型的分析有助于减轻机动性对网络性能的负面影响。大体上,无人机网络可以根据机动性模式的随机性进行分类。图18.5说明了4类机动性模式:从完全随机的飞行路径到定义明确的计划飞行路径。随着随机性的降低,路径的可预测性增加。路径可预测性可用于规划网络设计。

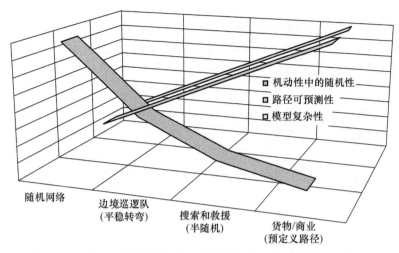

图18.5　具有不同程度随机性、可预测性和复杂性的机动性模型

18.3　建立自组织网络

根据定义,自组织网络缺乏任何基础设施。这意味着真正的自组织网络既不需要地面蜂窝通信支持,也不需要空间卫星通信支持。真正的自组织网络极具挑战性,几乎不可能建立和维护。挑战性的原因将在本章后文解释。利用任何可用资源来提高无人机网络的性能也很有意义。本节在假设没有支持无人机网络的基础设施的情况下讨论了一种建立自组织网络的策略。本讨论有两个目的:一是详细说明建立网络所涉及的步骤;二是概述建立无人机自组织网络所涉及的挑战。

建立自组织网络的过程从每个无人机的唯一标识开始。航空界正在致力于无人机的远程识别(remote ID)规范。远程识别为无人机系统提供唯一可识别的信息。无人机系统交通管理(UTM)、执法和安全应用程序需要远程识别。例如,执法机构可能希望通过直接查询无人机来了解无人机为何在特定区域飞行。无人机的远程识别将有助于验证无人机的授权使用及其预期飞行路径。

18.3.1　网络寻址

虽然远程识别可用于验证和授权无人机系统及其飞行路径,但网络识别对于建立自组织网状网络至关重要。远程识别的用途与网络识别的用途不同。

网络识别允许无人机系统连接到网络中的对等方,并在搜索和救援等应用程序中共享实时关键任务信息。例如,网络协议(IP)地址识别主机及其在网络中的位置,从而使其对等方能够建立到该主机的路径。自组织网络(或网状网络)非常适合无人机系统机队和机群应用。假设对网状网络使用网络协议,每架无人机系统都需要唯一可识别的网络协议地址,以便将一组无人机系统互连。

18.3.2 路由

自组织网络中没有中央控制器,因此无人机系统需要找到自己到目的地无人机系统的路由,以便与目的地无人机系统共享实时信息。当无人机移动时,它与近邻建立联系,并与更远的对等方建立路由。一旦确定了路径,主机就可以通过路径上的连接将其数据包路由到目的地。无人机的高机动性造成了网络拓扑的动态变化,因此无人机网络的路由是巨大挑战。例如,考虑一个由8架无人机组成的机群形成自组织网络,如图18.6所示。在该网络中,从一个节点到另一个节点的路由可能涉及多跳。由于无人机的高机动性,网络中的任何连接,尤其是涉及多条链路的连接,都可能会立即中断。在高度移动的网络中,路径甚至在建立之前就可能变得无效。由于这个原因,几乎不可能建立和维护自组织网络。因此,可合理利用任何可用的基础设施来增强无人机系统网络的连接性。图18.3显示了此类例子。

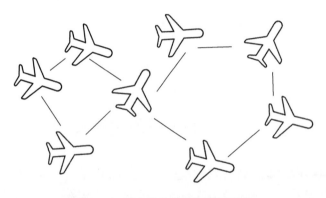

图18.6 无人机自组织网络示意图

为地面传统移动自组网设计的路由协议不适用于无人机系统网络。为地面网络开发的安全协议也是如此。例如,主要为地面网络开发的基于证书的认证协议将不适用于机载网络,因为与认证服务器来回共享信息需要花费一定的时间。因此,有必要开发轻量级安全协议。

18.4 标 准

一些国际组织正在努力制定支持无人机操作的标准,特别是在通信和交通管理方面。下文将讨论在不同进展阶段进行的一些密切相关和正在进行的标准活动。

18.4.1 美国材料与试验协会:无人机系统的远程识别

美国材料试验国际协会(又称美国测试和材料协会)是一个国际标准组织,正在制定无人机远程识别和跟踪标准。该任务由美国材料与试验协会委员会F38领导,其范围定义为[20]:"城市和农村(蜂窝基础设施范围内外)地面高度通常低于400英尺的任何低空地理区域,无论空域等级如何。在无人机系统运行期间,唯一识别(以及可能的其他注册号)以及位置和矢量(速度/方向)将以固定间隔进行通信,以便合规接收机能够识别广播机制接收机工作范围内和网络机制网络范围内的飞机。"

远程识别使无人机系统能够与其他方共享其唯一标识信息。远程识别将协助航空当局、执法部门和安全机构验证无人机是否合法授权飞行。远程识别有助于安全的无人机系统交通管理和公共安全。

18.4.2　欧洲民用航空设备组织:安全、可靠、高效的无人机系统运行

欧洲民用航空设备组织(EUROCAE)是制定全球公认航空行业标准的欧洲领导者。WG-105的任务是制定标准和指导文件,使无人机能够在任何时间、任何类型空域和所有类型的操作中安全运行。当前的重点领域是:无人机系统交通管理,指挥、控制和通信,检测和避让,设计和适航,特定运行风险评估以及增强远程控制飞行器系统自动化。

全球无人机系统交通管理协会(GUTMA)是由全球无人机系统交通管理利益相关方组成的非盈利联盟。其目的是促进国家空域系统中无人机的安全、可靠和高效集成,以支持和加速全球可互操作无人机系统交通管理系统的透明实施。

18.4.3　第三代合作伙伴计划:4G 长期演进和 5G 支持连接的无人机系统操作

蜂窝网络可以为无人机运行提供所需的通信基础设施支持,包括可靠的指挥和控制。蜂窝网络可以满足无人机系统交通管理的可靠性、延迟和吞吐量要求[47]。第15版中关于增强长期演进对连接无人机的支持的第三代合作伙伴计划研究解决了低海拔无人机的蜂窝连接问题。第16版包括对无人机系统远程识别的支持。第17版包括支持无人机系统连接、识别和跟踪、无人机系统5G增强和无人机系统应用层支持的工作项[43]。

18.4.4　IEEE P1920.1:空中通信和网络标准

本标准定义了自组织空中网络的广泛空对空通信框架。空中通信和网络标准独立于任何介质,如卫星或蜂窝通信系统。另外,空中通信可以与卫星和蜂窝通信共存并补充。IEEE P1920.1 标准包括用例、网络参考体系结构和安全参考体系结构。IEEE P1920.1 是与无人机系统通信和网络相关的一系列标准中的第一个。

18.4.5　IEEE P1920.2:无人机系统的车间通信标准

无人机系统车间标准定义了车间交换信息协议。信息交换将促进超视距(BLOS)和超视距无线电通信。飞机之间交换的信息可用于指挥、控制和导航,或用于任何特定用途。IEEE P1920.2 标准正在早期编制阶段。

18.5　技术和产品

近年来发展了几种支持自组织网状网络的技术,其中一些产品已经过无人机通信适用性的现场测试。下文将提供可支持无人机自组织网的货架产品的摘要。

18.5.1　Silvus Streamcaster

Silvus Technologies 公司推出了一种多输入多输出(MIMO)无线电,能够为移动自组织

网络提供视频和数据通信能力,用于军事、执法和公共安全应用。Silvus Technologies 公司的新产品 Streamcaster 4400 Enhanced(SC4400E)是 4×4 多输入多输出无线电,方便在需要最小化尺寸、重量和功率的便携式和嵌入式应用中使用。SC4400E 可用于无人机的自组织网[44]。

18.5.2 goTenna 产品

产品"goTenna"是用于移动网状网络的轻量级设备。它是用于公共安全和其他应用的分散离网短时突发通信的解决方案[36]。产品运行网状网络协议,该协议不使用任何用于广播和单播的控制包,并通过观察包头信息来构建状态。这是一个成本较低的网状网络解决方案。该产品已通过科罗拉多州先进技术空中消防卓越中心的现场测试[32]。

18.5.3 Persisitant System 公司的 MPU5 和波中继

MPU5 无线电系统建立在 3×3 多输入多输出技术上,允许在复杂的城市、地下和海上环境中扩展范围和提高吞吐量。波中继移动自组织网络设计用于机动性,是 MPU5 的核心。波中继是可扩展的对等网状网络解决方案,用于共享数据、视频和语音,无需任何基础设施支持。该产品已经过远程(超过 50 英里的空对地链路)通信的现场测试[46]。

18.5.4 Rajant 公司的 Kinetic Mesh 网络

Rajant 公司的 Kinetic Mesh 网络解决方案由 InstaMesh 网络协议驱动的 BreadCrumb 无线节点组成。BreadCrumb 节点可用于快速部署无线网状网络,而无需任何基础设施的支持。BreadCrumb 无线电的优势是其支持多个频段的能力,包括 900MHz、2.4GHz、4.9GHz 和 5GHz[39]。

图 18.7 说明了多频网络如何适应 BreadCrumb 节点 E 移动引起的变化。虚线显示了射频受到干扰的位置。在这些情况下,InstaMesh 会立即以清晰的频率重新路由交通。这些功能极大地缓解了射频瓶颈,同时保持了强大的容错能力、高吞吐量和低延迟。

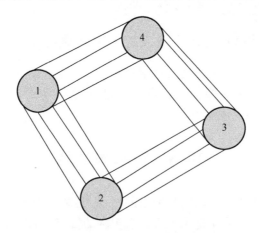

图 18.7　Rajant 公司的运动网状网络解决方案

18.6　作为无人机网络解决方案的软件定义网络

在空中网络中,无人机相互协作,即使在链路或节点故障的情况下也能保持网络连接。无人机系统网络应具有自组织、延迟容忍、灵活性、适应性和可扩展性。这种能力可以通过软件定义网络(SDN)来实现,该网络将网络设备的控制平面和数据平面解耦。软件定义网络通过逻辑上集中的控制器提供的软件抽象层促进网络管理和控制。新要求导致了将软件定义网络扩展到无线网络的提议。软件定义的无线网络将控制功能(无线电控制、频谱管理、移动性管理和干扰管理)与无线电数据平面解耦[4,17,42]。

对于航空航天网络,提出了利用预测网络中许多节点位置的能力的时间-空间软件定义网络(TS-SDN)。节点沿其飞行路径的位置和航迹可用于预测与控制网络状态,这可允许更好的拓扑管理、主动数据包路由和无线电资源管理,以及使用软件定义无线电(SDR)和预定操作[1-3]。软件定义网络的主要优点是可进化性和简化性[8]。软件定义网络提供了通过软件更新部署新策略的灵活性。软件定义无线电将这种更新灵活性扩展到部署新波形以在物理层使用。随着更大的研究群体开发出新算法和解决方案,软件定义的空中网络将能够更新,而无需部署新的昂贵硬件[8]。

在分布式控制范例中,每个无人机系统将控制自己的行为[16]。先前研究已经证明了OpenFlow与无线网状网络相结合的可行性,以及基于软件定义网络的控制策略相对于移动自组织网络中采用的传统策略的优势。

18.7　总　　结

本章概述了为无人机提供的卫星、蜂窝和空中通信三种连接策略。它解释了为什么机动性对建立空中联通性构成巨大挑战。介绍了建立无人机自组织移动网络的过程。强调了几乎不可能建立和维护真正的无人机自组织网络。另外,在现有基础设施的支持下,建立无人机网状网络是可能的。本章还讨论了目前正在制定的各种远程识别相关标准。讨论了目前可用于创建网状网络的技术和商业产品。最后,讨论了软件定义网络作为一种解决移动性挑战的方法。

参　考　文　献

[1] Brian Barritt and Wesley Eddy. Temporospatial sdn for aerospace communications. In *AIAA SPACE 2015 Conference and Exposition*, page 4656, 2015.

[2] Brian Barritt, Tatiana Kichkaylo, Ketan Mandke, Adam Zalcman, and Victor Lin. Operating a uav mesh & internet backhaul network using temporospatial sdn. In *Aerospace Conference*, 2017 IEEE, pages 1-7. IEEE, 2017.

[3] Brian James Barritt. *The Modeling, Simulation, and Operational Control of Aerospace Communication Networks*. PhD thesis, Case Western Reserve University, 2017.

[4] Carlos J Bernardos, Antonio De La Oliva, Pablo Serrano, Albert Banchs, Luis M Contreras, Hao Jin, and

Juan Carlos Zuniga. An Architecture for Software Defined Wireless Networking. *IEEE Wireless Communications*, 21 (3): 52-61, June 2014.

[5] C. Bettstetter. Smooth is better than sharp: a random mobility model for simulation of wireless networks. In *ACM International Workshop on Modeling, Analysis and Simulation of Wiresless and Mobile Systems*, Rome, Italy, July 2001.

[6] C. Bettstetter, H. Hartenstein, and X. Peréz-costa. Stochastic properties of the random waypoint mobility model. *Wirelss Networks*, 10: 555-567, 2004.

[7] J. Boudec and M. Vojnovic. Perfect simulation and stationarity of a class of mobility models. Technical report, Techinical Report IC/2004/59, 2004.

[8] Salvatore Costanzo, Laura Galluccio, Giacomo Morabito, and Sergio Palazzo. Software defined wireless networks: Unbridling sdns. In *Software Defined Networking (EWSDN)*, 2012 European Workshop on, pages 1-6. IEEE, 2012.

[9] Evan T Dill, Kelly J Hayhurst, Steven D Young, and Anthony J Narkawicz. UAS hazard mitigation through assured compliance with conformance criteria. In *AIAA Information Systems-AIAA Infotech@ Aerospace*, pages 1218-1218. 2018.

[10] Edward Falcov. Use of self-organizing airborne networks to monitor commercial aircraft globally. *Working Paper WP10, multidisciplinary meeting on global tracking*, 2014.

[11] Pingzhi Fan, Jing Zhao, and I Chih-Lin. 5g high mobility wireless communications: Challenges and solutions. China Communications, 13 (2): 1-13, 2016.

[12] Scott Xiang Fang, Siu O'Young, and Luc Rolland. Development of small uas beyond-visual-line-of-sight (bvlos) flight operations: System requirements and proce¬ dures. *Drones*, 2 (2): 13, 2018.

[13] R. Ghanta and S. Suresh. Influence of mobility models on the performance of routing protocols in ad-hoc wireless networks. *IEEE 59th Vehicular Technology Conference*, pages 2185-2189, 2004.

[14] B. Gloss, M. Scharf, and D. Neubauer. A more realistic random direction mobility model. In *4th Management Committee Meeting*, Wurzburg, Germany, October 2005.

[15] R. A. Guerin. Channel occupancy time distribution in a cellular radio system. *IEEE Transactions on Vehicular Technology*, 35 (3): 89-99, August 1987.

[16] Lav Gupta, Raj Jain, and Gabor Vaszkun. Survey of important issues in uav communication networks. *IEEE Communications Surveys & Tutorials*, 18 (2): 1123-1152, Second Quarter 2015.

[17] Tanzeena Haque and Nael Abu-Ghazaleh. Wireless software defined networking: A survey and taxonomy. *IEEE Communications Surveys & Tutorials*, 18 (4): 2713-2737, Fourth Quarter 2016.

[18] J. P. Helferty. Improved tracking of maneuvering targets: the use of turn-rate distributions for acceleration modeling. *Proceedings of the IEEE International Conference on Multisensor Fusion and Integration for Intelligent Systems*, pages 515-520, October 1994.

[19] E. Hyytiä, P. Lassila, and J. Virtamo. Spatial node distribution of the random waypoint mobility model with applications. *IEEE Transactions on mobile computing*, 5 (6): 680-694, June 2006.

[20] ASTM International. Committee f38 on unmanned aircraft systems, 2019. URL https:// www. astm. org/ COMMIT/SUBCOMMIT/F38. htm.

[21] Marcus Johnson. Unmanned aircraft systems traffic management: Conflict mitigation approach. 2018.

[22] Dwayne Jordan, Nicholas Kyte, Scott Murray, Mohammad A Hoque, Md Salman Ahmed, and Asad Khattak. Poster: Investigating doppler effects on vehicle-to-vehicle communication: An experimental study. In *Proceedings of the 2nd ACM International Workshop on Smart, Autonomous, and Connected Vehicular Systems and Services*, pages 77-78. ACM, 2017.

[23] D Lawrence, H Cobb, G Gutt, M OConnor, T Reid, T Walter, and D Whelan. Navigation from LEO: Current capability and future promise. *GPS World Magazine*, 28 (7): 42-48, 2017.

[24] Jooyoung Lee, Inseok Hwang, and David Hyunchul Shim. Uas surveillance in low-altitude airspace with geofencing: Constrained stochastic linear hybrid systems approach. In *AIAA Information Systems-AIAA Infotech@ Aerospace*, page 0077. 2018.

[25] X. R. Li and V. P. Jilkov. Survey of maneuvering target tracking: dynamic models. *Proceedings of SPIE Conference on Signal and Data Processing of Small Targets*, AES-6 (4048): 212-235, April 2000.

[26] Zhaowei Ma, Chang Wang, Yifeng Niu, Xiangke Wang, and Lincheng Shen. A saliency-based reinforcement learning approach for a uav to avoid flying obstacles. *Robotics and Autonomous Systems*, 100: 108-118, 2018.

[27] Rafael Molina-Masegosa and Javier Gozalvez. LTE-V for sidelink 5G V2X vehicular communications: A new 5g technology for short-range vehicle-to-everything communications. *IEEE Vehicular Technology Magazine*, 12 (4): 30-39, 2017.

[28] Siva D Muruganathan, Xingqin Lin, Helka-Liina Maattanen, Zhenhua Zou, Wuri A Hapsari, and Shinpei Yasukawa. An overview of 3GPP release-15 study on enhanced LTE support for connected drones. *arXiv preprint arXiv*:1805.00826, 2018.

[29] N. Nabaa and R. H. Bishop. Validation and comparison of coordinated turn aircraft maneuver models. *IEEE Transactions on aerospace and electronic systems*, 36(1): 250-255, January 2000.

[30] P. Nain, D. Towsley, B. Liu, and Z. Liu. Properties of random direction. In *IEEE INFO COM*, pages 1897-1907, March 2005.

[31] K. Namuduri, Y. Wan, Mahadevan Gomathisankaran, and Ravi Pendse. Airborne network: a cyber-physical system perspective. *ACM Mobihoc Conference*, June 2012.

[32] Department of Public Safety. Report on TAK use for search and rescue. Technical report, Colorado Center of Excellence for Advanced Technology Aerial Firefighting, April 2019.

[33] Edwin Ordoukhanian and Azad M Madni. Introducing resilience into multi-uav system-of-systems network. In *Disciplinary Convergence in Systems Engineering Research*, pages 27-40. Springer, 2018.

[34] A. Papoulis and S. U. Pillai. *Probability, random variables and stochastic processes*. McGraw-Hill, 2002.

[35] Alyssa Pierson, Zijian Wang, and Mac Schwager. Intercepting rogue robots: An algorithm for capturing multiple evaders with multiple pursuers. *IEEE Robotics and Automation Letters*, 2 (2): 530-537, April 2017.

[36] Ram Ramanathan, Christophe Servaes, Warren Ramanathan Ayush Dusia, and Adarsh-pal Sethi. Long-range short-burst mobile mesh networking: Architecture and evaluation. *Proceedings of the IEEE International Conference on Sensing, Communication and Networking*, June 2019.

[37] Tyler Reid. *Orbital Diversity for Global Navigation Satellite Systems, PhD Dissertation*. PhD thesis, 2017.

[38] Tyler GR Reid, Andrew M Neish, Todd Walter, and Per K Enge. Broadband LEO constellations for navigation. *Navigation: Journal of The Institute of Navigation*, 65 (2): 205-220, 2018.

[39] Deepshikha Shukla. Controlling drones and uavs: Advancements in wireless technologies. *Electronics For You*, pages 70-71, December 2018.

[40] R. A. Singer. Estimating optimal tracking filter performance for manned maneuvering targets. *IEEE Trans. Aerospace and Electronic Systems*, AES-6: 473-383, 1970.

[41] Alexander Solodov, Adam Williams, Sara Al Hanaei, and Braden Goddard. Analyzing the threat of unmanned aerial vehicles (uav) to nuclear facilities. *Security Journal*, 31 (1): 305-324, 2018.

[42] Keshav Sood, Shui Yu, and Yong Xiang. Software-defined wireless networking opportunities and challenges

for internet-of-things: A review. *IEEE Internet of Things Journal*, 3 (4): 453-463, 2016.

[43] The Mobile Broadband Standard. 3GPP list of work items, 2019a. URL https://www.3gpp.org/DynaReport/WI-List.htm.

[44] The Mobile Broadband Standard. Streamcaster 4400 enhanced (sc4400e), 2019b. URL https://silvustechnologies.com/products/streamcaster-radios/.

[45] Mia N Stevens and Ella M Atkins. Geofencing in immediate reaches airspace for unmanned aircraft system traffic management. In *2018 AIAA Information Systems-AIAA Infotech@ Aerospace*, page 2140. 2018.

[46] Persistent Systems. MANET/mesh network for cooperative unmanned vehicles, 2013. URL https://www.persistentsystems.com/.

[47] Attila Takacs, Xingqin Lin, Stephen Hayes, and Erika Tejedor. Drones and networks: Ensuring safe and secure operations. Technical report, Ericsson, 11 2018.

[48] Ryan J Wallace, Jon M Loffi, Michael Quiroga, and Carlos Quiroga. Exploring commercial counter-uas operations: A case study of the 2017 dominican republic festival presidente. *International Journal of Aviation, Aeronautics, and Aerospace*, 5 (2): 8, 2018.

[49] Y. Wan, K. Namuduri, Y. Zhou, D. He, and S. Fu. A smooth turn mobility model for airborne networks. *ACM Mobihoc Conference*, June 2012.

[50] Yan Wan, Kamesh Namuduri, Yi Zhou, and Shengli Fu. A smooth-turn mobility model for airborne networks. *IEEE Transactions on Vehicular Technology*, 62 (7): 3359-3370, 2013.

[51] J. Yoon, M. Liu, and B. Noble. Sound mobility models. *Proceedings of the Ninth Annual International conference on Mobile Computing and Networking*, pages 205-216, 2003.

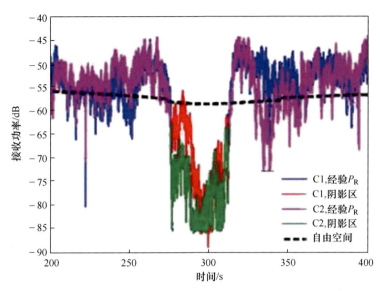

图 2.5 中型飞机在 C 波段倾斜转弯之前、期间和之后的阴影接收功率与时间关系

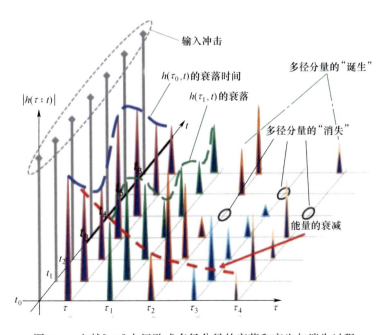

图 2.6 文献[89]中间歇式多径分量的衰落和产生与消失过程

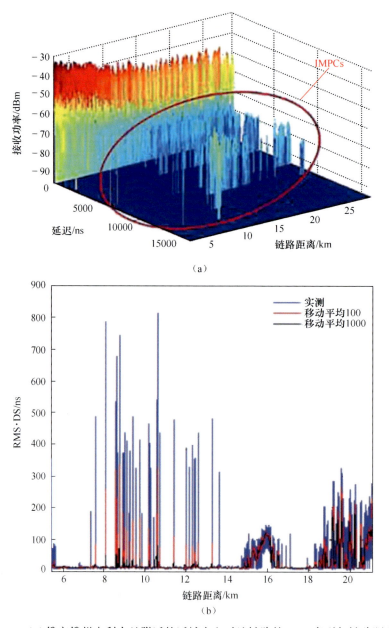

图 2.7 （a）俄亥俄州克利夫兰附近的近城市空对地链路的 PDP 序列与链路距离；
（b）加利福尼亚州棕榈谷丘陵环境的均方根延迟扩展与链路距离

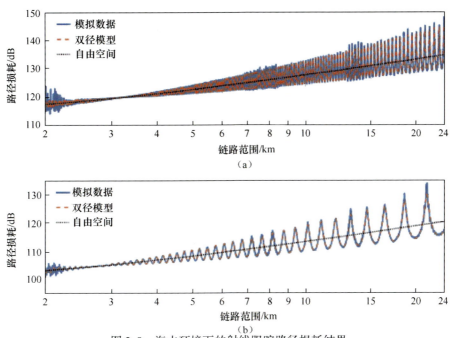

图 2.9 海水环境下的射线跟踪路径损耗结果
(a) C 波段(5.03~5.091GHz); (b) L 波段(0.9~1.2GHz)。

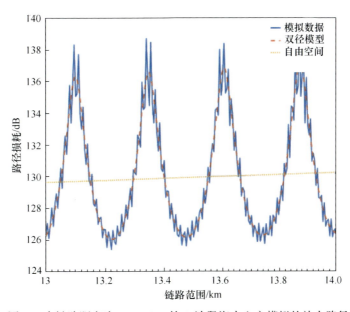

图 2.10 图 2.9 中链路距离为 13~14km 的 C 波段海水上方模拟的放大路径损耗结果

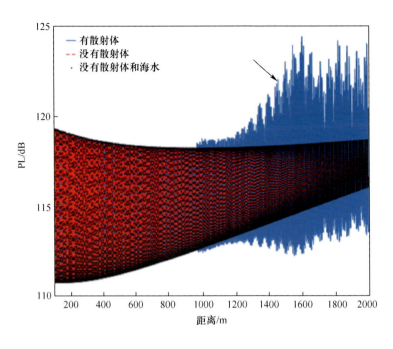

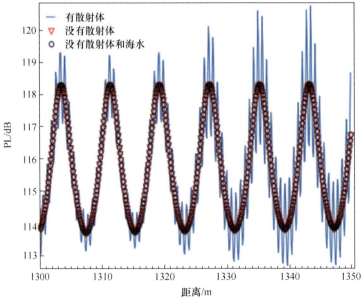

图 2.11 路径损耗与有/无散射体以及无海平面的距离关系
(a) 100m~2km 范围;(b) 1300~1350m 范围。

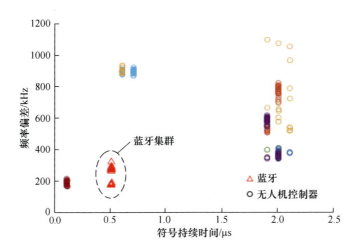

图 3.11 特征空间显示了来自多个移动蓝牙设备和无人机控制器信号的符号持续时间和频率偏差。每个无人机控制器由一个独特颜色的圆形标记表示。特征聚类验证了符号持续时间和频率偏差是检测蓝牙干扰信号的良好特征的假设

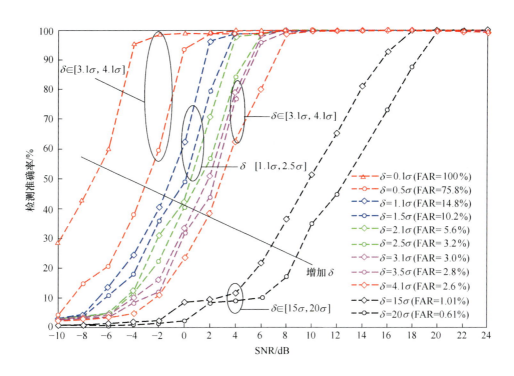

图 3.15 基于马尔可夫模型的朴素贝叶斯检测器的信号检测精度与不同 δ 值的信噪比。对于 δ 的每个值,都有一个关联的虚警率。此外,对于给定的信噪比,随着 δ 值的增加,检测精度和虚警率都会降低。δ 的选择取决于系统的运行要求

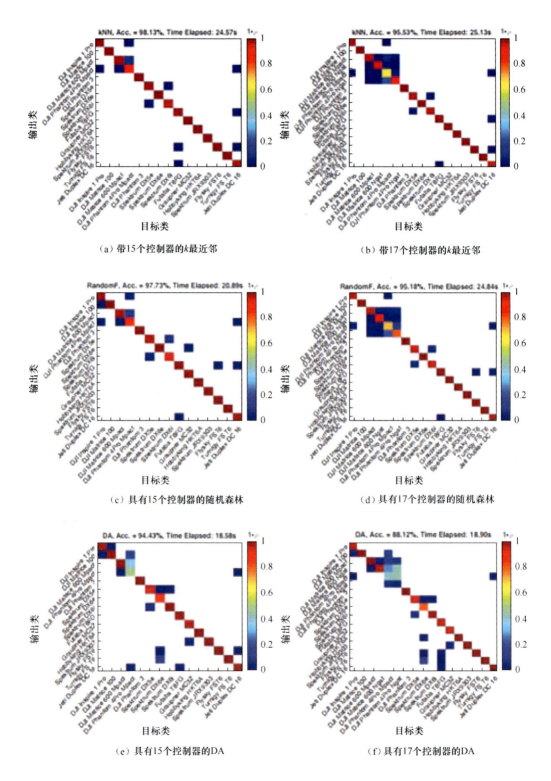

图 3.18 使用三个选定射频指纹(形状因子、峰度和方差)的 kNN、RandF 和 DA 分类器的混淆矩阵。在混淆矩阵中,颜色条用于根据混淆概率 ρ 指定混淆程度。向下移动颜色条,混淆程度随着 ρ 值的增加而增加

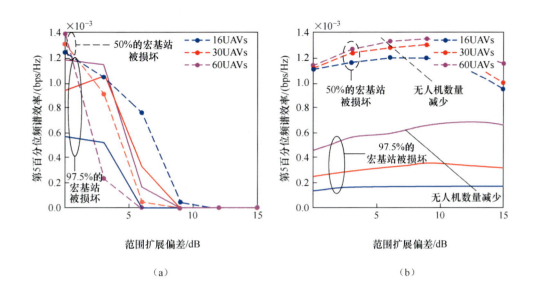

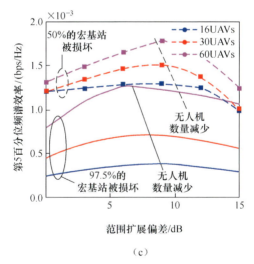

图 10.8 采用对数距离路径损耗模型(部署在六边形网格上的无人机基站)的增强型小区间干扰协调和进一步增强型小区间干扰协调技术的第 5 百分位频谱效率与小区范围扩展的对比
(a)不采用小区间干扰协调;(b)采用小区间干扰协调;(c)采用进一步增强型小区间干扰协调。

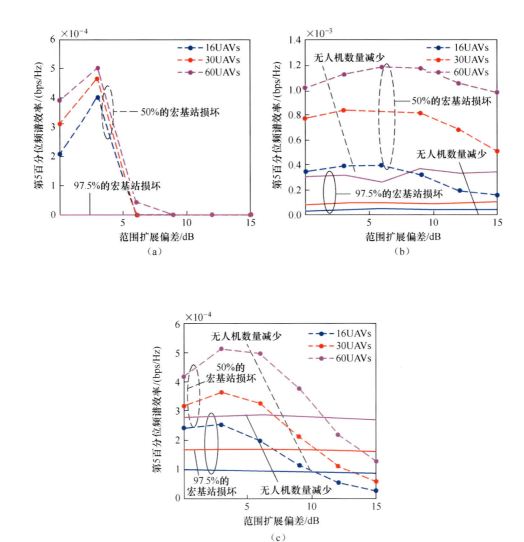

图 10.9 采用 Okumura-Hata 路径损耗模型(部署在六边形网格上的无人机基站)的增强型小区间干扰协调和进一步增强型小区间干扰协调技术的第 5 百分位频谱效率与小区范围扩展的对比
(a)不采用小区间干扰协调;(b)采用小区间干扰协调;(c)采用进一步增强型小区间干扰协调。

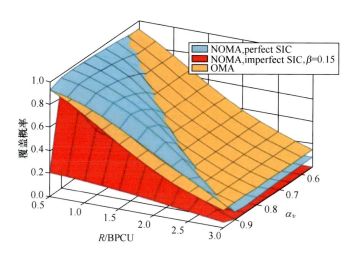

图 15.5 典型用户的覆盖概率与目标速率 R 和功率分配系数 α_v 的关系,其中不完全串行干扰消除系数 $\beta=0$ 与 0.15。固定用户目标速率为 $R_f=0.5$ BPCU,固定用户水平距离为 300m。无人机发射功率固定为 -30dBm,路径损耗指数 $\alpha=3$。衰落参数设置为 $m=3$ 和 $m_I=2$

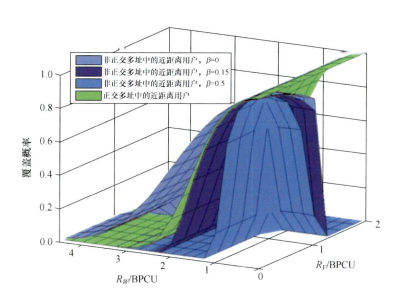

图 15.7 近距离用户的覆盖概率与目标速率
(无人机的发射功率固定在 -40dBm。衰落参数设置为 $m=3$ 和 $m_I=2$)